智能制造实用技

U0210254

智能系统
远程运维技术

刘勤明　主编 | 叶春明　吕锋　副主编

化学工业出版社

·北京·

内容简介

智能制造是制造业的未来方向，而体现智能之处就是生产线的"自主"运行及远程控制。本书综合相关基础知识、健康管理与远程运维技术，结合工程实践，形成了一个智能系统远程运维决策框架。基于健康管理思想，提出了数据完备和数据不完备两种情况下的系统故障诊断模型；基于故障诊断，分别从考虑备件、缓冲库存、服务合同、部件相关性、环境等角度提出了运维技术与模型，并对各个模型的效能以及准确性进行了分析。

本书适宜从事制造业及相关领域的技术人员参考。

图书在版编目（CIP）数据

智能系统远程运维技术/刘勤明主编；叶春明，吕锋副主编.—北京：化学工业出版社，2024.4
（智能制造实用技术丛书）
ISBN 978-7-122-45082-1

Ⅰ.①智…　Ⅱ.①刘…②叶…③吕…　Ⅲ.①智能系统-研究　Ⅳ.①TP18

中国国家版本馆 CIP 数据核字（2024）第 033732 号

责任编辑：邢　涛　　　　文字编辑：王　硕
责任校对：李露洁　　　　装帧设计：韩　飞

出版发行：化学工业出版社
　　　　　（北京市东城区青年湖南街 13 号　邮政编码 100011）
印　　装：三河市延风印装有限公司
710mm×1000mm　1/16　印张 24½　字数 454 千字
2024 年 7 月北京第 1 版第 1 次印刷

购书咨询：010-64518888　　　　售后服务：010-64518899
网　　址：http://www.cip.com.cn
凡购买本书，如有缺损质量问题，本社销售中心负责调换。

定　　价：128.00 元　　　　　　版权所有　违者必究

　　《中国制造2025》指出：基于信息物理系统的智能装备、智能工厂等智能制造正在引领制造方式变革。为深入实施《中国制造2025》，根据国家制造强国建设领导小组的统一部署，教育部、人力资源和社会保障部、工业和信息化部等联合编制了《制造业人才发展规划指南》，坚持育人为本，大力推进培养智能制造等领域的人才。

　　智能制造是将物联网、大数据、云计算等新一代信息技术与设计、生产、管理、运维、服务等制造活动的各个环节融合，具有信息深度自感知、智慧优化自决策、精准控制自执行、运维监控自诊断等功能的先进制造过程、系统与模式的总称。"智能系统远程运维技术"作为产品全生命周期智能制造的一种新模式，其基础是状态监测与故障诊断的理论及技术，研究对象是产品全生命周期链中窗口期最长的运行服役阶段。重大装备系统的远程运维与健康管理，已经成为符合制造业"两化"（信息化、工业化）融合的未来运行安全保障，是制造业与服务业融合的新范式。

　　本书的编写贯彻人才培养至上的理念，融入了行业最新的研究成果。在编写过程中，注重教材的知识关联与问题空间构建，全书综合相关基础知识、健康管理与远程运维技术，在应用方面进行了精心选择，对象包括石化行业、先进制造业等故障诊断经典领域，也涵盖了风电机组与高铁等我国制造业新兴领域。本书旨在帮助读者学习健康管理与远程运维的基本知识，引导读者构思兼顾社会、安全、环境等因素的综合方案，建立安全观与可持续发展观，以及培养系统思维、项目管理、跨学科智能制造沟通与管理的能力。

　　本书共12章，各章内容相互之间联系紧密，形成了一个智能系统远程运维决策框架。基于健康管理思想，提出了数据完备和数据不完备两种情况下的系统故障诊断模型；基于故障诊断，分别从考虑备件、缓冲库存、服务合同、部件相关性、环境等角度提出了运维技术与模型。本书所做的研究内容有助于提高制造行业的维护水平和设备可靠性、降低维护成本、提高系统利用率，最终提高企业的竞争力；同时，拓展了制造系统的运维管理领域，为制造企业运维策略的制定提供决策支持和科学有效的指导。

本书由上海理工大学刘勤明任主编，上海理工大学叶春明、河南科技大学吕锋任副主编。中国商用飞机有限责任公司民用飞机试飞中心白卫国、上海航空工业（集团）有限公司工业工程部高级工程师姜顺龙为本书案例的编写提供了很大的帮助。刘文溢、位晶晶、李永朋、吕晓磊、成卉、董航宇、王雨婷、梅嘉健、许飞雪、杨亮、陈翔对全书进行了图文校对，云丰泽、孙钰栋、陈佳宁、徐梦婷、李天义对全书资源进行了整理，在此表示衷心感谢！

本书得到了2021年度上海理工大学研究生教材建设项目（智能工程远程运维）、2023年上海市研究生教育改革项目（新文科背景下"五场协同"经管类研究生培养模式改革与实践）、2023年上海高校本科重点教改项目（主题创新区牵引"教科训赛"四维一体新文科工业工程人才培养模式探索与实践）等资助，在此表示由衷的感谢！

本书可供高等院校工业工程类专业、管理科学与工程类专业、制造工程类专业本科生和研究生选用，亦可供企业工程人员或相关研究人员参考。选用本书作为教材的学校可根据培养方案和教学计划，按照32～48学时设置课程，可以根据不同专业的需求选讲。

由于本书涉及的学科内容广泛，很多相关技术与应用仍处于发展和完善阶段，同时限于作者水平，书中难免有不妥之处，敬请各位读者批评指正。

刘勤明

2024 年 4 月

目 录

>>>

第 1 章

绪　论

1.1　概述

随着科技的进步，智能系统各设备功能日益完善，结构复杂程度不断提高，随之而来的是可靠性和安全性更加难以保证，从而使设备的故障诊断和维护变得更加困难。实际存在的问题有：①系统日趋高性能、复杂化，设备故障的突然发生不仅会极大地增加企业的维护成本，而且会严重影响企业的生产效率；②系统分布式作业，工况通常非常恶劣，发生故障不能及时得到维护中心的技术支持；③设备故障机理复杂，突发性故障的频繁发生增加了故障诊断和维护管理难度；④目前，系统维护主要是事后维修、定期维护等被动维修（fail and fix，FAT）模式，没有考虑设备的实际运行状态，不能满足提高设备运行可靠性和最大限度减少设备故障的实际需求。因此，如何合理地进行设备维护，防止设备因突然故障而失效，已成为企业降低运营成本、提高生产效率和市场竞争力的关键所在。面对上述问题，目前国内外在系统远程监控与故障诊断领域进行了大量的研究，通过智能控制技术、通用分组无线业务（general pocket radio service，GPRS）技术和 WebGIS 技术开发系统远程监控软硬件系统，对系统的地理位置、运行状态参数和控制系统等进行全方位的远程监控、故障诊断、调度控制和维护管理。近年来，设备维护日益强调设备的可控性、可预诊性和可维护性，主动维护模式（predict and prevent，PAP）是目前学术界和工业界研究的焦点。20 世纪 80 年代末提出的智能预诊（intelligent prognostics）是典型的主动维护模式，通过对设备运行状态的关键参数进行采集，实时地分析设备性能衰退趋势，预测设备可能发生故障的部位与故障发生时间，按需制定维护计划，在防止设备失效的同时，最大限度地延长设备的维护周期、减少设备的全寿命维护成本、避免巨额的经济损失和灾难性事故的发生。

系统远程监控与智能预诊维护系统旨在采用现代科学技术范畴内的先进传感技术、远程无线通信技术、全球定位系统、地理信息系统、管理信息系统和智能预诊技术，实现对设备状态和位置的远程实时监控和维护管理，通过对设备关键部件的性能退化评估分析和预测，保证系统的高效可靠运行、降低维护成本。

系统远程监控与智能预诊维护系统的建立，对于设备生产厂商来讲，可以真正实现对所有移动分布式设备的集中监控、维护和管理。其中，远程监控管理系统可使设备用户和生产厂商选择性地对机械进行全球定位和状态实时监控、工况信息查询、故障管理和维护计划管理等操作，通过远程控制指令可以实现对机械的部分遥控功能；智能预诊维护系统可以实现对设备关键部件的性能衰退评估分析与预测，在设备发生故障之前对设备进行有效的维护。通过远程监控与智能预诊维护系统，生产厂商向用户提供及时的故障诊断、主动式维护和更好的售后服务，为应对长期困扰生产厂商的设备租赁和分期付款等销售方式的弊端提供了技术保障。系统维护技术的开发，对提高系统的可靠性、运行效率和安全性，以及企业的经济效益等具有重要意义。

1.2　智能远程运维与故障预测

智能运维（artificial intelligence for IT operations，AIOps）是将人工智能的运算能力与运维相结合，通过机器学习的方法来提升运维效率。在传统的自动化运维体系中，已经有效解决了重复性运维工作的人力成本和效率问题，但在复杂场景下的数据管理、分析决策和自动控制，仍需要大量人力来掌控决策过程，这阻碍了运维效率的进一步提升。引入人工智能和机器学习的方法对运维数据进行更深一步的挖掘，能有效帮助人甚至代替人进行快速的决策。故障预测是利用工业系统中产生的各类数据，经过信号处理和数据分析等运算手段，实现对复杂工业系统的健康状态进行检测、预测和管理的系统性工程。通过故障预测，可以有效维护机械设备的安全性、可靠性，节约维修保障成本。故障预测需要海量的数据作为基础，通过结合智能运维来对数据进行进一步分析和健康判断。

故障预测与健康管理技术（PHM）最早在西方工业发达国家兴起，早期概念起源于预测性维护，之后逐步发展为故障预测与健康管理。故障预测与健康管理技术是基于状态的维修的升级发展，强调设备管理中的状态感知，监控设备健康状态、故障频发区域与周期。通过数据监控与分析，预测故障的发生，从而大幅度提高运维效率。故障预测与健康管理技术已经形成了一套技术方法体系，具有包含数据采集与传输、数据处理、决策支持、综合信息管理的技术结构，相应的技术标准体系也相对完善。

目前，故障预测与健康管理技术已经在民用飞机、直升机、军用飞机、航天器等方面得到了应用，并且是研究的热点。波音公司在法国航空公司、美国航空公司定购的多个机型中应用故障预测与健康管理技术，提高维修效率。在军事武器装备领域，故障预测与健康管理技术的实施效果最为显著。如美国的 F-35 战斗机，采用故障预测与健康管理技术后故障复现率和维修人力成本大大降低。统计数据充分证明，故障预测与健康管理技术在降低维修保障成本，提高安全性、可用度、完好性，确保任务成功性方面具有重要作用。随着我国制造业朝数字化、网络化、智能化方向发展，故障预测与健康管理技术逐步从最初的军事、航天领域向民用高端装备应用，进而提高装备的安全性，降低运维成本。

当前，我国的重大工程装备项目取得了较大发展与突破，高铁、数控机床、核电、风电等领域都取得了举世瞩目的成就。这些高端工程装备的制造过程十分复杂，装备交付之后必须进行经常性维护检修，保障稳定性。一旦装备出现异常，则损失巨大。以安全著称的航空业，由飞机故障原因导致的事故或延误仍无法完全避免。海恩法则指出，每一起严重事故的背后，必然有 29 次轻微事故、300 起未遂先兆，以及 1000 项事故隐患。传统维护检修更依赖人的经验与能力，在设备发生故障后，会进行故障记录分析，但不具备对故障的预测、预警功能。在智能运维过程中，用户希望能及时发现设备存在的隐患，及时制定维修策略，降低故障发生概率。由此可见，故障预测与健康管理技术在设备安全和保障中发挥着越来越重要的作用。

1.3　维护策略

维护策略是针对设备的劣化情况而制定相应的维护方案，使设备得以持续稳定地运行。"工业 4.0"和《中国制造 2025》对工业制造提出了更高的要求，同时也加速了设备维护策略的更新迭代。设备维护策略整体发展历经了如下几个阶段。

1.3.1　预防性维护

预防性维护（preventive maintenance，PM），又称定时维护，是为避免重大事故的发生，检修者根据生产计划和维护经验，按照规定的时间和周期对设备进行停机测试、点检、维护。预防性维护的目的是降低失效风险，是一种主动的维护。预防性维护中最常见的维护策略有基于役龄的预防维护、周期性预防维护、故障限制性预防维护、顺序预防维护和资源限制性预防维护等。这种维护方式相较于故障维护而言，解决了设备经常停机、备件库投资过多等给企业造成损失的问题，但仍存在很大弊端：在不确定性运行环境下，同一设备在不同的运行环境中所呈现的状态变化过程是有差异的，以固定时间为依据统一安排设备的维护管理工作，会造成对运行状态良好的设备的"过度维护"以及对处于严重故障状态下的设备的"维护不足"，从而带来维护资源的浪费和不必要的生产风险。

典型的预防性维护策略主要有定期更换维护策略、周期维修策略和综合维修策略。

① 定期更换维护策略：其基本思想是当机械系统零部件工作到由专家确定的规定时间 kT（$k=1,2,\cdots$）时，采用定期更换的维护方式使其功能恢复如初，即此时的故障率为 0，重新计算机械系统的工作时间。当机械系统零部件在规定的工作时间 T 内发生计划外的停机事故时，采用事后维修的维护方式使其恢复正常运行功能状态，此时机械系统的故障率为 0，机械系统的工作时间也重新计算。即采用定期更换或事后维修的维护方式都会重新计算机械系统的工作时间。其维护策略如图 1.1 所示。

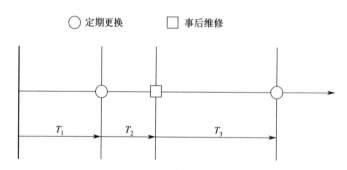

图 1.1 定期更换维护策略

② 周期维修策略：其基本思想是对工作到规定时间 kT（$k=1,2,\cdots$）（由专家通过经验、知识确定）的机械系统零部件进行预防性维护。如果机械系统在规定的工作时间 T 内发生计划外的停机事故，采用事后小修的维护方式使其恢复故障之前的运行状态，既不会改变机械系统故障前的故障率函数，也不重新计算机械系统的工作时间。当机械系统工作到规定时间时，采用预防性维护或预防性更换的维护方式使其功能恢复如初，即此时的故障率为 0，重新计算机械系统的工作时间。其维护策略如图 1.2 所示。

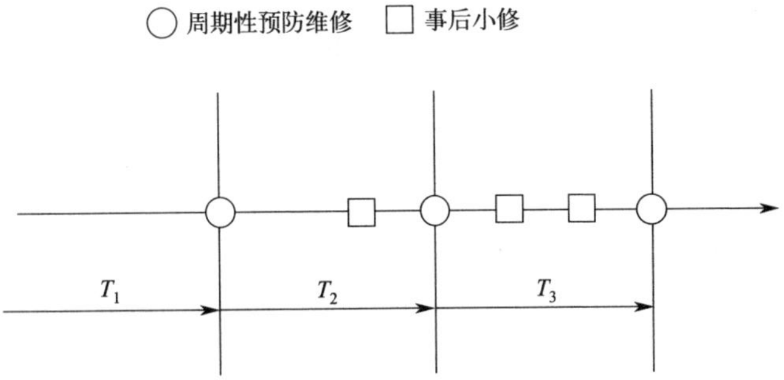

○ 周期性预防维修　□ 事后小修

图 1.2　周期维修策略

③ 综合维修策略：其基本思想是在前述定期更换维护策略和周期维修策略的基础上，若相邻的预防性维护周期内机械系统发生第一类或第二类故障，则采用相应的事后维修方式；若机械系统在第一个预防性维护周期内不发生第二类故障，则在工作到 T 时刻进行预防性维护，并对在预防性维护周期内出现的第一类故障进行事后小修；如果在该预防性周期内出现第二类故障，则通过事后大修使机械系统功能恢复如初，此时机械系统的预防性维护周期的起始时间重新开始计算，对在预防性维护周期内出现的第一类故障进行事后小修。其维修策略如图 1.3 所示。

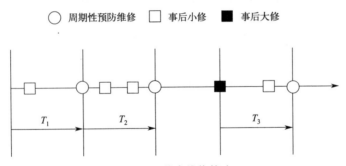

○ 周期性预防维修　□ 事后小修　■ 事后大修

图 1.3　综合维修策略

1.3.2　状态维护

状态维护（condition based maintenance，CBM），是通过检测设备的状态参数（例如：振动、温度、功率等）的变化，来识别出设备正在形成的故障。状态维护实际上基于一个事实，即大部分的设备故障都不是瞬间产生的，故障的发生往往需要一个过程，如果总结出这个过程的特征信息，便可以对设备的运行状态进行了解，避免严重后果。这种维护方式，借助于设备状态数据、趋势、分析和特定设备的资料来确定它们的运行情况。数据越好，对设备资产状况的评估就越准确，使用这些数据可以根据每个工单的风险做出明智的决策。根据机器设备资产的维保履历、临界状态和当前工厂运转及人员安排的情况，决定是继续运行，还是安排稍后维修，或者是紧急派单维修。状态维护相比于故障维护和预防性维护具有系统整体可靠性较高、维护精准、维护成本低等优点，但由于进行状态监测需要安装传感器等设备，状态维护具有安装成本较高、需要维护和检查的部件数量较多的缺点。

国内关于状态维护的概念有两种不同的认识：狭义的状态维护和广义的状态维护。关于狭义的状态维护，与国外观点一致，即它是一种非常具体的维修方式；广义的状态维护是一种集故障维修、定期维修、狭义的状态维修、主动维修等不同维修方式于一体的综合维修制度。在实施时，应根据设备的不同特点、重要程度而选择不同的维修方式。狭义的状态维护强调的是故障诊断的技术实现，而与企业整体性设备管理工作缺乏深层次的内在联系，因此定义了广义的状态维护概念，即将状态维护的技术实现与企业整体性设备管理工作紧密联系在一起，从而实现在管理指导下的状态维护和在故障监测诊断技术支持下的设备管理。

广义的状态维护的概念是基于一定的背景情况提出的。根据我国企业设备维修管理的现状，对所有设备都推行状态维护方式是不可行的，故一些学者提出广义状态维护的概念，以指导状态维修的应用与实施。然而，即使企业在技术和经济上具备这样的实力，对所有的设备都实施状态维护也没有必要，更不科学。这是因为大部分企业设备数量大、种类多，而不同设备在生产中的地位、故障特点和故障影响各不相同。所以，状态维护仅仅是一种更先进、更科学的设备维护管理方式，它不能作为设备维护管理总的指导战略。企业在应用状态维护时，必须从企业设备管理的整体角度出发，在企业设备管理的总体战略指导下，综合运用状态维护、定期维护、故障维修、改善维修等多种维修方式，根据不同设备的重要性、故障特点、维修性、可控性、使用环境以及企业的实际状况等因素，确定状态维护的实施范围和实施程度。

同传统的定期维修方式相比，状态维护具有以下鲜明的特点：

① 维护的针对性强。状态维护着眼于每一台设备的具体运行状况，以设备的真实状态，而非以设备的实际使用时间作为维修的依据。它通过状态监测技术搜集设备状态信息，并利用各种先进的技术和方法对被监测设备的真实状态进行评估，根据评估的结果来决定是否维修、何时维修，因此克服了维修的盲目性，缩短了维修时间，提高了设备利用率，并可有效地减少由于维修不足而引起的意外故障，同时也可有效地减少维修过剩所带来的资源浪费。

② 维护的计划性更符合实际。状态维护也是有计划的，而且这种计划建立在设备实测"状态"的基础上。状态维护强调有计划地进行检测，也强调提

前对各种可能的故障做出相应的预案，计划好维修措施，计划适时适度修理，因此它的计划性更符合实际。

③ 维护具有更多的灵活性。状态维护通过状态监测技术对设备的运行状态进行监测，通过故障诊断技术和寿命预测技术对设备故障进行早期诊断并对未来的发展趋势进行预测，因此维修人员可以根据设备状态诊断和预测的结果，综合考虑企业的生产安排、备品备件、维修力量等各方面因素，提前做好维修前的各项准备工作，在维修方案的制定以及维修时间的安排上更加灵活。

然而，状态维护在应用过程中，也存在一定的缺陷和不足，主要表现在：

① 根据目前的技术水平，有很多设备的故障根本没有合适的检测手段，也没有合适的表征数据来描述设备的故障特征，只能看到故障的发生；另一方面，一些设备的故障发展速度很快，即使能够通过状态监测及时检测到设备的故障征兆，也没有充分的时间进行检修，对于这样的设备，很显然，对其进行状态监测是没有任何意义的。

② 状态监测和诊断设备的成本普遍较高，投资较大。

③ 状态维护对维修人员的素质要求较高，不但要求他们掌握尽可能多的相关理论知识，而且还要具有好的操作技能和丰富的实践经验。目前，我国大部分企业维修人员尚不具备这样的条件。

根据状态维护系统应实现的一系列功能，参照 CBM 的框架标准并结合状态维护现有的研究成果及实际需要，可以将状态维护系统的结构划分为 8 个层次的功能模块，图 1.4 体现了状态维护系统各层次功能模块之间的逻辑关系。

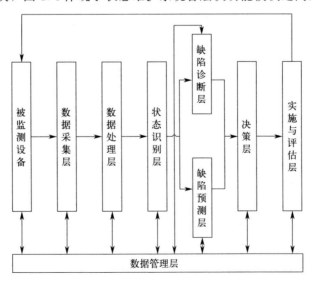

图 1.4　状态维护系统各层次功能模块之间的逻辑关系

1.3.3　预测性维护

预测性维护（predictive maintenance，PdM）是在状态维护基础上发展而来的维护方式。当设备运行时，对设备进行周期性、连续性的状态检测和故障诊断活动，判断设备当前的运行状态，对设备将来的状态和发展趋势进行预测，预先制定预测性维护计划，确定设备应该进行维护的时间、内容、方式、方法、技术和物资。预测性维护通盘考虑了设备状态监测、故障诊断、状态预测、维护决策支持等设备运行维护的全过程。

预测性维护的作用：①防止设备不必要的解体拆卸、更换零部件等；②有效减少设备停机维修时间；③尽早发现故障隐患，避免故障恶化；④合理预估机械部件的剩余寿命，使设备在保证安全的情况下合理超期服役。预测性维护技术基于设备运行状态的实时监测，结合大数据、人工智能等手段对其未来状态进行预测，进而实现故障诊断、寿命预测、设备维护与管理，是人工智能技术在智能制造领域中最典型的应用之一，被誉为"未来工厂之光"。

预测性维护与预防性维护不同，预防性维护是以时间为依据的维修，目的是定期检测设备健康状态、定期修复已发生的设备故障及损坏、预防继发性毁坏及设备停机故障。相比于预防性维护，实行预测性维护制度有以下优点：①避免"过剩维修"，防止不必要的解体拆卸、更换零部件等；②有效减少设备停机维修时间；③尽早发现故障隐患，避免故障恶化；④合理预估机械部件的剩余寿命，使设备在保证安全的情况下合理超期服役。

预测性维护的技术体系涵盖状态监测、故障诊断、状态预测、维修决策等4个方面。预测性维护技术体系如图1.5所示。状态监测技术是利用温度、压力、振动、超声波等不同类型传感器获取设备的多种运行状态信息。其中，温度传感器可用于汽轮机、空压机等大型机组的油温、瓦温监测；振动传感器广泛应用于判断机械设备的非平稳运动现象；超声波传感器等高频传感器可用于判断设备机械部件内部的细微摩擦，对于微小故障的判断较为灵敏。通过以上多传感器数据之间的协同工作及功能互补，可实现更精确的状态监测。故障诊断涉及的方法包括时域信号诊断、频域信号诊断，以及以此为基础的人工神经网络、专家系统综合诊断。故障诊断可为设备的状态预测及维修决策提供指导意见。通过故障诊断及状态预测，设备管理者及检维修人员制定合理的维修措施及计划，并通过实施维修，验证设备状态监测及故障诊断的合理性及准确性。

在制造企业的生产环节中，生产与管理之间的关系可以描述为：系统的自由度决定了管理的复杂程度。对智能制造来说，系统的自由度越小，系统的可靠性要求越高，对于设备管理者及检维修人员的要求也会随之提高。设备管理者需要在生产系统自由度降低的情况下实现更优化、更简化、更智能化的设备

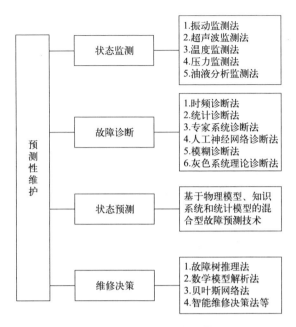

图 1.5　预测性维护技术体系

状态监测诊断过程，并以高准确性、高精确性的诊断结论指导检测与维修实施及设备恢复生产。

设备故障诊断是预测性维护技术体系的重要组成部分，通过选取合适的状态监测传感器，对设备各个机械部位的状态信号进行连续、并行的采集。这是基础，而关键在于特征提取算法及故障识别方法。强调选取合适的状态监测传感器是因为特征提取算法是对原始信号的有效内容进行提取。合适的传感器所采集的有效信息会更多，更有利于进行故障类型识别，继而进行故障确认并产生预警信息。设备故障诊断流程如图 1.6 所示。设备故障诊断在预测性维护中的实际意义为提醒设备管理者及维修人员及时排除故障隐患，使设备重新进入稳定运行期。

现阶段预测性维护中的故障诊断主要依靠人工分析实现，诊断分析人员通过趋势、波形、频谱等专业分析工具，结合传动结构、机械部件参数等信息，实现设备故障的精准定位。未来的预测性维护将是建立在物联网及人工智能技术上的智能诊断，届时诊断效率和准确性都将获得大幅提升。

1.3.4　基于故障预测的智能系统维护

在人工智能、大数据、云计算、5G 通信等新一代信息技术革命的推动下，预测性维护向着智能化进一步发展。智能预测性维护是在静态知识图谱支持下

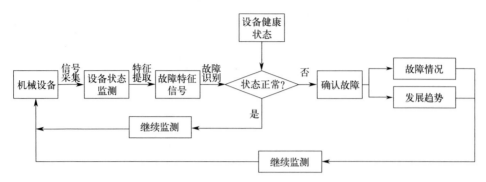

图 1.6　设备故障诊断流程图

的预测性维护技术基础的进一步演化升级，数据中心智能管控平台将嵌入 5G 传输技术、信息物理系统（cyber physical system，CPS）、大数据分析、人工智能算法等新一代计算机技术融合平台。通过采集数据的前端实时预处理、高速安全可控网络传输和基于云架构容器技术的模块化服务组件，进行综合分析并实现设备健康状态和维护优化决策信息的推送。

对于预防性维护而言，过长或过短的维护周期会造成"欠修"或"过修"的维护困境，而设备预防性维护时机的选择与设备剩余使用寿命有关。因此，基于故障预测的智能设备维护主要是预测剩余使用寿命，并在此基础上制定维修计划，如图 1.7 所示。

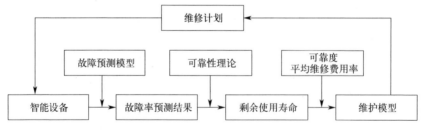

图 1.7　基于故障预测的智能系统维护

（1）剩余使用寿命

剩余使用寿命是在维修或者更换之前，智能设备的预期寿命或剩余使用时间。相关工作内容主要是根据故障预测的结果，借助可靠性理论中可靠度、故障率和累积故障分布函数三者之间的关系，推导可靠度与故障率之间的关系，然后根据可靠度函数表达智能设备在维修或更换之前的剩余使用寿命均值；通过剩余使用寿命这一中间变量，结合智能设备的可用度和平均维修费用率两个指标，构建预防性维护策略模型，预测智能设备即将发生故障的剩余寿命阈值，获得最优的维护周期。

（2）维护计划

维护计划主要负责提供辅助维护指导信息。维护指导信息包括维护工具推荐、历史维护视频、维护指导标识等。根据故障预测给出的智能设备预警信息进行状态匹配，首先参照历史维护记录选择相应的维护方案，包括维护工具、维护人员、维护顺序、维护进度等；其次，在数字空间模拟维护过程并生成二维和三维维护指导书，其中：二维维护指导书主要是指智能设备故障信息说明、故障图像、维护指导标识等，用于辅助设备管理人员的维护；三维维护指导书主要是根据智能设备的几何数据信息、三维位姿信息形成的维护作业流程指导音频，组成维护知识数据库，提高智能设备维护的精准性。

1.3.5　维护策略的选择方法

故障预测与PHM实现预测的方法主要分为三种：基于可靠性理论的预测、基于数据驱动的预测、基于时效物理模型的预测。三种方法在工程应用中的广泛性依次减弱，预测精度依次提高，相关的难度和成本依次增大。

采用基于数据驱动的预测方法，模型构建过程相对简单，在获取准确、全面数据资源的前提下，只需要描述数据输出关系和相关参数，即可进行状态预测，不需要建立精确的物理模型。在近几年工业大数据浪潮的推动下，基于数据驱动的预测方法获得了空前的关注，成为研究和应用的热点。

基于数据驱动的预测方法对一个复杂系统对象进行预测与维护，需要确定可以直接表征系统故障及健康状态的参数指标，或者可以间接推理判断系统故障及健康状态的参数信息，这是应用故障预测与健康管理技术的数据基础。传感器技术的应用，将直接影响故障预测与健康管理技术的应用效果，传感器的类型、安装位置、精度、传输等都会产生影响。一旦获取数据，就可以开展下一步具体的建模工作。故障预测与健康管理技术建模流程如图1.8所示。

图1.8　故障预测与健康管理技术建模流程

采用基于数据驱动的预测方法，还离不开特征工程，尤其是有经验的数据建模工程师的工作。对采集到的数据进行预处理之后，特征的提取与选择等操作非常重要，需要有经验的工程师一起参与并进行判断。找到有效的特征后，可以应用开发的模型进行衰退性评估，如果衰退是一个逐渐损耗的过程，那么基本可以使用这一模型来预测未来的状态变化和趋势，否则需要进行相应的调整和优化。

维护策略选择的最终目的是消除设备故障，使设备具有最佳的使用效率，通过对故障的分析及对策的实施，减少故障损失，提高设备运行稳定性。依据故障发生的频次和故障影响来选取相应的维护策略。对于故障发生频次低、故障影响小的设备，采用定期检查、故障维护、预防性维护或更换等维护策略。对于故障发生频次高、故障影响小的设备，采用状态维护的策略，采集预警信号，准备充足备件。对于故障影响大的设备，由于存在较高的停机损失和安全风险，无论故障发生频次高低，都需要对设备进行详细的状态监测、故障诊断、状态预测、维护决策等分析，进行相应的预测性维护。

1.4 维护策略发展趋势

故障预测与健康管理技术虽然具有较好的应用前景，但是实现难度较大，并且复杂度高。在当前国内企业众多的应用项目中，因为基础理论及方法研究起步较晚，所以虽然开展了大量工作，但还是遇到了不少问题与挑战，主要有三方面：

① 现有故障预测与健康管理技术的故障诊断、性能预测效果欠佳。

复杂系统自身具有高维、非线性等特点，导致难以建立准确的系统模型。早期故障特征表现不明显，在传感器测点有限或不可及的情况下，获取的信息不完备，难以获取有用的信息。以上因素导致现有故障预测与健康管理技术故障诊断、性能预测效果欠佳。基于时间序列的数据虽然量大，但是价值密度不高，导致一些简单的设备应用故障预测与健康管理技术往往可以取得很好的效果，而在大型复杂装备中应用却无法取得令人满意的效果。当前，对于故障预测与健康管理技术的追求逐步理性，从现实角度考虑，不追求准确预测剩余使用寿命，只对子系统的性能衰退趋势进行跟踪，是比较现实和可接受的预测形式。

② 在现有故障预测与健康管理技术中，模型无法自适应调整。

当前故障预测与健康管理技术的预测模型多数属于静态模型，缺乏自学习能力，通常情况下预测模型通过一次建模获得，模型参数保持固定不变，没有考虑复杂工业场景下环境变化、负载变化、新增样本、工况变化等对模型参数的影响，如果一个设备发生了状态变化，模型无法自动优化或升级，由此导致对于复杂装备的预测在运行工况多变的情况并不精确。

③ 当前关于故障预测与健康管理技术的研究主要集中在故障知识推理和知识表示方面，异构故障知识组织与管理、应用方面的研究较少。

知识在故障预测与健康管理技术中具有重要作用，涉及产品设计、制造、运行、维护过程，包括结构化、半结构化、非结构化等类型。实现对这些知识的有效管理和应用，是改善故障预测与健康管理技术应用效果的基础和前提，也是故障预测与健康管理技术需要解决的难点。从知识管理和服务的角度来研究故障预测与健康管理技术中的知识建模和应用，是当前航空、高铁等领域的关注点，尤其是在航空领域，已经取得了很好的成效。另一方面，失效样本少，数据测点不完整、不平衡等问题，都会导致故障预测与健康管理技术在应用层面很难保证模型的准确性和稳定性。各类故障试验数据、性能退化征兆、故障发展到失效的数据等都非常宝贵，而目前国内大多数企业尚未建立起完整的数据库。

随着智能制造时代的到来，在移动互联网、物联网、大数据、人工智能等新一代信息技术革命的推动下，维护策略沿故障维护→预防性维护→预测性维护→智能预测性维护逐步转变。在新技术的推动下，维护策略发展呈现如下趋势：

① 发展用于数据采集的物联网技术：物联网技术可以从安装在机器或组件上的多个传感器收集大量且不断增加的数据。

② 发展用于数据处理的大数据技术：大数据技术通过将大型机械数据转变为可操作的信息（例如数据清理和转换、特征提取和融合等），彻底改变了智能维护。

③ 发展用于故障诊断和预测的高级深度学习（deep learning，DP）方法：近年来，越来越多的深度学习方法被发明出来，并且在分类和回归方面日趋成熟。深度学习网络中大量的层和神经元可以抽象出复杂的问题，并可以提高故障诊断和预测的准确性（例如，对剩余使用寿命的预测）；同时，海量数据能够抵消深度学习背后的复杂性增加并提高其泛化能力。

④ 发展用于提供决策支持的深度强化学习（deep reinforcement learning，DRL）：深度强化学习及其变体的突破为复杂系统中的有效控制提供了一种有希望的技术。深度强化学习能够使用复杂的状态空间（例如 AlphaGo）来处理高度动态的时变环境，可以利用该空间提供决策支持。

本章小结

系统远程运维是从众多维护理论中脱颖而出并引起了众多学者关注的维护方式，维护策略的制定建立在设备当前健康状态和未来健康状态趋势分析的基础上，以满足设备可靠性要求并兼顾维护成本最低为目的。目前，由于工业界对预防性维护技术的需求，故障诊断领域的研究重点已逐步转向状态监测、预测性维修和故障早期诊断领域。准确并可靠地预测分析结果是成功执行系统远程运维的关键因素，并且它对安全性能的改进、任务的规划、维修时间表的制定、维修成本的降低和停工时间的减少等都起着至关重要的作用。

第 2 章

故障预测与
健康管理方法

2.1　概述

工程设备的可靠性对企业的盈利能力和竞争能力都有着重要影响，这使得企业对工业生产过程和生产设备的维护策略的关注日益增加。对企业生产管理而言，建立一个行之有效的维护管理系统是非常必要的，这有助于将维护成本维持在一个较低水平，同时使所有的设备都保持高效率的运作。

状态维护（CBM）作为一种新出现的维护决策策略，推动了设备故障实时诊断技术和设备未来健康状态预测技术的发展。通过监测系统中关键性组件的当前"状态"，利用诊断预测技术，CBM 制定出相应的决策来执行维护。系统设备的状态通过多种嵌入式传感器的定期或连续信号输出和（或）利用便携式装置定期测试并量化获得。

诊断和预测是 CBM 系统中非常重要的两部分。诊断涉及系统发生异常状况时，对故障的发现、定位和隔离。预测则需要在系统发生故障和性能退化前做出相应的预告。

CBM 的目标是尽可能在有显著迹象证明设备将发生异常行为或处于异常物理状态时才采取相对应的维护动作，以此来避免不必要的维护行为。通常情况下，CBM 针对不同的设备健康状态执行相应的维护行为，是一种可以有效减少不必要维护动作的设备维护方法。图 2.1 揭示了维护成本、剩余使用寿命

（residual useful life，RUL）和系统可靠性之间的关系。当 RUL，即距离失效点的时间接近于 0 时，系统的可靠性也随之降低，系统将会进入失效状态，不能正常工作。CBM 系统中，对设备和零件的剩余寿命和可靠性的预测信息将用于经济型维修计划的决策和制定中，因此预测信息的准确性是至关重要的。

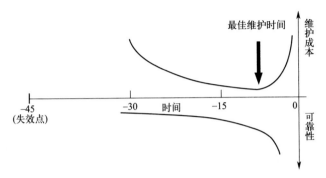

图 2.1　RUL、可靠性与维护成本间的关系

　　CBM 系统中的预测方法是近几年来才被逐渐引入到技术研究中并逐渐成为维护研究和发展中一个热门领域的。目前已有不少的模型，都是建立在对从系统中收集来的信号分析的基础上的。在未来的维修策略研究中，基于信号分析的建模方法可能促进预测模型的发展，使其在诊断系统当前状态的同时能够预测出未来的状态趋势。

　　预测是主要采用自动化的模型去探测、诊断和分析物理系统性能的退化，并计算在不可接受的性能退化发生前，设备处于可接受工作状态的剩余使用寿命。退化分析的主要功能是研究涉及物理属性的演变，或者导致设备失效的性能测量标准。准确并可靠的预测分析结果是成功执行基于状态的工程系统维护的关键因素，它对安全性能的改进、任务的规划、维修时间表的制定、维修成本的降低和停工时间的减少等都起着至关重要的作用。虽然得到可接受准确度范围内的预测分析结果是一件非常困难的事情，但基于状态的维护中所涉及的预测方法学还是在近期获得了越来越多的关注。

　　为了支持维护决策的制定和具有一定操作性的可靠性管理，目前已有许多的方法、技术在各方面取得了不错的研究进展。这些方法按其性质特点和适用对象被分为五类，它们被视为通向决策制定管理的五步阶梯（见图 2.2）：第一步是机械设备的先验知识的形成；第二步是数据的获取；第三步是数据的预处理，方法包括数据提取、转换和分析等；第四步是基于信号的故障诊断；第五步是基于数据和诊断的预测分析。

　　目前已有一些关于预测技术的综述文章。Katipamula 和 Brambley[1]，

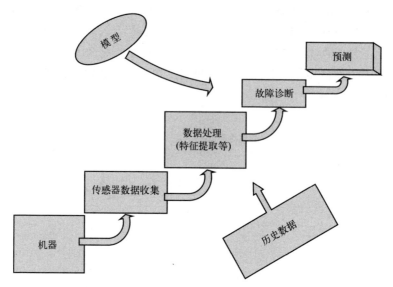

图 2.2　基于预测性维护的阶梯型技术模块

Jardine[2] 等学者都针对预测的当前发展状态进行了简要的综述工作,但是他们的综述文章更偏重于研究诊断技术方面。Schwabacher 和 Goebel[3] 对人工智能(artificial intelligence,AI)和机器学习(machine learning,ML)的概念进行了重新定义,并在此基础上对 AI 和 ML 在预测中的应用情况做了综述工作。Zhang 和 Li[4],以及 Kothamasu 等[5] 将近年来应用在 CBM 中的故障诊断技术的研究和发展工作进行了总结。在对一系列相关文献进行综述工作的基础上,这些学者对未来故障诊断和预测技术在实际应用方面的发展和挑战提出了一些见解,包括需要发展快速且准确度高的设备健康状态预测技术,建立起行之有效的故障确认方法,并研究开发相关的预测软件包。Goh 等学者[6] 介绍了目前已应用于预测维护中的一些典型技术理论,并对不同的预测技术进行了 SWOT(strengths,weaknesses,opportunities and threats)分析。在前述的综述文献中,所涉及的理论方法大多限于一些传统的、典型的技术,例如人工神经网络(artificial neural network,ANN)、模糊逻辑学(fuzzy logic,FL)和专家系统(expert system,ES)等。

　　近年来,已有关于机械设备的预测理论及其实际应用方面的大量论文发表于众多的与维修和可靠性相关的国际会议和期刊上。许多曾经成功运用于其他领域的传统方法学被逐渐引入到故障预测的研究中,同时也有一些全新的技术及方法涌现于此研究领域。为了提高预测模型的准确性,一些学者也尝试将两个或三个模型结合在一起来建立一个组合模型。大体来说,预测模型可分为四类:物理模型,基于知识库的模型,数据挖掘模型和组合模型。文献综述在基于模型的分类基础上进行，对通常情况下应用于不同模型的理论技术按所属模型进行了分类，并按类别顺序对多种技术和方法进行了介绍和评估分析，对一些传统的典型方法和新引入方法的优缺点进行了分析、比较和讨论。

2.2　基于物理模型的故障预测与健康管理方法

基于物理模型的方法，通常采用数学模型来描述那些会直接或间接影响相关组件健康状态的物理过程。物理模型大多由特定领域的专家建立，通过对大量历史数据的分析来确定模型的参数。基于物理模型的方法用于设备的健康状态预测时，需要模型设计者掌握与系统监控相关的专业机械理论和方法。

基于物理模型的方法使用残差值作为特征值。残差值的获得来自对两组来源不同的数据不断地进行同时的检测核对，这两组数据分别来自安置于某物理系统上的传感器发出的信号和对应建立的数学模型中的输出值（见图 2.3）。这类方法的前提是残差值在正常的扰动、噪声和模型误差的影响下，可低于一个预设值，并在系统故障出现的时候超过预设值。可用统计方法来设定确定故障出现的阈值。基于物理系统的方法适用于那些可以运用 CPS 建立起精确数学模型的状况。这些模型只能被应用于对应的被监控特定系统，并且在输入命令信号时，能通过仿真做出精确的系统反应。另外，此类模型需要能够被用于组件失效的仿真，这种仿真和物理失效实验不同，它不会产生在真实硬件上进行故障传播的费用。

物理模型在多种不同操作条件下均可以使用。在一个智能监控系统中，在各类工作负载，包括稳定状态、转换状态和预计外的特殊状况（特殊负载，不同操作机制）下，物理模型都能良好地运作。由于对系统物理状况的理解已经被有机纳入监控系统的模型中，在多种状况下，特征向量的改变和模型参数紧密相关，因此，在偏移的参数变量和需要进行预测的健康特征间可以建立起映射函数。进一步而言，当对系统退化的物理理解发展得更加深刻时，通过对模型进行相应的修改，此类模型可以对更加微小的故障做出预测，并且预测精确度也可提高。

虽然具有上述众多优点，但物理模型的使用仍受到一定的限制，原因在于建立模型的花费高昂，并且具有很强的组件针对性，使得每一个物理模型只能应用于对应的特定机械组件[7]。而且，建立一个性能优异的物理模型非常困难。常见的物理模型主要包括裂缝扩展模型、损伤扩展模型、裂纹诊断与预测方法等。

Glodez 等[8]建立了一种用 Paris 方程来模拟裂缝扩展的模型，用于预测

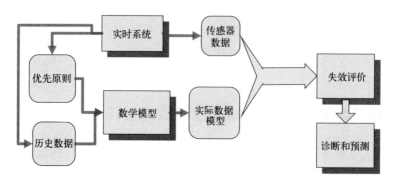

图 2.3　CBM 中基于物理模型方法的流程图

齿轮寿命，这个模型利用寿命预测法计算产生裂缝所需要的齿轮应力循环的数量，通过位移相关计算法来获得裂纹长度和强度因子间的函数关系。Ray 和 Tangirala[9] 集合来自传感器的监测信号，建立材料裂纹演化的随机模型，从而使材料的剩余寿命、材料裂纹的长度及演化速率获得有效的估计。Wang[10] 根据齿轮的动力学特性方程，建立了在线估计、更新齿轮啮合刚度及系数的模型。基于齿轮的啮合刚度及系数的不断变化，裂纹扩展优化模型被用来进行齿轮剩余寿命预测。Oppenheimer 等[11] 建立了一种基于物理的转轴裂纹的诊断和预测方法。Li 和 Lee[12] 建立了一种基于有限元法的齿轮裂纹长度的估计模型、一种齿轮动力学的仿真器、一种获取齿轮应力强度因子的仿真器、一种齿轮的剩余寿命预测模型。由齿轮的刚度演化产生的其动态载荷在齿轮裂纹的扩展过程中被考虑。Kacprzynskl 等[13] 将齿轮的失效过程分为齿轮裂纹产生阶段及齿轮裂纹演化阶段，Neuber 原理被用来估计在裂纹产生阶段的萌生循环数，而在裂纹的扩展阶段，Paris 公式被用来获得在裂纹演化阶段转变到失效时的循环数。当建立基于状态监测的裂纹长度预测模型后，该模型可用于取代 Paris 公式来估计裂纹扩展到失效长度的概率分布。

Li 等[14] 建立了一个轴承故障诊断模型和轴承的损伤扩展优化模型。根据传感器检测的信息，轴承诊断模型被用于估计缺陷的有效尺寸，轴承损伤扩展优化模型被用来获得缺陷的扩展率以及未来时刻的轴承损伤尺寸，通过优化算法，对诊断模型及损伤模型的参数利用模型预测偏差进行在线更新。Li 等[15] 把确定性的损伤扩展优化模型扩展到随机的损伤扩展优化模型。Chelidze 等[16]、Cusumano 等[17]、Chelidze[18] 对系统的失效过程进行重新分类，根据系统的损伤演化过程原理说明了系统的动态性。文献假设了系统的动态性是可以被观测的，并且是被某种常微分方程所控制的，无须了解常微分方程的优化模型。Luo 等[19] 学者的研究是对前述研究内容的更好的延伸，通过结合设备的状态检测信息与健康预测的物理模型，提高设备的寿命预测精度。

Orsagh 等[20] 对设备监测信息的有效融合架构以及融合模型进行了有效的分析，提出了关于轴承故障诊断及健康预测的定义，且在轴承的碎裂发生后，通过碎裂扩展预测模型进行轴承寿命预测。Marble 等[21] 构建了一种碎裂扩展方程，联合有限元计算方程中需要的碎裂周围的应力，从而进行轴承寿命预测；也讨论了基于在线故障诊断结果来更新预测模型的方法。Qiu[22] 根据振动及力学内容，建立了轴承系统的健康预测模型，有效结合了系统固有的振动频率及振动幅值、系统的失效时间及服务时间，系统的振动技术被用来获得其故障时间。Ramakrishnan 等[23] 利用线性损伤方法理论来估计电路板上的焊点的损伤变化情况及数量，使用同一个方法对焊点的剩余寿命进行有效估计。实验表明，样本的剩余寿命的均值可以利用线性损伤方法理论来获得较好的结果。Gu 等[24]、Musallam 等[25] 对印制电路板在振动载荷情况下的响应通过应变计进行监测，后续的焊点应变性通过解析模型进一步获得，焊点的损伤累积通过 Mine 原理进行有效估计，同时，可以获得其剩余寿命。Ompusunggu 等[26]、Cong 等[27] 也应用设备的监测振动信号，对齿轮和设备的健康状态进行预测。

2.3　基于知识驱动的故障预测与健康管理方法

在实际运用中，运用先验经验为一个物理系统建立起精确的数学模型在通常情况下是一件非常困难的事情，物理模型的运用常常因此受到很多的限制。鉴于此，不需要物理模型的基于知识库的方法显得更有发展前途。专家系统（expert system，ES）和模糊逻辑（fuzzy logic，FL）是基于知识库的方法中比较常见的两个例子。

2.3.1　专家系统

专家系统在化学、数学、物理、生物、医学、农业、气象、地质勘探、军事、工程技术、法律、商业、空间技术、自动控制、计算机设计和制造等众多领域都有应用，在实际应用中产生了巨大的经济效益。建立专家系统的步骤涉及知识获取、知识表述和模型的确立三部分。其中，知识的获取是比较困难，同时也相当重要的一个阶段。所获知识的质量对整个系统的性能起着至关重要的作用。

近年来，专家系统在人工智能领域发挥了重要作用，它被传统性地广泛运用于故障诊断和预测应用中。通常，专家系统用于对系统的解释、监控和诊断，并对预防性及预测性修理动作和维护行为做出计划。基于规则的专家系统将领域内专家的知识进行整理，并遵循一定的规则表达出来。这些规则可以是特殊的领域规则、启发式规则或来自经验的规则，也可以通过逻辑处理器串联为规则链使用。基于规则的知识系统在对专家领域知识的提取概括上十分有效，但是将领域知识转化为规则却比较困难。并且，一旦专家系统被建立，它便不能够处理它的知识库内规则所未涵盖的新情况。而且，当知识库内的规则数量急剧增加时，可能由大量计算的问题导致计算机的"组合爆炸"。

早在 1989 年，Lembessis[28] 就建立了一个实时专家系统用于故障诊断，该系统可以连续地监测工业设备的健康状态。随后，专家系统在设备故障诊断领域蓬勃发展，得到了广泛的应用。Butler[29] 提出一个专家系统框架，用于故障的探测和预测性维护（failure detection and predictive maintenance，FDPM）。该 FDPM 系统由无数个与专家系统相关的组件和数据库组成，其中数学模型和神经网络模型得到了很好的运用。它可以评估一个能源分配系统中组件的完好性，并对维护需求做出有效预测。Biagetti 和 Sciubba[30] 设计了一个命名为 PROMISE 的预测及智能检测专家系统。该系统可以针对存在的严重故障生成对应的实时信息，对未来一定时间范围内发生的可测故障或可能性故障做出预测并对如何控制问题给出建议。

2.3.2　模糊逻辑

模糊模型是一种重要的非线性映射模型，它能在模糊、不明确、不准确、噪声或者遗漏信息存在的情况下，提供一种简单的方法来对信息做出定义，并得到解决问题的方法。它善于表达界限不清晰的定性知识与经验，借助于隶属度函数概念，区分模糊集合并处理模糊关系，模拟人脑实施规则型推理，解决种种不确定问题。通过语言变量的使用，模糊逻辑提供了一种模仿人脑的不确定性概念判断、推理思维方式，从而对于模型难以确定甚至未知的系统对象，以及非线性、滞后性严重的控制对象，实行模糊综合判断，因此在处理复杂系统的大时滞和非线性问题方面显示出它独特的优越性。

模糊模型的最大特点是其模糊规则库可以直接利用专家知识构造，因而能够充分利用、有效处理专家的语言知识和经验，而且一个适当设计的模糊逻辑系统可以在任意精度上逼近某个给定的非线性函数。它应用模糊集合和模糊规则进行推理，表达过渡性界限或定性知识经验，模拟人脑方式来推理解决常规方法难于对付的规则型模糊信息问题。

与传统的布尔逻辑比较，模糊逻辑集合成员不仅可以取值为真或者为伪，还可以属于一个或多个模糊集，这意味着在模糊系统中，所有的规则都可以得到运用并且每条规则对输出的结果都有一定影响。但是在精确系统中，有且仅有一条规则可以被选中使用。模糊逻辑使得定性的和不精确的推理陈述可以用于基于规则的系统，并产生更加简单、直观且性能更优异的行为模型。和数学描述相比，模糊逻辑的语言对系统的描述更有效，并且减少了特殊性。因此，通过模糊逻辑规则下概念的引入，管理维护动作日程的不确定性成为可能，提高了故障诊断和预测方法的鲁棒性，增加了诊断和预测结果的可靠度。

近年来，随着对模糊理论的研究不断深入，模糊模型在故障预测中得到越来越多的应用。在用于故障预测的模糊模型中，利用模糊集合理论与模糊逻辑关系，在模糊知识的表达上使用故障与传感器参数之间的隶属关系，并建立起对应的模糊关系矩阵。

模糊模型作为一种半定量方法，它在知识表述和推理方面的独特规则显示出巨大的优势。因此，一般把模糊模型与其他模型相结合，例如应用于专家系统、卡尔曼滤波、人工神经网络中等，使模型发挥更好的效果。Choi[31] 研发了一个名为 AFDS（alarm filtering and diagnostic system）的警报过滤和故障诊断系统，该系统使用一个在线模糊专家系统，能够在系统进入异常状态时提供无缺陷的警报图片和系统层面上的失效信息，同时对系统操作者发出关于程序异常性的预测警报。另一个基于模糊模式识别规则的自适应性预测系统由 Frelicot[32] 设计建立。系统中的模糊分类规则包含了隶属度拒绝权和模糊拒绝权，并通过此规则的运用对故障进行诊断。为了从隶属度拒绝模式中提取出新的错误模式，一个基于模糊聚类的自学习程序被定期激活。同时，一个多步的自适应性卡尔曼滤波被引入系统，对隶属度向量进行不断修正，提高预测结果的可靠性。宋云雪等[33] 将模糊理论应用于人工神经网络，在神经网络框架下引入知识的定性表达。该组合网络结合了模糊理论与人工神经网络的优势，和一般神经网络相比，具有更强的针对性。

模糊模型适用于对复杂系统的预测，但目前模糊预测系统的研究仍处于初始发展阶段。在模糊预测系统中，静态知识库无法反映设备零部件的失效过程，使得故障预测系统的知识表达不能包含时间参数，不能对预测对象实现实时监控，削弱了方法的实用性，因此需要对动态知识库的建造技术进行进一步研究和运用。

2.4　基于数据驱动的故障预测与健康管理方法

数据挖掘是从大量数据中发现知识过程的一个重要步骤，它是从大量不完全的、有噪声的、模糊的、随机的数据中提取隐含在其中的有用的信息和知识。数据挖掘是在一些事实或观察数据集合中寻找模式的决策支持过程。它综合了人工智能、模式识别、计算智能（人工神经网络、遗传算法）、数理统计等先进技术，目前已成为计算机科学研究中的前沿活跃领域之一，在市场分析、金融投资、医疗卫生、环境保护、产品制造和科学研究等领域都获得了广泛的成功应用，近年来也被引入到基于状态的机械设备维护领域中。把数据挖掘应用在机械设备故障诊断与预测中，就是根据机械设备的历史运行记录，对它可能的运行状态进行分类，并基于历史数据反映的运行情况，对它未来的运行趋势进行预测。

基于数据驱动的设备健康预测方法，根据设备运行状态的监测数据，通过设备预测模型，可用确定性的失效阈值或失效面定义设备失效。通过对设备的失效阈值和未来状态的分析，对设备的失效时刻进行预测，获得设备的健康状态和剩余寿命，常用的基本方法有滤波法、神经网络法、贝叶斯法等。

Swanson 等[34] 用卡尔曼滤波器来跟踪钢带固有频率，给定了固有频率的失效阈值，从而提出了一种预测钢带失效时间和剩余有效寿命的有效模型。Orchard 等[35] 对行星齿轮架板剩余寿命根据粒子滤波的原理进行了有效预测，同时，也得到寿命预测的有效置信区间。通过实验分析，证明提出的方法具有针对系统的加载条件及特征变量的信噪比的鲁棒性。

Cheng 等[36] 研究了两类方法有效融合预测框架：基于物理的预测方法与基于经验的预测方法。设备的关键参数通过基于物理的预测方法进行确定，同时，潜在的设备失效机制被获得，对失效机制进行有效排序，确定设备的故障模型。设备监测变量的特征通过利用基于经验的预测方法进行提取，对设备的健康演化以及参数变化等进行有效预测。Stanek 等[37] 将基于案例及基于模型这两种推理的方法做了比较，联合这两种方法，建立了一种进行设备故障诊断的低成本的方法。

2.4.1 基于人工神经网络的方法

人工神经网络（ANN）是一个数据处理系统，通常由输入层、隐藏层和输出层三层组成。每层由一定数量的、结构简单的，被称为"节点"或"神经元"的神经元类似处理单元组成，这些单元通过使用数字化的权重彼此连接来互相作用。根据神经网络的拓扑结构和信息流的传递方式，ANN 可以分为前馈网、反馈网和混合网三种形式。

通过网络的训练程序，可以在 ANN 中一系列的输出和输入之间构建结构复杂的回归函数。常见的训练方法有两种：监督学习和无监督学习。监督学习通过一系列特定的输出输入来实现网络的训练，无监督学习主要用于输入数据的分类。通过网络训练机制，ANN 可用于将一系列的网络输出和输入之间的关系构建为结构复杂的回归函数。

基于 ANN 的方法具有提高处理速度、降低系统复杂性等潜在优势，因此在预测研究领域内引起了普遍的关注。此类方法及衍生模型通过提供通用性强且可重复利用的软件及硬件组件，在建模和辅助决策方面（例如，数据分类）得到了广泛应用。ANN 并不依赖于先验法则或概率统计模型，并且能够非常有效地简化模型的集成过程。传统方法很难适用于解析困难的问题，例如非线性、高阶、时变动态系统等，但是 ANN 可以很容易地解决这类问题的建模问题，甚至对不能解析的问题，也可以建立起对应的 ANN 模型。通过对模型的调整，可以增加错误的容许量，并且在系统的成熟过程中自我调整，对结果做出补偿。

ANN 及其衍生模型又被称为黑盒子：一方面，黑盒子保证了模型的容易建立性；另一方面，在预测结果中缺乏原理性的直接分析。虽然和物理模型及基于知识库的方法相比，建立 ANN 模型相对容易，但对系统设计者来说，在实际运用中将领域知识用到人工神经网络是非常困难的。对设计者来说，预测过程本身是一个"黑盒子"，很难将 ANN 的输出和物理现象联系起来。当 ANN 的规模增长时，训练会变得非常复杂。举例来说，如何设置每一层需要的处理节点数量就是一个非常困扰设计者的问题。

ANN 在预测的应用上分为两类：一类用于非线性函数的拟合，并在此基础上通过数值估计和数据分类的应用来预测系统的失效特征和趋势；另一类和系统的反馈连接一道用于系统退化的动态过程建模，并计算系统有效剩余寿命的预测值。ANN 可以作为"预测器"，把时间序列的历史数据映射到未来数据；也可以作为"组合器"，给出常规预报方法的最佳组合。由于 ANN 具备将不同渠道，甚至分离的渠道中的数字信息融入模型的能力，一个设计整合良好的 ANN 模型可以快速精确地执行在线模式识别任务。从这些系统中所提取的数据可以共同用于设备故障诊断和健康状态预测。与传统的非线性组合预报相比，神经网络组合预报模型在提高预报精度的同时不需对模型结构做限制，优势突出。

Spoerre[38] 把 ANN 模型用来研究轴承故障分类。Wang 等[39] 运用 ANN 模型来解决旋转机械故障诊断的问题。Tallam 等[40] 探讨了 ANN 模型在电子机械中的故障诊断问题的应用。Sohn 等[41] 用 ANN 模型进行区分故障类型对于提取的特征数据、环境和振动变量的影响的研究。Chinnam 等[42] 提出在有些情况中没有办法在特征变量的空间来定义失效，但却能依据专家知识和操作经验定义失效，因此，在这种情况下，用前馈型神经网络来对特征变量进行预测，用 Sugeno 模糊推理模型对失效进行定义，从而进行设备性能可靠度的预测。Gebraeel 等[43] 建立了两类基于 NN 的寿命有效预测方法，通过案例分析可知这两种方法可以获得较高的预测精度。在方法框架中，基于设备的历史监测数据，多个前馈型反向传播的神经网络被建立，从而使轴承服役时间被有效估计，用一个振幅阈值来描述轴承失效。Tran 和 Yang[44] 应用自适应神经网络预测设备的健康状态。Leu 等人[45] 提出了神经网络和隐马尔可夫模型的集成模型来预测设备的寿命。

在 ANN 中，要求人工神经元对系统的输入信号进行变换，该变换要求当神经元所获得的输入信号累积效果超过阈值时，激发该神经元，否则就抑制该神经元，即人工神经元需要一个变换函数，用来执行对神经元所获得的网络输入的变换，该变换函数称为激活函数。常用的激活函数有：线性函数、非线性斜面函数、阈值函数和 Sigmoid 型函数。

动态小波神经网络是神经网络的衍生模型之一，它是小波分析理论与人工神经网络理论完美结合的产物，兼容了小波分析与人工神经网络的优越性，在判别和分类问题上有其独到之处。它既能够充分利用小波变换的时频局部化特性，又可以充分发挥人工神经网络的自学习、自适应能力，从而具有较强的逼近与容错能力，非常适用于物理信号和图像的分析。

一些学者提出用动态小波神经网络（DWNN）系统来处理预测中的分类问题。在在线执行和应用前，需要对模型进行训练和验证。DWNN 可以使用时间相关的训练方法，既可以使用以 Levenberg-Marquardt 算法为代表的梯度下降技术，也可以使用一些进化算法如遗传算法等。DWNN 能够用动态模式来处理提取自暂态序列并保持动态的特征，这些提取到的特征可以和描述指定时间片段下过程的时间相关向量融合。一个训练良好，结合了有效剩余寿命计算机制的 DWNN，可以扮演在线预测操作者的角色。它的缺点是需要一个足够大的数据库来完成特征提取、训练、验证和优化工作。

Vachtsevanos 等[46] 描述了基于动态小波神经网络的寿命预测方法。在案例分析中，验证了该方法的可行性；轴承的振动信号功率谱密度被用作模型的输入特征变量，需要假设基于功率谱密度的失效阈值在剩余的预测过程中。Wang 和 Vachtsevanos[47] 建立了一个 DWNN 预测框架。网络中将临时信息和存储能力纳入功能性中，可以执行故障的预测任务。模型的预测结构基于一个静态"虚拟传感器"，该传感器在已知故障数据的阈值范围和一个可根据故障组件的当前状态推测未来时间下状态的预报器间建立起连接，并据此揭示故障模式随着时间推进的演化过程，预测组件的有效剩余寿命。阈值范围与预报器的构造均基于 DWNN 模型，起着映射工具的作用。Gebraeel 和 Lawley[48] 在退化模型的基础上使用 DWNN，利用传感器的状态参数来计算部分退化组件的有效剩余寿命分布，并可实现持续更新。通过使用实时的传感器数据对神经网络进行"监督"训练，可以获得初始的预测失效时间。这些初始值被用来构造一个被监控组件的先验失效时间分布，并使用贝叶斯理论对先验分布进行不断更新。这个模型的独特之处在于，具有根据传感器的状态信号来对组件有效剩余寿命分布进行更新的能力。这些实时的传感器信号可以捕捉到组件的最新退化状态，并据此更新与组件的物理退化直接相关的寿命分布。

多项式在描述物理过程和动态系统时表现出来的近似普遍性先后被 Kolmogorov 于 19 世纪 40 年代，和 Gabor 于 19 世纪 50 年代证实。大致而言，许多设计中的主要元素可以通过归纳法进行建模。虽然使用常用的数学原理和法则是最常用的方法，但其他一些逻辑因素和先验知识模块也表现不俗。多项式神经网络（PNN）利用了 KG（Kolmogorov，Gabor）多项式和数学几何。与只使用了 KG 函数中前两项的多层神经元网络相比，PNN 利用了高阶序列和交叉耦合的非线性特点。Parker 等[49] 使用 PNN 来分析直升机传动装置中的正常和故障振动信号，该模型可以用于一般性故障诊断、隔离和评价估计。文献中的数据来自九次故障播种索具实验，每个实验各自对应六个不同故障/非故障状态中的一个。这些数据被用于模型的训练和 PNN 分类任务完成情况的评价。特征值提取自时间序列的振动信号的光谱幅值，通过使用 MLPP（multiple-look post-processing）策略使振动信号的分类达到最优。

自组织神经网络（SOM）通常用于处理特征空间的建立和系统退化诊断问题。网络模型中的神经元阵列全部互相连接，即每个神经都接受相同的外部输入，并在外部输入出现时，同时开始工作。网络采用胜者优先的学习机制，选出的一个神经元网络训练好后，当同样的模式出现时，某个神经元将"兴奋"起来，表示该神经元认识这个模式，这种信息处理模式来源于人脑内的感觉映射。在对输入数据进行标准化处理后，自组织神经网络可以进行迭代训练。在训练的每一步，每个样本矢量 X 均从输入数据组中随机选取而得，矢量 X 和网络中权重矢量的距离初始值随机生成，并使用某种距离测量方法计算，比如欧几里得距离。最靠近 X 的权重矢量所属单位即是映射单位，又被称为最匹配单位，即 BMU（best matching unit）。当确认 BMU 后，BMU 的权重矢量和它的拓扑邻居被随之更新，使其更接近输入矢量 X。在训练程序结束时，权重矢量根据它们在输入空间中的距离而分类聚拢。

SOM 具有很好的样本聚类和模式识别能力，加之无监督的自学习方式，使其在机械故障模式识别和故障预测中获得广泛应用。和一些传统方法，如 PCA 相比，SOM 可以用来处理具有高偏离度的非线性数据。SOM 的无监督学习特性不需要事先获得和输入向量对应的目标值，因此在输入数据所属类别的信息未知的情况下，它仍旧可以用于数据分类工作。SOM 是揭示状态空间结构的有力工具，同时，它能有效地将系统行为可视化，是系统监测和系统退化诊断的有力工具。Huang 等[50] 通过使用六个振动信号数据来对 SOM 进行训练，训练后输出 MQE（minimum quantization error）指标来评价轴承滚珠的退化情况，并预测有效剩余寿命。针对滚珠从初始完好状态到完全失效的最终状态的全过程，SOM 都建立了适当的退化指标。

综上所述，ANN 用于预测领域存在如下优点：

① 作为"黑盒子"系统，不需要建立基于系统物理规律的数学模型，建模容易；

② 有更好的容噪性，能很好地处理常伴随着大量噪声的传感器信号；

③ 有优秀的非线性映射能力，能以给定的任意精度逼近任意的连续函数。

总之，以上特点使 ANN 能够较好地反映机械设备实际工作状态的发展趋势与状态信号的关系。同时，ANN 能进行多参数、多步预报，在故障预测方面具有很好的应用前景。

2.4.2 贝叶斯网络方法/模型

工程中需要进行大量科学合理的推理，而且工程实际问题大多比较复杂，其中存在的大量不确定性因素给准确推理带来了很大的困难。不确定性推理也是人工智能的一个重要研究领域，尽管许多非概率模型在人工智能的领域得到了广泛应用，但是研究人员认为在常识推理的基础上构建和使用概率方法也是可能的。为了提高推理的准确性，美国计算机科学家 Judea Pearl 于 1988 年提出了贝叶斯网络（BN，Bayesian network），用于处理人工智能中的不确定性信息。BN 又称信度网络，是贝叶斯方法的扩展，自提出后便成为了研究的热点，是目前不确定知识表达和推理领域最有效的理论模型之一。

BN 来自概率论和图论的综合应用，它是基于概率推理的图形化网络，而贝叶斯公式则是这个概率网络的基础。BN 是一个具有概率分布的有向弧段（DAG，directed acyclic graph），它由节点和有向弧段组成。节点代表随机变量，连接节点的有向弧段代表了节点间的相互关系（由父节点指向其后代节点）或概率关系，没有父节点的节点用先验概率表述信息。节点变量可以是任何问题的抽象，如：测试值，观测现象，意见征询等。它适用于表达和分析不确定性和概率性的事件，应用于有条件地依赖多种控制因素的决策，可以从不完全、不精确或不确定的知识或信息中做出推理。可以用 $B(G, \text{Pr})$ 来描述一个 BN，这里 G 是不构成回路的有向弧段，Pr 是条件概率，可通过递归乘积对其进行分解。BN 是为了解决不定性和不完整性问题而提出的，经过多年的发展已逐步成为处理不确定性信息技术的主流，在计算机智能科学、工业控制、医疗诊断等领域的许多智能化系统中得到了重要应用。在设备维护领域，BN 对于解决复杂设备不确定性和关联性引起的故障有很大优势，成为众多学者的研究对象。

BN 的建造需要知识工程师和领域专家的参与，在实际操作时可能需要反复交叉进行使用，不断完善，是一个复杂的任务。面向设备故障诊断和预测应用的 BN 的建造所需的信息来自多种渠道，如设备手册、生产过程、测试过程、维修资料以及专家经验等。首先将设备故障分为各个相互独立且完全包含的类别（各种故障类别至少应该具备可以区分的界限），然后对各个故障类别分别建造 BN 模型。需要注意的是，诊断模型只在发生故障时启动，因此无须对设备正常状态建模。通常设备故障由一个及以上的因素造成，这些因素又可能由一个或几个更低层次的因素造成。建立起网络的节点关系后，还需要进行概率估计。具体方法是在假设某故障因素出现的情况下，估计该故障因素的各个节点的条件概率，这种局部化概率估计的方法可以大大提高效率。

动态贝叶斯网络（DBN，dynamic Bayesian network）是一个包含了统计过程的有向图模型，可以对系统在时间进程上进行监控和更新，并进一步预测系统未来的状态。DBN 的目的是在随机变量的半无限样本集中建立一个概率分布模型，其中随机变量的进程与一些事件模型相对应。在一个 BN 中通常需要定义如下组成部分：先验网络 $P(X_0)$，转换网络 $P(X_t|X_{t-1})$ 和观测网络 $P(Y_t|X_t)$。先验网络表述了在起始时间片段 $t=0$ 时，BN 中所有变量的先验概率分布。转换网络阐明了每个变量在每个时间片段 $t=1,2,\cdots,n$ 上变化的概率。观测网络说明了在时间片段 t 上观测节点和其他节点间的关系。DBN 中的每个变量均和时间片段相关，记为 X_t。模型中有两个关键参数：一个是建模过程中涉及的时间跨度 T，即一共有 T 个时间片段；另一个是与时间片段相关的变量 X_t，其个数为 n，称为样本空间 n。

Sheppard 和 Kaufman[51] 在 BN 的基础上建立了一个设备健康诊断模型，该模型中包含了失效概率、设备的不确定性和故障迹象的预测等信息。他们也使用了 DBN，通过对整个时间段的设备状况建模，来执行预测的工作。Przytula 和 Choi[52] 使用了贝叶斯信度网络（BBN，Bayesian belief net）作为预测框架，对系统的预测和有效剩余寿命的估值都可以在此框架下完成。在 Gebraeel 和 Lawley 等[53] 设计的预测模型中，使用 BN 对先验概率分布进行更新，并完成对后续失效时间点的预测工作。Dong 和 Yang[54] 设计了一个基于 DBN 的预测模型，可以用于钻头零件有效剩余寿命的预测。在如何建立 DBN 并设计相应的算法方面，他们提供了详细的说明步骤，采用基于部分过滤算法的预测过程估计一台垂直钻孔机中零件的有效剩余寿命。杨志波等[55] 以贝叶斯方法在线更新衰退模型的参数，通过联合轴承的失效阈值，寿命分布的封闭形式被获得。Gebraeel 等[56] 使用实时的状态监控信息和设备可靠性各项指标的统计数据来定期升级一个指数退化模型中的随机参数。Chakraborty 等[57] 对设备的衰退模型随机参数中没有呈现正态分布的情形进行了讨论，当设备性能衰退模型随机参数符合更普遍的分布形式时，对寿命预测方法进行了有效的描述。Engel 等[58] 用多项式的模型外推特征变量来对直升机齿轮箱的剩余有效寿命进行预测。

BN 用条件概率表达各个信息要素之间的相关关系，能在有限的、不完整的、不确定的信息条件下进行学习和推理，能很好地应对不确定性问题。在多信息源存在时，它能有效地对多元信息进行表达与融合。例如，BN 可将故障诊断预测与维修决策相关的各种信息纳入网络结构中，按节点的方式统一进行处理，能有效地按信息的相关关系进行融合。但是贝叶斯网络在建模时需要大量的故障数据，包括设备受到重大损伤时的数据，这些数据是很难获得，或获得成本高昂的。

2.5　基于模型驱动的故障预测与健康管理方法

基于模型驱动的设备健康预测方法通常认为状态监测是影响设备健康的主要因素。常用数学模型来描述设备的衰退行为，进而通过数学模型预测设备健康状态和剩余寿命。常用的方法包括隐马尔可夫模型、隐半马尔可夫模型、失效模型、GM 模型等。

2.5.1　隐马尔可夫模型/隐半马尔可夫模型

隐马尔可夫模型（HMM）是随机过程模型的一种，它能够描述出双重内嵌于系统底层且不可见的随机过程，模型名称中的"隐"即来自它描述不可见过程的能力。作为一个参数模型，HMM 通过对大量的实验数据进行统计分析，得到参数的估值。

最开始，HMM 广泛使用于模式识别的研究中，近年来也被引入预测分析的建模中，具有其他一些传统方法所不具备的特质。HMM 不但能反映出设备状态的随机性，同时能够揭示出这些设备的隐藏状态和状态间的转换过程。进一步而言，HMM 的理论基础强健，构建合理，并且算法易于软件的实现。但是 HMM 模型中存在较多约束。比较重要的一点是，连续系统的行为观测必须是相互独立的。马尔可夫链本身的一条重要假设是在时间节点 t 上，给定状态的转移概率只取决于系统在时间节点 $t-1$ 时所处的状态。而且，模型中的状态持续时间遵循指数分布。换言之，HMM 不能够详细准确地描述模型中的时间结构。在实际应用中，这些限制不一定能得到满足，并由此影响模型的精确度。

Kwan 等[59] 构建了一种设备故障诊断和寿命预测的综合架构——基于隐马尔可夫模型的框架，得出预测主要服务于设备健康状态发生变化的趋势估计，但是，文献中对于设备出现故障前的寿命预测没有进行很好的讨论。

Zhang 等[60] 发展了轴承失效的诊断和预测的联合方法，主要包括主成分分析法（prcinciple component analysis，PCA）、HMM 及一种自适应的随机寿命预测模型。PCA 被用于提取监测数据的主要特征，HMM 用来诊断当前轴承的状态，自适应的随机寿命预测模型用来预测并且更新设备健康指标发展趋势，从而进行剩余寿命的预测。Chinnam 等[61] 也用 HMM 对设备进行故障诊断和寿命预测，为设备运转过程中出现的每个健康状态分别建立 HMM，根据传感器的检测数据，对健康状态的转折点进行估计，从而估计其状态转换点条件分布，但没有详细讨论怎样预测设备剩余寿命。Camci 等[62] 将分级的 HMM 视为动态贝叶斯网络执行诊断与预测，能直接用来估计设备各个健康状态间的状态转移概率，采用蒙特卡洛仿真方法来估计设备剩余寿命和置信区间，钻头案例验证了方法有效性。

隐半马尔可夫模型（HSMM）在一个设计完善的 HMM 基础上添加了一个时间组件。为了解决 HMM 不能清楚描述状态持续时间的问题，一些学者提出了 HSMM，可以对状态持续时间的概率问题进行清晰描述。一个常见的设计是挑选与实际运用中真实寿命概率方程接近的概率函数来代替状态持续时间的概率密度函数。本质上，HSMM 是在 HMM 的基础上添加了一个描述清晰的状态持续时间概率函数，但是添加函数后的模型不再遵循严格的马尔可夫过程。HSMM 和 HMM 类似，不同的是，前者每个状态不是只对应一个观测值，而是可以对应一系列的观测值，这些对应于停留在状态 i 时的所有观测值在建模中被看作一个整体。隐半马尔可夫链在确定复杂概率分布问题和时间结构表达问题上均有很强的柔性。

Dong 等[63] 针对 UH-60A 型黑鹰直升机中的主要行星传动系统建立了一个故障分类模型。Dong 等[64] 的研究表明了传统 HMM 的局限性，表明了 HMM 主要用指数分布来表示每个健康状态的持续时间，与设备的实际演化情况相违背，所以，每个健康状态的持续时间需要被明确地描述，在此基础上，提出了 HSMM，通过案例说明了 HSMM 具有更好的有效性和状态的识别性。Peng 等[65] 进一步研究了状态持续长度和设备的老化相关情形，并且，老化因子被引入到 HSMM 中，借此来描述在不同的时间点，设备每个健康状态的持续时间分布。在案例分析中，设备在接近发生故障时，构建的方法可以更精确地预测水泵剩余寿命。

Goode 等[66] 的研究表明许多设备的失效过程包括稳态过程与非稳态过程：在设备正常运行的阶段，主要是稳态过程；从设备出现故障到设备最终失效的阶段，主要对应的是非稳态过程。对于稳态过程来说，通过可靠性数据来执行寿命预测。当设备过渡到非稳态过程时，对于设备的传感器检测数据，假设呈现指数增长形式，利用设备的检测数据来进行设备的寿命预测。Yan

等[67] 采取了 logistic 回归方法，设备特征变量和失效概率间的联系被建立，时间序列模型被采用，用来进行特征变量预测。利用 logistic 模型，前期的预测值作为模型输入，设备的剩余寿命的有效预测被执行。基于 HSMM 的寿命预测模型很好地描述了设备当前状态（劣化程度）与监测信息之间的概率函数关系，并且它仅用当前信息估计下一个时间点状态。但是，由于计算复杂度问题以及多源信息融合问题，HSMM 无法有效地进行在线健康预测。

另外，多伦多大学 Makis 教授团队也做了一些这方面的工作。Tang 和 Makis 等基于 HMM 模型，考虑了带有部分故障观测数据系统的参数估计，但是他们仅假设逗留时间服从指数分布，没有有效地考虑状态的逗留时间。

2.5.2 失效率和比例强度模型

失效率是指工作到某一时刻尚未失效的设备在该时刻后，单位时间内发生失效的概率，一般记为 λ。它也是时间 t 的函数，故也记为 $\lambda(t)$，称为失效率函数，有时也称为故障率函数或风险函数。失效率作为设备寿命分析中的一个重要指标，它的数学特质能揭示出数据中多种不同的特征，被广泛应用于设备有效剩余寿命的预测中。

Wang 等[68] 设计了名为 GAMMA 过程的随机过程，通过用失效率求得均值来预测轴承上旋转组件的有效剩余寿命。通过对振动信号的分析，专家将状态信息用作进行判断的依据。Victor 等[69] 对失效率服从 Birnbaum-Saunders 分布的系统进行了寿命分析。

但是，系统或零部件的失效率不仅受操作时间长短的影响，还受到操作环境下各种环境和操作参数，例如气温、湿度、工作负载等的影响。比较常见的一个问题是，在可靠性数据的分析中，并不是所有的数据都在同样的工作状况下收集获得。对那些有效剩余寿命受参数影响严重的系统，部分失效率模型针对此情况被引入预测分析。最开始这类模型被广泛应用于生物医学领域，近来，研究可靠性维护管理的学者对它产生了日渐浓厚的兴趣。在可靠性数据的分析中，一个经常出现的问题是并非所有的数据都在同样的工作状况下收集获得，部分失效率模型将情景概念引入到失效率方程中。情景对失效率的影响可以使观测到的失效率比基准失效率更高（例如，当设备在恶劣状况下运行时），也有可能使失效率观测值低于基准值（例如，当设备的运行状况得到改善时）。部分失效率允许更多类型的数据挖掘风险模型来描述情景对设备健康状态的影响。

Cox[70] 使用部分失效率概念建立了一个可以对复杂多组件系统进行可靠性评估和风险预测的模型框架。该模型修改了部分失效率公式，使其可以适用于时间变化的随机情境，将任意时间下非静态随机环境中的离散数据组进行转换，并在非线性网络环境下执行。失效率的基准值来自一个参数化的可靠性模型，使用经验值来评估可靠性。Liao 等[71] 为独立的旋转机械组件建立了一个部分失效率模型，该模型考虑了多个退化特征，在获得实时退化信息的基础上，预测组件有效剩余寿命均值。Li 等[72] 设计了一个提取常见失效信号的算法，设定失效特征编码为取决于时间的情景变量并使它们互相作用。文献中的 Cox 失效率模型可以有效处理事件序列的情景，序列中的大量事件类型都基于前述的常见失效特征。此模型可以对设备故障的发生做出预警，为设备真实失效事件的发生预留出充分的准备时间，帮助制订预防性维护计划。

Volk 等[73-74] 采取比例强度模型进行设备寿命的预测，并以此来评价 PM 的效果。Banjevic 等[75] 采用比例风险模型（proportional hazards model，PHM）对设备可靠性及剩余寿命进行预测，且用 Markov 过程来描述设备内部和外部的协变量发展过程，因此，在某一个时刻预测协变量的未来发展趋势，结合比例风险模型来预测设备剩余寿命。Wang 等[76] 划分了水泵的维护方式等级，并且对于水泵的轴承寿命分布，假设具有与造纸机的轴承一样的形状函数与不同的尺度函数，在此基础上，水泵轴承的风险函数值被计算，寿命被预测。

2.5.3　灰色模型 GM（1,1）

部分信息已知、部分信息未知的系统称为灰色系统。由于相关信息不充分、欠完整、不确定的系统大量存在，灰色系统在各个领域得到了广泛应用，被成功地运用于管理、经济、金融和工程中。即使在数据不完全时，灰色模型也能有效地对系统进行分析、建模并作出预测。在灰色系统中，信息和原理既不像在白色系统中那样完全清晰，也不像在黑色系统中那样完全未知。灰色系统将每个随机变量设置为灰色量，使之在一定范围内变化。它可以直接处理原始数据并对数据的本质规律进行研究。一个灰色预测模型可以应用于**数据量较少**的情况中，同时在 MATLAB 系统下轻松实现程序操作。目前关于 GM（1,1）的研究主要集中在两个方面：①加强对原始序列的处理，例如进行变换处理以增加原始离散数据的光滑度；②改进 GM（1,1）模型，使其具有更好的拟合优度和预测精度。

影响机械设备工作状况的因素很多，其中既有确定性因素，又有非确定性因素，即"灰色"因素。因此，灰色模型适用于机械故障预测。Huang[77] 将灰色预测模型应用到制造过程的监控管理中。当平均偏离发生时，灰色预测器能够监督样本均值，尤其是在子集成员数量较少时。可见，灰色预测器对子集的成员数量非常敏感。也有学者将灰色模型和模糊模型组合，探索了灰色模型在设备预测领域使用的可能性，拓展了灰色模型 GM（1,1）的适用范围。陈举华等[78] 将具有差分形式的灰色模型 $GM(1,1)$ 扩展为 $GM(1,1,w)$ 预测模型，用模糊贴近度来优化参数 w，再进行故障预测，工程实例证实了此方法的拟合优度和预测精度均高于未优化的 $GM(1,1)$，在样本空间较小的情况下能得到更好的预测结果。Gu 等[79] 尝试使用一个灰色预测模型来预测电子仪器的失效时间，但他的工作还处于探索阶段。

2.6 基于融合模型的故障预测与健康管理方法

目前，随着计算机技术的迅速发展，多传感器技术得到了越来越多的关注。多传感器的融合技术利用了计算机的智能与快速运算能力，消除了数据信息间的差异，有利于数据处理质量的提高。多传感器信息融合技术，是计算机科学、数学、智能算法以及管理领域等多学科的综合交叉应用。随着设备复杂性的提高，对设备的性能要求也在逐步地增加，因此，对传感器的数量和种类要求也在增加。这表明在面对同一检测对象时，各种传感器的监测信息以及对监测信息的处理方法被综合应用，从而获得设备的全面监测信息。同时，设备监测信息的精度和可靠性得到了极大的提高。来自多传感器的监测信息，具有多样性、复杂性高且信息容量大的特性。对于这类信息的处理，不同于单个传感器信息的处理，因此融合技术的研究变得非常重要。

设备故障诊断和寿命预测中，考虑多传感器的融合技术有三个主要的原因：

① 在故障诊断和寿命预测复杂化的情况下，对传感器种类和数量的要求也在增加，对于设备的不同部位，可以利用不同的传感器获得不同类型的信息。相对于单个传感器的只能获得单一信息的情形，多传感器可以获得多样的状态监测信息。在单一信息的情形下，进行设备故障诊断和寿命预测的精确度不是很好，利用多样化、不同类型的监测信息，可获得可靠的设备诊断和寿命预测结果。

② 设备故障的发生与诊断是一个非常复杂的过程，相同情形的信息可以反映不同的故障类型。比如说，机械转子的振动异常故障可以由轴承座发生松动、轴承发生不对中、不平衡等原因引起。所以，在对机械转子进行振动检测时，检测内容就包含了大量的关于机械转子的状态特征信息，充分应用转子的这类特征信息，可以获得更准确的转子故障类型。

③ 在设备的故障诊断和寿命预测过程中，传感器的监测信息误差、设备运转过程中的噪声以及设备使用过程中的不确定性等，会对传感器的监测数据质量造成很大的影响，会产生不完整、不准确以及模糊的监测数据，具有监测的不确定性。

基于信息融合的设备健康预测，主要有三类方法被研究。第一类方法就是将获得的多监测数据直接作为状态空间模型的输入，没有经过任何的处理。Lu 等[80] 建立了一个状态空间模型，将检测数据作为多维时间序列用于模型的输入，预测设备的健康状态以及每个健康状态的均值和方差。Sun 等[81] 应用传感器的信号描述状态空间模型中隐藏的设备健康信息，预测设备的剩余寿命。第二类方法是对多传感器进行数据层次的融合。Wang 等[82-83] 利用 PCA 变换多传感器的信号，形成具有较低维数的数据集合，应用随机滤波方法预测航空发动机的设备健康和剩余寿命。Niu 等[84] 应用 PCA 对数据进行处理，在获得较低维数的数据集合后，通过神经网络和小波变换对设备进行寿命预测和健康预测。第三类方法是对多传感器进行预测层次的融合。Caesarendra 等[85] 首先建立了基于每个传感器检测信息的 HSMM 诊断和预测模型；然后，通过用 F-test 调整每个传感器的融合权重，建立多传感器的 HSMM 诊断和预测模型，对设备进行健康诊断和寿命预测。Wei 等[86] 应用随机滤波方法，利用每个传感器的检测信号，分别对设备进行剩余寿命预测和健康状态诊断；最后，对每个预测结果利用线性权重策略进行有效融合。Wei 等[87] 考虑了一类潜在退化的多传感器动态系统剩余寿命预测。基于多个传感器的监测数据，采用分布式融合滤波递归识别隐藏的衰退过程。然后，基于拟合的衰退状态和更新操作过程中的参数，预测设备的剩余使用寿命。用不确定性指标来定量地评价增加的多传感器信息预测设备剩余使用寿命的有效性，并对主要结果进行了验证和实际案例研究。El-Koujoka 等[88] 研究了一个非线性过程的多传感器故障检测和隔离（MSFDI）算法的设计和开发问题。所提出的方法基于一个不断演进的 multi-Takagi Sugeno 模型框架，每个传感器的输出都可用一个来自可用输入/输出测量数据模型进行估计，提出的 MSFDI 算法被应用于连续流搅拌反应釜。仿真结果表明了 MSFDI 算法的有效性。各种预测技术见表 2.1。

表 2.1　预测的主要技术方法比较

类别	方法	支持技术	应用领域	优点	缺点
基于物理模型	第一法则	残差值评估，参数漂移分析	轴承，齿轮，回转轴，飞机发动机，瓦斯涡轮压缩机	当工作状况发生改变时，不用重新搜集大量数据训练模型	模型通用性差，建模困难
	参数确定				
基于知识驱动	模糊逻辑	模糊集，模糊分类规则	核能，制造车间	可以处理不准确、不清晰和不完备的信息，可以进行连续的数学建模	权重参数的确定是难点
	专家系统	领域知识，启发式规则，逻辑算符	能源转化处理，能源分配系统，制造系统	通过模拟专家的思考过程来解决问题	领域知识难以获得，同时难于将领域知识转化为规则

续表

类别	方法	支持技术	应用领域	优点	缺点
基于数据驱动	ANN	BP, DWNN, PNN, SOM	轴承,齿轮箱,能源系统,飞机发动机,齿轮盘	适用于解析困难的模型,可以进行准确的在线模式识别	难以将领域知识应用在 ANN 中;操作环境改变后需要搜集大量数据重新训练模型;黑盒子系统
	贝叶斯网络		轴承打孔机零部件	理论基础监视,容易实现对未来状态的预测	需要大量历史数据,特别是失效数据
基于模型驱动	状态空间模型	HMM, HSMM	液压泵,飞机系统,钻孔系统	揭示了隐藏状态的转换过程,易于编程实现	HMM 的前提在实际应用中不太实用,HSMM 减少了 HMM 中的限制,但是相对比较复杂
	失效率,部分失效率模型	统计方法,如最大似然估计	涡轮,泵	通用性强,模型不需要做太多前提假设	因为"修复如新"维护理论,应用受到了限制
	灰色模型	GM(1,1)	制造过程,电力系统	处理不完全信息,擅长处理时间序列数据	新引入设备健康预测领域,需要更多的实践应用

本章小结

本章尝试对现有文献中研究的预测理论和技术进行综述工作,所涉及的理论方法都服务于 CBM 系统。由于工业制造设备和系统的日益复杂,运维管理日益显现出其重要性,维护成本也相应地大幅度增长,因此服务于维护策略的、能得到精确预测结果的工具引起了越来越多的关注。许多在其他领域,例如模式识别、医疗预测等领域中得到成功运用的技术和方法也被引入到设备预测领域中来,许多学者对这些理论进行了修改,使之更适用于工业应用。从文献的整理过程中可以看到三个增长明显的研究趋势:

① 对来自传感器的数据进行提取处理后可以得到众多的诊断指标,对这些指标进行分析可以推测设备的运行状况。但没有一个指标能够完整地描述所有类型的故障。为了准确而可靠地预测设备的有效剩余用寿命,必须同时综合考虑多个诊断指标,使用单参数预测模型很难充分完整地描述不同类型的故障及设备在故障中的不同发展阶段。作为非参数模型的人工神经网络,擅长处理多变量趋势的分析问题,在多参数故障预测方面得到了众多关注,具有很好的研究和应用前景。

② 越来越多的学者偏好于设计组合模型来进行数据提取、数据处理和建模工作。组合预测模型具有信息利用充分、精度高等特点，因而受到广泛的重视，成为研究热点之一。从简单的启发式模型到复杂的、采用了人工智能知识的神经网络模型，各类方法都有它们自身特有的优点和缺点。从只采用单一理论或方法的模型中很难获得令人满意的结果，而设计一个能提供高精确度的预测结果的模型显示出极大的挑战性。一个设计优秀的组合模型通常将两种或更多的技术、理论运用到对系统进行建模的工作中，这些技术、理论的相互合作可以消除或减少单个理论的缺点，利用各个理论的优点，使模型能够更好地运作。从另一个方面来看，如何选择适当的方法并将它们有效地结合起来，使其"扬长避短"地在建模过程中互相协作，也是一个非常有挑战性的问题。目前，把不同预测方法的结果加权叠加的线性组合预测模型已趋于成熟，针对传统的非线性组合预测模型存在的不足，人工神经网络作为"组合器"被引入组合预测模型。许多研究将神经网络和其他一些数据处理方法，例如专家系统、模糊逻辑、灰色系统 $GM(1,1)$ 等结合起来建模。通过实际数据的检验，可以看到这些组合的"黑盒子"模型能够输出比较理想的结果。隐马尔可夫模型和隐半马尔可夫模型是近来被新引入预测领域的方法。至今为止，如何采用隐马尔可夫模型和隐半式马尔可夫模型进行预测的研究仍处于起步阶段。和其他"黑盒子"模型不同，马尔可夫链相关的模型有一个相对清晰的预测处理过程。

③ 许多"新"理论和方法被引入，用于设备健康的预测问题。这些理论和方法大多曾在别的领域得到过成功运用，如灰色模型、马尔可夫链等。这些"新"理论和方法在数据处理和分析方面有它们特有的优势，有效减少了计算复杂度，增加了预测精确度。

目前，在智能运维的研究领域中，预测仍旧是一个相对较新的研究课题。在已有文献的预测模型中，存在着如下不足。

① 大多数研究都限制在某个特定领域内，缺少通用性。已有的设备健康状态的预测方法/算法大多具有其特定的应用领域。

② 搜集大量充足的数据不仅困难，而且成本高昂。许多模型的数据训练和算法都要求在拥有大量历史数据的基础上进行，而这些数据不仅包括传感器在设备普通状态下捕捉到的数据，还包括故障状态下的数据，甚至破坏系统/组件而得到的损毁数据，要得到这些数据不仅代价高昂，而且需要相当长的数据搜集时间。

③ 目前大部分各类所谓的"实时"维护系统，只是将传感器搜集到的数据用作诊断和预测模型的实时输入数据，模型本身通常不具有采用在线的实时数据进行更新的能力。这些静态的训练数据会降低模型预测和诊断结果的精确度。可以考虑将一些能够完成快速运算的方法纳入模型的设计中，以达到在线

更新模型的目的。

④ 缺少对预测的准确性和精确度进行评判的标准，缺少统一的考核标准来评价和比较各种预测方法。

⑤ 已有的大部分研究仍停留在理论阶段。很少有文献已成功将研究成果应用于实际应用中。

在已有的预测模型中普遍存在的以上弱点导致了模型的长学习周期、长执行时间，因此在实际应用中价值不大。大致来说，用于 CBM 系统中的预测技术未来存在以下可能的研究方向：①针对系统退化预测和有效剩余寿命的不确定性，建立起有效、完全的评估体系和管理方法；②为了提高预测精度，可以在决策系统中建立起预测结果的处理方法与择优规则。例如，当模型计算出有效剩余寿命估值的概率时，最好能同时给出预测值与真实剩余寿命值间的误差范围，而且可以对预测值进行处理和选择，使其能更有效地应用于维护决策的制定中。同时，这些新引入的预测理论和方法需要更多地应用到实际中，来证明它们的有效性。相较于那些具有领域特殊性的模型而言，应鼓励更多通用性强的系统性模型被改造引进到快速发展变化的工业界中来。

参考文献

[1] Katipamula S, Brambley M R. Methods for fault detection, diagnostics, and prognostics for building systems—A review, Part I [J]. HVAC&R RESEARCH, 2005, 11 (1): 3-25.

[2] Jardine A K S, Daming L, Dragan B. A review on machinery diagnostics and prognostics implementing condition-based maintenance [J]. Mechanical Systems and Signal Processing, 2006, 20: 1483-1510.

[3] Schwabacher M, Goebel K. A survey of artificial intelligence for prognostics [J]. AAAI Fall Symposium-Technical Report, 2005, 107-114.

[4] Zhang L, Li Xingshan, Yu Jinsong, et al. A Review of Fault Prognostics in Condition Based Maintenance [C]. International Symposium on Instrumentation and Control Technology. 2006.

[5] Kothamasu R, Huang S H, VerDuin W H. System health monitoring and prognostics—A review of current paradigms and practices [J]. International Journal of Advanced Manufacturing Technology, 2006, 28: 1012-1024.

[6] Goh K M, Tjahj B, Baines T, et al. A review of research in manufacturing prognostics [C]. 2006 IEEE International Conference on Industry, Aug 16-18 2006, Singapore. Singapore, 2006: 417-422.

[7] Brotherton T, Jahns J, Jacobs J, et al. Prognosis of faults in gas turbine engines [C]//Proceedings of the IEEE Aerospace Conference, Mar 18-25 2000, Big Sky, MT, United States. 2000, 6: 163-171.

[8] Glodez S, Sraml M, Kramberger J A. Computational model for determination of service life of

gears [J]. International Journal of Fatigue, 2002, 24 (10): 1013-1020.

[9]　Ray A, Tangirala S. Stochastic modeling of fatigue crack dynamics for on-line failure prognostics [J]. IEEE Transactions on Control System Technology, 1996, 4 (4): 443-451.

[10]　Wang W. Towards dynamic model-based prognostics for transmission gears [C]//Proceedings of SPIE. 2002: 157-167.

[11]　Oppenheimer C H, Loparo K A. Physically based diagnosis and prognosis of cracked rotor shafts [C]//Proceedings of SPIE. 2002: 122-132.

[12]　Li C J, Lee H. Gear fatigue crack prognosis using embedded model, gear dynamic model and fac-ture mechanics [J]. Mechanical Systems and Signal Processing, 2005, 19 (4): 836-846.

[13]　Kacprzynskl G J, Sarlashkar A, Roemer M J, et al. Predicting remaining life by fusing the phys-ics of failure modeling with diagnostics [J]. JOM, 2004, 56 (3): 29-35.

[14]　Li Y, Billington S, Zhang C, et al. Adaptive prognostics for rolling element bearing condition [J]. Mechanical Systems and Signal Processing, 1999, 13 (1): 103-113.

[15]　Li Y, Kurfeess T R, Liang S Y. Stochastic prognostics for rolling element bearings [J]. Mechan-ical Systems and Signal Processing, 2000, 14 (5): 747-762.

[16]　Chelidze D, Cusumano J P, Chatterjee A. A dynamical systems approach to damage evolution tracking, part 1: description and experimental application [J]. Journal of Vibration and Acous-tics, 2002, 124 (2): 250-257.

[17]　Cusumano J P, Chelidze D, Chatterjee A. A dynamical systems approach to damage evolution tracking, part 2: model-based validation and physical interpretation [J]. Journal of Vibration and Acoustics, 2002, 124 (2): 258-264.

[18]　Chelidze D. A dynamic systems approach to failure prognosis [J]. Journal of Vibration and Acous-tics, 2004, 126 (1): 2-8.

[19]　Luo J, Pattipati K R, Qiao L, et al. Model-based prognostic techniques applied to a suspension system [J]. IEEE Transactions on Systems, Man, and Cybernetics-Part A: Systems and Hu-mans, 2008, 38 (5): 1156-1168.

[20]　Orsagh R F, Sheldon J, Klenke C J. Prognostics/Diagnostics for gas turbine engine bearings [C]// Proceedings of the 2003 IEEE Aerospace Conference. 2003: 159-167.

[21]　Marble S, Morton B P. Predicting the remaining life of propulsion system bearings [C]//Proceed-ings of the 2006 IEEE Aerospace Conference. 2006: 1-8.

[22]　Qiu J. Damage mechanics approach for bearing lifetime prognostics [J]. Mechanical Systems and Signal Processing, 2002, 16 (5): 817-829.

[23]　Ramakrishnan A, Pecht M G. A life consumption monitoring methodology for electronic systems [J]. IEEE Transactions on Components and Packaging Technologies, 2003, 26 (3): 625-634.

[24]　Gu J, Barker D, Pecht M. Prognostics implementation of electronics under vibration loading [J]. Microelectronics Reliability, 2007, 47 (12): 1849-1856.

[25]　Musallam M, Johnson C M, Yu C, et al. In-service life consumption estimation in power modules [C]. 13th International Power Electronics and Motion Control Conference. 2008: 76-83.

[26]　Ompusunggu A P, Papy J M, Vandenplas S, et al. A novel monitoring method of wet friction clutches based on the post-lockup torsional vibration signal [J]. Mechanical Systems and Signal Processing, 2013, 35: 345-368.

［27］ Cong F Y, Chen J, Dong G M, et al. Vibration model of rolling element bearings in a rotor-bearing system for fault diagnosis [J]. Journal of Sound and Vibration, 2013, 332: 2081-2097.

［28］ Lembessis E, Antonopoulos G, King R E, et al. "CASSANDRA": an on-line expert system for fault prognosis [C]//Proceedings of the 5th CIM Europe Conference. 1989: 371-377.

［29］ Butler K L. An expert system based framework for an incipient failure detection and predictive maintenance system [C]//Proceedings of the International Conference on Intelligent Systems Applications to Power Systems(ISAP) Jan 28-Feb 2 1996, Orlando, FL, United States. 1996: 321-326.

［30］ Biagetti T, Sciubba E. Automatic diagnostics and prognostics of energy conversion processes via knowledge-based systems [J]. Energy, 2004, 29 (12-15): 2553-2572.

［31］ Choi S S, Kang K S, Kim H G, et al. Development of an on-line fuzzy expert system for integrated alarm processing in nuclear power plants [J]. IEEE Transactions on Nuclear Science, 1995, 42 (4): 1406-1418.

［32］ Frelicot C. A fuzzy-based prognostic adaptive system [J]. RAIRO-APII-JESA Journal Europeen des Systemes Automatises, 1996, 30 (2-3): 281-99.

［33］ 宋云雪, 史永胜. 基于模糊自组织映射神经网络的故障诊断方法 [J]. 计算机工程, 29 (14), 2003, 98-99.

［34］ Swanson D C, Spencer J M, Arzoumanian S H. Prognostic modeling of crack growth in a tensioned steel band [J]. Mechanical Systems and Signal Processing, 2000, 14 (5): 789-803.

［35］ Orchard M E, Vachtsevanos G J. A particle filtering approach for on-line failure prognosis in a planetary carrier plate [J]. International Journal of Fuzzy Logic and Intelligent Systems, 2007, 7 (4): 221-227.

［36］ Cheng S, Pecht M. A fusion method for remaining useful life prediction of electronic products [C]. 2009 IEEE International Conference on Automation Science and Engineering. 2009: 102-107.

［37］ Stanek M, Morari M, Frohlich K. Model-aided diagnosis: An inexpensive combination of model-based and case-based condition assessment [J]. IEEE Transactions on Systems, Man and Cybernetics-Part C: Applications and Reviews, 2001, 31: 137-145.

［38］ Spoerre J K. Application of the cascade correlation algorithm (CCA) to bearing fault classification problems [J]. Computers in Industry, 1997, 32: 295-304.

［39］ Wang W L, Yao M H, Wu Y G, et al. Hybrid flow-shop scheduling approach based on genetic algorithm [J]. Journal of System Simulation, 2002, 14 (7): 863-865.

［40］ Tallam R M, Habetler T G, Harley R G. Self-commissioning training algorithms for neural networks with applications to electric machine fault diagnostics [J]. IEEE Transactions on Power Electronics, 2002, 17: 1089-1095.

［41］ Sohn H, Worden K, Farrar C R. Statistical damage classification under changing environment and operational condition [J]. Journal of Intelligent Material Systems and Structures, 2002, 13: 561-574.

［42］ Chinnam R B, Baruah P. A neuro-fuzzy approach for estimating mean residual life in condition-based maintenance systems [J]. International Journal of Materials and Product Technology, 2004, 20 (1-3): 166-179.

[43] Gebraeel N Z, Lawley M, Liu R, et al. Residual life predictions from vibration-based degradation signals: a neural network approach [J]. IEEE Transactions on Industrial Electronics, 2004, 51 (3): 694-700.

[44] Tran V, Yang B S. Machine condition prognosis using multi-step ahead prediction and neuro-fuzzy systems [C]. International symposium on advanced mechanical and power engineering. 2008: 169-174.

[45] Leu S S, Tri J W A. Probabilistic prediction of tunnel geology using a Hybrid Neural-HMM [J]. Engineering Applications of Artificial Intelligence, 2011, 24: 658-665.

[46] Vachtsevanos G, Wang P. Fault prognosis using dynamic wavelet neural networks [C]//AUTOTESTCON (Proceedings) . 2001: 857-870.

[47] Wang P, Vachtsevanos G. Fault prognosis using dynamic wavelet neural networks, Artificial Intelligence for Engineering Design [J]. Analysis and Manufacturing: AIEDAM, 2001, 15 (4): 349-365.

[48] Gebraeel N Z, Lawley M A. A neural network degradation model for computing and updating residual life distributions [J]. IEEE Transactions on Automation Science and Engineering, 2008, 5 (1): 387-401.

[49] Parker B E, Nigro T M, Carley M P, et al. Helicopter gearbox diagnostics and prognostics using vibration signature analysis [C]//Proceedings of the SPIE—The International Society for Optical Engineering, April 13 1993, Orlando, FL, United States. 1993: 531-542.

[50] Huang R, Xi L. Residual life predictions for ball bearings based on self-organizing map and back propagation neural network methods [J]. Mechanical Systems and Signal Processing, 2007, 21 (1): 193-207.

[51] Sheppard J W, Kaufman M A. Bayesian diagnosis and prognosis using instrument uncertainty [C]//Proceedings of AUTOTESTCON, Sep 26-29 2005, Orlando, FL, United States. 2005, 2005: 417-423.

[52] Przytula K W, Choi A. Reasoning framework for diagnosis and prognosis [C]//Proceedings of 2007 IEEE Aerospace Conference, Mar 3-10 2007, Big Sky, MT, United States. Art. no. 4161649, 2007.

[53] Gebraeel N Z, Lawley M A, Li R, et al. Residual-life distributions from component degradation signals: A Bayesian approach [J]. IIE Transaction, 2005, 37: 543-557.

[54] Dong M, Yang Z B. Dynamic Bayesian network based prognosis in machining processes [J]. Journal of Shanghai Jiao Tong University (Science), 2008, 13 (3): 318-322.

[55] 杨志波, 董明. 动态贝叶斯网络在设备剩余寿命预测值的应用研究 [J]. 计算机集成制造系统, 2007, 13 (9): 188-1815.

[56] Gebraeel N Z, Elwany A, Pan J. Residual life predictions in the absence of prior degradation knowledge [J]. IEEE Transactions on Reliability, 2009, 58 (1): 106-116.

[57] Chakraborty S, Gebraeel N Z, Lawley M, et al. Residual-life estimation for components with non-symmetric priors [J]. IIE Transactions, 2009, 41 (4), 372-387.

[58] Engel S J, Gilmartin B J, Bongort K, et al. Prognostics, the real issues involved predicting life remaining [C]//IEEE Aerospace Conference Proceedings. 2000: 457-470.

[59] Kwan C, Zhang X, Xu R, et al. A novel approach to fault diagnostics and prognostics [C]//Proceedings of the IEEE International Conference on Robotics & Automation, 2003: 604-609.

[60] Zhang X, Xu R, Kwan C, et al. An integrated approach to bearing fault diagnostics and prognostics [C]//Proceedings of the American Control Conference. 2005: 2750-2755.

[61] Chinnam R B, Baruah P. HMMs for diagnostics and prognostics in machining processes [J]. International Journal of Production Research, 2005, 43 (6): 1275-1293.

[62] Camci F, Chinnam R B. Hierarchical HMMs for autonomous diagnostics and prognostics [C]. International Joint Conference on Neural Networks. 2006: 2445-2452.

[63] Dong M, He D. Hidden semi-Markov model based methodology for multi-sensor equipment health diagnosis and prognosis [J]. European Journal of Operational Research, 2007, 178 (3): 858-878.

[64] Dong M, He D. A segmental hidden semi-Markov model (HSMM) based diagnostics and prognostics framework and methodology [J]. Mechanical Systems and Signal Processing, 2007, 21 (5): 2248-2266.

[65] Peng Y, Dong M. A prognosis method using age-dependent hidden semi-Markov model for equipment health prediction [J]. Mechanical System and Signal Processing, 2010, 25: 237-252.

[66] Goode K B, Moore J, Roylance B J. Plant machinery working life prediction method utilizing reliability and condition-monitoring data [J]. Proceedings of the Institution of Mechanical Engineers, 2000, 214 (2): 109-122.

[67] Yan J, Kog M, Lee J. A prognostic algorithm for machine performance assessment and its application [J]. Production Planning & Control, 2004, 15 (8): 796-801.

[68] Wang W. A model to predict the residual life of rolling element bearings given monitored condition information to date [J]. IMA Journal of Management Mathematics, 2002, 13: 3-16.

[69] Victor L, Riquelme M, Balakrishnan N, et al. Lifetime analysis based on the generalized Birnbaum-Saunders distribution [J]. Computational Statistics & Data Analysis, 2008, 52: 2079-2097.

[70] Cox D R. Regression models and life-tables [J]. The Journal of Royal Statistic Society, 1972, 134: 187-220.

[71] Liao H, Qiu H, Lee J, et al. A predictive tool for remaining useful life estimation of rotating machinery components [C]//Proceedings of the ASME International Design Engineering Technical Conferences and Computers and Information in Engineering Conference, Sep 24-28 2005, Long Beach, CA, United States. 2005, 1A: 509-515.

[72] Li Z G, Zhou S, Choubey S, et al. Failure event prediction using the Cox proportional hazard model driven by frequent failure signatures [J]. IIE Transactions, 2007, 39: 303-315.

[73] Volk P J. Dynamic residual life estimation of industrial equipment based on failure intensity proportions [D]. Pretoria: University of Pretoria, 2001.

[74] Volk P J, Wnek M, Zygmunt M. Utilising statistical residual life estimates of bearings to quantify the influence of preventive maintenance actions [J]. Mechanical Systems and Signal Processing, 2004, 18 (4): 833-847.

[75] Banjevic D, Jardine A K S. Calculation of reliability function and remaining useful life for a Markov failure time processes [J]. IMA Journal of Management Mathematics, 2006, 17 (2): 115-130.

[76] Wang W, Scarf P A, Smith M A J. On the application of a model of condition-based maintenance [J]. The Journal of the Operational Research Society, 2000, 51 (11): 1218-1227.

[77] Huang Y P, Huang C C, Hung C H. Determination of the preferred fuzzy variables and applications to the prediction control by the grey modeling [C]. The Second National Conference on Fuzzy Theory and Application, Taipei, China. 1994: 406-409.

[78] 陈举华, 郭毅之. 模型优化方法在小子样机械系统故障预测中的应用 [J]. 中国机械工程, 2002, 13 (19): 658-660.

[79] Gu J, Vichare N, Ayyub B, et al. Application of Grey Prediction Model for Failure Prognostics of Electronics [J]. International Journal of Performability Engineering, 2010, 6 (5): 435-442.

[80] Lu S, Lu H, Kolarik W. Multivariate performance reliability prediction in real-time [J]. Reliability Engineering & System Safety, 2001, 72 (1): 39-45.

[81] Sun J, Zuo H, Wang W, et al. Application of a state space modeling to system prognostics based on a health index for condition-based maintenance [J]. Mechanical Systems and Signal Processing, 2012, 28: 585-596.

[82] Wang W, Christer A. Towards a general condition based maintenance model for a stochastic dynamic system [J]. Journal of the Operational Research Society, 2000, 51 (2): 145-155.

[83] Wang W, Zhang W. A model to predict the residual life of aircraft engines based upon oil analysis data [J]. Naval Research Logistics, 2005, 52 (3): 276-284.

[84] Niu G, Yang B. Intelligent condition monitoring and prognostics system based on data fusion strategy [J]. Expert Systems with Applications, 2010, 37 (12): 8831-8840.

[85] Caesarendra W, Widodo A, Thom P H, et al. Combined probability approach and indirect data-driven method for bearing degradation prognostics [J]. IEEE Transaction on reliability, 2011, 60 (1): 14-20.

[86] Wei M, Chen M, Zhou D, et al. Remaining useful life prediction using a stochastic filtering model with multi-sensor information fusion [C]. Prognostics and System Health Management Conference (PHM-Shenzhen). 2011: 1-6.

[87] Wei M H, Chen M Y, Zhou D H. Multi-Sensor Information Based Remaining Useful Life Prediction with Anticipated Performance [J]. IEEE Transactions on reliability, 2013, 62 (1): 183-198.

[88] El-Koujoka M, Benammar M, Meskin, N, et al. Multiple sensor fault diagnosis by evolving data-driven approach [J]. Information Sciences, 2014, 259: 346-358.

第3章

大数据驱动的
系统智能故障预测

3.1 概述

近几十年来，由机械设备突发故障引发的事故和灾难不胜枚举。分析事故发生的原因，大多源于关键部件的故障，然而一个部件的故障所引起的连锁反应难以想象。在国内，针对机械故障诊断相关学科中有关重大设施的可靠性、安全性和可维护性的关键技术，不仅是国家中长期规划的重要任务，也被国家自然科学基金委员会在其学科发展战略研究报告中标明为重要研究方向。因此，机械设备的实时监测和健康维护方法依然是当前研究和实际应用的热点问题。

目前，大多数研究中更多是以经验模式为基础来假设先验信息，再最大限度地向既定先验信息靠拢，而在实际工程运用中，往往得不到完备的先验信息，再加上设备之间的固有差异以及自身特点，基于经验模式的先验信息效果也就不甚理想。本书拟对不完备先验信息下设备的性能状态进行诊断，以及对剩余寿命进行预测。综合考虑先验信息不足以及先验信息缺失下的健康管理问题。

本章以普遍存在的大型机械生产设备为研究对象，以先验信息不足为研究前提，考虑了设备老化、信号集成、参数优化等内容，分别进行了设备的健康模式诊断以及剩余寿命预测的描述。主要包括以下三部分内容：

(1) 基于改进退化隐马尔可夫模型的设备健康预测

针对隐马尔可夫模型在进行设备健康诊断时与实际存在较大偏差的问题，提出了一种以似幂关系加速退化为核心的改进退化隐马尔可夫模型（DGHMM）。首先，引入退化因子描述设备衰退过程，提出的似幂关系加速退化较常规指数式加速退化而言，能更好地描述设备服役期间随着役龄增加而出现的性能的逐步下降。其次，以全局搜索能力相对较强的改进遗传算法代替常规 EM 算法进行参数估计，克服了 EM 算法易陷入局部最优的局限性。同时，针对隐马尔可夫模型时间上须服从指数分布而不能直接用于寿命预测的局限性问题，提出了一种以近似算法与 Viterbi 算法为基础的贪婪近似法，以寻求最大概率剩余观测为目的，动态地寻求最大概率剩余状态路径，对设备剩余寿命进行预测。最后，通过美国卡特彼勒公司液压泵数据集对所提出的方法进行验证评价。结果表明，基于改进退化隐马尔可夫模型的设备健康诊断与寿命预测方法在描绘设备退化、设备状态诊断准确率方面更加有效，在剩余寿命预测上亦为可行。

(2) 基于改进隐半马尔可夫模型的设备健康预测

设备的健康诊断和预后被认为是基于状态维修的关键。本章提出了一种基于隐半马尔可夫模型（HSMM）的改进预测健康与监控方案框架。首先，提出了一种基于 Weibull 分布短时函数窗的原始信号尺度化方法。然后，在 HSMM 中引入粘连系数，提出了一种基于遗传算法和鱼群算法的协同进化（Co-evolutional）算法来估计改进的 HSMM 的参数。针对不同故障模式的子模型建立了模型库，用于设备的健康预测和诊断。在此基础上，利用设备的历史整体使用寿命数据和当前的工作状态，可以预测设备的剩余使用寿命。最后，利用涡扇发动机数据集对该方法进行验证，验证了该方法的有效性和可行性。该方案可为非振动信号的健康预测提供新的解决方案。

(3) 基于高阶隐半马尔可夫模型的设备健康预测

针对设备剩余寿命预测误差较大的问题，提出了一种基于高阶隐半马尔可夫模型（HOHSMM）的剩余寿命预测模型。首先，基于隐半马尔可夫模型建立了 HOHSMM，提出了一种基于排列的 HOHSMM 降阶方法和复合节点机制，并相应地改进状态转移矩阵以及观测矩阵，使得高阶模型转化为对应的一阶模型，将更多的节点依赖关系信息储存在待估计参数组中。其次，用智能优化算法群代替 EM 算法，对模型进行参数估计以及结构优化，实现了智能优化算法对高阶模型拓扑结构的简化。再次，定义并推导了高阶模型中的状态驻留变量，运用基于多项式拟合的预测方法实现了在先验分布未知情况下的设备剩余寿命预测。最后，通过美国卡特彼勒公司液压泵数据集对小节框架进行了验证，结果表明，基于高阶隐半马尔可夫模型的设备剩余寿命预测方法是更加有效的。

3.2 基于改进退化隐马尔可夫模型（DGHMM）的健康预测

首先引入退化因子，对设备衰退进行建模，得到设备退化过程的描述，并提出了一种以似幂关系加速退化为核心的 DGHMM，较常规指数式加速退化而言，能更加准确地描述设备性能随役龄增加而逐渐加速下降的过程。以改进遗传算法代替常规 EM 算法对整个模型进行参数估计；同时，针对 HMM 模型不能直接用于寿命预测的局限性问题，提出了一种基于近似算法与 Viterbi 算法的贪婪近似法，以设备退化时状态转移概率矩阵的变化为载体去预测设备剩余寿命。最后，以美国卡特彼勒公司液压泵数据集对模型进行验证评价，结果显示，本节方法是可行的和有效的。

3.2.1 DGHMM 基本原理

HMM 模型的表达式可描述为 $\lambda = (\boldsymbol{\pi}, \boldsymbol{A}, \boldsymbol{B})$，模型参数描述如下：

1）N：状态数。状态所构成的集合为 $\{S_1, S_2, S_3, \cdots, S_{N-1}, S_N\}$，在任一时刻 t 所处的状态为 S_t，$S_t \in \{S_1, S_2, S_3, \cdots, S_{N-1}, S_N\}$。

2）M：观测数。观测所构成的集合为 $\{\theta_1, \theta_2, \theta_3, \cdots, \theta_{M-1}, \theta_M\}$，任一时刻 t 状态 i_t 产生的观测为 $o_t \in \{\theta_1, \theta_2, \theta_3, \cdots, \theta_{M-1}, \theta_M\}$。

3）$\boldsymbol{\pi}$：初始状态概率分布，$\boldsymbol{\pi} = (\pi_1, \pi_2, \pi_3, \cdots, \pi_{N-1}, \pi_N)$，其中所有概率之和为 1。初始概率向量的意义为 HMM 开始时，即 $t = 1$ 时，模型处于第 n（$n \in \{1, 2, \cdots, N\}$）个状态的概率。

4）$\boldsymbol{A}$：状态转移矩阵。$\boldsymbol{A}$ 是一个 $N \times N$ 的矩阵，$\boldsymbol{A} = [\alpha_{ij}]_{N \times N}$，$\alpha_{ij}$ 为从状态 i 转移到状态 j 的概率，即 $\alpha_{ij} = P(S_{t+1} = j \mid S_t = i)$ 且 $\sum_{j=1}^{N} \alpha_{ij} = 1 (i \in \{1, 2, \cdots, N\})$，$\sum_{i=1}^{N} \alpha_{ij} = 1 (j \in \{1, 2, \cdots, N\})$。

5）$\boldsymbol{B}$：观测概率分布。$\boldsymbol{B} = [b_j(k)]_{N \times M}$，其中 $b_j(k) = P(o_t = \theta_k \mid S_t = j)(j \in \{1, 2, \cdots, N\}, k \in \{1, 2, \cdots, M\})$，且 $\sum_{k=1}^{M} b(k) = 1$。

3.2.2 设备退化过程

3.2.2.1 退化因子设计

传统 HMM 假定在设备整个寿命周期内，其状态转移发生的概率是不变的，而这个假设限制了 HMM 在实际建模分析中的能力。对此，国内外学者提出了时变 HMM。典型的设备退化规律可由图 3.1 所示。整个退化过程可分为 A、B、C 三个阶段，其中：A 段为平稳退化阶段，此阶段设备性能指数基本呈现稳定态势；B 段为均匀退化阶段，设备性能指数呈现均匀变化；C 段为加速阶段，设备性能随着寿命的推移呈现加速下降的趋势，健康状况急剧恶化，直至设备性能指标达到完全失效阈值。

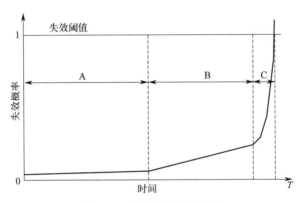

图 3.1　典型设备退化曲线

在现有大多数研究中，国内外学者们普遍将 A、B、C 三阶段退化过程的退化因子分别定义为常数、线性函数以及指数函数。对于指数退化阶段，普遍将相邻两时段 t 与 $t+\Delta t$ 的状态内转移概率表示为：

$$\alpha_{ii}(t+1)=\alpha_{ii}(t)^{\phi}, \; i\in\{1,2,\cdots,N\}$$

式中，ϕ 为待估计参数，为定值；α 下角 ii 表示自我转移。基于 Peng[1] 对退化因子的定义，整个设备加速退化为一递归过程，对于离散时间的状态转移，定义状态退化关系式为 f，递归 X 次后的内转移概率值为 f^{X}，则退化函数应满足：

$$f^{0}(i)=\alpha_{ii}(t_{\text{end}}) \tag{3-1}$$

$$f^{X}-f^{X-1}>f^{X-1}-f^{X-2} \quad (X\geqslant2) \tag{3-2}$$

式(3-1)表示刚从均匀退化状态结束时设备状态内转移概率，即递归的初值；式(3-2)表示加速退化过程中加速的概念，即越靠近最终寿命时，设备停留在当前状态的概率下降越快。

针对加速退化关系式的定义，在分析指数递归关系式结构的基础上，提出了一种新的似幂关系式加速退化关系：

$$\alpha_{ii}(t+1)=\phi^{\alpha_{ii}(t)}-1, \; i\in\{1,2,\cdots,N\} \tag{3-3}$$

式中，ϕ 为待估计参数，可由历史数据估计得出。由于状态转移概率 $\alpha_{ii}(t)$

恒小于 1，ϕ^0 为 1，因此需要减去边界值，得到适应后的状态转移概率。

选取满足递归加速退化要求的相适应参数（简称适参）进行指数关系与似幂关系比较，发现合理参数下的似幂关系与指数关系有着相似的递归加速退化效果，如图 3.2 所示。

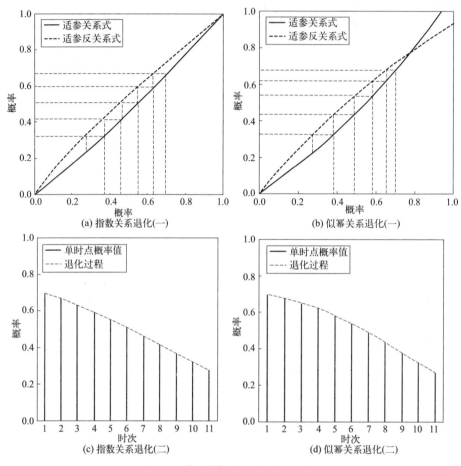

图 3.2　关系式加速退化递归示意图

图 3.2(a)、(b)分别为满足加速退化过程且在合理参数下的指数关系及似幂关系退化示意图，粗实线为关系式的连续函数图，粗虚线为对应关系式的反函数图，细虚线标示出递归过程中状态转移概率，由图可知两种关系式具有一定程度的作用相似性。图 3.2(c)、(d)分别为当前示例合理参数下的指数关系退化过程以及似幂关系退化过程，实线表示各个单时点状态概率，虚线表示当前关系式下概率的部分退化过程。由图看出，似幂关系在表达加速退化过程中，程度优于指数关系，其更直观的 3D 及 2D 形式分别由图 3.3 及图 3.4

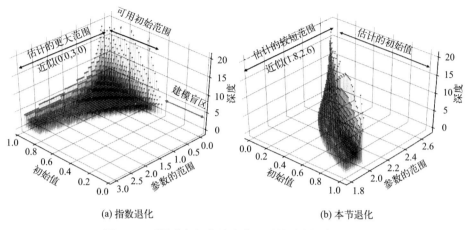

(a) 指数退化   (b) 本节退化

图 3.3 不同递归初值及参数组下的递归深度（3D）

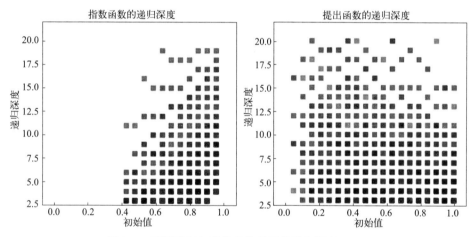

图 3.4 不同递归初值及参数组下的递归深度（2D）

给出。

3.2.2.2 退化转移概率推算

1）平稳退化阶段，相邻两时点 t 与 $t+\Delta t$ 设备保持当前状态概率的变化为定值，即

$$\alpha_{ii}(t+1)-\alpha_{ii}(t)=\phi_i,\ i\in\{1,2,\cdots,N\}$$

式中，$\phi_1\leqslant 0$，保持当前状态概率 $\alpha_{ii}(t)$ 减小，则由当前状态转移至其他状态的概率会随之增大，且根据比例分配给各 $\alpha_{ij}(t)(j=i+1,i+2,\cdots,N)$。则平稳退化状态下一时刻状态转移概率为：

$$\begin{cases} \alpha_{ii}(t+1) = \alpha_{ii}(t) + \phi_1 \\ \alpha_{ij}(t+1) = \alpha_{ij}(t) - \dfrac{\alpha_{ij}(t)\phi_1}{\displaystyle\sum_{j=i+1}^{N} \alpha_{ij}(t)} \end{cases} \tag{3-4}$$

则整个平稳退化过程某一时点的状态转移概率可由初始时刻递推得到:

$$\begin{cases} \alpha_{ii}(k\Delta t) = \alpha_{ii}(0) + k\phi_1 \\ \alpha_{ij}(t+1) = \alpha_{ij}(t) + \dfrac{\alpha_{ij}(0)k\phi_1}{\displaystyle\sum_{j=i+1}^{N} \alpha_{ij}(0)} \end{cases} \tag{3-5}$$

2) 均匀退化阶段,相邻两时段 t 与 $t+\Delta t$ 设备保持当前状态的概率的变化为 t 时段概率的线性值,即

$$\alpha_{ii}(t+1) - \alpha_{ii}(t) = \phi_2 \alpha_{ii}(t), \ i \in \{1,2,\cdots,N\}$$

式中,$\phi_2 \leqslant 0$,$\alpha_{ii}(t)$ 减少的值同样分配给 $\alpha_{ij}(t)$:

$$\begin{cases} \alpha_{ii}(t+1) = (\phi_2+1)\alpha_{ii}(t) \\ \alpha_{ij}(t+1) = \alpha_{ij}(t) + \dfrac{\alpha_{ij}(t)\phi_2\alpha_{ii}(t)}{\displaystyle\sum_{j=i+1}^{N} \alpha_{ij}(t)} \end{cases} \tag{3-6}$$

若定义平稳退化阶段结束时的时点为 t_{e1},则处于均匀退化时的某一时点的状态转移概率可描述为:

$$\begin{cases} \alpha_{ii}(t_{e1}+k\Delta t) = (\phi_2+1)^k \alpha_{ii}(t_{e1}) \\ \alpha_{ij}(t_{e1}+k\Delta t) = \alpha_{ij}(t_{e1}) + \dfrac{\alpha_{ij}(t_{e1})[(\phi_2+1)^k-1]\alpha_{ii}(t_{e1})}{\displaystyle\sum_{j=i+1}^{N} \alpha_{ij}(t_{e1})} \end{cases} \tag{3-7}$$

3) 对于本节提出的基于幂函数的加速退化阶段,相邻两时点 t 与 $t+\Delta t$ 设备保持当前状态的概率的变化为 t 的似幂关系:

$$\alpha_{ii}(t+1) = \phi_3^{\alpha_{ii}(t)} - 1, \ i \in \{1,2,\cdots,N\}$$

式中,$\phi_3 > 0$,$\alpha_{ii}(t)$ 减少的值分配给 $\alpha_{ij}(t)$,则下一时刻的状态转移概率为:

$$\begin{cases} \alpha_{ii}(t+1) = \phi_3^{\alpha_{ii}(t)} - 1 \\ \alpha_{ij}(t+1) = \alpha_{ij}(t) + \dfrac{\alpha_{ij}(t)[\phi_3^{\alpha_{ii}(t)} - 1 - \alpha_{ii}(t)]}{\displaystyle\sum_{j=i+1}^{N} \alpha_{ij}(t)} \end{cases} \tag{3-8}$$

同样定义均匀退化阶段结束时点为 t_{e2},由于似幂关系特殊的递推形式,引用递归关系符号 $f^X(x)$,其中 X 表示递归次数,x 表示递归概率初值,则在此加速退化阶段某一时点,状态转移概率为:

$$\begin{cases} \alpha_{ii}(t+k\Delta t)=f^k(\alpha_{ii}(t_{e2})) \\ \alpha_{ij}(t+k\Delta t)=\alpha_{ij}(t_{e2})+\dfrac{\alpha_{ij}(t_{e2})\left[f^k(\alpha_{ii}(t_{e2}))-\alpha_{ii}(t_{e2})\right]}{\displaystyle\sum_{j=i+1}^{N}\alpha_{ij}(t_{e2})} \end{cases} \quad (3\text{-}9)$$

通过设备历史数据训练后得到初始状态转移概率矩阵 $\boldsymbol{A}$，因设备的运转退化过程在无人工干预的自然状态下是不可逆的过程，即设备状态只有停留在当前状态及由当前状态退化到更差状态，因此初始状态转移概率矩阵 $\boldsymbol{A}$ 可描述为：

$$\boldsymbol{A}=\begin{pmatrix} \alpha_{11} & \alpha_{12} & \cdots & \alpha_{1N-1} & \alpha_{1N} \\ 0 & \alpha_{22} & \cdots & \alpha_{2N-1} & \alpha_{2N} \\ \vdots & \vdots & & \vdots & \vdots \\ 0 & 0 & \cdots & \alpha_{N-1N-1} & \alpha_{N-1N} \\ 0 & 0 & \cdots & 0 & 1 \end{pmatrix}$$

结合上述三种退化递推式及转移概率矩阵，可推算出三个不同退化阶段中经历 $k\Delta t$ 后的状态转移概率矩阵为式(3-10)，表示从初始时点至 t_{e1} 时点设备系统处于平稳退化阶段，经过 $k\Delta t\left(0\leqslant k\leqslant\dfrac{t_{e1}}{\Delta x}\right)$ 时的状态转移概率矩阵，描述为 $\boldsymbol{A}_{k\Delta t}$。将 $k=\dfrac{t_{e1}}{\Delta x}$ 时的状态转移概率矩阵记作 $\boldsymbol{A}_{t_{e1}}$，描述为 $\boldsymbol{A}_{t_{e1}}=(\alpha_{ij}^{e1})_{N\times N}$，其中 α_{ij}^{e1} 为平稳退化阶段结束时状态转移概率矩阵的第 i 行、第 j 列的元素。根据描述，可得式(3-11)所示设备处于均匀退化状态，且经历 $k\Delta t$ 时的状态转移概率矩阵，其中 $\dfrac{t_{e1}}{\Delta x}<k\leqslant\dfrac{t_{e2}}{\Delta x}$。同样，将 $k=\dfrac{t_{e2}}{\Delta x}$ 时的状态转移概率矩阵记作 $\boldsymbol{A}_{t_{e2}}$，描述为 $\boldsymbol{A}_{t_{e1}}=(\alpha_{ij}^{e2})_{N\times N}$，其中 α_{ij}^{e2} 为均匀退化阶段结束时状态转移概率矩阵第 i 行、第 j 列的元素，由此得式(3-12)所示系统设备处于似幂关系加速退化状态并经历了 $k\Delta t$ 时的状态转移概率矩阵，其中 $\dfrac{t_{e2}}{\Delta x}<k$。

$$\boldsymbol{A}_{k\Delta t}=\begin{pmatrix} \alpha_{11}(0)+k\phi_1 & \alpha_{12}(0)+\dfrac{\alpha_{12}(0)k\phi_1}{\displaystyle\sum_{j=i+1}^{N}\alpha_{1j}(0)} & \cdots & \alpha_{1N}(0)+\dfrac{\alpha_{1N}(0)k\phi_1}{\displaystyle\sum_{j=i+1}^{N}\alpha_{1j}(0)} \\ 0 & \alpha_{22}(0)+k\phi_1 & \cdots & \alpha_{2N}(0)+\dfrac{\alpha_{1N}(0)k\phi_1}{\displaystyle\sum_{j=i+1}^{N}\alpha_{1j}(0)} \\ \vdots & \vdots & & \vdots \\ 0 & 0 & \cdots & 1 \end{pmatrix},\ 0\leqslant k\leqslant\dfrac{t_{e1}}{\Delta x}$$

$$(3\text{-}10)$$

$$A_{k\Delta t}=\begin{bmatrix} (\phi_2+1)^{k^{\frac{t_{e1}}{\Delta x}}}\alpha_{11}^{e1} & \alpha_{12}^{e1}+\dfrac{\alpha_{12}^{e1}\left[(\phi_2+1)^{k^{\frac{t_{e1}}{\Delta x}}}-1\right]\alpha_{11}^{e1}}{\sum\limits_{j=2}^{N}\alpha_{1j}^{e1}} & \cdots & \alpha_{1N}^{e1}+\dfrac{\alpha_{1N}^{e1}\left[(\phi_2+1)^{k^{\frac{t_{e1}}{\Delta x}}}-1\right]\alpha_{11}^{e1}}{\sum\limits_{j=2}^{N}\alpha_{1j}^{e1}} \\ 0 & (\phi_2+1)^{k^{\frac{t_{e1}}{\Delta x}}}\alpha_{22}^{e1} & \cdots & \alpha_{2N}^{e1}+\dfrac{\alpha_{2N}^{e1}\left[(\phi_2+1)^{k^{\frac{t_{e1}}{\Delta x}}}-1\right]\alpha_{22}^{e1}}{\sum\limits_{j=2}^{N}\alpha_{2j}^{e1}} \\ \vdots & \vdots & \cdots & \vdots \\ 0 & 0 & \cdots & 1 \end{bmatrix},$$

$$\frac{t_{e1}}{\Delta x}\leqslant k\leqslant\frac{t_{e2}}{\Delta x} \tag{3-11}$$

$$A_{k\Delta}=\begin{bmatrix} f^{k^{\frac{t_{e1}}{\Delta x}}}(\alpha_{11}^{e2}) & \alpha_{12}^{e2}+\dfrac{\alpha_{12}^{e2}\left[f^k(\alpha_{12}^{e2})-\alpha_{12}^{e2}\right]}{\sum\limits_{j=2}^{N}\alpha_{1j}^{e2}} & \cdots & \alpha_{1N}^{e2}+\dfrac{\alpha_{1N}^{e2}\left[f^k(\alpha_{1N}^{e2})-\alpha_{1N}^{e2}\right]}{\sum\limits_{j=2}^{N}\alpha_{1j}^{e2}} \\ 0 & f^{k^{\frac{t_{e1}}{\Delta x}}}(\alpha_{22}^{e2}) & \cdots & \alpha_{2N}^{e2}+\dfrac{\alpha_{2N}^{e2}\left[f^k(\alpha_{2N}^{e2})-\alpha_{2N}^{e2}\right]}{\sum\limits_{j=3}^{N}\alpha_{2j}^{e2}} \\ \vdots & \vdots & \cdots & \vdots \\ 0 & 0 & \cdots & 1 \end{bmatrix},\ \frac{t_{e2}}{\Delta x}<k$$

$$\tag{3-12}$$

3.2.3 基于改进遗传算法的参数估计

对于极大似然估计，常用的 EM 算法容易陷入局部最优的缺陷，本节采用了全局搜索能力更强的遗传算法进行 DGHMM 的参数估计，建立对数似然函数。

$$\log(L(\lambda,\phi_1,\phi_2,\phi_3))=\log(\Pr(\theta_1,\theta_2,\cdots,\theta_T\mid\lambda,\phi_1,\phi_2,\phi_3))$$

将每组用以迭代的参数组计算得出的似然值作为单个解决方案的适应度，则每一次种群迭代的最优个体便可表示为：

$$(\bar{\lambda},\bar{\phi}_1,\bar{\phi}_2,\bar{\phi}_3)=\arg\max_{\lambda,\phi_1,\phi_2,\phi_3}\log(L(\lambda,\phi_1,\phi_2,\phi_3))$$
$$=\arg\max_{\lambda,\phi_1,\phi_2,\phi_3}\log(\Pr(\theta_1,\theta_2,\cdots,\theta_T\mid\lambda,\phi_1,\phi_2,\phi_3))$$

在经过若干次迭代后发现 $L(\lambda,\phi_1,\phi_2,\phi_3)$ 值变化不大或达到预定迭代次数后，便输出目前较优的参数组 $(\lambda,\phi_1,\phi_2,\phi_3)$。

3.2.3.1　改进编码

本节采用混合编码策略：对于转移概率矩阵 $A(N \times N)$ 以及观测矩阵 B $(N \times M)$，首先对矩阵进行分析，由于转移概率矩阵自身的特性，其矩阵中实际有价值的数值仅有 $\dfrac{N^2 + N - 2}{2}$ 个。考虑到概率值均小于 1，且大部分为多位数的小数，采用十进制浮点数编码，且保留三位小数。打平后的转移概率矩阵去 0、去 1 后便是一个参数组中转移概率染色体，打平后的观测概率矩阵便是参数组中的观测染色体。初始状态概率分布 π 同样使用 M 个位点的十进制浮点数编码染色体表示（保留三位小数）。

对于 ϕ_1、ϕ_2、ϕ_3，考虑到整个模型对退化因子极为敏感，采用二进制的整数编码且保留五位小数。以伪 18 个位点的二进制整数染色体对 ϕ_1、ϕ_2、ϕ_3 的绝对值进行转换，其中第一个位点表示参数整数部分，且该位点不参与二进制与十进制的相互转化。相应地，余下的 17 位在解码过程中需要缩小至原先的十万分之一，然后加上首位编码数值，便得到解码后的参数。各变量编码后的染色体如图 3.5 所示。

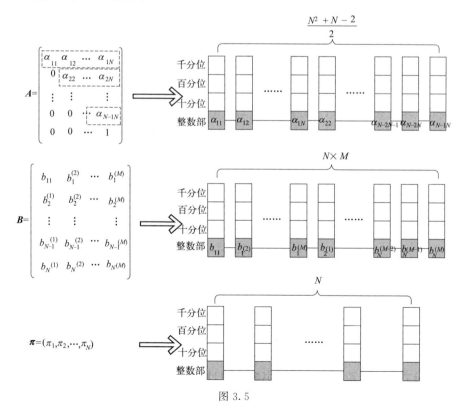

图 3.5

图 3.5　编码示意图

λ 三参数的编码中，染色体一个位点代表了矩阵中的一个概率值，每个位点由四个部分组成。灰色部分为矩阵中单个值的整数部分，白色部分分别为该值的十分位、百分位以及千分位的值。在整个改进遗传算法流程中，单个参数组里的参数总是同时参与计算，一个参数组即为一个完整的解决方案。

3.2.3.2　改进交叉

对于上述改进后的混合编码策略，相应地对交叉与变异方式进行改进。针对编码方式相似的 λ 三参数，设计两种不同的交叉方式：交叉方式 1 与交叉方式 2。交叉方式 1 是交换随机两条染色体相同位点上千、百分位数和十、整数位数，并对产生的两条新的染色体各自进行自适应归一化；交叉方式 2 是交换随机两条染色体各自一部分位点，并对产生的新染色体进行自适应归一化，交叉方式 1、2 分别如图 3.6、图 3.7 所示。

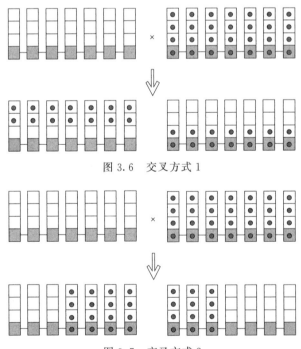

图 3.6　交叉方式 1

图 3.7　交叉方式 2

由于染色体是概率矩阵打平后的产物，矩阵同行元素之和为 1 决定了自适应归一化需要满足一定范围限制，具体的自适应归一化规则如表 3.1 所示，染色体位点从 1 开始计数。

表 3.1　自适应归一规则

染色体类别	归一化	
	组别	归一范围
转移染色体($N \times N$)	1	$1 \sim N$
	2	$N+1 \sim 2N-1$
	……	……
	$N-1$	$\dfrac{N^2+N-4}{2} \sim \dfrac{N^2+N-2}{2}$
观测染色体($N \times M$)	1	$1 \sim M$
	2	$M+1 \sim 2M$
	……	……
	N	$(N-1)M+1 \sim NM$
初始染色体(N)	1	$1 \sim N$

λ 三参数的变异以及退化因子的交叉变异均与常规遗传算法（GA）相同，变异操作后的归一化同样遵从表 3.1 规则。

改进后的交叉操作，利用两种不同的交叉方式，通过随机选择交叉方式，极大程度地增加了种群的多样性，增强了算法的全局搜索能力，同时在一定程度上保留了算子精度，有利于产生全局最优参数。

在算法完整运行后，使得似然函数取值最大的参数组 $(\lambda, \phi_1, \phi_1, \phi_3)$ 便是历史数据条件下 HMM 模型最优的估计参数。

3.2.4　基于 DGHMM 的设备剩余寿命预测

3.2.4.1　贪婪近似法

对于常规 HMM 模型的预测问题，一般存在近似算法以及 Viterbi 算法。现阶段研究中，普遍在得到 HMM 模型参数以及观测序列后运用后者计算此观测序列下概率最大的状态序列，即：

$$\bar{I} = \arg \max \Pr(\theta_1, \theta_2, \cdots, \theta_T \mid \lambda, I)$$

式中，$\Pr(\theta_1, \theta_2, \cdots, \theta_T \mid \lambda, I)$ 是指在参数取值 λ、I 的条件下观测值为 θ_1，$\theta_2, \cdots, \theta_T$ 的概率。实际应用中，在需要预测设备系统剩余寿命时，设备往往还处于服役中，即此时得不到设备从服役初期开始至失效的整个过程的观测值。为了解决这一问题，研究者们一般用同种设备历史数据加以代替并建立模型，输入服役设备的某一时点之前的观测值序列，预测其隐状态，再通过役龄时间分布来确定剩余寿命，但这与 HMM 模型必须服从指数分布的局限性冲突；且设备之间存在的固有差异以及设备状态的随机性，使得预测在一定程度上损失设备适应性。

因此本节在近似算法以及 Viterbi 算法基础上提出一种预测剩余状态的新方法（下称贪婪近似法）。

贪婪近似法将近似算法寻求状态的思想运用到寻找剩余观测上，即在已知 HMM 参数 λ 的前提下，寻求下一时刻最有可能出现的观测值。

定义设备在第 t 时刻产生观测 θ_k 的前提下，第 $t+1$ 时刻产生观测 θ_g 的概率为 $\nu_{kg}(t)=P(o_{t+1}=\theta_g|o_t=\theta_k,\lambda)(k,g=1,2,\cdots,M)$，则 ν 的数学描述为：

$$\nu_{kg}(t)=\sum_{j=1}^{N}\left[b_j(g)\sum_{i=1}^{N}\frac{b_i(k)\alpha_{ij}^t}{\sum_{i=1}^{N}b_i(k)}\right]\quad(k,g=1,2,\cdots,M)$$

式中，α_{ij}^t 为 t 时刻设备系统的状态转移概率，其如上述所说符合三阶段退化，代入不同的 k、g 值，便能计算出从 t 时刻的 k 观测转移到 $t+1$ 时刻的 g 观测的概率。由此得出间接观测转移概率矩阵为：

$$V^t=\begin{bmatrix}\nu_{11}^t & \nu_{12}^t & \cdots & \nu_{1M-1}^t & \nu_{1M}^t \\ \nu_{21}^t & \nu_{22}^t & \cdots & \nu_{2M-1}^t & \nu_{2M}^t \\ \vdots & \vdots & & \vdots & \vdots \\ \nu_{M-11}^t & \nu_{M-12}^t & \cdots & \nu_{M-1M-1}^t & \nu_{M-1M}^t \\ \nu_{M1}^t & \nu_{M2}^t & \cdots & \nu_{MM-1}^t & \nu_{MM}^t\end{bmatrix}$$

由于状态转移矩阵 A 随着监测时点逐渐退化，则 V 也同样是随着时间变化的。对于某一产生观测 $\theta_i(i=1,2,\cdots,M)$ 的时点 t，其下一时点 $t+1$ 最有可能出现的观测值概率为：

$$P(t+1)=\max_{1\leqslant j\leqslant M}v_{ij}^t\quad(i=1,2,\cdots,M)$$

下一时点最优可能观测则为：

$$o_{t+1}(j)=\arg\max_{1\leqslant j\leqslant M}v_{ij}^t\quad(i=1,2,\cdots,M)$$

则此时的观测序列由前 t 个实际观测值 $O_{\text{old}}=(o_1,o_2,\cdots,o_t)$ 和一个预测观测值 o_{t+1}^* 组成，即 $O_{\text{new}}=(o_1,o_2,\cdots,o_t,o_{t+1}^*)$。

详细的剩余状态预测步骤如下：

将 O_{old} 代入 Viterbi 算法，求得最大概率状态路径 $\textbf{Road}_{\text{old}}$，并记录最后一个状态值为 s。

1）运用近似法求得下一时点最有可能出现的观测 θ^*，并将其拼接到 O_{old} 之后形成 O_{new}。

2）将 O_{new} 代入 Viterbi 算法，求得新的最大概率状态路径 $\textbf{Road}_{\text{new}}$，并记

录最后一个状态值为 s^*。

3）判断 s 与 s^*。如果 $s = s^*$，则重复步骤 2）、3）；如果 $s \neq s^*$，则至步骤 4）。

4）最初的 $\boldsymbol{O}_{\text{old}}$ 与最终的 $\boldsymbol{O}_{\text{new}}$ 相比，去掉重复的便是预测的剩余观测，输出剩余观测。

在求得剩余观测之后，运用标准 Viterbi 算法，代入加入剩余观测后的观测序列及模型参数，寻求当前子状态下概率最大剩余状态路径 I_{max}。

3.2.4.2　设备剩余寿命预测

对于 3.2.1 节求得的最大剩余状态路径 I_{max}，假设当前设备处于状态 i，则在 I_{max} 中找到处于状态 i 的最后一个时间节点 t_{last}，此时的状态转移概率矩阵中第 i 行的数据可由上述退化因子及初始状态转移概率矩阵推算而知，则设备的剩余寿命可表示为：

$$\text{RUL} = (t_{\text{last}} - t)\Delta t + \frac{a_{ii}^{\text{last}}\Delta t}{\displaystyle\sum_{j=i+1}^{N} a_{ij}^{\text{last}}} + \sum_{j=i+1}^{N} D_j \tag{3-13}$$

式中，D_j 为历史数据中设备处于 j 状态的寿命；a_{ii}^{last} 为当前状态 i 最后一个节点时的由 i 状态转向 i 状态的概率值；a_{ij}^{last} 为当前状态 i 最后一个节点时的由 i 状态转向 j 状态的概率值。即设备总剩余寿命等于当前状态寿命余量以及后续所有状态的寿命之和。

3.2.5　算例分析

通过美国卡特彼勒公司液压泵的设备健康诊断与寿命预测实例来验证、评价本节提出的模型与方法。实验室中设备的振动信号由安装在与液压泵旋转轴平行位置的液压加速计收集。在应用实例中，分别对液压泵充入 20mg、40mg、60mg 与 80mg 的微尘，并每隔 10min 采集一个时间大约为 1min 的振动信号样本。随后使用 10dB 的小波将振动信号分为五层，将经过降维后的小波系数作为 DGHMM 的输入特征序列向量。整个实验过程中，液压泵的状态可分为四种，分别为 Baseline、Cont1、Cont2 以及 Cont3，其中 Cont3 状态为设备的彻底失效状态。

整个实验分析平台为 Python3，平台运行环境为 Windows 10。

3.2.5.1　DGHMM 数据准备

利用来自 36 个传感器（sensor，简记作 Sen）的振动信号监测数据，对液压泵进行健康状态诊断以及剩余寿命预测。部分经过小波变换后的振动数据

[泵 6（Pump6）] 如表 3.2 所示。

表 3.2　Pump6 部分小波变换数据

时点	Sen1	Sen7	Sen15	Sen23	Sen32
1	2.62	19.53	5.66	0.06	0.96
3	2.65	20.24	6.10	0.06	1.04
5	2.39	17.45	4.92	0.06	0.87
7	2.07	16.15	3.98	0.06	0.75
9	2.25	18.53	4.51	0.06	0.81
11	2.24	21.44	4.38	0.06	0.87
13	2.41	5.37	6.84	0.08	1.66
15	2.58	6.16	7.96	0.09	1.84
17	2.53	6.07	7.63	0.09	1.84
19	2.44	6.24	7.71	0.10	1.84
21	20.66	9.68	8.42	0.11	2.17
23	5.06	8.75	7.20	0.10	1.89
25	7.53	8.82	8.15	0.10	2.00
27	5.74	8.37	7.19	0.10	1.89
29	3.46	8.25	7.16	0.10	1.92
31	41.78	7.98	7.12	0.15	1.86
33	31.08	7.90	6.98	0.14	1.84
35	60.15	7.99	7.03	0.15	1.85
37	77.27	7.80	7.12	0.17	1.84

3.2.5.2　实验参数估计

本节运用改进遗传算法同时对 DGHMM 与时变 HMM 进行参数估计。表 3.3 与表 3.4 所示分别为 Pump6 估计参数组中初始与失效临界状态转移概率矩阵元素。算法中种群数量为 30，交叉概率为 0.7，变异概率为 0.3。考虑到不同参数组下实验数据出现的概率似然值可能存在数量级差异较大的情况，通过减少种群数量、增加迭代次数来增强选择力度，相应地通过增加变异概率来保证每代种群多样性。

DGHMM 与时变 HMM 在改进 GA 算法整个流程中的概率似然值迭代曲线如图 3.8 所示（Pump6）。从参数估计的结果来看，实验数据在 DGHMM 的较优参数组下出现的似然值大于在时变 HMM 的较优参数组下出现的似然值。这一结果在一定程度上可反映 DGHMM 较常规基于指数式加速退化的时变 HMM 而言，能更好地描绘实验数据。

表 3.3　Pump6 初始状态转移矩阵元素

状态	Baseline	Cont1	Cont2	Cont3
Baseline	0.924	0.064	0.007	0.005
Cont1	0.000	0.783	0.128	0.089
Cont2	0.000	0.000	0.807	0.193
Cont3	0.000	0.000	0.000	1.000

表 3.4　**Pump6 失效临界状态转移矩阵元素**

状态	Baseline	Cont1	Cont2	Cont3
Baseline	0.426	0.483	0.053	0.038
Cont1	0.000	0.361	0.377	0.262
Cont2	0.000	0.000	0.403	0.597
Cont3	0.000	0.000	0.000	1.000

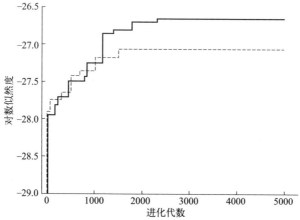

图 3.8　Pump6 似然迭代对比图

注：——代表 DGHMM；----代表时变 HMM。

3.2.5.3　健康状态诊断

分别将泵 6 与泵 82 的实验数据向量化后输入 HMM、时变 HMM 以及 DGHMM 模型，运用 Viterbi 算法分别求得其在各自实验观测数据和各自较优参数组下设备的最大概率状态路径并加以验证评价，结果如表 3.5 所示，泵 6（Pump6）与泵 82（Pump82）实验数据在不同模型下的最大概率状态路径概率值如表 3.6 所示。

表 3.5　**泵 6 与泵 82 健康状态识别结果**

类别	Pump6					
	状态	Baseline	Cont1	Cont2	Cont3	准确率
HMM	Baseline	12	0	0	0	100%
	Cont1	1	6	0	0	86%
	Cont2	0	3	8	0	73%
	Cont3	0	0	0	8	100%
时变 HMM	Baseline	12	0	0	0	100%
	Cont1	0	7	0	0	100%
	Cont2	0	0	7	4	64%
	Cont3	0	0	0	8	100%

类别	Pump6					
	状态	Baseline	Cont1	Cont2	Cont3	准确率
DGHMM	Baseline	12	0	0	0	100%
	Cont1	0	7	0	0	100%
	Cont2	0	0	11	0	100%
	Cont3	0	0	0	8	100%

类别	Pump82					
	状态	Baseline	Cont1	Cont2	Cont3	准确率
HMM	Baseline	9	0	0	0	100%
	Cont1	2	8	0	0	80%
	Cont2	0	4	6	0	60%
	Cont3	0	0	1	11	92%
时变 HMM	Baseline	9	0	0	0	100%
	Cont1	0	10	0	0	100%
	Cont2	0	0	7	3	70%
	Cont3	0	0	0	12	100%
DGHMM	Baseline	9	0	0	0	100%
	Cont1	0	10	0	0	100%
	Cont2	0	0	10	0	100%
	Cont3	0	0	0	12	100%

表 3.6　泵 6 与泵 82 在各模型下路径概率值

类别	Pump6	Pump82
HMM	7.32×10^{-11}	8.16×10^{-11}
时变 HMM	5.39×10^{-13}	1.03×10^{-13}
DGHMM	1.36×10^{-13}	1.77×10^{-12}

3.2.5.4　剩余寿命预测

运用提出的贪婪近似算法及常规 Viterbi 算法的设备剩余寿命预测方法，动态地求得 Pump6 与 Pump82 在 DGHMM 下的剩余寿命，结果如图 3.9 所示。从图中可以看出预测得出的剩余寿命值与实际剩余寿命的误差处于相对合理范围内，且当设备处于失效状态 Cont3 时，设备停止运作，退化相应停止，模型也相应地成功识别并判定设备剩余寿命为 0，虽然预测值在一定程度上在 Baseline 与 Cont1 状态转换处存在"滞留现象"，但整体而言，基于 DGHMM 的贪婪近似法对于 Pump6 与 Pump82 剩余寿命的预测是有效可行的。

本节提出了一种以新加速退化为核心的设备健康诊断与剩余寿命预测方法。提出的似幂关系更保守，较同为退化因子的指数式关系而言更稳定，且能更好描述设备性能随役龄增加而逐步加速退化的过程，对于设备的状态识别也更精确；基于改进遗传算法的参数估计方法，也取得了相对较好的效果；提出的贪婪近似法在一定程度上打破了常规隐马尔可夫模型在时间上必须服从指数

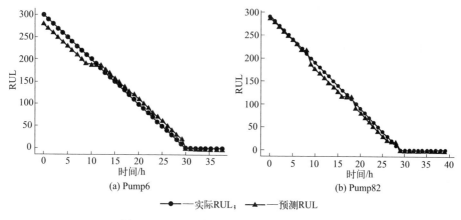

图 3.9　Pump6 与 Pump82 剩余寿命预测图

分布的束缚，能够近似地对设备的剩余寿命进行预测。因此，基于改进退化隐马尔可夫模型的设备健康诊断与剩余寿命预测方法在描绘设备退化、设备状态诊断准确率方面更加有效，在剩余寿命预测上亦为可行。

本节仅将似幂关系应用到 HMM 模型并验证了结果，未来应将其应用到 HMM 的拓展——HSMM 中，进一步对似幂关系进行验证。为保证寻优效果，文中的改进遗传算法迭代次数较多，时间复杂度较高，未来也应尝试改善；且在贪婪近似法进行过程中若出现无限循环情况，还应设置相应的迭代次数限制才能完成算法相应步骤。

3.3　基于改进隐半马尔可夫模型的健康预测

本节针对非振动类型数据作为隐马尔可夫模型的输入难以界定的问题，提出了一种基于威布尔分布和聚类模型的方法来实现非振动信号的标度化，并将这些标度序列输入改进的 HSMM 中。首先，在改进 HSMM 中引入粘接系数和改进退化核心，提高其将退化过程描述为固有物理过程的能力。其次，考虑到 EM 算法在高维情况下的局限性，将一种新的不依赖于参数初始迭代值选择的协同进化解应用于模型的参数估计。所提出的协同进化算法综合了各子算法的优点。随后建立模型库，对被监测设备进行异常诊断。最后，运用综合考虑了设备当前健康状态和历史全寿命的预测方法，模拟计算出设备的剩余使用寿命，并实现了实时预测。在以往的研究中，大多数研究者可能更多地关注模型的修改和数据的获取，而关于信号数据的标度化的研究较少。本节提出的标度化方法可以很好地处理一系列非振动信号数据。在此基础上，将新的退化核心引入该模型，能够更有力地描述设备的退化过程。此外，基于遗传算法和樽海鞘群算法（SSA）的联合进化算法可以为本节提出的模型找到更合适的参数，可以解决大规模的 PHM 问题。

3.3.1 模型描述

下面分别介绍本节诊断预测方案的几个重要部分。首先，提出了一种新的尺度化方法 STWS 来实现原始信号数据的尺度化。其次，在隐马尔可夫模型中引入了一种新的退化核心，并提出相应的修正方法。再次，为了解决参数估计工作偏差大的问题，本节的模型采用了一种混合方法，即联合进化算法，与常规方法相比，我们的解更加强大和可靠。最后，在上述工作的基础上，给出了剩余有效寿命预测方法。

3.3.1.1 信号标度方法 STWS

本节提出了一种基于短时间窗函数 $f(l)$ 威布尔采样的尺度化方法。l 定义为时间窗口的跨度。考虑到信号分布的随机性，数据随时间的变化而变化，表现为短截面内围绕一个未知量振荡的现象。然而，未知值也同时变化。在较长的时间范围内，假设服从威布尔分布（期间产生的离散信号数据足够短，可以研究局部分布），则威布尔分布为：

$$W(x,\eta,k) = \frac{k}{\eta}\left(\frac{x}{\eta}\right)^{k-1}\exp\left[-\left(\frac{x}{\eta}\right)^k\right] \quad (x \geqslant 0) \tag{3-14}$$

式中，x 为信号数据；η，k 分别为威布尔分布的尺度参数和形状参数。偏度和峰度代表威布尔分布的相关特征，分别表示为式(3-15)和式(3-16)。

$$\text{ske} = \frac{2\Gamma^3\left(1+\frac{1}{k}\right) - 3\Gamma\left(1+\frac{2}{k}\right)\Gamma(1+k) + \Gamma\left(1+\frac{3}{k}\right)}{\left[\Gamma\left(1+\frac{2}{k}\right) - \Gamma^2\left(1+\frac{1}{k}\right)\right]^{3/2}} \tag{3-15}$$

$$\text{kurt} = \frac{-3\Gamma^4\left(1+\frac{1}{k}\right) + 6\Gamma\left(1+\frac{2}{k}\right)\Gamma^2\left(1+\frac{1}{k}\right) - 4\Gamma\left(1+\frac{3}{k}\right)\Gamma\left(1+\frac{1}{k}\right) + \Gamma\left(1+\frac{4}{k}\right)}{\left[\Gamma\left(1+\frac{2}{k}\right) - \Gamma^2\left(1+\frac{1}{k}\right)\right]^2} \tag{3-16}$$

式中，$\Gamma(1+k)$ 等为伽玛函数。这些数据可以用带有采样时间 $t_S \in (t,t+l)$ 的唯一性威布尔分布来描述，因此，将拟合威布尔分布时 $(t,t+l)$ 的信号数据用似然函数进行描述，其中 $x_i \in (t,t+l)$，可表示为：

$$L(\eta,k) = \prod_{i=1}^{n} W(x_i,\eta,k) \tag{3-17}$$

$$(\eta,k)=\arg\max_{\eta',k'}\prod_{i=1}\mathrm{W}(x_i,\eta',k') \qquad (3\text{-}18)$$

可以保持时间函数窗口的长度不变，将时间窗口以恒定的步长 s 移动到下一个时间点，从而拟合下一个威布尔分布，覆盖数据由之前的数据范围 $(t,t+l)$ 和下一数据范围 $(t+s,t+l+s)$ 组成。在本节中，假设数据对被监控设备的健康状态敏感。下一个分布的偏度和峰度会发生一定程度的变化。随着新吸收数据的积累，这种变化会越来越明显。时间窗覆盖的数据将稳定在相应的劣化模式下。时间函数窗口的工作机理如图 3.10 所示。

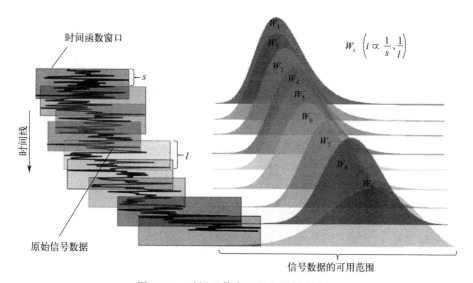

图 3.10　时间函数窗口图和局部分布图

在图 3.10 中，将原始信号数据表示为线图，由上向下显示。不同的时间窗代表整个信号序列的不同部分，包含振荡幅度、频率和变化趋势等信息。图 3.10 的右侧相应给出了不同时间窗口覆盖的数据的部分分布。提取不同局部分布的偏和峰度输入到聚类模型中，对每个时间函数窗口标记一个聚类名称。然后按照以下步骤得到最终的标量值。

输入：每个时间点的原始数据向量 $\mathbf{Vec}_{\mathrm{sig}}$，初始标量向量 $\mathbf{Vec}_{\mathrm{sca}}$，时间函数窗口的初始长度 l（最大值）、初始步长 s（最大值）。

输出：每个时间点的最终标量向量 $\mathbf{Vec}_{\mathrm{sca}}$。

步骤 1：对每个局部分布 l 和 s 进行分类，得到每个局部分布各自的簇标签后，将所有标量子向量串联起来，得到临时标量向量 $\mathbf{Vec}_{\mathrm{new}}$，然后记录。

步骤 2：更新 s，即 $s=s-1(s\geqslant1)$，然后跳转到步骤 1；如果 $s=1$，请跳到步骤 3。

步骤 3：更新 l，即 $l=l-1(l>\mathrm{threshold}$，$\mathrm{threshold}$ 为用于拟合的最小

数据数量）。并重置 s，转到步骤 1。

步骤 4：使用步骤 1 中记录的所有临时标量向量 $\mathbf{Vec}_{\text{sca}}$ 计算最终标量向量。

3.3.1.2 改进隐半马尔可夫模型

在 3.3 节中，首先介绍了 DK-MHSMM 的概念和符号。然后，将在 3.3.2 节中进一步发展参数估计方法。同时给出一个新的退化核心模型的相关推导。我们提出了一种基于多元威布尔分布的变换方法，在 3.3.3 节中将离散状态扩展为连续状态，从而有效地减少诊断和预后的偏差。最后，分别给出健康诊断方法和剩余寿命预测方法，并与控制模块交互。

根据设备固有的劣化趋势和信号数据的可观察变化，假设设备的健康状态可以分为三个状态——健康状态"健康"、不健康状态"警告"和故障状态"故障"，分别描述为状态 1（State1）、状态 2（State2）和状态 3（State3）。此外，从所提出的诊断模型给出的故障类别可知，State $i\,(i \in \{1,2,3\})$ 只是随机过程中的一个子过程。因此，设备从初始时间状态 1 开始运行，通过状态 2 或直接跳转到状态 3，过程在没有任何外部冲击的情况下进行。状态 1 和状态 2 由于设备内部进程而被隐藏，只有状态 3 可以被观察到。一般的 HSMM 图如图 3.11 所示。除了状态 3，每个宏观状态都有自己的微观状态，为宏观状态的转移概率分布，形式为矩阵，如下所示：

$$\boldsymbol{A} = \begin{pmatrix} 0 & p_{12} & p_{13} \\ 0 & 0 & 1(p_{23}) \\ 0 & 0 & 1 \end{pmatrix}$$

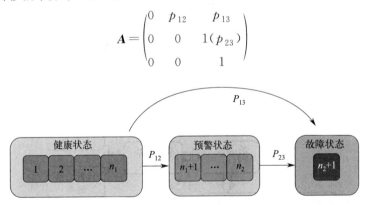

图 3.11 HSMM 图示

设备位于 State1，微观状态为 n_1，它可以按照概率 p_{12} 移动到下一个微观状态 State2，或者按照概率 p_{13} 跳跃到 State3。此外，在每个宏观状态中，转移分布 $\boldsymbol{Q}$ 在内部过程中工作，其中假定 $\boldsymbol{Q}$ 服从特定的概率分布，如 Erlang 或高斯分布。根据 HSMM 的定义，瞬时转变速率由 $\boldsymbol{A}$ 与 $\boldsymbol{Q}$ 的组合形式给出。因此，提出了一种新的基于多项式回归的建模视角。在传统的模型中，可以去

除微观态的转移分布 Q，将同一宏观态中的
微观态视为不具有时间序列性质的组合。这
些微观状态可以用发射矩阵描述，新的建模
视角如图 3.12 所示。因此，最关键的问题是
确定 State1 和 State2 组的数量。考虑到计算方
便，引入微状态块的粘接系数 $C_i (i \in \{1, 2\},$
$0 < C_i < 1)$ 来代替假设的分布。它表示两个微
观状态块存在于同一宏观状态中的概率。

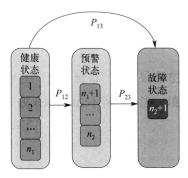

图 3.12　本节建模视角
HSMM 图示

由于削弱了特定宏观状态下微观状态的
时间序列性质，因此微观状态之间的转移概
率在宏观状态 Q 过程中作用不大。假定 λ 表
示由发射矩阵 B、转移矩阵 A、粘接系数 C_1 和 C_2 组成的一组给定的参数。
且 forward 变量 $\alpha_t(i)$ 可定义为：

$$
\begin{cases}
\alpha_t(i) = P(O_{[1:t]}, S_t = i | \lambda) \\
\alpha_1(i) = b_{1i} \quad (S_1 = 1)
\end{cases}
\tag{3-19}
$$

$$
\alpha_{t+1}(j) = \alpha_t(j) C_j b_j(o_{t+1}) + \sum_{i=1}^{j-1} \alpha_t(i)(1 - C_i) p_{ij} b_j(o_{t+1})
\tag{3-20}
$$

式中，$b_j(o_{t+1})$ 表示在时间 $t+1$ 内产生观测值的概率 $State_j$，给出的观测
值的概率由式(3-21)表示：

$$
P(O | \lambda) = \sum_{i=1}^{N} \alpha_T(i)
\tag{3-21}
$$

相应地，后向变量 $\beta_t(i)$ 定义由式(3-22)给出：

$$
\begin{cases}
\beta_t(i) = P(O_{[t+1:T]} | \lambda, S_t = i) \\
\beta_T(i) = 1 \quad (S_T = N)
\end{cases}
\tag{3-22}
$$

式中，T 表示最后观测序列的时间。$\beta_t(i)$ 可以由式(3-23)递归计算得到：

$$
\beta_t(i) = \beta_{t+1}(i) C_i b_i(o_{t+1}) + \sum_{j=i+1}^{N} \beta_{t+1}(j)(1 - C_i) p_{ij} b_j(o_{t+1})
\tag{3-23}
$$

给定建模参数 λ 情况下，t 时 $State_j$ 的概率可描述为式(3-24)。

$$
P(S_t = i | O, \lambda) = \frac{\alpha_t(i) \beta_t(i)}{\sum_{j=1}^{N} \alpha_t(j) \beta_t(j)}
\tag{3-24}
$$

设备的劣化是一个随时间的单调过程，因此逗留时间变量可定义为式
(3-25)。

$$
St_{t,i}(d) = P(S_t = i, S_{t-d} = i | \lambda)
$$

$$= \frac{P(S_{t-d}=i \mid \lambda)}{\sum\limits_{i=1}^{N} P(S_{t-d}=i \mid \lambda)} P(S_t=i \mid \lambda)$$

$$= P(S_{t-d}=i \mid \lambda) P(S_t=i \mid \lambda) \tag{3-25}$$

3.3.2 协同进化参数估计方法

在本节中，由于加速度递归的特殊性而不能求偏导数，提出了一种联合进化算法来估计上述模型的参数。与一般的 EM 算法在参数估计中的应用相比，由 salp swarm algorithm（SSA）和 genetic algorithm（GA）组成的联合进化解在对初始迭代值要求较广的情况下表现得更好，特别是在高维情况下。此外，SSA 在现有区域的勘探效率较高，而 GA 在现有区域之外具有较强的勘探能力。所以，这两种方法在某种程度上是互补的。遗传算法部分的编码参考3.2.3 节，樽海鞘群算法的工作机制以及详细参数设定分别在以下小节中给出。

3.3.2.1 开发：樽海鞘群算法

SSA 是 Mirjalili[2] 在 2017 年提出的解决优化问题的方法。SSA 的主要灵感来自樽海鞘在海洋中移动和觅食时的群集行为。樽海鞘通常会形成一个被称为海藻链的群体，通过快速协调变化和觅食来实现更好的移动。樽海鞘的种群分为两类：领导者和跟随者。链头的个体为领导者，而链上的其他部分被视为跟随者。注意到除了领导者之外，每个樽海鞘只受最后一个樽海鞘的影响，即当前樽海鞘的位置取决于它自己对应的最后一个樽海鞘和群体最后一个樽海鞘的位置。

对于 n 维优化问题，每个樽海鞘的位置在一个 n 维搜索空间中定义，n 为变量的个数。食物来源为适合度较好的最佳樽海鞘的位置，假设食物来源的位置为 Fd。

领导者位置更新公式可由式(3-26)给出：

$$x_j^1 = \begin{cases} \mathrm{Fd}_j + c_1[(\mathrm{ub}_j - \mathrm{lb}_j)c_2 + \mathrm{lb}_j], & c_3 \geqslant 0.5 \\ \mathrm{Fd}_j - c_1[(\mathrm{ub}_j - \mathrm{lb}_j)c_2 + \mathrm{lb}_j], & c_3 < 0.5 \end{cases} \tag{3-26}$$

式中，x_j^1 为第 j 维的位置值；Fd_j 为上次迭代生成的食物源的位置；c_2、c_3 是分别控制欧氏距离和方向的纯随机数；ub_j、lb_j 分别为第 j 维空间的上界和下界。然而，c_1 是 SSA 的关键控制参数，它促进了如式(3-27)所定义的收敛。

$$c_1 = 2\mathrm{e}^{-\left(\frac{4l}{L}\right)^2} \tag{3-27}$$

式中，l 是目前的迭代次数；L 是最大迭代次数。

$c_1 \in [0,2]$；c_2，$c_3 \in [0,1]$。在每次迭代中，我们首先更新领导者位置，然后通过式(3-28)更新追随者位置：

$$x_j^i(t) = \frac{1}{2}[x_j^i(t-1) + x_j^{i-1}(t)] \tag{3-28}$$

式(3-26)和式(3-28)中，每次迭代都可以激发整个链条。为了适应该算法，我们从矩阵中提取有效的参数 C_1、C_2，然后结合有效的矩阵数据进行重构，得到可被 SSA 编码和解码的向量。同时，也验证了 SSA 算法在局部开发上的有效性。

不考虑不同值的起源，目的是让算子适应矩阵和单值等参数。操作符的维数取决于有效数据中包含的所有参数，但不限于矩阵和单一值的种类。

3.3.2.2 协同进化策略

本节构建协同进化算法，提出协同进化策略。对于两种独立的算法，设计了一种共同进化策略，允许两部分之间的交互。在迭代过程中，两种算法在每次迭代结束时会分别得到最佳运算符，在最后一次迭代结束时会得到全局最佳运算符。因此，设 pbest_{ga}、pbest_{ssa}、best_{ga} 和 best_{ssa} 分别表示 GA 和 SSA 当前迭代的最佳算子、GA 和 SSA 的全局最佳算子，共同进化策略如下所示：

SSA 引导 GA：如果 $\text{pbest}_{ga} < \text{best}_{ssa}$，让 best_{ssa} 替换除 pbest_{ga} 外的任意算子，best_{ssa} 采用所提出的编码策略进行编码，让拟合值更好的算子在下一次迭代中发挥更重要的作用。

GA 引导 SSA：如果 $\text{pbest}_{ga} > \text{best}_{ssa}$，让 pbest_{ga} 替换 best_{ssa}，并更新 SSA 中的食物位置以及 GA 算法的 best_{ga}。

由于食物在 SSA 中的位置发生了变化，所以需要在共同进化后对 SSA 的 c_1 进行修正，并使 l_{Co} 表示 GA 引导 SSA 的迭代，更新后 c_1^{Co} 的结果如下：

$$\begin{cases} l_{new} = l - l_{Co} \\ L_{new} = L - l_{Co} \\ c_1^{Co} = 2e^{-\left(\frac{4l_{new}}{L_{new}}\right)^2} \end{cases} \tag{3-29}$$

3.3.3 基于 DK-MHSMM 的诊断预测

3.3.3 节将详细阐述故障模式的诊断方法和剩余使用寿命的预测方法。首先介绍诊断模型库的概念，随后对诊断过程进行说明。在此基础上，提出一种基于 DK-MHSSM 和历史有效寿命的在线预测方法，以满足在线预测的需求。最后，给出本节的整体框架，并找出相关的逻辑关系。

3.3.3.1 故障诊断

针对不同的故障模式，建立子模型数量相同的诊断库，存储模型与故障模式之间的映射关系。对训练数据也有相应的限制要求，如所有故障模式的覆盖率、不同故障模式的采样平衡等。在训练阶段，以不同序列参数的均值为格式，通过批量训练得到一个故障检测模型的参数。将属于同一故障模式的信号序列经过标量化后分别输入到共进化参数估计模型中。然后计算这些参数组的均值，并将参数均值映射到故障模式。因此，在测试阶段，我们将新的信号序列输入到不同的模型中，计算各自的概率，最后选取最大的概率值，模型所代表的对应故障模式就是诊断结果。

3.3.3.2 剩余寿命预测

设备 RUL 的预测在 PHM 中至关重要。在大多数情况下，当实时数据存在时，模型的输入是一个直到当前时间点的序列，而不是一个完整的序列。在这种情况下，我们不能用部分序列来计算一些相关的值，而与 HSMM 相关的算法所能计算的一些概率是不可用的。HSMM 中 RUL 的计算方法也需要每个状态的最长使用寿命，但对于不同的训练序列，最长使用寿命是不同的。

为了同时考虑设备的历史使用寿命和当前状态，本节提出了一种新的预测方法。首先，同一故障模式下的设备的整个使用寿命纯粹是一个受多种复杂因素影响的随机变量。训练数据具有足够的代表性来说明 RUL 分布的特征，可以用威布尔分布来说明随机变量。因此，可以利用特定故障模式的训练数据拟合威布尔分布，注意威布尔分布的个数与故障模式的个数是相同的。然后，随着时间的推移完成实时信号序列，更新设备的当前状态和 RUL 的分布，并通过与 DK-MHSMM 结合的基于前向变量和后向变量的算法来计算设备的当前状态。因此，根据式(3-24)，在给定模型参数 λ 以及观测序列 O_{up} 下，时间 t 时设备处于 $State_j$ 的概率可由式(3-30)给出：

$$P(S_t = i \mid O_{up}, \lambda) = \frac{\alpha_t(i)}{\sum\limits_{j=1}^{N} \alpha_t(j)} \quad (t \leqslant t_{present}) \tag{3-30}$$

当前时刻处于 $State_j$ 的概率为：

$$P(S_{t_{present}} = i \mid O_{up}, \lambda) = \frac{\alpha_{t_{present}}(i)}{\sum\limits_{j=1}^{N} \alpha_{t_{present}}(j)} \tag{3-31}$$

DK-MHSMM 包括三种状态，$V_{pt} = (p_1^p, p_2^p, p_3^p)$ 表示当前不同状态各自的概率。第一个值越大，设备越有可能有更长的 RUL，设备工作更长时间的

潜力对于 p_1^{p} 是单调的。同理地，p_3^{p} 越大，设备的 RUL 越有可能更短，表示设备即将崩溃。p_2^{p} 表示设备处于中间状态，可能有常规的 RUL。

因此，RUL 的在线实时计算方法分为以下两种情况。

场景 1：当前时刻 $t_{\mathrm{present}} \leqslant \mathrm{WUL}_{\mathrm{min}}$。

$\mathrm{WUL}_{\mathrm{min}}$ 为全寿命周期威布尔分布中的最小历史寿命，t_{present} 小于 $\mathrm{WUL}_{\mathrm{min}}$，我们将分布下的横坐标均分为三等份，并使 $\mathrm{Cut}_i^{\mathrm{s1}}[i \in \{1,2\}]$ 描述场景 1 下的切分点的位置，则 RUL 的预测值可由式（3-32）表示：

$$
\begin{aligned}
\mathrm{RUL} = \sum_{j=1}^{Fn} & \frac{P(O_{\mathrm{up}} \mid \lambda_j)}{\displaystyle\sum_{k=1}^{Fn} P(O_{\mathrm{up}} \mid \lambda_k)} \Bigg[\int_{\mathrm{WUL}_{\mathrm{min}}}^{\mathrm{Cut}_1^{\mathrm{s1}}} \mathrm{Wei}(j)(x - t_{\mathrm{present}}) p_3^{\mathrm{p}} \mathrm{d}x \\
& + \int_{\mathrm{Cut}_1^{\mathrm{s1}}}^{\mathrm{Cut}_2^{\mathrm{s1}}} \mathrm{Wei}(j)(x - t_{\mathrm{present}}) p_3^{\mathrm{p}} \mathrm{d}x + \int_{\mathrm{Cut}_2^{\mathrm{s1}}}^{\mathrm{WUL}_{\mathrm{max}}} \mathrm{Wei}(j)(x - t_{\mathrm{present}}) p_1^{\mathrm{p}} \mathrm{d}x \Bigg]
\end{aligned}
$$

$$(3-32)$$

式中，Fn 表示第 n 个状态，即故障状态；$\mathrm{Wei}(j)$ 为威布尔分布函数。

场景 2：当前时刻 $t_{\mathrm{present}} > \mathrm{WUL}_{\mathrm{min}}$。

当前时刻 t_{present} 大于威布尔分布中的最小历史寿命，则处在 $[\mathrm{WUL}_{\mathrm{min}}, t_{\mathrm{present}})$ 区间的数据便失去了对于当前时刻预测的价值，因此上述基于切分思想的解决方案需要修正其切分方式。而在一般情况下，处在当前状态的设备均处于寿命的波动期，常伴随着剧烈的退化。因此，我们将剩下的序列均分为两个相等的部分，并使得 $\mathrm{Cut}^{\mathrm{s2}}$ 代表场景 2 下的切分点坐标位置。则 RUL 的预测计算值可以由式（3-33）给出。

$$
\begin{aligned}
\mathrm{RUL} = \sum_{j=1}^{Fn} & \frac{P(O_{\mathrm{up}} \mid \lambda_j)}{\displaystyle\sum_{k=1}^{Fn} P(O_{\mathrm{up}} \mid \lambda_k)} \Bigg[\int_{t_{\mathrm{present}}}^{\mathrm{Cut}^{\mathrm{s2}}} \mathrm{Wei}(j)(x - t_{\mathrm{present}}) p_3^{\mathrm{p}} \mathrm{d}x \\
& + \int_{\mathrm{Cut}^{\mathrm{s2}}}^{\mathrm{WUL}_{\mathrm{max}}} \mathrm{Wei}(j)(x - t_{\mathrm{present}})(p_1^{\mathrm{p}} + p_2^{\mathrm{p}}) \mathrm{d}x \Bigg]
\end{aligned}
$$

$$(3-33)$$

预测方法对两种情况的描述如图 3.13 所示。对于特定的故障模式，WUL 服从相应的分布。选取两个不同的时间点来说明所提出的预测方法的两种不同情况：一种是小于历史 WUL 的 LB（下界）；另一种是大于历史 WUL 的 LB，而小于历史 WUL 的 UB（上界）。并将两种不同的截止分布用几种颜色着色，以生动地描述两种不同情况下的两种不同的截止方法。

3.3.3.3　框架及流程

所提出的 PHM 方法的框架描述如图 3.14 所示。它包括三个模块：信号预处理与标度化模块、模型计算与估计模块和输出模块。它的工作原理如下：

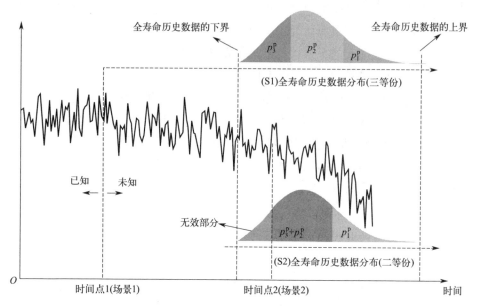

图 3.13　两种不同寿命预测计算的切分方法

S1—小于最小值；S2—大于最小值且小于最大值

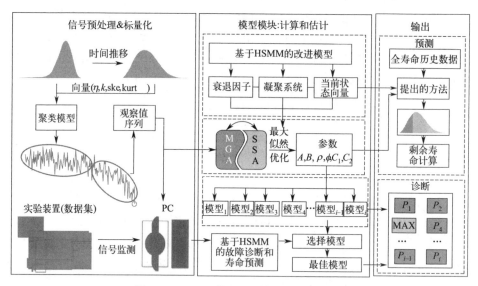

图 3.14　3.3.3 节 PHM 模型框架示意图

步骤 1：

输入：原始信号数据→提出的尺度化方法。输出：尺度化序列。

步骤 2：

输入：标度化序列→协同算法优化 & DK-MHSMM。输出：参数组 & 诊断模型库。

步骤 3：

输入：新的信号序列→提出的尺度化方法→基础模型→最佳模型。输出：故障模式。

步骤 4：

输入：到目前为止新的信号序列→提出的标度化方法 &DK-MHSMM→当前状态向量→提出的 RUL 预估方法（基于历史 WUL）。输出：RUL。

3.3.4 算例分析

在 3.3.4 节中，我们使用 CMAPSS 开放数据集来评估所提出方法的性能。结果表明，该方法对难识别问题的诊断和设备剩余使用寿命的预测是有效的。

3.3.4.1 数据集简介

涡扇发动机数据集是使用 CMAPSS 仿真环境生成的，该环境代表了一个 90000 磅（即 90000lb。1lb＝453.59237g）推力级的发动机模型。许多可编辑的输入参数用于指定操作剖面、闭环控制器、环境条件（各种海拔和温度）。通过对一些效率参数的修改，模拟了发动机系统不同部位的不同退化情况。通过改变断层注入参数来模拟连续的退化趋势。从设备的不同部分收集的数据记录对 21 个传感器测量的退化影响，并提供时间序列，显示退化行为在多个单元。每个数据集由一定数量的不同长度的轨迹和 21 个传感器测量值组成，总共约 700 条训练退化轨迹（详见表 3.7）。我们选择数据集♯1 和数据集♯3 进一步验证本节方法的有效性，第 21 次传感器测量数据如图 3.15 所示。

表 3.7 描述涡扇退化数据集可用的 NASA 存储库

项目	序号	♯故障模型	♯条件	♯训练模块	♯测试模块
Turbofan	♯1	1	1	100	100
数据源	♯2	1	6	260	259
NASA	♯3	2	1	100	100
数据库	♯4	2	6	249	248

3.3.4.2 标度化方法评价

为了得到输入到聚类模型中完成信号尺度化所需的特征向量，利用不同长度的时间函数窗内的数据拟合不同尺度参数和形状参数的威布尔分布。由于原始信号数据的不同，这些分布应该表现出某种随时间变化的趋势。而且确实呈现出如图 3.16 所示的特定变化趋势，不同时段、不同威布尔分布的主成分逐

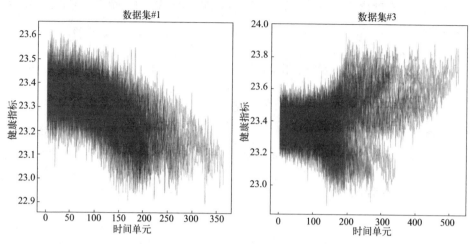

图 3.15　数据集♯1 和数据集♯3 的数据预览

渐下降，间接地说明了设备的劣化。综合形状参数、尺度参数、偏度和峰度生成特征向量，格式为这些分图的标题。

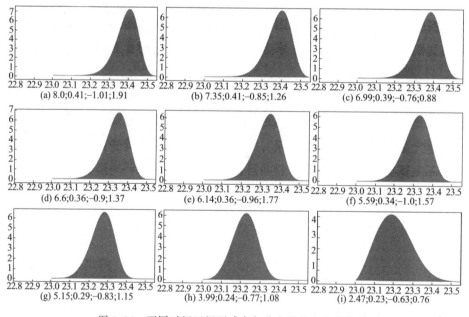

图 3.16　不同时间区间下威布尔分布形状变化的趋势

(各分图标题中数字含义均为：形状参数；尺度参数；峰度；峭度。横、纵轴分别表示时间、故障率)

　　将不同长度、不同时间段的时间函数窗口生成的特征向量输入到聚类模型中，对自身进行分类，并对对应向量所代表的分布进行标注。本节选择高斯混合模型（GMM）来实现聚类，这是一种无监督聚类算法。特征向量有四个维度，利用主成分分析（PCA）来降低特征向量的维数以促进聚类。对于 GMM 的参数估计，EM 算法表现较好，设置了所有参数的初始值、每个聚类的均值和协方差、每个聚类形成样本的概率。然后根据 E 步长和 M 步长更新参数。最后经过多次迭代输出参数和聚类结果。

　　特征向量的结果如图 3.17 所示。图 3.17(a)所示为不同向量的聚类结果，对应 DK-MHSMM 的三种状态。图 3.17(b)是由不同长度和时间段的时间函数窗口生成的不同矢量的散点图，不同窗口生成的散点有多种。为了区分来自不同窗户的散射物，它们被涂上了不同的颜色。与聚集在一个区域相比，相同颜色的散点在有效区域内是分散分布的，这说明无论窗口有多长（至少满足拟合要求，下同），在当前情况下总是有特定的变化趋势。

　　为了进一步说明 TFW（时间函数窗口）中任意长度设备的劣化，将这些相同颜色的散射点提取到独立分图中。此外，在时间意义上相邻的点通过线相连，展示了从健康到故障的演变过程。分割后的结果如图 3.18 所示，其中相同颜色的第一个点和最后一个点分别用菱形和正方形标记。可以看到，菱形总是出现在图 3.18 中第一个类簇对应的图的最左边部分，而正方形总是出现在第三个类簇对应的最右边部分。中间点分散在这些分图的中间部分，表明该方法在设备劣化方面具有良好的性能。

　　通过 STWS 将原始信号序列转化为标度化序列，将尺度化序列输入 DK-MHSMM，完成诊断和预测的相关计算。

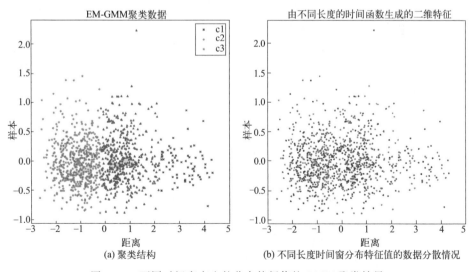

图 3.17　不同时间窗产生的分布特征值的 GMM 聚类结果

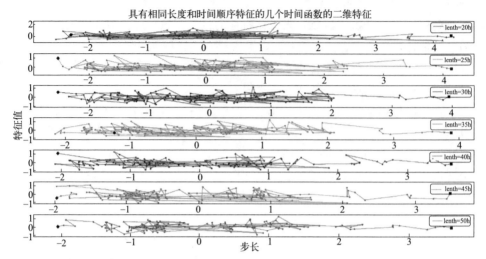

图 3.18　各长度时间窗特征散点分布图（随时间变化）

3.3.4.3　协同进化参数估计

常规带有隐变量的马尔可夫类模型的模型评价指标往往是当前参数组下的观测发射概率 $P(O|\lambda)$。即该概率越大，模型优化越好。然而，这一单一指标在某些情况下可能是不合理的，特别是基于马尔可夫模型的时间跨度较大的情况。为了进一步验证基于遗传算法和 SSA 的协同进化算法在优化隐马尔可夫类模型中的有效性问题，本节设计了一种新的算法来模拟 MWH 的两层随机过程。仿真算法（SA）主要由 SA-A 和 SA-B 两个主要部分组成。首先，预先设置初始参数，以便与不同估计方法产生的近似参数进行比较。然后，根据已有的参数，SA-A 生成状态序列，并且每个状态序列中都有节点。SA-A 的具体工作机制如下：

步骤 1：生成一个具有 Nn 个序列的序列群，并初始化 $i=1$。

步骤 2：修正第 i 个序列并初始化 $j=1$。

步骤 3：生成一个 0、1 之间的随机数，该随机数将被用来与初始参数组中相应位置的转移概率做比较。随后记录下根据第 $j-1$ 时刻的状态值模拟得到的第 i 个序列第 j 个时刻的状态值（当 $j=1$ 时以初始参数组做参考）。随后更新 $j=j+1$，重复步骤 3。$j<l$，否则转至步骤 2 并更新 $i=i+1$，并检查；如果 $i=Nn$ 并且 $j=l$，转至步骤 4。

步骤 4：输出修正后的状态序列群。

在得到状态序列群后，通过模拟算法 SA-B 部分模拟观测的产生过程，运行机制与 SA-A 相似，详细过程如下：

步骤 1：生成一个具有 Nn 个序列，并均为空的观测序列群，初始化 $i=1$。

步骤 2：修正第 i 个序列并初始化 $j=1$。

步骤 3：生成一个 0、1 之间的随机数，该随机数将被用来与初始参数组中相应位置的观测概率做比较。随后记录下根据第 j 时刻的状态值模拟得到的第 i 个序列第 j 个时刻的观测值。随后更新 $j=j+1$，重复步骤 3。$j<l$，否则转至步骤 2 并更新 $i=i+1$，并检查；如果 $i=$ Nn 并且 $j=l$，转至步骤 4。

步骤 4：统计观测序列群中每一个时点的观测值，为每一个时刻赋予出现频次最多的观测值，并输出最终的模拟观测序列。

最终的模拟观测序列将随着 Nn 的增加而逐步收敛至同一个序列。因此，初始参数组与基于模拟观测而逆推的估计参数组将能被同时得到，从而用来进行相应的计算以及有效性的比较。模拟生成算法如图 3.19 所示。

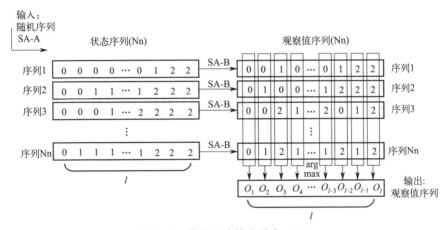

图 3.19　模拟生成算法示意（SA）

根据 SA 输出的模拟观测序列，分别采用遗传算法（GA）、SSA 算法、EM 算法和协同进化算法对最可能的参数进行估计。每一种算法都要运行多次，以避免算法估计的偶然性，然后采用所有结果的均值来评价算法的有效性。协同进化算法、GA 和 SSA 的迭代结果如图 3.20 所示。该算法在收敛性和最优值方面均优于其他两种算法。各算法的估计精度如表 3.8 所示，其中平均 ER 表示各矩阵与初始参数相比的平均错误率。通过比较发现，遗传算法在随机性优化和矩阵自适应修正方面表现良好，而 SSA 在拟合值较小的情况下更容易陷入局部优化。结合遗传算法和 SSA 的算法在状态转移矩阵和发射矩阵两方面都有较好的表现，联合进化算法有效地继承了 GA 的全局寻优能力和 SSA 的收敛速度。但 EM 算法不稳定，10 次均值与初始参数之间存在较大差距，在大规模 PHM 问题中，无法人为地选取各模型的最优拟合值来选择各参数组。

随后，利用协同进化算法对 DK-MHSMM 模型库进行优化。为进一步说明在 GA 影响下 SSA 的作用机理，本节给出了相应的 GA 影响下 SSA 迭代轨迹图，见图 3.21（见封三）。红色的点是食物的位置，黄色点是樽海鞘的领袖群，蓝色点是相应的追随者。食物的位置会随着迭代的变化而变化，并且种群不会因为更新而过早收敛，保证了更新发生时的全局优化能力。

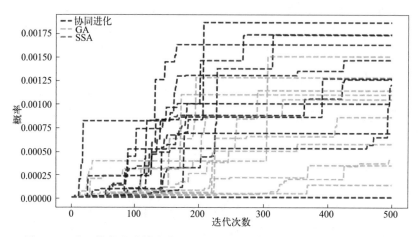

图 3.20　基于模拟生成算法的 GA、SSA 以及协同进化算法的比较迭代图

表 3.8　若干种估计算法的参数精度比较

类别	状态转移矩阵（10 次均值）			发射矩阵（10 次均值）			（转移矩阵平均ER/%）/（发射矩阵平均 ER/%）
初始参数	7.50×10^{-1}	2.40×10^{-1}	1.00×10^{-2}	8.50×10^{-1}	1.20×10^{-1}	3.00×10^{-2}	0/0
	0.00	9.00×10^{-1}	1.00×10^{-1}	2.00×10^{-2}	9.60×10^{-1}	1.50×10^{-2}	
	0.00	0.00	1.00	5.00×10^{-2}	5.00×10^{-2}	9.00×10^{-1}	
协同进化	7.36×10^{-1}	2.31×10^{-1}	3.31×10^{-2}	9.30×10^{-1}	3.30×10^{-2}	3.75×10^{-2}	56.4/28.9
	0.00	8.59×10^{-1}	1.41×10^{-1}	1.98×10^{-2}	9.59×10^{-1}	2.12×10^{-2}	
	0.00	0.00	1.00	8.70×10^{-3}	3.86×10^{-2}	9.53×10^{-1}	
GA	7.07×10^{-1}	2.51×10^{-1}	4.23×10^{-2}	9.29×10^{-1}	3.54×10^{-2}	3.52×10^{-2}	78.9/31.5
	0.00	8.43×10^{-1}	1.57×10^{-1}	2.79×10^{-2}	9.50×10^{-1}	2.20×10^{-2}	
	0.00	0.00	1.00	1.20×10^{-2}	6.00×10^{-2}	9.28×10^{-1}	
SSA	4.63×10^{-1}	4.01×10^{-1}	1.36×10^{-1}	7.65×10^{-1}	1.38×10^{-1}	9.70×10^{-2}	332.5/585.2
	0.00	6.28×10^{-1}	3.72×10^{-1}	3.79×10^{-1}	3.18×10^{-1}	3.03×10^{-1}	
	0.00	0.00	1.00	4.20×10^{-3}	5.94×10^{-1}	4.01×10^{-1}	
EM	8.22×10^{-1}	7.07×10^{-2}	1.07×10^{-1}	5.28×10^{-1}	1.91×10^{-1}	2.81×10^{-1}	233.7/636.2
	0.00	9.44×10^{-1}	5.58×10^{-2}	2.00×10^{-1}	4.00×10^{-1}	4.00×10^{-1}	
	0.00	0.00	1.00	3.00×10^{-1}	4.00×10^{-1}	3.00×10^{-1}	

3.3.4.4　基于 DK-MHSMM 的诊断

采用 DK-MHSMM 库进行对 CMAPSS 数据集的诊断。首先，利用不同故

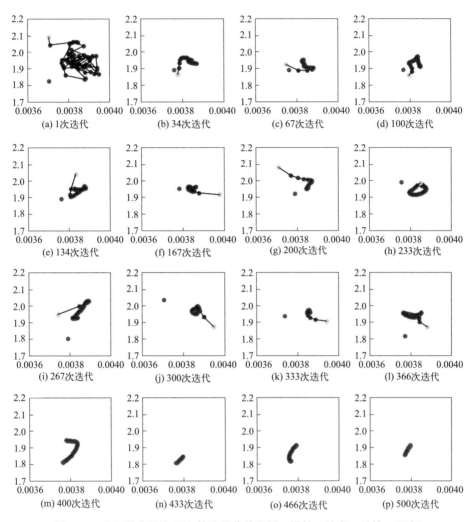

图 3.21　GA 影响下的 SSA 算法迭代轨迹图（横轴：纬度；纵轴：经度）

障模式的指标对多个子模型进行训练，并利用试验数据对模型库的有效性进行评价。然后，根据各子模型分别计算新数据到达时的概率，找出其最大值，对应的故障模式即为诊断结果。此外，其他两个方法给出的诊断结果。图 3.22 所示为 Co-evolution&DK-MHSMM、EM&DK-MHSMM 以及 EM&HMM 诊断结果。EM 算法和 HMM 的结合完全混淆了两种故障模式，而 EM 算法的子模型和带有退化核心的 DK-MHSMM 可以在一定程度上识别部分故障数据。然而，从图 3.22 所示的诊断结果来看，联合进化算法与 DK-HSMM 相结合的诊断效果要好得多，但在故障模式 2 中仍存在一些误分类。

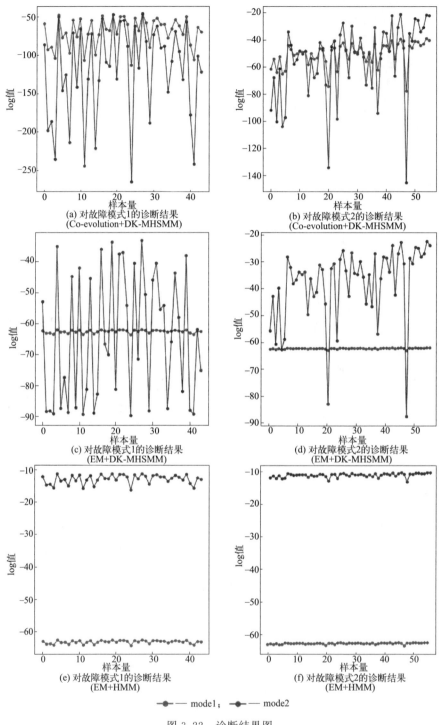

(a) 对故障模式1的诊断结果
(Co-evolution+DK-MHSMM)

(b) 对故障模式2的诊断结果
(Co-evolution+DK-MHSMM)

(c) 对故障模式1的诊断结果
(EM+DK-MHSMM)

(d) 对故障模式2的诊断结果
(EM+DK-MHSMM)

(e) 对故障模式1的诊断结果
(EM+HMM)

(f) 对故障模式2的诊断结果
(EM+HMM)

mode1；　　mode2

图 3.22　诊断结果图

3.3.4.5　RUL 计算

在本小节中，提出的 RUL 预测方法是通过 CMAPSS 的 WUL 数据来评估的。首先，利用不同故障模式的 WUL 数据分别拟合 Weibull 分布，如图 3.23 所示，可以看出，Weibull 分布在描述设备 WUL 特征方面是很强大的。然后对整个使用寿命中的任意时间点，通过式(3-33)和式(3-34)计算相应的 RUL。每个时间点的 RUL 可以动态获取，尽管目前只有数据。然而，WUL 数据实际上包含了确定的分解时间，因此可以通过实际使用寿命（AUL）和预测剩余使用寿命（RUL）进行比较，以验证所提方法的有效性。将故障模式 1 和故障模式 2 两种不同的信号序列分别输入到预测模型中，它们的最大平均寿命分别为 392 个周期和 153 个周期。预测结果如图 3.24 所示，说明所提出的预测方法是可行的，可以实现 RUL 的在线计算，且比大多数现有方法更有效。如图 3.25 所示，预测结果与 WUL 的威布尔分布密切相关，在相应威布尔分布的边界附近区域总是会有一些波动，这正是由于越过边界时计算方程会发生变化。图 3.25(a)、(b)存在一个共同现象，即早周期的预测值远低于实际值。但该方法总体上是有效、可行的。与几种先进方法的对比如表 3.9 所示，数据表明，所提方法在 RMSE（均方根误差）和 Score 函数得分方面表现良好，整个模型的运行时间也满足在线诊断和预后的要求。

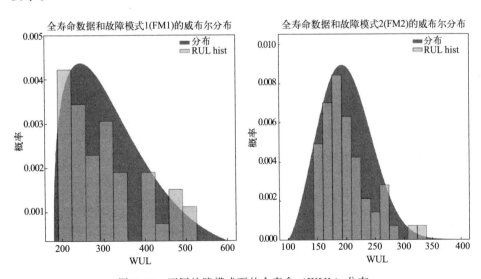

图 3.23　不同故障模式下的全寿命（WUL）分布

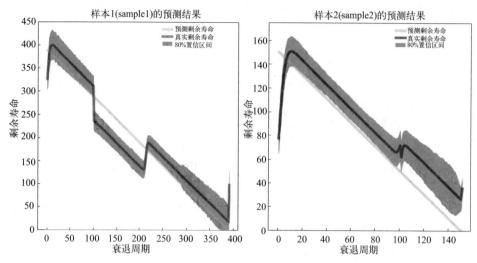

图 3.24　不同故障模式下的单个寿命序列的预测结果

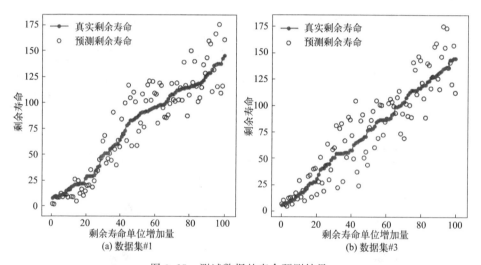

图 3.25　测试数据的寿命预测结果

表 3.9　与若干种先进方法的寿命预测精度比较

模型	数据集#1		数据集#3		平均计算时间/s
	均方根误差 （RMSE）	Score 函数得分	均方根误差 （RMSE）	Score 函数得分	
LSTM(VaR)[26]	13.27	216	16	317	—
Deep CNN[27]	12.61	274	12.64	284	—
MODBNE[28]	15.04	334	12.51	422	—
This paper	12.77	259	12.59	472	4.837①

①4.837＝2.51287(GMM)＋0.00058(剩余寿命计算值)＋1.14693(采样值)＋0.49642(诊断)＋脚本时间。

　　本节针对传统的 PHM 方法，提出了一种具有诊断和预测功能的方案框架，并给出了各子模型的假设和定义。首先，提出了一种基于威布尔分布和短时函数的尺度化方法，对原始信号数据进行预处理。然后，考虑到一般 HSMM 模型的不足，提出了 DK-MHSMM 来代替原来的模型，并在模型中引入了退化核心，使模型的建模能力更加强大。并将基于随机优化算法 GA 和群体智能算法 SSA 的协同进化算法应用于参数估计工作中，为协同进化算法设计了交互策略以提高优化效率。随后，通过在上述工作基础上建立的模型库进行诊断，并采用基于最优拟合威布尔分布的 RUL 预测方法进行预后。最后，通过实例验证了该方案框架的有效性。从实验结果来看，该方法与基于 HSMM 的常见方法的诊断结果比较表明，改进模型具有更好的诊断性能，预测结果表明了该方法的可行性。综合结果表明，该方法是解决复杂系统 PHM 问题的有效方法。

　　本节首先对原始信号数据的尺度化方法进行了研究，说明了原始信号数据与输入模型的序列之间的关系。在此基础上，对基于马尔可夫理论的模型进行了相应的修正，在描述加速劣化过程方面，新型劣化核比以前的模型更加有力。RUL 计算方法在模型的预测部分也表现良好。

　　在未来的发展中，可以将交互策略作为嵌入式模块加以改进，以挖掘基本算法的潜力，预测模块中的 Weibull 分布的截止方法可以更加精确。

3.4　基于高阶隐半马尔可夫模型的健康预测

　　为了实现在分布未知的前提下进行更加精确实际的预测，首先建立了基于 HSMM 的高阶隐半马尔可夫模型（higher-order hidden semi Markov model，HOHSMM）框架，在 ORED 算法与 HARDER 等价变换的启示下，提出了一种基于排列的模型降阶方法，利用了高阶隐马类模型的定义，使其可转化为相应的一阶模型，并让低阶模型三问题的解决方案能够用于高阶复杂模型。同时对转移概率矩阵与观测概率矩阵进行相应的变形，使得高阶复杂模型中节点的相互依赖关系信息自然融入到模型参数之中，达到了简化模型的效果。其次，定义推导了辅助驻留变量，并利用智能优化算法群对携带了更多"依赖关系信息"的参数组进行估计，以极大化观测出现概率为目标，依靠参数组表征高阶模型的分解依赖关系，一定程度上将复杂度从模型本身转移至参数组。紧接着，运用多项式拟合方法拟合各驻留变量序列，在分布未知的情况下完成了对设备剩余寿命的预测。最后，以美国卡特彼勒公司液压泵数据集对模型进行验证评价，结果显示，本节方法是可行且有效的。

3.4.1 改进高阶隐半马尔可夫模型

本节在综合考虑 HMM 模型不足以及高阶建模优点的前提下，提出一种基于 HSMM 的改进高阶隐半马尔可夫模型（HOHSMM）。

以二阶隐半马尔可夫模型为例，其模型可描述为：通常假设每个子状态符合与 $\lambda = \{\pi, A, B, \check{A}, \check{B}\}$ 相同的时间分布，一个二阶隐半马尔可夫模型拓扑结构由图 3.26 描述。

3.4.1.1 基于排列映射的模型降阶

同样以一般意义上的二阶 HOHSMM 为例，由于二阶模型在结构上的变动，模型参数与相关算法随之产生变化。常规意义上，低阶模型三问题各自的解决算法并不适用于高阶模型，对此，本节提出一种基于组合映射的模型降阶法，实质是将二阶模型中相邻的两个时点所对应的隐状态节点合并为一个节点，并对合并后的节点进行马尔可夫过程建模，如图 3.26 所示。

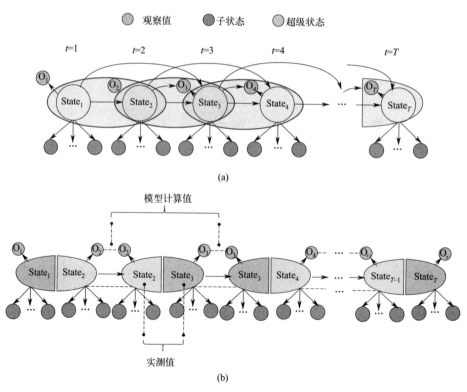

图 3.26　基于排列的模型降阶

图 3.26(a) 为在二阶 HOHSMM 模型上对模型的一个划分方式,将相邻状态节点合并为一个更大的"新节点",此时,新节点内部两个状态的关系对整个模型的马尔可夫性不产生影响,降阶后的新模型的马尔可夫性可由式(3-34)描述:

$$\text{Prob}(\text{State}_t, \text{State}_{t-1} | \text{State}_{t-1}, \cdots, \text{State}_1) =$$
$$\text{Prob}(\text{State}_t, \text{State}_{t-1} | \text{State}_{t-1}, \cdots, \text{State}_{t-2}), \ t \geqslant 3 \quad (3\text{-}34)$$

式中,Prob( ) 为概率函数。

新模型对于时间的描述也从 t 变为 $(t, t+1)$,若以时间区间 $(t, t+1)$ 第一个元素为新模型时刻的唯一索引,则时间也可表示为 $\bar{t}$,此处 $\bar{t}$ 在数学意义上与 t 不同,但在物理意义上 $\bar{t} = t$。令新模型组合 $\bar{t}$ 时刻隐状态节点表示为 $(\text{State}_{\bar{t}}, \text{State}_{\bar{t}+})$,在 $\bar{t}$ 时,$(\text{State}_{\bar{t}}, \text{State}_{\bar{t}+})$ 产生两组观测值——$o_{\bar{t}}$ 以及 $o_{\bar{t}+}$,其中 $o_{\bar{t}+}$ 完全依赖于 $(\text{State}_{\bar{t}}, \text{State}_{\bar{t}+})$,$o_{\bar{t}}$ 完全依赖于 $(\text{State}_{\bar{t}-1}, \text{State}_{\bar{t}-1+})$,并且可由 $\bar{t}-1$ 时刻得到,如图 3.26(b) 中虚线连接的观测为同一观测,虚线相连的子状态集也为同一子状态集。因此,实际上每一组观测都能从唯一的组合隐状态节点得到,则在其拓扑结构中,可仅保留对应组合隐状态唯一确定的观测(初始时刻除外)。

降阶模型中,以隐状态的组合为建模对象,则不同的状态实质上是一个排列问题。以上述对 HMM 模型参数的部分定义为基础,若一个二阶 HOHSMM 有 N 个不同的超级状态(Super State),考虑设备存在性能退化且状态不可逆,则在一个原始模型中能够出现的状态排列有 $C_N^2 + N$ 个。本节引入一种排列方案与自然数的简单映射,如式(3-35)所示,其中 i、j 分别为状态。

$$\text{Index} = \text{Mapping}(i, j) = 4i + j - \sum_{z=0}^{i} z \ (i, j \in \{0, 1, \cdots, N-1\}, j \geqslant i) \quad (3\text{-}35)$$

二阶 HOHSMM 原始模型参数中,转移概率矩阵变为 $N \times N \times N$ 的转移概率立方,观测概率矩阵变为 $N \times N \times M$ 观测概率立方,初始概率分布不变,初始转移概率矩阵与初始观测概率矩阵均与一阶模型形式相同。降阶后的新模型参数则由 $(C_N^2 + N) \times (C_N^2 + N)$ 的转移概率矩阵、$(C_N^2 + N) \times M$ 的观测概率矩阵、初始概率分布、初始转移概率矩阵以及初始观测概率矩阵组成。记降阶转移概率矩阵为 $\hat{A}$,其中的元素为 $\hat{\alpha}_{ij} (i, j \in \{0, 1, \cdots, N-1\})$;降阶观测概率矩阵为 $\hat{B}$,其中的元素为 $\hat{b}_i(j) (i, j \in \{0, 1, \cdots, N-1\})$;$\lambda = (\pi, A, B, \check{A}, \check{B})$,$\pi$ 中的元素为 $\pi_i (i \in \{0, 1, \cdots, N-1\})$,$\check{A}$ 中的元素为 $\check{\alpha}_{ij} (i, j \in \{0, 1, \cdots, N-1\})$,$\check{B}$ 中的元素为 $\check{b}_i(j) (i, j \in \{0, 1, \cdots, N-1\})$。

根据前文的降阶方法，得到降维后的转移概率矩阵 $\widehat{\boldsymbol{A}}[(C_N^2+N)\times(C_N^2+N)]$。不难得出转移概率矩阵 $\widehat{\boldsymbol{A}}$ 是稀疏的，且矩阵中实际不为 0 的有效数据量为：

$$\sum_{j=0}^{N-1}(-j^2+jN+N-j) \tag{3-36}$$

式中，j 为状态排列 (i,j) 中的第二个状态，以 $N=4$ 的二阶 HOHSMM 为例，其降阶后的概率转移矩阵有效数据为 20 个，由表 3.10 稀疏表示给出。

表 3.10　状态数为 4 的二阶 HOHSMM 降阶转移概率矩阵稀疏表示

从/至	承接状态	(0,0)	(0,1)	(0,2)	(0,3)	(1,1)	(1,2)	(1,3)	(2,2)	(2,3)	(3,3)
承接状态	索引/索引	0	1	2	3	4	5	6	7	8	9
(0,0)	0	1*	1	1	1	0	0	0	0	0	0
(0,1)	1	0	0	0	0	1*	1	1	0	0	0
(0,2)	2	0	0	0	0	0	0	0	1*	1	0
(0,3)	3	0	0	0	0	0	0	0	0	0	1
(1,1)	4	0	0	0	0	1*	1	1	0	0	0
(1,2)	5	0	0	0	0	0	0	0	1*	1	0
(1,3)	6	0	0	0	0	0	0	0	0	0	1
(2,2)	7	0	0	0	0	0	0	0	1*	1	0
(2,3)	8	0	0	0	0	0	0	0	0	0	1
(3,3)	9	0	0	0	0	0	0	0	0	0	1

注：表中 1 和 1* 表示的位置为有效数据，1* 所在位置列头代表的复合状态为主状态，1 所在位置列头代表的复合状态定义为过渡状态，0 表示的位置为无效数据。

3.4.1.2　模型推理

借鉴于前向-后向算法的思想，引入 Linger Time（LT）机制并建立辅助变量 $\xi_t(i)$，描述为式(3-37)：

$$\xi_t(i,d)=\mathrm{Prob}(O_{[1:t]},\mathrm{LT}(i,j)=d\,|\,\lambda),(t\geqslant d) \tag{3-37}$$

式(3-37)意为在给定模型参数组 λ 下，截止 t 时刻产生观测序列 $O_{[1:t]}$ 以及在当前状态已驻留了 d 个时间单位的概率。

前文中给出了一般二阶 HOHSMM 模型转移概率矩阵的稀疏表示，并分别阐述了主状态与过渡状态的意义。不难得出常规二阶模型不同主状态之间的转移是一个渐变的过程，即：

主状态→（过渡状态序列）→下一主状态

且这个转化过程至多需要 $j-i+2$ 个时点来完整描述，以主状态 $(0,0)$ 转移至 $(3,3)$ 为例，转移过程需要 5 个时点来描述，如图 3.27 所示。

为了便于模型推理，再定义一个转移变量 $\vartheta_t(j,i,\mathrm{Road})$，意为由主状态

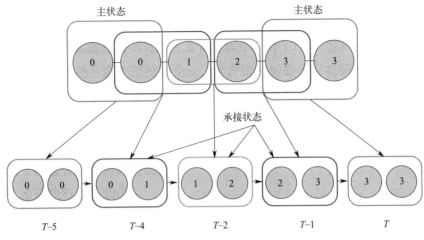

图 3.27　主状态转化过程示意

(i,j) 转移至 t 时刻主状态 (i,j) 的过程中间值。令转出的主状态为承接状态，转入的主状态为供归状态，且定义 $\overrightarrow{t}$ 为承接状态出现的时点。

1）当 $i=0$ 时，$d=t$，$\xi_t(i)$ 描述为：

$$\xi_t(0,d)=\mathrm{Prob}(O_{[1:t]},\mathrm{LT}(0)=d\,|\,\lambda) \tag{3-38}$$

递归初值为：

$$\xi_t(0,1)=\pi_0\breve{b}_0(o_1)\breve{b}_0(o_2)\breve{a}_{00} \tag{3-39}$$

内转移递归式为：

$$\xi_t(0,d)=\xi_{t-1}(0,d-1)\widehat{a}_{(0,0)(0,0)}(t-1)\widehat{b}_{(0,0)}(o_t) \tag{3-40}$$

2）当 $i=1$ 时，$\xi_t(i)$ 描述为式(3-41)：

$$\xi_t(1,d)=\mathrm{Prob}(O_{[1:t]},\mathrm{LT}(1)=d\,|\,\lambda) \tag{3-41}$$

由于承接状态只能为 $(0,0)$，且过渡状态只能为 $(0,1)$，则承接值为 $\xi_{t-d}(0,t-d)$，$\vartheta_t(0,1,\mathrm{Road})=\widehat{a}_{(0,0)(0,1)}(t-d+1)\widehat{b}_{(0,1)}(o_{t-d+1})$，于是递归中值表示为：

$$\xi_t(1,0)=\xi_{t-d}(0,t-d)\widehat{a}_{(0,0)(0,1)}(t-d+1)\widehat{b}_{(0,1)}(o_{t-d+1})$$
$$\times\widehat{a}_{(0,1)(1,1)}(t-d+2)\widehat{b}_{(1,1)}(o_{t-d+2})$$

内转移递归式为：

$$\xi_t(1,d)=\xi_{t-\Delta t}(1,d-1)\widehat{a}_{(1,1)(1,1)}(t-\Delta t)\widehat{b}_{(1,1)}(o_t) \tag{3-42}$$

3）当 $i=2$ 时，承接状态可为 $(0,0)$ 以及 $(0,1)$，$\xi_t(i)$ 描述为式(3-43)：

$$\xi_t(2,d)=\mathrm{Prob}(O_{[1:t]},\mathrm{LT}(2)=d\,|\,\lambda) \tag{3-43}$$

内转移递归式为：

$$\xi_t(2,d)=\xi_{t-1}(2,d-1)\widehat{a}_{(2,2)(2,2)}(t-1)\widehat{b}_{(2,2)}(o_t) \tag{3-44}$$

状态1：当承接状态为（0,0）时，（0,0）至（2,2）需要4个时点刻画，承接值则为：

$$\xi_{\vec{t}}(0,\vec{t}) \quad \vec{t}\in\{t-d-3,t-d-2\} \tag{3-45}$$

相应的 $\vartheta_t(0,2,\text{Road})$ 可表示为式(3-46)：

$$\vartheta_t(0,2,\text{Road})=\begin{cases}\widehat{a}_{(0,0)(0,1)}(\vec{t})\widehat{b}_{(0,1)}(o_{\vec{t}+1})\widehat{a}_{(0,1)(1,2)}(\vec{t}+1)\widehat{b}_{(1,2)}(o_{\vec{t}+2})\\\times\widehat{a}_{(1,2)(2,2)}(\vec{t}+2)\widehat{b}_{(2,2)}(o_{\vec{t}+3}),\vec{t}=t-d-3\\\widehat{a}_{(0,0)(0,2)}(\vec{t})\widehat{b}_{(0,2)}(o_{\vec{t}+1})\widehat{a}_{(0,2)(2,2)}(\vec{t}+1)\widehat{b}_{(2,2)}(o_{\vec{t}+2}),\vec{t}=t-d-2\end{cases} \tag{3-46}$$

相应的供归值由式(3-47)给出：

$$\text{供归值}=\begin{cases}\xi_{\vec{t}}(0,\vec{t})\widehat{a}_{(0,0)(0,1)}(\vec{t})\widehat{b}_{(0,1)}(o_{\vec{t}+1})\widehat{a}_{(0,1)(1,2)}(\vec{t}+1)\widehat{b}_{(1,2)}(o_{\vec{t}+2})\\\times\widehat{a}_{(1,2)(2,2)}(\vec{t}+2)\widehat{b}_{(2,2)}(o_{\vec{t}+3}),\vec{t}=t-d-3\\\xi_{\vec{t}}(0,\vec{t})\widehat{a}_{(0,0)(0,2)}(\vec{t})\widehat{b}_{(0,2)}(o_{\vec{t}+1})\widehat{a}_{(0,2)(2,2)}(\vec{t}+1)\widehat{b}_{(2,2)}(o_{\vec{t}+2}),\vec{t}=t-d-2\end{cases} \tag{3-47}$$

状态2：当承接状态为（1,1）时，（1,1）至（2,2）需要3个时点刻画，$\vec{t}=t-d-2$ 相应的承接值则为：

$$\sum_{du=1}^{\vec{t}-1}\xi_{\vec{t}}(1,du) \tag{3-48}$$

可得：

$$\vartheta_t(1,2,\text{Road})=\widehat{a}_{(1,1)(1,2)}(\vec{t})\widehat{b}_{(0,1)}(o_{\vec{t}+1})\widehat{a}_{(1,2)(2,2)}(\vec{t}+1)\widehat{b}_{(2,2)}(o_{\vec{t}+2}) \tag{3-49}$$

$$\text{供归值}=\left[\sum_{du=1}^{\vec{t}-1}\xi_{\vec{t}}(1,du)\right]\widehat{a}_{(1,1)(1,2)}(\vec{t})\widehat{b}_{(0,1)}(o_{\vec{t}+1})\widehat{a}_{(1,2)(2,2)}(\vec{t}+1)\widehat{b}_{(2,2)}(o_{\vec{t}+2}) \tag{3-50}$$

4）当 $i=3$ 时，承接状态可为（0,0）、（1,1）以及（2,2），$\xi_t(i)$ 描述为：

$$\xi_t(3,d)=\text{Prob}(O_{[1:t]},\text{LT}(3)=d|\lambda) \tag{3-51}$$

内转移递归式为：

$$\xi_t(3,d)=\xi_{t-1}(3,d-1)\widehat{a}_{(3,3)(3,3)}(t-1)\widehat{b}_{(3,3)}(o_t) \tag{3-52}$$

状态1：当承接状态为（0,0）时，（0,0）至（3,3）需要5个时点刻画，相应的承接值为：

$$\xi_{\vec{t}}(0,\vec{t}),\ \vec{t}\in\{t-d-4,t-d-3,t-d-2\} \tag{3-53}$$

$\vartheta_t(0,3,\text{Road})$ 可表示为式(3-54)形式：

$$\vartheta_t(0,3,\text{Road})=\begin{cases}\widehat{a}_{(0,0)(0,1)}(\vec{t})\widehat{b}_{(0,1)}(o_{\vec{t}+1})\widehat{a}_{(0,1)(1,2)}(\vec{t}+1)\widehat{b}_{(1,2)}(o_{\vec{t}+2})\widehat{a}_{(1,2)(2,3)}(\vec{t}+2)\\ \times\widehat{b}_{(2,3)}(o_{\vec{t}+3})\widehat{a}_{(2,3)(3,3)}(\vec{t}+3)\widehat{b}_{(3,3)}(o_{\vec{t}+4}),\ \vec{t}=t-d-4\\ \displaystyle\sum_{i=1}^{2}\widehat{a}_{(0,0)(0,i)}(\vec{t})\widehat{b}_{(0,i)}(o_{\vec{t}+1})\widehat{a}_{(0,i)(i,3)}(\vec{t}+1)\widehat{b}_{(i,3)}(o_{\vec{t}+2}),\ \vec{t}=t-d-3\\ \widehat{a}_{(0,0)(0,3)}(\vec{t})\widehat{b}_{(0,3)}(o_{\vec{t}+1})\widehat{a}_{(0,3)(3,3)}(\vec{t}+1)\widehat{b}_{(3,3)}(o_{\vec{t}+2}),\ \vec{t}=t-d-2\end{cases}$$
$$\tag{3-54}$$

供归值为相应承接值与中间值的乘积。

状态 2：当承接状态为（1,1）时，（1,1）至（3,3）需要 4 个时点刻画，相应的承接值则为：

$$\xi_{\vec{t}}(0,\vec{t})\quad\vec{t}\in\{t-d-3,t-d-2\} \tag{3-55}$$

相应的中间值为：

$$\vartheta_t(1,3,\text{Road})=\begin{cases}\widehat{a}_{(1,1)(1,2)}(\vec{t})\widehat{b}_{(1,2)}(o_{\vec{t}+1})\widehat{a}_{(1,2)(2,3)}(\vec{t}+1)\widehat{b}_{(2,3)}(o_{\vec{t}+2})\\ \times\widehat{a}_{(2,3)(3,3)}(\vec{t}+2)\widehat{b}_{(3,3)}(o_{\vec{t}+3}),\ \vec{t}=t-d-3\\ \widehat{a}_{(1,1)(1,3)}(\vec{t})\widehat{b}_{(1,3)}(o_{\vec{t}+1})\widehat{a}_{(1,3)(3,3)}(\vec{t}+1)\widehat{b}_{(3,3)}(o_{\vec{t}+2}),\ \vec{t}=t-d-2\end{cases}$$
$$\tag{3-56}$$

递归中值为：

$$\text{递归中值}=\begin{cases}\xi_{\vec{t}}(1,\vec{t})\widehat{a}_{(1,1)(1,2)}(\vec{t})\widehat{b}_{(1,2)}(o_{\vec{t}+1})\widehat{a}_{(1,2)(2,3)}(\vec{t}+1)\widehat{b}_{(2,3)}(o_{\vec{t}+2})\\ \times\widehat{a}_{(2,3)(3,3)}(\vec{t}+2)\widehat{b}_{(3,3)}(o_{\vec{t}+3}),\ \vec{t}=t-d-3\\ \xi_{\vec{t}}(1,\vec{t})\widehat{a}_{(1,1)(1,3)}(\vec{t})\widehat{b}_{(1,3)}(o_{\vec{t}+1})\widehat{a}_{(1,3)(3,3)}(\vec{t}+1)\widehat{b}_{(3,3)}(o_{\vec{t}+2}),\ \vec{t}=t-d-2\end{cases}$$
$$\tag{3-57}$$

状态 3：当承接状态为（2,2）时，（2,2）至（3,3）需要 3 个时点刻画，相应的承接值则为：

$$\xi_{\vec{t}}(0,\vec{t}),\ \vec{t}\in\{t-d-2\} \tag{3-58}$$

相应的中间值为：

$$\vartheta_t(2,3,\text{Road})=\widehat{a}_{(2,2)(2,3)}(\vec{t})\widehat{b}_{(2,3)}(o_{\vec{t}+1})\widehat{a}_{(2,3)(3,3)}(\vec{t}+1)\widehat{b}_{(3,3)}(o_{\vec{t}+2})$$
$$\tag{3-59}$$

递归中值为：

$$\text{递归中值} = \xi_{\vec{t}}(2,\vec{t})\,\widehat{a}_{(2,2)(2,3)}(\vec{t})\,\widehat{b}_{(2,3)}(o_{\overrightarrow{t+1}})\,\widehat{a}_{(2,3)(3,3)}(\overrightarrow{t+1})\,\widehat{b}_{(3,3)}(o_{\overrightarrow{t+2}})$$

(3-60)

则 $\xi_t(i,d)$ 的一般递归式可由式(3-61) 表示：

$$\xi_t(i,d) = \sum_{j=0}^{i}\Big[\big(\prod_{k=t-d}^{t}\widehat{a}_{(i,i)(i,i)}\,\widehat{b}_{(i,i)}(o_k)\big)\sum_{d_i=1}^{ct}\sum_{\text{Road}\in\mathbf{R}}\xi_{ct}(j,d_i)\vartheta_t(j,i,\text{Road})\Big]$$

(3-61)

式中，$ct = t - d - l_r + 1$，其中 l_r 为 Road 的长度；d_i 表示 i 状态的驻留。

在递归过程中，由计算机生成所有满足发生主状态转移的转移过程状态路径，遍历所有可能的转移状态路径便能计算得到任意 $\xi_t(i,d)$。各主状态所包含的转移状态路径由表 3.11 给出，其中 x 不计入路径长度。

表 3.11　各主状态转移过程路径生成器

进	出	Road	进	出	Road
(0,0)	(1,1)	$[0,0,1,1]$	(0,0)	(3,3)	$[x,x,0,0,3,3]$
(0,0)	(2,2)	$[x,0,0,2,2]$	(1,1)	(2,2)	$[1,1,2,2]$
(0,0)	(2,2)	$[0,0,1,2,2]$	(1,1)	(3,3)	$[1,1,2,3,3]$
(0,0)	(3,3)	$[0,0,1,2,3,3]$	(1,1)	(3,3)	$[x,1,1,3,3]$
(0,0)	(3,3)	$[x,0,0,1,3,3]$	(2,2)	(3,3)	$[2,2,3,3]$
(0,0)	(3,3)	$[x,0,0,2,3,3]$	—	—	—

在此基础上，给定模型参数 λ，产生观测 O 的概率为：

$$\text{Prob}(O\mid\lambda) = \sum_{i=0}^{N-1}\sum_{d=1}^{D}\xi_T(i,d)$$

定义辅助变量 $\tau_t(\text{index})$，意为给定模型参数与观测的前提下，t 时刻处于 $\text{Mapping}^{-1}(\text{index})$ 的概率，即：

$$\tau_t(\text{index}) = \text{Prob}(\text{State}_t = \text{Mapping}^{-1}(\text{index})\mid\lambda,O)$$

$\tau_0(\text{index})$ 可由 $\boldsymbol{\pi}$、$\boldsymbol{\check{A}}$、$\boldsymbol{\check{B}}$ 推算得到，则 $\tau_t(\text{index})$ 递归式如式(3-62)所示：

$$
\tau_{t+1}(\text{index}) = \frac{\text{Prob}(o_{\overrightarrow{t+1}},\text{State}_t = \text{Mapping}^{-1}(\text{index})\mid\lambda)}{\displaystyle\sum_{\text{index}i=0}^{9}\text{Prob}(o_{\overrightarrow{t+1}},\text{State}_t = \text{Mapping}^{-1}(\text{index}i)\mid\lambda)}
$$

$$
= \frac{\widehat{b}_{(\text{index})}(o_{\overrightarrow{t+1}})\displaystyle\sum_{i=0}^{9}\tau_t(i)\widehat{a}_{(i)}(\text{index})}{\displaystyle\sum_{\text{index}i=0}^{9}\widehat{b}_{(\text{index})}(o_{\overrightarrow{t+1}})\displaystyle\sum_{i=0}^{9}\tau_t(i)\widehat{a}_{(i)}(\text{index}i)}
$$

(3-62)

其对应的低阶模型中，时刻 t 时处于单状态 $i(i\in\{1,2,3,4\})$ 的概率用高阶模型表示为：

$$\text{Prob}(S_t = i) = \sum_{\text{index} i \in I} \tau_{t-1}(\text{index} i)$$

式中，I 为不同复合状态下第二子状态为 i 时对应索引集合，索引对应关系由表 3.12 给出。

表 3.12　索引对应关系

子状态	索引集	承接状态集
0	{0}	{(0,0)}
1	{1,4}	{(0,1),(1,1)}
2	{2,5,7}	{(0,2),(1,2),(2,2)}
3	{3,6,8,9}	{(0,3),(1,3),(2,3),(3,3)}

针对模型的参数估计问题，本节选取智能仿真算法群代替 Baum-Welch 算法并进行两阶段估计，首先建立一阶段似然函数 $L(\boldsymbol{\lambda}, \boldsymbol{\check{A}}, \boldsymbol{\check{B}})$，描述为：

$$L(\boldsymbol{\lambda}, \boldsymbol{\check{A}}, \boldsymbol{\check{B}}) = \text{Prob}(O_{[1:2]} | \boldsymbol{\lambda}, \boldsymbol{\check{A}}, \boldsymbol{\check{B}})$$

即在当前 $\boldsymbol{\lambda}$、$\boldsymbol{\check{A}}$、$\boldsymbol{\check{B}}$ 的情况下，产生前两个观测的概率，则一阶段最优的 $\boldsymbol{\lambda}$、$\boldsymbol{\check{A}}$、$\boldsymbol{\check{B}}$ 为：

$$(\boldsymbol{\lambda}, \boldsymbol{\check{A}}, \boldsymbol{\check{B}}) = \arg \max_{\boldsymbol{\lambda}, \boldsymbol{\check{A}}, \boldsymbol{B}} \text{Prob}(O_{[1:2]} | \boldsymbol{\lambda}, \boldsymbol{\check{A}}, \boldsymbol{\check{B}})$$

二阶段似然函数为：

$$L(\boldsymbol{A}, \boldsymbol{B}) = \text{Prob}(O_{[3:]} | \boldsymbol{\lambda}, \boldsymbol{\check{A}}, \boldsymbol{\check{B}}, \boldsymbol{A}, \boldsymbol{B})$$

意为在当前 $\boldsymbol{\lambda}$、$\boldsymbol{\check{A}}$、$\boldsymbol{\check{B}}$、$\boldsymbol{A}$、$\boldsymbol{B}$ 下，产生从第三至最终观测的概率，相应二阶段最优参数 $\boldsymbol{A}$，$\boldsymbol{B}$ 为：

$$(\boldsymbol{A}, \boldsymbol{B}) = \arg \max_{\boldsymbol{A}, \boldsymbol{B}} \text{Prob}(O_{[3:]} | \boldsymbol{\lambda}, \boldsymbol{\check{A}}, \boldsymbol{\check{B}}, \boldsymbol{A}, \boldsymbol{B})$$

运用不同智能仿真算法去优化两阶段似然函数并进行比较，最终选取其中最优的结果。

3.4.2　不确定分布下的剩余寿命预测

3.4.1.2 节中对各个状态驻留时间的递归推理，能得到设备在每个状态能够驻留的时间以及产生观测的联合概率值。实际上设备产生的观测以及设备在单个状态的驻留时间存在着一定相关关系，该关系可由观测、状态转移矩阵通过特定的模式进行描述。为了便于得到设备在各个状态驻留时间的边缘概率，不妨假设设备观测与驻留之间相互独立，则对于上述求得的 $\xi_t(i,d)$，计算其所对应观测的产生概率 $\text{Prob}(O|\boldsymbol{\lambda})$，则根据条件概率公式可得：

$$\text{Prob}(\text{LT}(i)=d \mid \boldsymbol{\lambda})=\frac{\xi_t(i,d)}{\text{Prob}(O \mid \boldsymbol{\lambda})}$$

使用各个时点所代表的时间去计算某一状态产生该段驻留的概率，得到一组驻留-概率序列数。通常在已知离散数据点的情况下，假设先验分布有利于研究数据的连续性特征，但如果错误假设数据分布，那么拟合将存在极大误差，并且会丢失数据原有的性质。因此本节采用一种基于多项式回归的方法去拟合未知分布下的数据，多项式回归方法可描述为：

$$f^n(x)=\sum_{i=0}^{m} w_i x^i$$

令状态 i 产生的驻留-概率序列数所拟合的 m 阶多项式函数为 $\text{Lds}_m^i(t)$，则时刻 t 时，基于模型的设备剩余寿命可由式(3-63)给出：

$$\text{RUL}(t)=\sum_{i=0}^{N-1}\left[\int_t^D \frac{\text{Lds}_n(x)R_i}{\int_t^D \text{Lds}_n^i(y)\text{d}y}(x-t)\text{d}x+\sum_{j=i+1}^{N-1}\int_t^D x\text{Lds}_m^j(x)R_j\text{d}x\right]\text{Prob}(S_t=i)$$

$$(3\text{-}63)$$

式中，D 分别为各个状态的最大持续时间；$\text{Prob}(S_t=i)$ 为时刻 t 时，设备处于状态 i 的概率；R_i、R_j 为离散数据连续化后的积分缩放系数。

3.4.3 算例分析

通过美国卡特彼勒公司液压泵的设备健康诊断与寿命预测实例来验证、评价本节提出的模型与方法。实验室中设备的振动信号由安装在与液压泵旋转轴平行位置的液压加速计收集。在应用实例中，分别对液压泵充入 20mg、40mg、60mg 与 80mg 的微尘，并每隔 10min 运用一个长度固定的时间窗采集一个约为 1min 的振动信号（Pump6），如图 3.28 所示。随后使用 10dB 的小波将振动信号分为五层，得到数组高频与低频小波系数，将经过降维后的小波系数作为 DGHMM 的输入特征序列向量。整个实验过程中，液压泵的状态可分为四种，分别为 Baseline、Cont1、Cont2 以及 Cont3，其相应的代表性采样振动信号时域振幅情况如图 3.28 所示（Pump6），其中 Cont3 状态为设备的彻底失效状态。整个实验分析平台为 Python3，平台运行环境为 Windows 10。

3.4.3.1 数据准备

利用来自液压加速计的振动信号监测数据，对液压泵进行健康状态诊断以及剩余寿命预测。部分经过小波变换后的振动数据（Pump6）如表 3.13 所示。

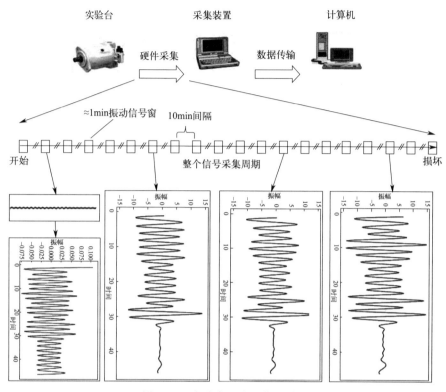

图 3.28　实验台组成及信号采集

表 3.13　Pump6 部分小波变换数据

时点	Sen1	Sen7	Sen15	Sen23	Sen32
1	2.62	19.53	5.66	0.06	0.96
3	2.65	20.24	6.10	0.06	1.04
5	2.39	17.45	4.92	0.06	0.87
7	2.07	16.15	3.98	0.06	0.75
9	2.25	18.53	4.51	0.06	0.81
11	2.24	21.44	4.38	0.06	0.87
13	2.41	5.37	6.84	0.08	1.66
15	2.58	6.16	7.96	0.09	1.84
17	2.53	6.07	7.63	0.09	1.84
19	2.44	6.24	7.71	0.10	1.84
21	20.66	9.68	8.42	0.11	2.17
23	5.06	8.75	7.20	0.10	1.89
25	7.53	8.82	8.15	0.10	2.00
27	5.74	8.37	7.19	0.10	1.89
29	3.46	8.25	7.16	0.10	1.92
31	41.78	7.98	7.12	0.15	1.86

时点	Sen1	Sen7	Sen15	Sen23	Sen32
33	31.08	7.90	6.98	0.14	1.84
35	60.15	7.99	7.03	0.15	1.85
37	77.27	7.80	7.12	0.17	1.84

3.4.3.2 参数估计

考虑到最大期望算法对初值有较大依赖的不足，本节在模型框架下分别采用遗传算法（genetic algorithm，GA）、粒子群算法（particle swarm optimization，PSO）及人工鱼群算法（artificial fish swarm algorithm，AFSA）对同一组全观测下的模型进行参数估计。最大迭代次数为300次，种群数（粒子群中为粒子数量）为30，其中：GA采用大型参数自适应值编解码策略[3]；PSO算法采用定惯性权重策略，惯性权重取值为0.5，学习因子均取2；AFSA感知野取值1，拥挤因子取值0.6。

以最大化观测出现概率为目标优化模型，迭代过程及结果如图3.29所示，在相同种群数量以及迭代次数前提下，遗传算法因持续进化以及最大似然而具有较好效果。三种优化算法各自所寻得的参数组的似然值如表3.14所示，得到降阶后的概率转移矩阵，由表3.15给出。

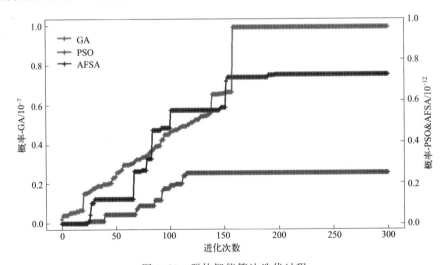

图 3.29 群体智能算法迭代过程

表 3.14 三种算法最大似然值

算法	最大似然值
GA	9.8665×10^{-8}
PSO	2.44412×10^{-13}
AFSA	7.22939×10^{-13}

表 3.15　最优概率转移矩阵稀疏表示

从/至 承接状态	承接状态 索引/索引	(0,0)	(0,1)	(0,2)	(0,3)	(1,1)	(1,2)	(1,3)	(2,2)	(2,3)	(3,3)
		0	1	2	3	4	5	6	7	8	9
(0,0)	0	7.78×10^{-1}	4.45×10^{-2}	1.50×10^{-1}	2.67×10^{-2}	0.00	0.00	0.00	0.00	0.00	0.00
(0,1)	1	0.00	0.00	0.00	0.00	8.53×10^{-1}	1.40×10^{-1}	7.00×10^{-3}	0.00	0.00	0.00
(0,2)	2	0.00	0.00	0.00	0.00	0.00	0.00	0.00	7.44×10^{-1}	2.56×10^{-1}	0.00
(0,3)	3	0.00	0.00	0.00	0.00	0.00	0.00	0.00	0.00	0.00	1.00
(1,1)	4	0.00	0.00	0.00	0.00	8.66×10^{-1}	1.32×10^{-1}	2.45×10^{-3}	0.00	0.00	0.00
(1,2)	5	0.00	0.00	0.00	0.00	0.00	0.00	0.00	9.97×10^{-1}	3.44×10^{-3}	0.00
(1,3)	6	0.00	0.00	0.00	0.00	0.00	0.00	0.00	0.00	0.00	1.00
(2,2)	7	0.00	0.00	0.00	0.00	0.00	0.00	0.00	8.87×10^{-1}	1.13×10^{-1}	0.00
(2,3)	8	0.00	0.00	0.00	0.00	0.00	0.00	0.00	0.00	0.00	1.00
(3,3)	9	0.00	0.00	0.00	0.00	0.00	0.00	0.00	0.00	0.00	1.00

3.4.3.3　剩余寿命预测

基于模型推理，对各状态驻留进行分析，在计算过程中运用全概率公式进行等价替换。将不同时点下每个状态的不同驻留值按状态分开，得到各个状态的驻留-概率序列，运用多项式回归对序列进行拟合并得到各自的解析式，在拟合过程中优先选取对后续状态剩余寿命预测共振作用较小的阶数 m（下称优先选取原则）。以最终时点四个不同状态的多项式拟合为例，如图 3.30 所示，其中四个状态进行拟合的最优 m 值分别为 20、15、19、17，详细的多项式回归系数由表 3.16 给出。

原则上概率的积分不允许负值出现，但多项式回归呈现明显的波动特性，即正负值存在一定的抵消作用，且不同状态下相同时点也存在共振，不难预知预测的剩余寿命值可能会存在一定的波动特性。在实验过程中，为了更好地进行多项式拟合，结合原始数据特点，对原始数据点进行了线性插值。

最终得到 Pump24 的剩余寿命预测情况如图 3.31 所示，其中离散预测点已进行插值平滑处理。1 号标记处显示预测值在最终的时点处存在较大的偏差，对应图 3.30 各分图中多项式回归初期波动幅度较大的现象，但波动随着时点的增加而逐渐变小，是优先选取原则导致的。2 号标记处出现了"提前损坏"的现象，对应图 3.30(d) 中驻留提前降低的现象。

　　与低阶 HSMM 结果相比较[4]，本节模型预测的剩余寿命结果如表 3.17 所示。从抽样的时点来看，基于 HOHSMM 与多项式拟合的剩余寿命预测方法整体效果明显优于常规 HSMM。算例表明，基于 HOHSMM 与多项式拟合的寿命预测方法是有效、可行的。

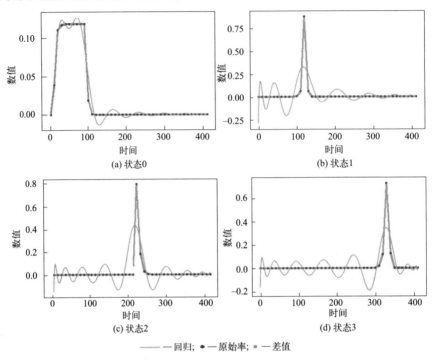

图 3.30　最终时点各状态驻留多项式拟合

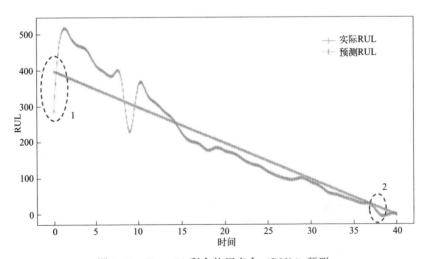

图 3.31　Pump24 剩余使用寿命（RUL）预测

表 3.16　最终时点多项式拟合系数一览

系数索引	状态(State)类型			
	State0(20)	State1(15)	State2(19)	State3(17)
0	-2.38819×10^{-45}	1.89034×10^{-32}	-3.01553×10^{-41}	-4.21246×10^{-37}
1	7.47909×10^{-42}	-6.14991×10^{-29}	1.02846×10^{-37}	1.23709×10^{-33}
2	-9.90244×10^{-39}	9.03133×10^{-26}	-1.54556×10^{-34}	-1.56243×10^{-30}
3	6.85507×10^{-36}	-7.90982×10^{-23}	1.31921×10^{-31}	1.0738×10^{-27}
4	-2.21019×10^{-33}	4.59824×10^{-20}	-6.68384×10^{-29}	-3.92341×10^{-25}
5	-1.73946×10^{-31}	-1.86838×10^{-17}	1.65986×10^{-26}	2.81649×10^{-23}
6	4.20376×10^{-28}	5.44157×10^{-15}	2.2419×10^{-24}	4.69387×10^{-20}
7	-1.12487×10^{-25}	-1.14607×10^{-12}	-3.79886×10^{-21}	-2.7376×10^{-17}
8	-3.14071×10^{-23}	1.73894×10^{-10}	1.72559×10^{-18}	8.37058×10^{-15}
9	3.36199×10^{-20}	-1.8709×10^{-8}	-4.83436×10^{-16}	-1.67201×10^{-12}
10	-1.2786×10^{-17}	1.3854×10^{-6}	9.40639×10^{-14}	2.29806×10^{-10}
11	2.98005×10^{-15}	-6.72669×10^{-5}	-1.31442×10^{-11}	-2.18798×10^{-8}
12	-4.69272×10^{-13}	0.001982402	1.32469×10^{-9}	1.41766×10^{-6}
13	5.09843×10^{-11}	-0.031177213	-9.50595×10^{-8}	-6.00431×10^{-5}
14	-3.77167×10^{-9}	0.204641444	4.72263×10^{-6}	0.0015492
15	1.82137×10^{-7}	-0.29072277	-0.000155018	-0.021526379
16	-5.28119×10^{-6}		0.003118172	0.126386828
17	7.74612×10^{-5}		-0.033825859	-0.161790099
18	-0.000400078		0.154167196	
19	0.004512709		-0.147377792	
20	-0.000650429	—	—	—

表 3.17　预测的剩余寿命相对误差分析

实际 RUL	本书模型		HSMM	
	预测 RUL	相对误差/%	预测 RUL	相对误差/%
300	357.010	19.00	302.558	0.85
260	266.729	2.59	299.643	15.25
220	180.068	18.15	297.954	35.43
170	142.383	16.25	194.981	14.69
150	120.147	19.90	192.081	28.05
120	98.159	18.20	188.666	57.22
110	102.573	6.75	102.471	6.84
90	79.956	11.16	100.291	11.43
50	39.600	20.80	97.675	95.35
平均相对误差/%	14.76		29.4592	

　　本节提出了一种基于高阶隐半马尔可夫模型与多项式拟合的设备剩余寿命预测方法。其中排列组合的模型降阶方法简单直观，巧妙地利用了高阶隐半马尔可夫模型的定义，使得高阶模型可通过转换观察角度的方法转化为相应的一阶模型，让低阶模型三问题的解决方案能够用于高阶复杂模型。通过智能优化算法群对本节模型进行了参数估计，将高阶模型之中复杂的依赖关系信息转移

至变形后的参数组中，有效地简化了模型，为研究该类模型提供了一个新的思路，最后基于多项式拟合的剩余寿命预测从结果来看是有效的。

未来的工作重点应是考虑如何求得历史寿命与剩余寿命的联合分布，以便于修正模型所计算的剩余寿命。

本章小结

本章以普遍存在的大型机械生产设备为研究对象，分别以先验信息不足以及连续非振动信号为研究前提，考虑了设备老化、信号集成等内容，分析了设备的健康模式诊断以及剩余寿命预测。主要内容包括：

① 讲解了基于改进隐马尔可夫模型的设备健康管理：首先针对常规隐马尔可夫模型，提出了新的劣化因子并应用到模型之中，并对遗传算法进行了适应马尔可夫理论的改进，使得遗传算法替代了最大期望算法来进行模型的参数估计，最后提出了基于近似算法和贪婪算法的贪婪近似法去预测设备的剩余寿命。

② 讲解了基于隐半马尔可夫模型的设备健康管理：首先针对非振动类信号提出了一种新的信号标量化方法，使得连续性信号（温度、速度、压强等）能够通过标量化方法形成可以输入至马尔可夫类模型的数据类型。其次，对隐半马尔可夫模型进行了拓扑结构上的优化，引入了粘连系数，简化了本身模型的参数组。再次，运用遗传算法以及樽海鞘群算法的协同进化算法替代常规EM参数估计方法对模型参数进行估计。根据设备全寿命分布特点以及设备当前状态值提出了相应的剩余寿命预测方法。最后运用CMAPSS涡扇数据集对本章所提出的模型进行了验证。

③ 讲解了基于高阶隐半马尔可夫模型的设备健康管理：首先，对设备进行建模，并提出了复合节点机制，将相应的高阶问题转换为了低阶问题，使得常规低阶模型的算法能够适用于高阶模型。其次，计算了模型的状态驻留时间变量。最后，运用多项式回归方法得到了各个状态的驻留时间解析式，计算得到了设备最终的剩余寿命。

本章内容广泛采用智能算法对隐马尔可夫类模型进行参数估计，替代了原有EM算法，并在一定程度上克服了EM算法本身的局部最优性。且单种算法、多种算法以及协同算法均取得了可观的效果。在现有研究基础上引入了新的退化核心，新式退化核心对设备的劣化过程具有更强的模型描述能力，且在参数估计工作上具有更好的寻优环境。对高阶隐马尔可夫模型进行了降阶，并提出了一种基于排列的降阶方法，使得低阶模型的算法能够间接使用到高阶模型之中。提出的非振动信号的标量化方法，为非振动信号与隐马尔可夫类模型建立了纽带，使得隐马尔可夫类模型的输入得以拓展，从以振动信号的频谱转换信号为主拓展到一般意义上的温度、速度、压强等信号类型。

参考文献

［1］ Yang Z，Baraldi P，Zio E. A multi-branch deep neural network model for failure prognostics based on multimodal data ［J］. Journal of Manufacturing Systems，2021，59：42-50.

［2］ 刘浅. 基于动静态参数检测的高速铁路接触网剩余寿命估计 ［D］. 成都：西南交通大学，2017.

［3］ 刘文溢，刘勤明，叶春明，等. 基于改进退化隐马尔可夫模型的设备健康诊断与寿命预测研究 ［J］. 计算机应用研究，2021，38（3）：805-810.

［4］ 刘勤明，李亚琴，吕文元，等. 基于自适应隐式半马尔可夫模型的设备健康诊断与寿命预测方法 ［J］. 计算机集成制造系统，2016，22（09）：2187-2194.

第4章

数据不完备的系统智能故障预测

4.1　概述

随着现代工业科技的迅速发展，许多大型设备变得越来越复杂。设备服役期间，由于磨损、疲劳、腐蚀等原因，设备的服役性能产生一定的退化，健康状态也将发生变化，可能导致设备失效。一旦由于设备失效引发安全事故，将可能造成严重的财产损失、环境破坏甚至是人员伤亡[1]。

例如：2012 年 12 月，日本山梨县的一条中央高速公路上发生一起由于支撑吊架老化松动引发隧道天花板崩塌的安全事故，导致隧道内的 3 辆车均被混凝土块击中掩埋，随后车辆起火，导致 9 人无法脱困而被烧死。2016 年 10 月，澳大利亚一个主题公园内"雷鸣河"激流勇进项目在运行过程中因设施故障，导致一艘载有游客的船撞上另一艘空船后倾覆，最终造成 4 名游客死亡。

引发类似事故的原因，大多是没有及时发现和处理设备异常状况，导致设备出现故障，造成人员伤亡。因此，在设备的运行过程中，对设备健康状态进行监测，及时准确地对设备进行故障诊断，对提高设备的可靠性、降低设备运维成本、减少由故障隐患引起的安全事故有着重要意义。

近年来，设备的故障诊断研究获得了蓬勃的发展。在设备的故障诊断领域中，完备的监测数据是对设备故障准确诊断的前提及基础。但在实际工程运用中，很多监测样本数据是不完备的，存在样本量少、样本类不均衡和样本数据缺失等问题。在收集样本数据时，设备可能因存在故障而不能正常运行，或者受环境的影响，采集到的有效监测数据较少，造成故障样本数据量少。而在这种小样本数据下，收集到的故障样本数据量相对于正常样本数据量也是比较少的，这就出现了样本类不均衡的情况。也可能由于数据传输异常、传感器维修更换或者人为因素造成样本数据缺失。对于含缺失数据的监测样本，如果只是进行简单的删除，对缺失数据填补的误差较大，不能得到准确的诊断结果。本章拟对小样本数据不完备情况下设备的故障诊断进行研究，综合考虑小样本数据不均衡和数据缺失两种情况下的设备故障诊断。

目前，对设备进行故障诊断研究大多是在全样本数据完备的情况下进行的，而在小样本数据不完备情况下的研究却很少。因此，本章主要讲解小样本数据不完备情况下的设备故障诊断预测，主要内容包括以下两个方面：

① 小样本数据不均衡情况下的设备故障诊断研究。针对小样本数据不均衡的情况，建立一种非线性多分类均衡支持向量机 BSVM，以减小由样本量不均衡引起的误差，提高其分类性能。采用动态非线性惯性权重对粒子群算法（PSO）进行优化，然后利用改进后的 PSO 算法对非线性多分类均衡支持向量机的参数进行优化，建立基于 IPSO-BSVM 的设备故障诊断方法，最后通过算例验证该方法的有效性。

② 小样本数据缺失情况下的设备故障诊断研究。针对小样本存在数据缺失的情况，提出一种基于遗传算法优化支持向量回归（GA-SVR）的缺失数据填补方法。首先利用缺失数据所属变量的数据，对 GA-SVR 模型进行训练，得到单变量预测结果；同时通过相关性分析重构训练集，利用新的训练集对 GA-SVR 模型进行训练，获得多变量预测结果；然后建立动态权重，将单变量预测与多变量预测的结果相组合，对缺失数据进行填补；最后将完整的数据作为输入，利用 SVM 对设备进行故障诊断。仿真分析表明，本节提出的方法对小样本数据缺失情况下的设备故障诊断具有较佳的效果。

4.2　小样本数据不均衡情况下的故障预测

对复杂设备进行及时准确的故障诊断，对于节约维修成本、减少安全事故的发生有着重要意义。而在故障诊断领域，收集样本数据时，由于设备可能因存在故障而不能正常运行，因此无法获取大量的故障样本数据，收集到的样本量较小。而在这种小样本数据情况下，收集到的故障样本数据量相对于正常样本数据量也是比较少的，这就出现了样本类不均衡的情况。

针对小样本数据情况下设备故障诊断存在样本类不均衡的问题，本节采用适用于小样本的支持向量机进行设备的故障诊断。当不同类的样本量大小不均衡时，样本量较小的类中的样本的错误分类概率较大。在设备的故障诊断应用中，由于故障数据样本量比正常状态数据样本量要小，所以样本量不均衡的情况比较常见。针对样本量不均衡的情况，本节提出均衡支持向量机（BSVM）以减小甚至消除由于样本量不均衡而引起的误差。此外，SVM 的分类效果受其参数的影响也很大，需要对其进行参数寻优。PSO 可以对 SVM 的参数进行优化，但 PSO 存在容易过早收敛的缺陷。因此，本节提出一种改进的 PSO 来优化 BSVM 关键参数，得到基于 IPSO-BSVM 的设备故障诊断模型，最后通过算例分析验证此模型的可行性与有效性。

4.2.1　改进粒子群优化算法

假设在一个 D 维的搜索空间里，存在某种群 $X=\{x_1,x_2,\cdots,x_n\}$，其中 $x_1,x_2,\cdots,x_n$ 是 n 个代表问题可能解的粒子。记 $\boldsymbol{X}_i=(x_{i1},x_{i2},\cdots,x_{iD})$ 表示粒子 i 目前所处的位置，$\boldsymbol{V}_i=(v_{i1},v_{i2},\cdots,v_{iD})$ 表示粒子 i 当前的飞行速度。为了寻求最优解，粒子在每次迭代时利用其个体最优值 P_i 和全局最优值 P_{g} 来对自身速度与位置进行更新，更新公式如下：

$$v_{id}^{(k+1)}=wv_{id}^{(k)}+c_1r_1(P_{id}^{(k)}-x_{id}^{(k)})+c_2r_2(P_{\mathrm{g}d}^{(k)}-x_{id}^{(k)}) \tag{4-1}$$

$$x_{id}^{(k+1)}=x_{id}^{(k)}+v_{id}^{(k+1)} \tag{4-2}$$

式中，$d=1,2,\cdots,D$；$i=1,2,\cdots,n$；k 是目前迭代次数；c_1，c_2 是非负的学习因子；r_1，r_2 为（0，1）内的随机数；w 为惯性权重。

惯性权重 w 表示现有速度受到先前速度的影响程度。w 值较大，则更有利于粒子在全局范围内搜索；w 值较小，则更有利于粒子进行局部搜索，有利于粒子的快速聚集[2]。因此，如果在迭代开始时选择比较大的 w 值，在迭代后期选择比较小的 w 值，能够有效调节 PSO 的全局搜索能力以及局部搜索能力，使其能尽快搜索到最优值而不容易陷入局部最优解。

为此，本节提出利用非线性动态惯性权重表达式[式（4-3）]来不断调整 w 值。

$$w=\frac{w_{\max}+w_{\min}}{2}+\frac{w_{\max}-w_{\min}}{2}\times\cos\left(\frac{\pi}{T_{\max}}\times k\right) \tag{4-3}$$

式中，$w_{\max}$ 和 $w_{\min}$ 分别表示 w 的最大值和最小值；k 是目前迭代次数；$T_{\max}$ 是最大迭代次数。

4.2.2　非线性多分类均衡支持向量机

SVM 最初是用于解决二分类问题而提出的，意在寻求一个能够将两类样本分离的最优超平面，且满足样本之间的分类间隔最大。

在线性可分的情况下，SVM 可表述为：对于给定数据集 $\{x_i, y_i\}$，$i=1$，$2,\cdots,N$，$y_i \in \{-1,1\}$，$\boldsymbol{x}_i \in \mathbf{R}^n$。分类超平面 f 为：

$$f(x)\boldsymbol{w} \cdot \boldsymbol{x} + b = 0 \tag{4-4}$$

式中，$\boldsymbol{w}$ 是权重向量；$\boldsymbol{x}$ 是输入向量；b 是分类阈值。

该分类超平面满足：

$$\mathrm{sgn}(f(x_i)) = \begin{cases} +1, & y_i = +1 \\ -1, & y_i = -1 \end{cases} \quad (i=1,2,\cdots,N) \tag{4-5}$$

归一化处理后，则式（4-5）等价于：

$$y_i(\boldsymbol{w} \cdot \boldsymbol{x}_i + b = 0) \geqslant 1, \ i=1,2,\cdots,N \tag{4-6}$$

式（4-6）左侧表示点到平面距离。此时分类间隔为 $\dfrac{2}{\parallel \boldsymbol{w} \parallel}$，由于求 $\max$ $\dfrac{2}{\parallel \boldsymbol{w} \parallel}$ 等价于求 $\min \dfrac{1}{2}\parallel \boldsymbol{w} \parallel^2$，则求最优分类面的问题可以转化为求函数：

$$\min \phi(\boldsymbol{w}) = \frac{1}{2}\parallel \boldsymbol{w} \parallel^2 = \frac{1}{2}(\boldsymbol{w}\boldsymbol{w}^{\mathrm{T}})$$

$$\mathrm{s.t.} \ y_i(\boldsymbol{w} \cdot \boldsymbol{x}_i + b = 0) \geqslant 1, \ i=1,2,\cdots,N \tag{4-7}$$

不难看出这是一个凸二次规划问题，求解这类问题，通常利用拉格朗日对偶性把复杂的原问题转换成容易求解的对偶问题，相应地，对偶问题的最优解也是原问题的最优解。利用拉格朗日对偶化求解，不仅可以降低问题的求解难度，也为核函数的引入提供便利，为非线性分类的推广做铺垫。

在约束条件中引入拉格朗日乘子 α_i，构造 Lagrange 函数：

$$L(\boldsymbol{w},b,\alpha) = \frac{1}{2}\parallel \boldsymbol{w} \parallel^2 - \sum_{i=1}^{N} \alpha_i [y_i(\boldsymbol{w} \cdot \boldsymbol{x}_i + b = 0) - 1] \tag{4-8}$$

对该函数求极值可得：

$$\sum_{i=1}^{N} a_i y_i = 0, \ \boldsymbol{w} = \sum_{i=1}^{N} \alpha_i y_i \boldsymbol{x}_i \tag{4-9}$$

则原目标函数转化为：

$$\max \left\{ \sum_{i=1}^{N} \alpha_i - \frac{1}{2}\sum_{i=1}^{N}\sum_{j=1}^{N} \alpha_i \alpha_j y_i y_j (\boldsymbol{x}_i \cdot \boldsymbol{x}_j) \right\}$$

$$\mathrm{s.t.} \begin{cases} \alpha_i \geqslant 0, \ i=1,\cdots,N \\ \sum_{i=1}^{N} \alpha_i y_i = 0 \end{cases} \tag{4-10}$$

得出分类函数：

$$f(x) = \mathrm{sgn}(\boldsymbol{w} \cdot \boldsymbol{x} + b) = \mathrm{sgn}\left(\sum_{i=1}^{N} \alpha_i y_i (\boldsymbol{x}_i \cdot \boldsymbol{x}) + b \right) \tag{4-11}$$

然而，在现实问题中，样本通常不能够进行线性分离。对于这种情况，可以引入惩罚因子 C 和松弛变量 $\xi_i \geqslant 0$，C 表示对误差的惩罚力度，C 太大则会引起过拟合。若样本被准确分类，$\xi_i = 0$；否则，$\xi_i > 0$。此外，SVM 主要通过非线性变换 $\phi(\boldsymbol{x}_i)$ 来解决这个问题，此时目标函数为：

$$\min\left(\frac{1}{2} \parallel \boldsymbol{w} \parallel^2 + C\sum_{i=1}^{N}\xi_i\right)$$

$$\text{s. t.} \begin{cases} y_i(\boldsymbol{w} \cdot \phi(\boldsymbol{x}_i) + b = 0) \geqslant 1 - \xi_i \\ \xi_i \geqslant 0 \end{cases} \tag{4-12}$$

借助 Lagrange 优化法将上述二次规划转换成其对偶问题：

$$\max\left\{\sum_{i=1}^{N}\alpha_i - \frac{1}{2}\sum_{i=1}^{N}\sum_{j=1}^{N}\alpha_i\alpha_j y_i y_j(\boldsymbol{x}_i \cdot \boldsymbol{x})\right\}$$

$$\text{s. t.} \begin{cases} \sum_{i=1}^{N}\alpha_i y_i = 0 \\ 0 \leqslant \alpha_i \leqslant C, \ i = 1, 2, \cdots, N \end{cases} \tag{4-13}$$

得出决策函数：

$$f(x) = \text{sgn}(\boldsymbol{w} \cdot \boldsymbol{x} + b) = \text{sgn}\left(\sum_{i=1}^{N}\alpha_i y_i(\boldsymbol{x}_i \cdot \boldsymbol{x}) + b\right) \tag{4-14}$$

得到的最优分类函数为：

$$f(x) = \text{sgn}\left(\sum_{i=1}^{N}\alpha_i^* y_i(\phi(\boldsymbol{x}_i) \cdot \phi(\boldsymbol{x})) + b^*\right) \tag{4-15}$$

式中，a_i^*、b^* 的上角符号 $*$ 表示 a_i、b 取最优值。如果把高维空间中的内积运算替换成核函数 $K(\boldsymbol{x}_i \cdot \boldsymbol{x})$，即：

$$K(\boldsymbol{x} \cdot \boldsymbol{x}_i) = \phi(\boldsymbol{x}) \cdot \phi(\boldsymbol{x}_i) \tag{4-16}$$

则最优分类函数可表示为：

$$f(x) = \text{sgn}\left(\sum_{i=1}^{N}\alpha_i^* y_i K(\boldsymbol{x}_i \cdot \boldsymbol{x}) + b^*\right) \tag{4-17}$$

常用的核函数主要有：

（1）线性核函数：

$$K(\boldsymbol{x}, \boldsymbol{x}_i) = \boldsymbol{x} \cdot \boldsymbol{x}_i \tag{4-18}$$

（2）多项式核函数：

$$K(\boldsymbol{x}, \boldsymbol{x}_i) = [(\boldsymbol{x} \cdot \boldsymbol{x}_i) + c]^p \tag{4-19}$$

（3）径向基函数（RBF）：

$$K(\boldsymbol{x}, \boldsymbol{x}_i) = \exp\left(-\frac{\parallel \boldsymbol{x} - \boldsymbol{x}_i \parallel^2}{2\sigma^2}\right) \tag{4-20}$$

（4）多层感知器核函数（Sigmoid 核函数）：

$$K(\boldsymbol{x} \cdot \boldsymbol{x}_i) = \tanh(k(\boldsymbol{x} \cdot \boldsymbol{x}_i) + b) \tag{4-21}$$

式中，系统 $k > 0$。传统 SVM 最开始是用于解决二分类问题，但在实际运用中，多分类问题更为常见，所以二分类 SVM 经常需要被扩展成多分类 SVM 以解决多分类问题。将二分类 SVM 扩展成多分类 SVM 常用的方法包括一对多[OAA(one-against-all)]方法、纠错输出编码[ECOC(error correcting output codes)]方法、一对一[OAO(one against one)]方法等[3]。多分类 SVM 的原理是把多分类问题划分成若干二分类问题，建立若干个二分类器，一般采用"投票法"得出分类结果。一对一方法是应用较为广泛的多分类扩展方法，因此本节选用 OAO 方法对二分类 SVM 进行扩展。

一对一法也可以称作成对组合法，它是将 k 分类问题两两组合，构建 $k(k-1)/2$ 个 SVM 分类器，并且各个分类器仅对两个不同类别的样本数据进行训练。将各个类别的初始投票数设为 0，各个分类器都要在对未知样本分类时确定其类别，并给相应类别进行"投票"，全部分类器判断结束后，具有最高票数的类别也就是该未知样本所属类别，这种策略即为"投票法"。

在 SVM 分类过程中，样本量小的类中的样本被错误分类的概率比样本量大的类中的样本被错误分类的概率要大[4]，所以传统的 SVM 应用于样本类别中的样本数不均衡的情况时会存在一定的偏差。在实际应用中，样本类中的样本量不均衡的情况较为常见，因此本节提出了一种扩展的 SVM，称之为均衡支持向量机（balanced support vector machine），记为 BSVM。BSVM 是通过引入均衡因子来调节样本类别中的样本数不均衡问题。

BSVM 的目标函数由式(4-12)改写为：

$$\min\left(\frac{1}{2} \parallel \boldsymbol{w} \parallel^2 + C \sum_{i=1}^{N} \theta_{y_i} \xi_i\right)$$
$$\text{s. t.} \begin{cases} y_i(\boldsymbol{w} \cdot \boldsymbol{\phi}(\boldsymbol{x}_i) + b) \geqslant 1 - \xi_i \\ \xi_i \geqslant 0 \end{cases} \tag{4-22}$$

式中，θ_{y_i} 为均衡因子。θ_{y_i} 增大则表示类别 y_i 所占权重增大，那么类别 y_i 中的样本被错误分类的概率就会降低。因此，对于具有较少样本的类，适当地增大其相应的均衡因子 θ_{y_i} 就有可能抵消由样本数不平衡引起的偏差。

4.2.3 基于 IPSO-BSVM 的参数优化

在常用的核函数中，RBF 核函数在非线性分类时的精确度最高，应用最为广泛，因此本节选择 RBF 核函数作为 BSVM 的核函数。RBF 核函数中的重要参数是核函数宽度因子 σ，对 BSVM 的分类效果有着重要影响。

综合前文所述，惩罚因子 C 和 RBF 核函数参数 σ 是影响 BSVM 分类性能的重要参数，所以需要优化参数(C, σ)。

利用 IPSO（即改进的 PSO）的全局搜索能力以及局部搜索能力来实现对BSVM 中的参数 C 和 σ 的优化。为了评估参数优化后的 BSVM 性能，采取 K折交叉验证方式把原始数据划分为 K 份，将其中 $K-1$ 份轮流用于模型训练，其余 1 份用来验证模型，得到 K 次结果的均值（即平均分类准确率）作为 IP-SO 的适应度函数。适应度函数表达式为：

$$\mathrm{F\_fitness} = \frac{1}{K} \sum_{p=1}^{K} \left(\frac{l_{Tp}}{l_p} \times 100\% \right) \tag{4-23}$$

式中，l_{Tp} 为第 p 个验证集中分类正确的样本量；l_p 为验证集的总样本量。

在利用改进的 PSO 算法对 BSVM 参数进行优化的迭代过程中，拥有最大适应度值的粒子(C, σ)即为最优参数。

利用 IPSO 优化 BSVM 参数流程如图 4.1 所示，具体实施步骤如下：

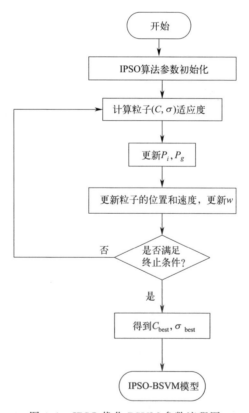

图 4.1 IPSO 优化 BSVM 参数流程图

① 初始化 IPSO 算法中的 $w_{\max}$、$w_{\min}$，学习因子 c_1、c_2，最大迭代次

数 $T_{\max}$；

② BSVM 中一组参数 (C, σ) 代表一个粒子，根据式 (4-23) 计算各个粒子 (C, σ) 的适应度值；

③ 通过比较更新各个粒子的个体极值 P_i 以及个体极值中的最优值——群体极值 P_g；

④ 按照式 (4-1) 和式 (4-2) 更新每个粒子的速度和位置，按照式 (4-3) 更新 w；

⑤ 判断终止条件，如果达到了最大迭代次数，那么将终止迭代，并输出最优解 $(C_{\text{best}}, \sigma_{\text{best}})$，得到 IPSO-BSVM 分类模型。否则，返回步骤③继续迭代。

4.2.4　基于 IPSO-BSVM 的小样本数据不均衡情况下的设备故障诊断方案

本节利用 IPSO-BSVM 分类模型实现小样本数据不均衡情况下的设备故障诊断，具体实施方案如图 4.2 所示。

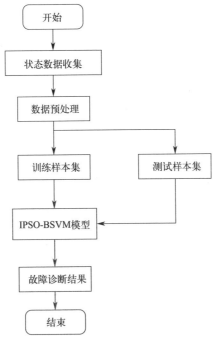

图 4.2　基于 IPSO-BSVM 的小样本数据不均衡情况下的设备故障诊断方案

步骤 1：收集设备的状态数据，利用小波变换对原始数据进行预处理；

步骤 2：按照 2∶1 的比例把预处理之后的数据划分为训练样本集和测试样本集；

步骤 3：将训练样本集作为 IPSO-BSVM 故障诊断模型的输入，对建立的 IPSO-BSVM 模型进行训练；

步骤 4：把测试样本集输入到训练完成的 IPSO-BSVM 故障诊断模型中，对该模型进行测试与验证，得到设备的故障诊断结果，实现小样本数据不均衡情况下的设备故障诊断。

4.2.5 算例分析

4.2.5.1 数据准备

本节使用美国卡特彼勒公司液压泵的状态数据进行仿真分析，以验证本节所提出的模型应用于设备故障诊断的有效性。液压泵的故障主要是以振动的方式表现出来，因此本节以液压泵的振动信号作为研究对象，实现对液压泵的故障诊断分析。首先对液压泵的健康状态进行监测，每 10min 采集一个持续时间约为 60s 的振动信号。利用小波变换对振动信号样本去除噪声和进行特征提取，预处理后的数据作为模型的输入，对建立的模型进行测试，验证模型的有效性与实用性。

液压泵分为四种状态：好、中、差、坏。本节对 3 个液压泵（记为液压泵 A、液压泵 B 和液压泵 C）的每种状态都随机选取约 2/3 的样本数据用于训练模型，余下的样本数据用于测试模型的故障诊断效果。表 4.1 列出了 3 个液压泵在各种条件下用于训练和测试的数据分配。

表 4.1　液压泵在各种条件下用于训练和测试的数据量

状态	好		中		差		坏	
液压泵 A	训练	测试	训练	测试	训练	测试	训练	测试
	38	16	34	15	7	3	5	2
液压泵 B	训练	测试	训练	测试	训练	测试	训练	测试
	29	14	27	12	4	2	4	2
液压泵 C	训练	测试	训练	测试	训练	测试	训练	测试
	26	12	24	11	4	2	3	1

由于液压泵的监测数据量较大，选取部分观测点的时域频谱对液压泵的振动信号特征进行描述。图 4.3～图 4.5 分别显示了液压泵 A、B、C 的部分监测数据的时域频谱。图 4.3(a)表示的是液压泵 A 的第 9 个时刻点的时域波形，此时液压泵 A 的健康状态为"好"；图 4.3(b)表示的是液压泵 A 的第 68 个时刻点的时域波形，此时液压泵 A 的健康状态为"中"；图 4.3(c)表示的是液压泵 A 的第 106 个时刻点的时域波形，此时液压泵 A 的健康状态为"差"；图

4.3(d)表示的是液压泵 A 的第 115 个时刻点的时域波形，此时液压泵 A 的健康状态为"坏"。

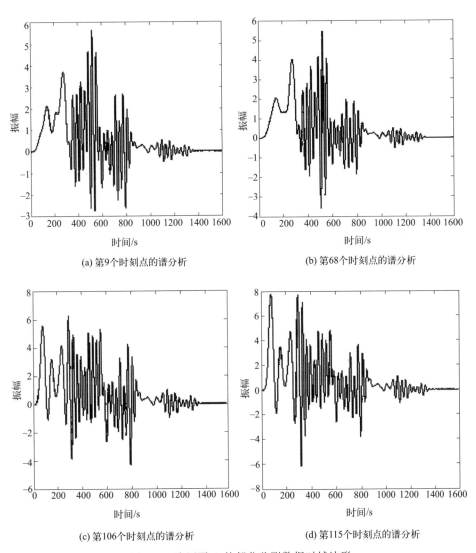

(a) 第9个时刻点的谱分析

(b) 第68个时刻点的谱分析

(c) 第106个时刻点的谱分析

(d) 第115个时刻点的谱分析

图 4.3　液压泵 A 的部分监测数据时域波形

图 4.4(a)表示的是液压泵 B 的第 6 个时刻点的时域波形，此时液压泵 B 的健康状态为"好"；图 4.4(b)表示的是液压泵 B 的第 48 个时刻点的时域波形，此时液压泵 B 的健康状态为"中"；图 4.4(c)表示的是液压泵 B 的第 84 个时刻点的时域波形，此时液压泵 B 的健康状态为"差"；图 4.4(d)表示的是液压泵 B 的第 90 个时刻点的时域波形，此时液压泵 B 的健康状态为"坏"。

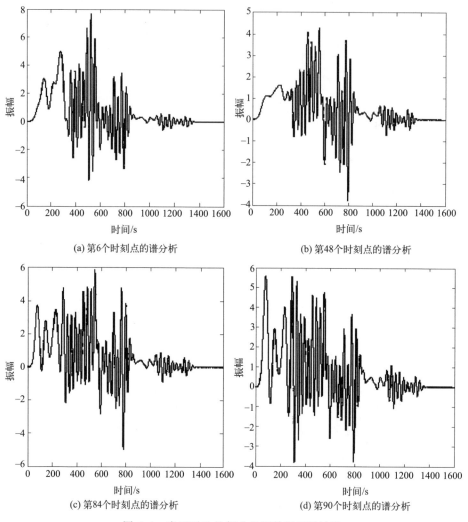

(a) 第6个时刻点的谱分析

(b) 第48个时刻点的谱分析

(c) 第84个时刻点的谱分析

(d) 第90个时刻点的谱分析

图 4.4　液压泵 B 的部分监测数据时域波形

图 4.5(a)表示的是液压泵 C 的第 5 个时刻点的时域波形，此时液压泵 C 的健康状态为"好"；图 4.5(b)表示的是液压泵 C 的第 45 个时刻点的时域波形，此时液压泵 C 的健康状态为"中"；图 4.5(c)表示的是液压泵 C 的第 76 个时刻点的时域波形，此时液压泵 C 的健康状态为"差"；图 4.5(d)表示的是液压泵 C 的第 82 个时刻点的时域波形，此时液压泵 C 的健康状态为"坏"。

4.2.5.2　结果分析

在 IPSO 算法中，主要参数设置：$c_1 = c_2 = 1.5$，$w_{max} = 0.9$，$w_{min} = 0.4$，种群规模大小为 20，最大迭代次数为 100。BSVM 中设置 C 的取值范围为

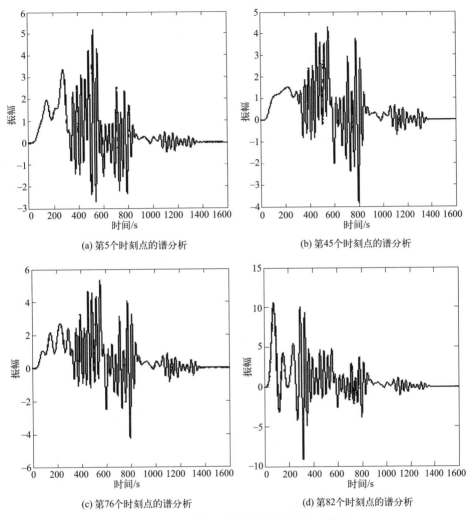

(a) 第5个时刻点的谱分析

(b) 第45个时刻点的谱分析

(c) 第76个时刻点的谱分析

(d) 第82个时刻点的谱分析

图 4.5　液压泵 C 的部分监测数据时域波形

$0.1 \sim 1000$，σ 的范围为 $0.01 \sim 100$，迭代速度范围为 $-1000 \sim 1000$。

表 4.2 是 IPSO 算法优化 BSVM 对于液压泵 A 各个状态的诊断结果。从表 4.2 中可以看出，状态为"中"的一组数据被误判为"差"，除此之外的数据均被正确分类，因此 IPSO-BSVM 算法对液压泵 A 的故障诊断准确率为 97.22%。最终优化后的 BSVM 最优参数：$C_{\text{best}} = 139.3$，$\sigma_{\text{best}} = 0.1352$。

表 4.2　IPSO-BSVM 对液压泵 A 的故障诊断结果

状态	好	中	差	坏	诊断准确率
好	16	0	0	0	100.00%
中	0	14	1	0	93.33%

续表

状态	好	中	差	坏	诊断准确率
差	0	0	3	0	100.00%
坏	0	0	0	2	100.00%
总诊断准确率			97.22%		

液压泵 A 的 IPSO-BSVM 适应度曲线如图 4.6 所示。可以看出，IPSO-BSVM 算法在迭代初期的适应度值在 60% 上下波动，迭代约 30 次之后的适应度值在 80% 上下波动，在迭代约 40 次时得到最大适应度值，达到了 97.22% 的适应度，即故障诊断准确率。

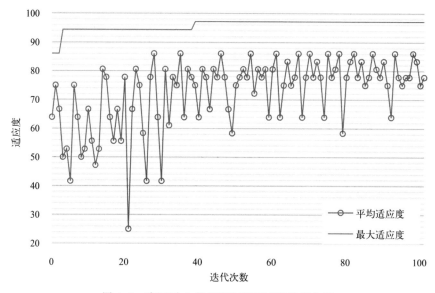

图 4.6　液压泵 A 的 IPSO-BSVM 适应度曲线

表 4.3 是 IPSO 算法优化 BSVM 对于液压泵 B 各个状态的诊断结果。从表 4.3 中可以看出，状态为 "好" 的一组数据被误判为 "中"，除此之外的状态数据均被正确分类，因此 IPSO-BSVM 算法对液压泵 B 的故障诊断准确率为 96.67%。最终优化后的 BSVM 最优参数：$C_{best} = 52.8$，$\sigma_{best} = 1.369$。

表 4.3　IPSO-BSVM 对液压泵 B 的故障诊断结果

状态	好	中	差	坏	诊断准确率
好	13	1	0	0	92.86%
中	0	12	0	0	100.00%
差	0	0	2	0	100.00%
坏	0	0	0	2	100.00%
总诊断准确率			96.67%		

液压泵 B 的 IPSO-BSVM 适应度曲线如图 4.7 所示。可以看出，IPSO-BSVM 算法在迭代初期的适应度值在 45% 上下波动，迭代中期的适应度值在 55% 上下波动，迭代约 40 次之后的适应度值在 70% 上下波动，在迭代约 45 次时得到最大适应度值，达到了 96.67% 的适应度，即故障诊断准确率。

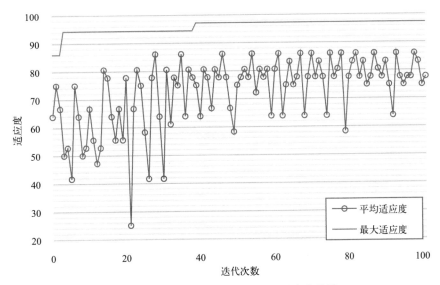

图 4.7　液压泵 B 的 IPSO-BSVM 适应度曲线

表 4.4 是 IPSO 算法优化 BSVM 对于液压泵 C 各个状态的诊断结果。从表 4.4 中可以看出，液压泵 C 所有的状态数据均被正确分类，因此 IPSO-BSVM 算法对液压泵 C 的故障诊断准确率为 100%。最终优化后的 BSVM 最优参数：$C_{best} = 102.6$，$\sigma_{best} = 28.38$。

表 4.4　IPSO-BSVM 对液压泵 C 的故障诊断结果

状态	好	中	差	坏	诊断准确率
好	12	0	0	0	100.00%
中	0	11	0	0	100.00%
差	0	0	2	0	100.00%
坏	0	0	0	1	100.00%
总诊断准确率	100%				

液压泵 C 的 IPSO-BSVM 适应度曲线如图 4.8 所示。可以看出，IPSO-BSVM 算法在迭代初期的适应度值在 35% 上下波动，迭代约 5 次后适应度值在 55% 上下波动，迭代约 25 次之后的适应度值在 65% 上下波动，在迭代约 20 次时便得到最大适应度值，达到了 100% 的适应度，即故障诊断准确率。

液压泵 A、B、C 的 IPSO-BSVM 适应度曲线均表明本节提出的 IPSO-

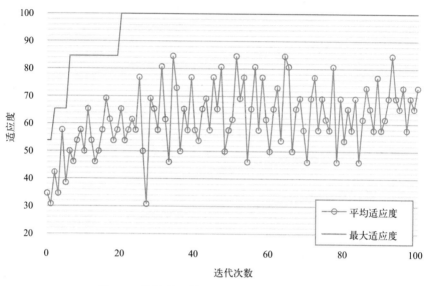

图 4.8　液压泵 C 的 IPSO-BSVM 适应度曲线

BSVM 算法能较快地完成迭代而且分类准确率很高，也可以看出该算法具备跳出局部最优继续迭代到全局最优的优势。

4.2.5.3　结果比较

将本节提出的基于 IPSO-BSVM 的设备故障诊断模型对三个液压泵的故障诊断结果与基于 PSO-SVM、BPNN 的诊断模型相比较，其中 PSO-SVM 相关参数设置与 IPSO-BSVM 相同。仿真实验结果如表 4.5 所示。

表 4.5　三种不同模型对三个液压泵的故障诊断效果比较

液压泵诊断效果		IPSO-BSVM	PSO-SVM	BPNN
液压泵 A	诊断准确率/%	97.22	91.67	80.77
	时间/s	59.6	80.7	144.5
液压泵 B	诊断准确率/%	96.67	90	76.92
	时间/s	33.9	30.3	101.7
液压泵 C	诊断准确率/%	100	96.15	88.89
	时间/s	30.1	61.8	83.4

从表 4.5 能够看出三种模型的故障诊断效果有所不同。在对液压泵 A 进行故障诊断时，相比于 PSO-SVM 和 BPNN，IPSO-BSVM 模型具有最高的诊断准确率和最短的诊断时间；在对液压泵 B 进行故障诊断时，IPSO-BSVM 模型的诊断准确率最高，用时比 PSO-SVM 略长；在对液压泵 C 进行故障诊断时，IPSO-BSVM 模型诊断准确率高达 100% 且用时最短。综合以上结果比较分析可得，本节提出的基于 IPSO-BSVM 的机械设备故障诊断模型具有最佳

的诊断效果。

4.3　小样本数据缺失情况下的故障预测

小样本数据缺失的情况不仅会加大数据分析的难度，而且对设备故障诊断准确率影响较大。现有的针对数据缺失情况下的故障诊断大多需要大量的故障样本数据，才可以得到较为准确的诊断结果。在实际的工程运用中，可能存在设备老化或人为失误，导致无法收集到大量的样本数据，且存在样本数据缺失的情况，而对于这种小样本数据缺失情况下的故障诊断研究较少且不易获得理想的结果。

由此，本节利用 SVR 预测所需样本较少的特性，建立一种基于 GA-SVR 的小样本数据缺失填补方法，以改善设备故障诊断效果，并利用算例分析对此方法的有效性与实用性进行验证。首先利用缺失数据所属变量的其他数据值，对 GA-SVR 进行训练，得到单变量预测结果；同时，通过相关性分析重构训练集，利用与含缺失数据的变量相关的变量的数据值，对 GA-SVR 进行训练，得到多变量预测结果。然后，建立动态权重将单变量预测和多变量预测结果按照一定的原则组合起来，利用得到的组合预测结果对缺失数据进行填补。然后将填补后的完整数据作为输入，利用 SVM 对设备进行故障诊断。最后，通过算例分析验证了本节提出的方法对于小样本数据缺失情况下的故障诊断的适用性及有效性。

4.3.1　遗传算法优化支持向量回归

SVR 是由 SVM 通过引入不敏感损失函数演变而来的，通常应用于解决回归拟合问题。SVR 的本质是寻求能表示输入与输出关系的回归函数。

对于给定的数据集 $\{x_i, y_i\}, i = 1, 2, \cdots, N$，其中 $x_i \in \mathbf{R}^n$ 为输入样本，$y_i \in \mathbf{R}$ 为输出期望值。假设 SVR 通过非线性变换 ϕ 将样本映射到某个高维空间中，建立的回归函数为：

$$f(x) = w \cdot \phi(x) + b \tag{4-24}$$

式中，w 和 b 是回归函数系数；x 为自变量。在此基础上引入不敏感损失系数 ε，并将其定义为：

$$L_\varepsilon(f(x), y) = \begin{cases} |y - f(x)| - \varepsilon, & |y - f(x)| \geqslant \varepsilon \\ 0, & \text{其他} \end{cases} \tag{4-25}$$

此时目标函数为 $\min \dfrac{1}{2} \|w\|^2$，约束条件为：

$$\begin{cases} y_i - \boldsymbol{w} \cdot \boldsymbol{x}_i - b \leqslant \varepsilon \\ \boldsymbol{w} \cdot \boldsymbol{x}_i + b - y_i \leqslant \varepsilon \end{cases} \quad i = 1, 2, \cdots, N \qquad (4\text{-}26)$$

在容许存在拟合误差的条件下引入松弛因子 ξ_i 和 ξ_i^*，则此时的目标函数为：

$$\min \left(\frac{1}{2} \| \boldsymbol{w} \|^2 + C \sum_{i=1}^{N} (\xi_i + \xi_i^*) \right)$$

$$\text{s. t.} \begin{cases} y_i - \boldsymbol{w} \cdot \boldsymbol{x}_i - b \leqslant \varepsilon + \xi_i \\ \boldsymbol{w} \cdot \boldsymbol{x}_i + b - y_i \leqslant \varepsilon + \xi_i^* \\ \xi_i, \xi_i^* \geqslant 0 \end{cases} \qquad (4\text{-}27)$$

式中，$C > 0$，为惩罚因子，控制对误差超出 ε 的惩罚力度。引入拉格朗日乘子 α_i 和 α_i^*，将上述问题转换成其对偶问题：

$$\max \left\{ \sum_{i=1}^{N} (\alpha_i^* - \alpha_i) y_i - \sum_{i=1}^{N} (\alpha_i^* + \alpha_i) \varepsilon - \frac{1}{2} \sum_{i=1}^{N} \sum_{j=1}^{N} (\alpha_i^* - \alpha_i)(\alpha_j^* - \alpha_j) K(\boldsymbol{x}_i, \boldsymbol{x}_j) \right\}$$

$$\text{s. t.} \begin{cases} \sum_{i=1}^{N} (\alpha_i^* - \alpha_i) = 0 \\ 0 \leqslant \alpha_i \leqslant C \\ 0 \leqslant \alpha_i^* \leqslant C \\ i = 1, 2, \cdots, N \end{cases} \qquad (4\text{-}28)$$

式中，$K(\boldsymbol{x}_i, \boldsymbol{x}_j) = \phi(\boldsymbol{x}_i)\phi(\boldsymbol{x}_j)$，为核函数。通过求解此问题可以得到最后的回归拟合函数为：

$$f(x) = \sum_{i=1}^{N} (\alpha_i - \alpha_i^*) K(\boldsymbol{x}_i, \boldsymbol{x}_j) + b \qquad (4\text{-}29)$$

对于 SVR 的核函数选取问题，本节选择最为常用的 RBF 核函数，其参数 $\sigma > 0$，是核函数宽度因子，对 SVR 的回归预测效果有着重要影响。

由于小样本数据缺失对诊断结果影响较大，本节拟利用支持向量回归 SVR 对缺失数据进行回归拟合。但 SVR 的关键参数 C、σ、ε 对 SVR 的回归预测精度影响较大，本节利用遗传算法 GA 对 SVR 的关键参数 C、σ、ε 做出优化，改善 SVR 对缺失数据的预测性能。

利用 GA 对 SVR 关键参数 C、σ、ε 进行优化的流程如图 4.9 所示，具体操作步骤如下：

① 参数初始化。初始化 GA 参数和 SVR 关键参数 C、σ 以及 ε，任意一组 (C, σ, ε) 则表示 GA 算法中的一个个体。

② 通过适应度函数计算适应度值。为了评估 GA 选择 SVR 参数的优劣，

利用 K 折交叉验证方式，把 K 次均方根误差的均值作为个体的适应度值，得到适应度值计算公式如下：

$$F = \frac{1}{K} \sum_{i=1}^{K} \sqrt{\sum_{j=1}^{n} (y - \hat{y})^2 / n} \qquad (4\text{-}30)$$

③ 判断是否已经达到终止迭代的条件。若还未达到，将进行选择、交叉、变异，生成新种群，回到步骤②继续迭代。

④ 迭代结束后输出 SVR 关键参数 (C, σ, ε) 的最优值，得到 GA-SVR 模型。

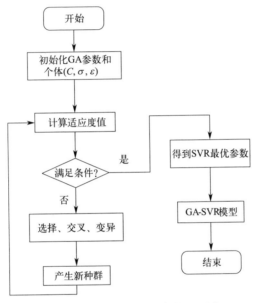

图 4.9　GA 优化 SVR 参数流程图

4.3.2　基于 GA-SVR 的组合预测填补

（1）基于 GA-SVR 的单变量预测填补

对于设备运行状态的监测数据多为时间序列[5]，即按照时间顺序由多个传感器获得的一系列监测值 X_t^q。其中 $t(t=1,2,\cdots,n)$ 代表第 t 个时刻点，q $(q=1,2,\cdots,m)$ 代表第 q 个传感器，则 X_t^q 意味着在第 t 个时刻点时第 q 个传感器对应的监测数据值。

利用 GA-SVR 对缺失数据进行单变量预测，即利用含缺失数据的变量的其他数据作为输入对 GA-SVR 进行训练，预测缺失数据的值。

首先，设缺失数据段长度为 l，确定缺失数据所属变量 q，选择第 q 个变量维度上的（$n-l-1$）个数据值作为 GA-SVR 的输入，剩余一个数据值作为输出，对 GA-SVR 进行训练。然后将已经训练完成的 GA-SVR 模型用于缺失数据预测，获得单变量预测结果。

（2）基于 GA-SVR 的多变量预测填补

利用 GA-SVR 对缺失数据进行多变量预测，即将与含缺失数据的变量相关变量维度的数据作为输入来训练 GA-SVR 模型，预测缺失数据的值。

首先利用相关性分析，寻找和变量 q 相关的其他变量构成训练集 $\{X_1, \cdots, X_i, \cdots, X_k\}$。利用相关系数 R 对各个变量之间的相关程度进行评价，若相关系数 $R \geqslant 0.8$，表示两者是强相关关系。相关系数 R 的计算公式如下：

$$R = \frac{\sum\limits_{i=1}^{n}(x_i - \overline{x})(y_i - \overline{y})}{\sqrt{\sum\limits_{i=1}^{n}(x_i - \overline{x})^2 \sum\limits_{i=1}^{n}(y_i - \overline{y})^2}} \tag{4-31}$$

以训练集中其他 $n-l$ 个时刻上的数据值为输入，以缺失数据所属时刻上的数据值作为输出，训练 GA-SVR，之后利用已经训练完成的 GA-SVR 模型来预测缺失数据，获得多变量预测结果。

（3）基于 GA-SVR 的动态权重组合预测填补

为了提高缺失数据预测的准确度，降低预测值和实际值之间的偏差，以改善设备故障诊断的效果，建立一种基于 GA-SVR 的动态权重组合预测方法对缺失数据进行填补。利用 GA-SVR 分别进行单变量预测及多变量预测，然后获得动态权重组合单变量预测及多变量预测结果，将得到的组合预测结果用于对缺失数据进行填补，得到完整数据。

均方根误差 RMSE 可以度量预测值和实际值之间存在的偏差，因此本节选用 RMSE 对预测结果的好坏进行评判，RMSE 越小则代表对缺失数据的预测效果越好。均方根误差表达为：

$$\mathrm{RMSE} = \sqrt{\frac{\sum\limits_{j=1}^{n}(y_i - \hat{y}_i)^2}{n}} \tag{4-32}$$

式中，y_i 为真实值；$\hat{y}_i$ 为预测值；n 为预测次数。

单变量预测结果和多变量预测结果在组合预测中的权重值取决于其均方根误差值的大小，均方根误差越小，权重越大。由式(4-33)推导可得缺失数据的预测结果为式(4-34)：

$$\begin{cases} w_1 = k/R_1 \\ w_2 = k/R_2 \\ w_1 + w_2 = 1 \\ y_i^* = w_1 \hat{y}_{1i} + w_2 \hat{y}_{2i} \end{cases} \tag{4-33}$$

$$y_i^* = \frac{R_2}{R_1 + R_2} \hat{y}_{1i} + \frac{R_1}{R_1 + R_2} \hat{y}_{2i} \tag{4-34}$$

式中，$\hat{y}_{1i}$、$\hat{y}_{2i}$ 分别为单变量预测及多变量预测的结果；R_1、R_2 分别为单变量预测和多变量预测对应的 RMSE 值；y_i^* 为最终的缺失数据填补值。

基于 GA-SVR 的组合预测流程图如图 4.10 所示。

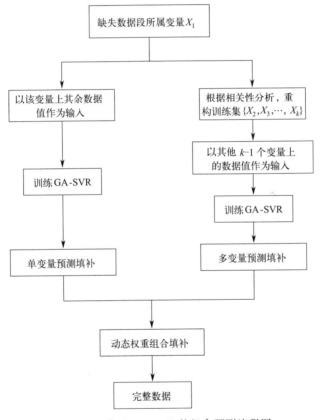

图 4.10　基于 GA-SVR 的组合预测流程图

4.3.3　基于 GA-SVR 的小样本数据缺失情况下的设备故障诊断方案

针对小样本数据缺失情况下的设备故障诊断问题，利用 GA-SVR 对缺失数据进行填补，填补后的完整数据作为 SVM 的输入，实现对设备的故障诊断。图 4.11 为基于 GA-SVR 的小样本数据缺失情况下的设备故障诊断流程，具体实施方案为：

步骤 1：将缺失数据所属变量的其他数据用于 GA-SVR 模型的训练，得到单变量预测填补结果；

步骤 2：通过相关性分析找出与缺失数据所属变量相关的变量，利用这些变量的数据对 GA-SVR 模型进行训练，得到多变量预测填补结果；

步骤 3：根据式(4-34)将单变量预测结果和多变量预测结果相结合，得到组合预测结果，对缺失数据进行填补，得到完整的数据；

步骤 4：将完整的数据划分为训练样本数据集以及测试样本数据集，分别对 SVM 进行训练和测试验证，得到设备的故障诊断结果。

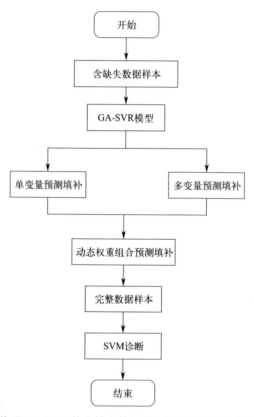

图 4.11　基于 GA-SVR 的小样本数据缺失情况下的设备故障诊断方案

4.3.4　算例分析

4.3.4.1　数据说明

本节用美国卡特彼勒公司生产的液压泵 A、B、C 三个液压泵的状态数据作为实验数据进行仿真，验证上文提出的模型对小样本数据缺失情况下设备故障诊断的实用性与有效性。液压泵健康状态分为"好、中、差、坏"四种。液压泵 A、B、C 均有 80 组实验数据，每组数据包含 32 个变量（32 个传感器）。本节以第 3 个传感器的监测值作为实验对象，删除第 75 至 80 个时间点的监测值，模拟小样本数据缺失情况。分别利用基于 GA-SVR 的单变量预测、多变量预测以及动态权重组合预测对缺失数据进行填补，比较其填补效果及填补后的设备故障诊断效果。

4.3.4.2　重构训练集

多变量预测选择与传感器 3 强相关的传感器作为训练集，对缺失数据值预测。根据式(4-31)分别计算液压泵 A、B、C 中传感器 3 与其他传感器之间的相关系数，其中相关系数 $R \geqslant 0.8$，则表示该传感器与传感器 3 具有强相关关系，以此来重新构建训练集，如表 4.6～表 4.8 所示。重新构造的训练样本仅为 6 维，在能反映原始数据特征的前提下，降低了计算量，同时也有益于缩短预测时间。

表 4.6　在液压泵 A 中与传感器 3 具有强相关关系的传感器

参数	传感器 2	传感器 5	传感器 7	传感器 13	传感器 16	传感器 32
R	0.826	0.872	0.908	0.911	0.956	0.858

表 4.7　在液压泵 B 中与传感器 3 具有强相关关系的传感器

参数	传感器 2	传感器 5	传感器 7	传感器 13	传感器 16	传感器 32
R	0.819	0.863	0.895	0.902	0.938	0.838

表 4.8　在液压泵 C 中与传感器 3 具有强相关关系的传感器

参数	传感器 2	传感器 5	传感器 7	传感器 13	传感器 16	传感器 32
R	0.821	0.867	0.901	0.907	0.944	0.843

4.3.4.3　缺失值填补效果分析

为了对本节提出的基于 GA-SVR 的动态权重组合预测方法对于缺失数据的填补效果进行评估，利用 GA-SVR 分别对液压泵 A、B、C 中的缺失值进行单变量预测、多变量预测及动态权重组合预测填补，比较填补效果。其中 GA

的参数均设置为：种群规模为 20，最大迭代次数为 100。SVR 的关键参数均设置为：$0.1 \leqslant C \leqslant 1000$，$0.01 \leqslant \sigma \leqslant 100$，$0.01 \leqslant \varepsilon \leqslant 1$。利用均方根误差 RMSE 以及平均绝对百分比误差 MAPE 作为对缺失数据预测填补效果的评价指标，其中 MAPE 的表达式为：

$$\text{MAPE} = \sum_{i=1}^{n} \left| \frac{\hat{y}_i - y_i}{y_i} \right| \times \frac{100\%}{n} \tag{4-35}$$

式中，y_i 为真实值；$\hat{y}_i$ 为预测值。

表 4.9～表 4.11 分别为液压泵 A、B、C 基于 GA-SVR 的三种预测方式对缺失数据的预测填补值；图 4.12～图 4.14 分别是液压泵 A、B、C 基于 GA-SVR 的三种预测方式的缺失数据拟合曲线。

从图 4.12～图 4.14 可以直观地看到三个数据集的模拟仿真结果基本一致。动态权重组合预测的拟合曲线相较于单变量预测及多变量预测的拟合曲线更贴合真实值曲线，表示动态权重组合预测方法的效果比单独进行单变量预测或者多变量预测的效果更好。

表 4.9　液压泵 A 基于 GA-SVR 的缺失数据预测结果

真实值	单变量预测	多变量预测	动态权重组合预测
16.9640	16.9023	17.0052	16.9502
16.8942	16.8425	16.9732	16.9033
16.7349	16.7745	16.6997	16.7397
16.6608	16.7177	16.6369	16.6801
16.6291	16.6791	16.6002	16.6424
16.7138	16.7330	16.7265	16.7300

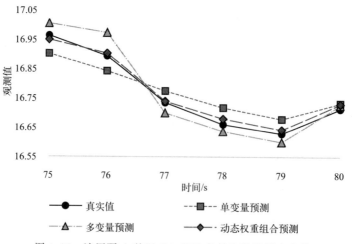

图 4.12　液压泵 A 基于 GA-SVR 的缺失数据拟合曲线

表 4.10　液压泵 B 基于 GA-SVR 的缺失数据预测结果

真实值	单变量预测	多变量预测	动态权重组合预测
15.1519	15.3855	14.9987	15.2222
14.2496	13.7533	14.4974	14.0675
12.8249	12.5942	13.0492	12.7863
12.9940	12.5854	13.1238	12.8128
12.3819	12.5935	11.9923	12.3396
12.4991	12.8678	12.2324	12.5995

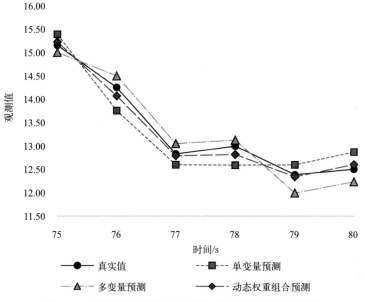

图 4.13　液压泵 B 基于 GA-SVR 的缺失数据拟合曲线

表 4.11　液压泵 C 基于 GA-SVR 的缺失数据预测结果

真实值	单变量预测	多变量预测	动态权重组合预测
9.4516	9.3048	9.5537	9.4079
9.3964	9.3058	9.4623	9.3706
9.7349	9.6812	9.7615	9.7145
9.1048	9.1879	9.0531	9.1321
9.5237	9.5981	9.4552	9.5389
9.6634	9.6289	9.6801	9.6501

　　为了评估本节提出的基于 GA-SVR 的小样本数据缺失情况下的设备故障诊断的效果，将本节提出的 GA-SVR 预测模型和标准的 SVR 预测模型以及 BP 神经网络预测模型进行比较。其中 SVR 的关键参数利用网格搜索交叉验证法进行选取，$0.1 \leqslant C \leqslant 1000$，$0.01 \leqslant \sigma \leqslant 100$，$0.01 \leqslant \varepsilon \leqslant 1$；当对缺失数据进行单变量预测时，BPNN 的输入层为 1，输出层为 1，选取隐含层的个数为 3；

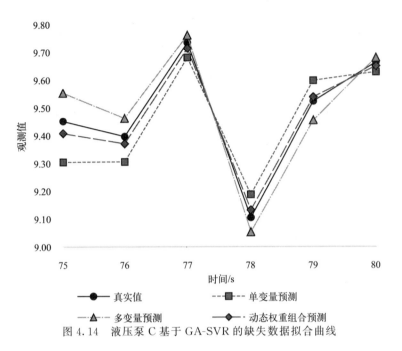

图 4.14　液压泵 C 基于 GA-SVR 的缺失数据拟合曲线

当对缺失数据进行多变量预测时，BPNN 的输入层为 6，输出层为 1，选取隐含层的个数为 5；最大迭代次数均设置为 100，误差精度为 0.002，学习率为 0.1，其激活函数选用 Sigmoid 型函数。

表 4.12～表 4.14 分别为三种不同的预测模型对液压泵 A、B、C 的缺失数据填补效果。表 4.12～表 4.14 均表明：对于同一种预测模型的不同预测方式，动态权重组合预测的 RMSE 值相比单变量预测和多变量预测的 RMSE 和MAPE 值最小；对于不同种预测模型的同一种预测方式，本节建立的 GA-SVR 模型的 RMSE 和 MAPE 值最小。综合来看，本节提出的基于 GA-SVR 的缺失数据动态权重组合预测对缺失数据的填补效果最佳。

表 4.12　三种不同模型对液压泵 A 缺失数据的预测效果

预测模型	单变量预测		多变量预测		动态权重组合预测	
	RMSE	MAPE	RMSE	MAPE	RMSE	MAPE
GA-SVR	0.0486	0.28%	0.0423	0.22%	0.0138	0.08%
SVR	0.0737	0.40%	0.0500	0.25%	0.0303	0.16%
BPNN	0.0920	0.52%	0.0644	0.36%	0.0547	0.28%

表 4.13　三种不同模型对液压泵 B 缺失数据的预测效果

预测模型	单变量预测		多变量预测		动态权重组合预测	
	RMSE	MAPE	RMSE	MAPE	RMSE	MAPE
GA-SVR	0.3420	2.44%	0.2500	1.80%	0.1185	0.76%
SVR	0.6547	2.90%	0.3989	2.13%	0.2158	1.12%
BPNN	0.8832	3.28%	0.5150	2.82%	0.2990	1.98%

表 4.14　三种不同模型对液压泵 C 缺失数据的预测效果

预测模型	单变量预测		多变量预测		动态权重组合预测	
	RMSE	MAPE	RMSE	MAPE	RMSE	MAPE
GA-SVR	0.0878	0.85%	0.0621	0.59%	0.0263	0.26%
SVR	0.1439	1.69%	0.1219	1.33%	0.0498	0.73%
BPNN	0.2293	2.12%	0.1580	1.83%	0.0724	1.20%

4.3.4.4　设备故障诊断效果分析

为了比较不同的缺失数据预测模型及预测方式对设备故障诊断效果的影响，利用对缺失数据填补后的完整数据进行设备的故障诊断。对液压泵 A、B、C 数据集分别随机选择 50 组用作训练样本，其余 30 组用作测试样本，利用 SVM 进行故障诊断。

表 4.15　不同缺失数据填补模型对液压泵 A 的故障诊断效果影响

诊断模型	单变量预测填补		多变量预测填补		动态权重组合预测填补	
	准确率/%	时间/s	准确率/%	时间/s	准确率/%	时间/s
GA-SVR	83.33	20.84	90.00	41.20	96.67	41.64
SVR	80.00	21.33	83.33	39.86	90.00	41.50
BPNN	76.67	50.8	90.00	87.23	93.33	88.92

表 4.16　不同缺失数据填补模型对液压泵 B 的故障诊断效果影响

诊断模型	单变量预测填补		多变量预测填补		动态权重组合预测填补	
	准确率/%	时间/s	准确率/%	时间/s	准确率/%	时间/s
GA-SVR	86.67	16.43	93.33	23.45	100.00	24.29
SVR	83.33	14.50	90.00	22.76	96.67	23.40
BPNN	76.67	31.80	86.67	59.80	93.33	61.02

表 4.17　不同缺失数据填补模型对液压泵 C 的故障诊断效果影响

诊断模型	单变量预测填补		多变量预测填补		动态权重组合预测填补	
	准确率/%	时间/s	准确率/%	时间/s	准确率/%	时间/s
GA-SVR	86.67	9.43	93.33	13.45	96.67	14.23
SVR	83.33	8.55	86.67	10.98	93.33	11.45
BPNN	80.00	15.78	83.33	21.50	90.00	23.27

表 4.15～表 4.17 所示分别是 GA-SVR、SVR、BPNN 三种不同的缺失数据填补模型和三种预测填补方法对液压泵 A、B、C 故障诊断效果的影响。从表 4.15～表 4.17 均可以看出：在预测模型相同的情况下，动态权重组合预测填补方法相较于单变量预测填补和多变量预测填补方法，得到的诊断准确率最高，而且所用时间较短；在预测方法相同的情况下，基于 GA-SVR 的故障模型相较于 SVR 及 BPNN 得到的故障诊断准确率最高，诊断时间相比 BPNN 更

短，虽然相较于 SVR 的诊断时间较长，但相差不大。

总体而言，基于 GA-SVR 的动态权重组合预测的缺失数据填补方法可以得到最佳的故障诊断效果。由此可得，本节提出的基于 SVR 的小样本缺失数据情况下的故障诊断方法应用于液压泵 A、B、C 均是有效的，具有一定的普适性。

本节针对小样本数据的缺失会影响设备故障诊断效果的问题，提出了一种基于 GA-SVR 的缺失数据填补方法，进而改善设备故障诊断效果。首先对缺失数据进行单变量预测，同时通过相关性分析重构训练集，利用 GA-SVR 进行多变量预测。然后，建立动态权重，将单变量预测结果以及多变量预测结果相组合，对缺失数据进行填补。最后，将完整的数据作为输入，利用 SVM 对设备进行故障诊断。

通过算例分析，将本节提出的 GA-SVR 模型与 SVR、BPNN 分别对液压泵 A、B、C 的缺失数据预测填补效果进行比较，并对比基于填补后的完整数据的故障诊断效果。算例分析结果表明，本节提出的基于 GA-SVR 的动态权重组合预测方法具有最佳的缺失数据填补效果和故障诊断效果，验证了此方法在小样本数据缺失情况下的设备故障诊断的有效性和普适性。

本章小结

本章对设备进行及时准确的故障诊断，有利于提高设备可靠性、降低运维费用、减少安全隐患。在此基础上主要研究了在小样本数据不完备情况下的设备故障诊断，主要研究内容和结论包括以下两个方面：

① 考虑小样本数据不均衡情况下的设备故障诊断。建立一种非线性多分类均衡支持向量机 BSVM，以减小由样本量不均衡引起的误差，提高其分类性能。采取动态非线性惯性权重对粒子群算法（PSO）进行优化，然后利用改进后的 PSO 算法对非线性多分类均衡支持向量机的参数进行优化，建立基于 IPSO-BSVM 的设备故障诊断方法。通过算例分析，将本章提出的 IPSO-BSVM 和 PSO-SVM、BPNN 在设备故障诊断中的效果相比较，结果表明本章提出的方法具有更好的诊断效果，验证了基于 IPSO-BSVM 的小样本数据不均衡情况下的设备故障诊断方法的实用性和有效性。

② 考虑小样本数据缺失情况下的设备故障诊断。提出了一种基于遗传算法优化支持向量回归（GA-SVR）的缺失数据填补方法，以改善设备故障诊断效果。首先利用缺失数据所属变量的其他数据，对 GA-SVR 模型进行训练，得到单变量预测结果；同时通过相关性分析重构训练集，将新的训练集数据用

于对 GA-SVR 模型的训练，获得多变量预测结果。然后建立动态权重，将单变量预测与多变量预测的结果相结合，填补缺失数据；最后将填补后的完整数据作为输入，利用 SVM 对设备进行故障诊断。通过算例分析，将本章提出的 GA-SVR 与 SVR、BPNN 的缺失数据填补效果及设备的故障诊断效果相比较，表明本章提出的方法具有最佳的缺失数据填补效果以及故障诊断效果，验证了本章提出的基于 GA-SVR 的小样本数据缺失情况下的设备故障诊断方法的可行性和有效性。

参考文献

[1] 司小胜，胡昌华，张琪，等 . 不确定退化测量数据下的剩余寿命估计 [J] . 电子学报，2015，43 (01)：30-35.

[2] 董红斌，李冬锦，张小平 . 一种动态调整惯性权重的粒子群优化算法 [J] . 计算机科学，2018，45 (2)：98-102，139.

[3] Hsu C W, Lin C J. A comparison of methods for multiclass support vector machines [J] . IEEE Trans on Neural Networks, 2008, 13 (2)：415-425.

[4] 鲍翠梅 . 基于主动学习的加权支持向量机的分类 [J] . 计算机工程与设计，2009，30 (4)：966-970.

[5] 郭洋 . 深度学习在时间序列模式识别中的研究与应用 [D] . 北京：北京邮电大学，2018.

第 5 章

考虑备件的系统
远程运维技术

5.1 概述

科学技术和社会经济的飞速发展，逐步提高了对设备可靠性的要求。与此同时，在制造企业中，高效率、高质量的生产要求也日益突出，因而企业对生产设备管理的要求也日益提升。设备的可靠性及管理水平会影响企业的可持续发展、生产效率及生产质量等。在生产持续运行过程中，设备会随之出现磨损、漏油、老化以及断裂等情况，如果不快速应对、采取积极的维护措施，设备会有更大概率发生故障，导致停机。2011 年，日本福岛核电站由于没有尽快地发现和解决一号机组中出现的设备老化问题引起的微小故障，直接导致了核泄漏与核爆炸的发生，对生态、经济和人员都造成重大的损害[1]。企业设备一旦发生意外停机，通常会让企业在设备维护方面的开销大大增加，这是因为在大部分情况下，企业设备发生停机之后的事后维修比提前采取措施进行维护的成本大得多，故而在设备的生产过程中对设备施行实时维护，能够大大降低企业生产成本。进行实时维护最基本的作用是通过及时性的维护，使设备的使用寿命增加，避免意外事故的产生和技术性灾难，从而节约生产耗费、节省原材料等资源，最终达到整体生产费用减少的目的，使得生产利润和投资回报率增加[2]。这种效用对于依靠大型昂贵设备的企业来说尤为明显，比如在地面上需要大型矿车、铲运车和巨型卡车的采矿作业中，对于这些大型设备的维护费用占到整体费用支出的三至五成；在医院中像 CT 扫描仪、核磁共振仪等设备，能够依托先进技术诊断一些复杂疾病，但同时这样一台价值不菲的设备每年的维护费用都达到了设备售价的 10% 以上。以上种种现实情况都使得企业，特别是设备占据重要部分的企业愈发重视设备的维护管理，对于企业的运营管理而言，这带来的挑战也是全新的。

近几十年来，随着设备维护相关的理论和实践不断推陈出新，人们对于维护管理领域的认知也不断加深，新的维护思想、方法不断兴起，应用范围不断拓展。如第三方维护管理的产生，通过外部的社会化维护资源使得工业制造企业的设备维护不再单纯依托于企业的内部资源。设备的智能运维不再是一个孤立的过程而是和库存管理、生产计划制订等方面相结合。本章研究内容包括：

① 针对目前预测设备剩余寿命应用的半马尔可夫模型进行改进研究，使得其在剩余寿命预测上更加准确有效。首先，构建隐半马尔可夫模型，在其基础上改进前向-后向算法；接着，在爱尔朗分布的基础上调整设备状态的驻留时间，将设备驻留时间划分成已遍历和未遍历两类，获得新状态停留时间的概率分布；最后，针对设备状态监测数据，构建设备剩余寿命预测模型。通过算例验证模型的有效性。

② 将设备退化信息和备件库存融合，建立双层优化维护模型，使得维护决策具有更低的总费用率。对基于退化信息及备件库存的设备维护决策双层优化进行研究。首先将设备的退化状况用故障率来描述，同时引入加速因子和衰退因子来描述不同维修状况，然后将备件库存集成到不同故障状态下。最后提出一个双层优化维护模型，以满足维护需求的备件库存作为上层优化模型，然后将其优化结果输入至下层优化模型，从而使得总费用率最小。

5.2 基于 E-HSMM 的系统故障预测模型

预测性维护中的健康诊断和预测很多是采用隐半马尔可夫模型并对在此基础上的改进进行研究。在对隐马尔可夫模型（HMM）进行改进时，由于隐马尔可夫模型中的状态时间在现实中不符合实际状况[2]，故在隐半马尔可夫模型改进中主要针对状态持续时间的改进。模型中持续时间的改进有采用高斯分布[3] 进行改进，也有采用指数分布[4] 进行改进等。其中，一类持续时间服从相位型分布的隐半马尔可夫模型逐渐受到学界人员的关注[5]。该方法最早由 Neuts 提出并广泛运用在随机过程建模的领域，比如生存分析、生物统计学、排队论和金融学等方面。Perez-Ocon 等[6] 研究出一般可修复系统，其中操作和修复时间服从相位型分布，系统的可用性和故障发生率计算可被计算机实现。Fackrell[7] 总结了相位型分布模型在医疗行业的应用，并提出了将该分布进一步应用于医疗建模的新方法。在此基础上，Jiang 等[8] 提出了在设备健康状态时间服从简单的 Erlang$(2,\lambda)$ 分布（相位型分布特例）、在警告状态服从指数分布的隐半马尔可夫模型，但是仅有有限应用。Khaleghei 等[9] 也说明了通过调整爱尔朗分布的形状参数和尺度参数可以近似模拟所有的持续分布，比如威布尔分布和伽马分布。但是以上运用仅针对齿轮磨损等少数领域，并在计算复杂度和信息融合方面，对于健康诊断和预测并没有达到更精确的效果。

本节在爱尔朗分布的基础上，对设备状态的逗留时间进行改进，把设备逗留时间划分成遍历与未遍历两部分，提出新的状态逗留时间分布。爱尔朗分布被广泛运用在排队论中的独立随机时间的时间间隔研究，相对于指数分布来说具有很好的现实拟合性。同时，提出改进的前后向算法、改进的 Baum-Welch 算法和改进的维特比算法，并据此建立基于爱尔朗分布的改进隐半马尔可夫模型（E-HSMM）。在寿命预测过程中结合失效率函数，对识别状态的剩余寿命予以计算。

5.2.1 E-HSMM 的推理与学习机制

5.2.1.1 HSMM 定义

隐半马尔可夫模型是在隐马尔可夫模型基础上的延伸。它在状态之间转移时服从马尔可夫性，但是在每一个状态持续时间之内，所产生的观测值之间的变化和转移是不遵从马尔可夫性的，这也是称其为半马尔可夫模型的原因。如图 5.1 所示，第一个状态 s_1 的持续时间通过转移概率 $a_{(s_0,d_0)(s_1,d_1)}$ 来确定，而（s_0,d_0）是初始的状态和持续时间。在图中，s_1 状态持续的时间 $d_1 \geqslant 2$（时间单位），取值为 3，它通过观测概率的分布 $b_{s_1,d_1}(o_{1:3})$ 产生了三个观测值（o_1,o_2,o_3）；然后通过转移概率 $a_{(s_1,d_1)(s_2,d_2)}$ 转移到 s_2，s_2 状态持续时间 $d_2=4$，同时也通过观测概率分布 $b_{s_2,d_2}(o_{4:7})$ 产生四个观测值（o_4,o_5,o_6,o_7）；然后，（s_2,d_2）转移到（s_3,d_3），$\cdots$，（s_N,d_N），直到最后一个观测值 o_T 产生。

HSMM 的基本构成要素如下：

① N：模型中状态的数目。实际中能够观测到的是某一状态下产生的表征量，即观测值。用 $\{s_1,s_2,s_3,\cdots,s_N\}$ 来表示状态集合。

② K：状态所对应的观测值数量。用数学符号可以表示为 $V=\{V_1,V_2,V_3,\cdots,V_K\}$。在具体时间 t 的观测值为 o_t，观测值的总时间为 T。

③ D：某状态持续的最大时间。每一个实际状态持续时间 d 在 $\{1,2,3,$

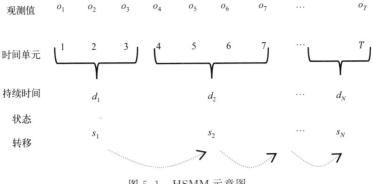

图 5.1　HSMM 示意图

$\cdots,D$｝持续时间的集合中取值。

④ $\boldsymbol{A}$：状态转移概率矩阵。$\boldsymbol{A}=(a_{mn})_{N\times N}$ 其中 $a_{mn}=\mathrm{Prob}(s_n\rightarrow s_m)$，$m,n\in[1,N]$。

⑤ $\boldsymbol{B}$：状态观测值的概率分布。$\boldsymbol{B}=(b_m(V_k))_{N\times K}$ 表示状态 s_m 的观测概率分布，$b_m(V_k)=\mathrm{Prob}\,(o_t=V_k|q_t=s_m)$，设 o_t、q_t 分别表示在 t 时刻的观测值和所属状态。

⑥ π：初始状态概率分布。$\pi=\{\pi_1,\pi_2,\pi_3,\cdots,\pi_N\}$。

$$\pi_m=\mathrm{Prob}(q_1=s_m),\ 1\leqslant m\leqslant N$$

5.2.1.2　HSMM 改进算法

HSMM 有四个参数，即 a_{mn}、π_m、$b_m(V_k)$、$p_m(d)$，其中 a_{mn} 表示由 m 状态到 n 状态的转移概率，π_m 为 m 状态的初始概率，$b_m(V_k)$ 代表在 m 状态下观测到 V_k 的概率，$p_m(d)$ 是 m 状态持续时间 d 的概率。用 τ_t 表示 q_t 状态在 t 时刻时已经经历的时间，(q_t,τ_t) 的数值用 $(s_m d)$ 来表示。

定义前向概率：在 t 时刻状态为 q_t 且经过时间 d 条件下观测到 $o_1,o_2,o_3,\cdots,o_t$ 的概率。即：

$$\alpha_t(m,d)\underset{=}{\mathrm{def}}\mathrm{Pr}\left[o_1^t,(q_t,\tau_t)=(s_m,d)\right]$$

当 $t=1$ 时，$\alpha_1(m,d)=\pi_m b_m(O_1)$；

当 $t=2,3,\cdots,T$ 时，有：

$$\alpha_t(m,d)=\alpha_{t-1}(m,d-1)b_m(o_t)+\sum_{n\neq m}^{d\geqslant 1}\alpha_{t-1}(n,d)a_{mn}p_n(d)b_m(o_t)$$

(5-1)

定义后向概率：在 t 时刻状态为 q_t 且经过时间 d 条件下观测到 o_{t+1}，$o_{t+2},o_{t+3},\cdots,o_T$ 的概率。即：

$$\beta_t(m,d) \underset{=}{\text{def}} \Pr\left[o_{t+1}^T, (q_t, \tau_t) = (s_m, d)\right]$$

$$\beta_t(m,d) = \sum_{n \neq m}^{d \geqslant 1} a_{mn} p_m(d) \beta_{t+1}(n,1) b_n(o_{t+1}) + \beta_{t+1}(m,d+1) b_m(o_{t+1}) \quad (5\text{-}2)$$

$$\beta_T(m,d) = 1$$

定义 $\xi_t(m,n)$：在 $t-1$ 时刻状态为 s_m，t 时刻状态为 s_n 条件下观测到的 $o_1, o_2, o_3, \cdots, o_T$ 的概率。即：

$$\xi_t(m,n,d) \underset{=}{\text{def}} \Pr\left[o_1^T; (q_{t-1}, \tau_{t-1}) = (s_m, d), q_t = s_n\right]$$

$$= \sum_{d \geqslant 1} \alpha_{t-1}(m,d) p_m(d) a_{mn} b_n(O_t) \beta_t(n,1) \quad (5\text{-}3)$$

定义 $\eta_t(m,d)$：t 时刻状态为 s_m 且 s_m 状态已经经历时间 d 条件下观测到的 $o_1, o_2, o_3, \cdots, o_T$ 的概率。即：

$$\eta_t(m,d) \underset{=}{\text{def}} \Pr\left[o_1^T; (q_t, \tau_t) = (s_m, d)\right]$$

$$= \alpha_t(m,d) \beta_t(m,d) \quad (5\text{-}4)$$

定义 $\gamma_t(m)$：在 t 时刻状态为 s_m 条件下观测到的 $o_1, o_2, o_3, \cdots, o_T$ 的概率。即：

$$\gamma_t(m) \underset{=}{\text{def}} \Pr\left[o_1^T; q_t = s_m\right]$$

$$= \sum_{d \geqslant 1} \eta_t(m,d) \quad (5\text{-}5)$$

利用以上的改进前向后向公式对初始状态概率分布 π_m、状态转移概率矩阵 (a_{mn}) 以及观测值概率分布 $b_m(V_k)$ 进行重估，公式如下。

$$\pi_m = \frac{\gamma_1(m)}{\sum\limits_{m=1}^{M} \gamma_1(m)} \quad (5\text{-}6)$$

$$a_{mn} = \frac{\sum\limits_{t=1}^{T-1} \xi_t(m,n,d)}{\sum\limits_{m \neq n} \sum\limits_{t=1}^{T-1} \xi_t(m,n,d)} \quad (5\text{-}7)$$

根据本节的退化过程，假设 $m > n$ 时，$a_{mn} = 0$，即一个状态下只能维持其状态或者转入下一个状态而不能转到前一个状态。

$$b_m(V_k) = \frac{\sum\limits_{t=1}^{T} \gamma_t(m) \delta(o_t - V_k)}{\sum\limits_{t=1}^{T} \gamma_t(m)} \quad (5\text{-}8)$$

$$\delta(o_t - v_k) = \begin{cases} 1, & o_t = v_k \\ 0, & o_t \neq v_k \end{cases}$$

　　k 个独立同分布的指数分布之和称为 k 阶爱尔朗分布，基于排队论的理论[10]，爱尔朗分布用来描述状态所维持的时间。在一般的隐半马尔可夫模型中采用指数分布的效果不理想，而爱尔朗分布对现实的模拟更切合，故在本节中引入爱尔朗分布，假设设备在某个状态的持续时间服从爱尔朗分布。

　　爱尔朗分布的概率密度为：

$$f(x;k,\mu)=\frac{x^{k-1}\mathrm{e}^{-\frac{x}{\mu}}}{\mu^k(k-1)!} \tag{5-9}$$

　　式中，k 为正整数；$\mu>0$。该分布的均值为 $k\mu$，方差为 $k\mu^2$。

　　本节假设状态的持续时间 d 服从爱尔朗分布，用 μ 来描述持续时间 d。在对数据进行参数估计时，均值和方差分别为：

$$\mu(m)=\frac{\sum_{t=1}^{T}\sum_{d=1}^{D}\xi(m,n,d)d}{\sum_{t=1}^{T}\sum_{d=1}^{D}\xi(m,n,d)} \tag{5-10}$$

$$\sigma(m)=\frac{\sum_{t=1}^{T}\sum_{d=1}^{D}\xi(m,n,d)d^2}{\sum_{t=1}^{T}\sum_{d=1}^{D}\xi(m,n,d)}-\mu^2(m) \tag{5-11}$$

　　所以平均持续时间 $\mu=\sigma(m)/\mu(m)$，即状态的持续时间。进行平均持续时间的计算和预测，是为了快速准确地预测出设备的剩余使用寿命，从而对设备进行维护决策提供依据和参考，进而减少设备使用的成本。

5.2.2　基于 E-HSMM 的剩余寿命预测模型

5.2.2.1　设备剩余寿命表示

　　失效率（hazard rate）在设备寿命分析中是一个重要指标[11]，本节在剩余使用寿命的预测中使用失效率（HR）。

　　设备的可靠度函数用来描述在一定时间内，设备在预设条件下，达成预设功能的概率。设备的可靠度是与时间相互关联的。用 $R(t)$ 来表示设备的可靠度函数。

$$R(t)=P(t<T),P\in[0,1]$$

　　式中，T 代表整个设备的寿命。

　　设备的 HR 函数用来描述截至时刻 t，未失效的设备在 t 时的单位时间内发生失效的概率。用 $\lambda(t)$ 来表示 HR 函数：

$$\lambda(t) = \lim_{\substack{N \to \infty \\ \Delta t \to 0}} \frac{\Delta k(t)}{[N - k(t)]\Delta t} = \frac{\mathrm{d}k(t)}{[N - k(t)]\mathrm{d}t} = \frac{\dfrac{\mathrm{d}k(t)}{M}}{1 - F(t)} = \frac{f(t)}{R(t)}$$

设备在进入失效状态 N 前会经过 $N-1$ 个健康状态。设 m 是 $N-1$ 中的某一个健康状态，$D(m)$ 表示在 m 健康状态下所持续的时间。

$$D(m) = \mu(m) + \rho\sigma^2(m)$$

$$\rho = \frac{T - \displaystyle\sum_{m=1}^{N}\mu(m)}{\displaystyle\sum_{m=1}^{N}\sigma^2(m)}$$

$\hat{D}(m,d)$ 为设备停留在健康状态 m 时且已经历过的逗留时间为 d 的剩余有效逗留时间。

故可得：

$$\mathrm{RUL} = \hat{D}(m,d) + \sum_{j=m+1}^{N-1} D(j) \tag{5-12}$$

所以，在进行寿命预测时一个关键问题是评估 $\hat{D}(m,d)$ 的数值。当设备于时间 t 处在健康状态 m 时，在时间间隔 $(t+d\Delta t, t+(d+1)\Delta t)$ 中，失效率的条件概率是指设备从当前状态向其他状态转移的概率与设备在当前时间间隔中维持当前状态的概率之比。因此，失效率的条件概率表示为：

$$\lambda(t+d\Delta t)\Delta t = \frac{\text{设备在} \Delta t \text{ 时间中转换到其他状态的概率}}{\text{设备在} t+d\Delta t \text{ 时刻仍旧停留在状态} m \text{ 的概率}}$$

设备的可靠度函数 $R(t+d\Delta t)$ 代表在时刻 $t+d\Delta t$，设备仍处于当前健康状态 m 的概率，即：

$$R(t+d\Delta t) = \gamma_t^d(m)$$

因此

$$\hat{\lambda}(t+d\Delta t)\Delta t = \frac{\xi_t^d(m,n)}{\gamma_t^d(m)} \tag{5-13}$$

故

$$\hat{D}(m,d) = D(m)[1 - \lambda(t+d\Delta t)\Delta t] = D(m)\left[1 - \frac{\xi_t^d(m,n)}{\gamma_t^d(m)}\right] \tag{5-14}$$

基于 E-HSMM 的设备健康预测过程如下：

第一步，利用实际获得的数据训练 E-HSMM 模型，基于式(5-6)、式(5-7)、式(5-8)进行迭代，得到最优的模型参数，包括初始概率、状态转移概率、状态逗留时间等。

第二步，在改进的前向后向算法基础上，运用式(5-13)识别设备当前状态并计算该时刻下的失效率。

第三步，在第二步的基础之上，按照式(5-14)计算出设备在健康状态 m 下的期望剩余有效寿命。

第四步，基于式(5-12)计算出设备的有效剩余寿命。

5.2.2.2　基于 E-HSMM 的设备健康预测框架

本节基于 E-HSMM 的设备健康预测框架首先对获取的历史数据进行预处理；之后用小波转换技术对数据进行特征提取，进行 HSMM 训练；接着将传感器输入的信号转化为观测序列，计算其极大似然概率。然后对所处健康状态计算其均值和方差，最终预测出其剩余有效寿命。详细的框架图见图 5.2。

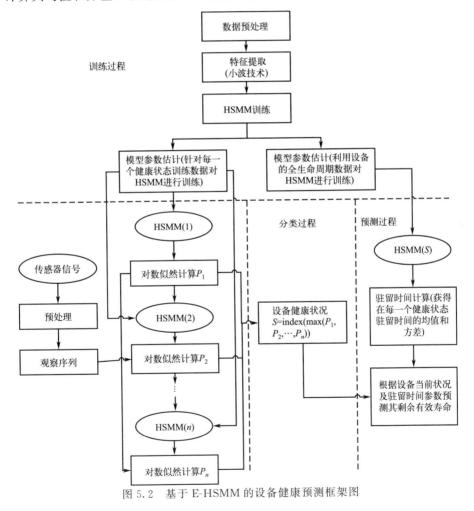

图 5.2　基于 E-HSMM 的设备健康预测框架图

5.2.3 算例分析

本节所分析的数据集为美国 Caterpillar 公司的健康诊断和预测实际数据，在该数据集中，选取了 3 个型号的液压泵（分别为 pump06、pump24 和 pump82）。对于每个液压泵分别在其油箱中添加正常油，以及含有 5mg 且厚 20mm 泥沙、15mg 且厚 20mm 泥沙和 20mg 且厚 20mm 泥沙的油并运转。每隔 10min 采集时间约 1min 的振动信号样本，由安装在液压泵转盘上的液压加速计获取振动信号。因此能将实验中液压泵的污染等级分为四个状态：级别 1 （Baseline）、级别 2(Contamination1)、级别 3(Contamination2)、级别 4(Contamination3)。液压泵 70% 以上的故障都与磨损有关[12]，而油液的污染将使液压泵产生较为严重的磨损现象，从而造成严重泄漏。在液压泵实验中，对于泵的健康级别，它的流量损耗级别直接对应于它的泥沙污染级别，且流量损耗级别是与泥沙的污染级别成正相关的，所以通过液压泵油箱中的泥沙污染级别对液压泵的健康等级进行定义，详见表 5.1。

表 5.1　液压泵健康等级对应表

污染级别	正常油	5mg,20mm 厚	15mg,20mm 厚	20mg,20mm 厚
健康等级	Baseline	Contamination1	Contamination2	Contamination3

5.2.3.1 数据准备

在实验分析测试过程中，采用 Back Hoe Loader:74 cm^3/rev 的变量液压泵。数据采样频率为 60kHz；对振动信号运用反锯齿滤波器进行处理，然后用小波包中的 Daubechies wavelet 10 （五层小波分解层数）有效提取数据特征值[13]，并随机选择三组数据为本节所提出方法的输入数据。部分数据见表 5.2。

表 5.2　部分数据采集值

节点	pump06			pump24			pump82		
	传感器 1-10	传感器 1-22	传感器 1-25	传感器 1-5	传感器 1-9	传感器 1-26	传感器 1-10	传感器 1-12	传感器 1-32
1	2.8592	0.1903	2.2337	0.0658	0.0555	0.0633	0.8361	1.3442	0.3049
2	2.8221	0.1942	2.3066	0.0612	0.0601	0.0648	0.8221	1.4194	0.3064
3	2.8733	0.2016	2.2348	0.0663	0.0612	0.0609	0.8269	1.3691	0.3025
4	3.2161	0.2294	2.3726	0.0715	0.0667	0.0644	0.8181	1.3632	0.2991
5	2.8917	0.2153	2.2674	0.0800	0.0635	0.0678	0.8109	1.3940	0.3021
6	2.5664	0.2002	2.0644	0.0734	0.0606	0.0661	0.7846	1.3692	0.2932
7	2.8278	0.2188	2.0040	0.0697	0.0675	0.0624	0.8158	1.3855	0.2984
8	2.6217	0.1825	2.1804	0.0692	0.0651	0.0620	0.8087	1.3895	0.3016

续表

节点	pump06			pump24			pump82		
	传感器 1-10	传感器 1-22	传感器 1-25	传感器 1-5	传感器 1-9	传感器 1-26	传感器 1-10	传感器 1-12	传感器 1-32
9	2.7507	0.1995	2.2527	0.0660	0.0589	0.0715	0.7822	1.3445	0.2937
...	...	...	...	...	...	...	...	...	...
36	3.8744	0.2640	3.6413	16.442	7.8863	6.5985	7.3252	8.5549	1.3628
37	5.3531	0.3746	5.1776	16.102	8.0928	6.7323	7.1271	8.2441	1.3083
38	5.2472	0.3708	5.1092	16.161	7.8585	6.5436	7.1875	8.2877	1.3077
39	5.3376	0.3728	5.1420	15.703	7.7483	6.4842	7.2960	8.3476	1.3283
40	5.2140	0.3535	5.0992	15.959	7.7410	6.3169	7.3842	8.4339	1.3115
41	5.1024	0.3596	5.0421	15.627	7.7137	6.2522			
42	5.2386	0.3690	5.1537	15.613	7.6148	6.4453			
43	4.7967	0.4213	4.7720						
44	4.9601	0.3626	5.0327						
45	5.0439	0.3549	5.0353						
46	4.9713	0.3552	4.8933						

5.2.3.2 基于 E-HSMM 的设备健康诊断

pump06、pump24 和 pump82 机型的寿命分别为 46h、42h 和 40h。选取部分进行可视化分析，见图 5.3，可以清晰看到数据分为四个状态：良好、中等、一般、差。到达最后一个数据点则是设备发生故障。

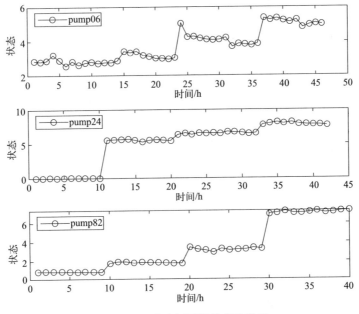

图 5.3 三种液压泵机状态阶段图

在实验中，首先采用改进的维特比算法对液压泵做健康诊断，实验过程中发现在四种不同健康状态下，对于设备健康状态的诊断均达到 100% 的正确率。将迭代次数的阈值变化量设置在 10^{-7}，得到迭代之后的对数极大似然估计概率值。从上往下依次是 pump06、pump24 和 pump82 型号机器，从图 5.4 中可以看出极大似然估计概率值大部分都在 12 次迭代以内收敛，收敛的速度非常快。

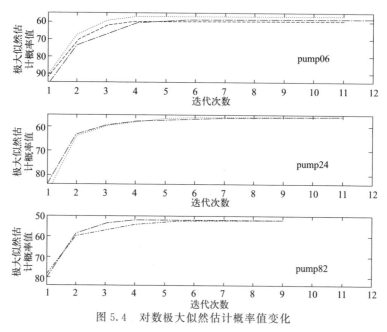

图 5.4 对数极大似然估计概率值变化

5.2.3.3 基于 E-HSMM 的设备健康预测

随机选取三种液压泵在四个状态的不同时间点，依据式(5-13)计算出其在当前状态下的失效率，依据式(5-14)计算出在当前状态的剩余寿命，最后算出设备的剩余寿命，如表 5.3。

表 5.3 三种泵机的 RUL 预测及相对误差

设备型号	随机选取时间点	实际设备 RUL	所属状态失效概率	预测设备 RUL	相对误差
pump06	5	41	0.4026	40.3630	1.55%
	19	27	0.4707	27.7638	2.83%
	33	12	0.7357	13.4354	11.96%
	40	6	0.4553	5.4472	9.21%
pump24	3	39	0.4039	37.9609	2.66%
	18	24	0.6882	25.1176	4.66%
	26	16	0.6261	14.4872	9.45%
	37	5	0.5660	4.3399	13.20%

续表

设备型号	随机选取时间点	实际设备 RUL	所属状态失效概率	预测设备 RUL	相对误差
pump82	1	39	0.1043	39.0611	0.16%
	14	26	0.4805	26.1952	0.75%
	27	13	0.7782	13.2176	1.67%
	39	1	0.8788	1.3334	33.34%

注:表中,相对误差 $=\dfrac{|\text{实际设备 RUL}-\text{预测设备 RUL}|}{\text{实际设备 RUL}}\times100\%$。

从表5.3可以看出,预测设备 RUL 与实际的 RUL 间的相对误差较小,其中每一型号泵机在实际设备 RUL 较小的时候相对误差较大,这是在实际误差范围内的。

表 5.4　与其他改进 HSMM 对比分析

	E-HSMM			AHSMM			HSMM		
	剩余寿命	相对误差	平均误差	剩余寿命	相对误差	平均误差	剩余寿命	相对误差	平均误差
pump 06	40.36	1.55%	6.39%	40.22	1.90%	6.80%	40.19	1.97%	12.3%
	27.76	2.83%		28.09	4.05%		30.21	11.90%	
	13.43	11.96%		13.56	12.97%		13.39	11.59%	
	5.45	9.21%		5.50	8.27%		7.44	23.92%	
pump 24	37.96	2.66%	7.49%	37.75	3.21%	7.68%	40.18	3.02%	8.71%
	25.12	4.66%		25.23	5.14%		26.08	8.65%	
	14.49	9.45%		14.39	10.05%		14.97	6.42%	
	4.34	13.20%		4.38	12.32%		5.84	16.76%	
pump 82	39.06	0.16%	8.98%	39.22	0.57%	12.3%	43.50	11.53%	14.6%
	26.20	0.75%		26.22	0.86%		28.07	7.97%	
	13.22	1.67%		13.24	1.84%		13.78	5.98%	
	1.33	33.34%		1.46	46.09%		1.34	32.86%	

从表5.4的分析来看,E-HSMM 在寿命预测方面与传统 HSMM 模型相比有巨大改善。与 AHSMM 模型的对比显示,第一个型号和第二个型号机器的剩余寿命预测平均准确性提高不显著,但是在第三台机器的准确性方面提高较多。总体来看,E-HSMM 在寿命预测方面结果更加准确,说明提出的改进方法对实际状况中设备的剩余寿命预测具有较高的准确性,更符合实际状况。

本节首先通过分解设备健康状态逗留时间表达方式,改进了 HSMM 的"前向-后向"算法、维特比算法和 Baum-Welch 算法;然后,基于爱尔朗分布改进设备状态的逗留时间,提出了新的状态逗留时间概率分布。隐半马尔可夫模型的状态逗留时间的分布在一般情况下都采用指数分布,但是该分布对现实的拟合并不好,通过基于排队论的爱尔朗分布来改进的健康状态逗留时间分布,符合设备的实际衰退状态,可实现很好的拟合。最后,选取美国 Caterpillar 公司的健康诊断和预测实际数据对所提出的模型进行健康诊断和寿命预测,结果显示提出的健康预测模型在准确性和计算复杂度方面都比隐半马尔可夫模型更有效。

本节仅介绍了运用 E-HSMM 模型对设备健康状态进行诊断和预测剩余有效寿命，而对设备进行健康诊断和寿命预测的目的是作出设备维护决策，故下一步的研究是如何依据设备寿命预测信息并结合其他退化信息建立设备维护决策模型。

5.3 基于退化信息及备件库存的系统远程运维技术

设备的剩余寿命预测为制定准确的设备维护策略提供基础。设备维护的主要目标是将维护费用最小化或者是使得维护效果最优。随着业界和学界对于维护策略的研究不断深入，很多维护方法被提出来。许多维护方法假设设备在发生故障时不能维修而只能被替换，或者设备在发生故障时可以维修并恢复到最佳状态[14,15]。然而，由于设备性能退化，设备经维护，通常只能恢复至故障之前的工作状态或比故障前的工作状态稍好的状态，因此，通常很难或不可能将故障设备恢复到最初的最佳状态。此外，设备有可能会有不同的故障状态，而不同的故障则需要不同的维护。因此本节在描述不同的维修动作时引入加速因子和衰退因子来描述不同的维修效果，从而更加地符合实际的状况。

本节对设备的退化状态进行定义，然后结合备件成本来综合分析维护成本。在建构的模型中首先优化上层备件库存，在满足设备维护需求的情况下使备件库存成本最低。然后结合设备的退化信息和上层最优备件库存，以设备优化总的费用率最低为目标，建构设备维护决策的下层优化模型。最后，通过实例分析表明所建构的基于退化信息和备件库存的维护决策双层优化模型具有良好的效果。

5.3.1 设备退化信息及备件库存分析

5.3.1.1 设备退化信息描述

对一般设备而言，在无任何维护的情况下，不会转变到与当前状态相比更好的状态，而是会逐渐转移到更差的状态。一台正在使用的设备，在缺乏维护的情况下，其内在的工作机制会随着运行过程衰退，我们称这种过程为设备的退化。如图 5.5 所示，随设备运转时间的增加，设备出现磨损、老化等现象使得设备发生故障的概率更高，更有可能退化到更差的状态。

设备处于运转状态时，随着使用时间的增长，设备的性能会越来越差，如零件与零件衔接处的磨损、配合等问题。伴随设备的持续运行，会愈发向更差的状态转移，设备的故障风险显著提高，可靠性降低。因此，设备的性能衰退

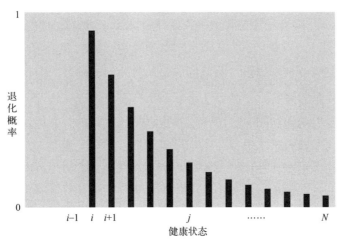

图 5.5　设备的退化概率转移图

是确定设备采取何种维护策略的基础，性能衰退的程度不同，自然导致采用不同的维护策略。本节中，运用设备的故障率（failure rate，FR）代表设备的性能状态，故障率越大表示设备当前的状态越差，发生故障的概率提高。大量的工程实践表明，大部分设备的故障率都是呈现出类似"浴盆"的分布形状。即在设备运行早期的磨合阶段故障率比较高，随后故障率快速降低，在后期由于性能衰退，故障率不断上升。针对这种"浴盆曲线"分布区域的特点，有高斯分布、泊松分布、指数分布、威布尔分布等来表示设备的故障率分布。其中，威布尔分布是最为典型的一种故障率分布。故本节的故障率分布用威布尔分布表示：

$$FR(t) = \frac{\beta}{\eta}\left(\frac{t}{\eta}\right)^{\beta-1} \tag{5-15}$$

式中，η 是尺度参数，$\eta > 0$；β 是形状参数，$\beta > 0$。

威布尔分布使用范围较为广泛的原因是通过对分布中的尺度参数、形状参数进行调整，能够拟合出绝大多数的故障数据。基于可靠性理论来调整威布尔的故障分布，如图 5.6 所示。

由图可知，威布尔的故障率在 η 保持不变时，$\beta < 1$ 表示设备的故障率呈下降的趋势；$\beta = 1$ 代表设备的故障率不变，是一常数；$\beta > 1$ 说明设备的故障率有递增趋势。上述内容表明，不管设备的故障率曲线为何，威布尔分布通过不同的取值都能够被精确地描述出。在运转之中，设备故障率伴随时间的增加而逐步提高，为增加设备的使用时间，需尽量在故障产生前对设备采取措施。

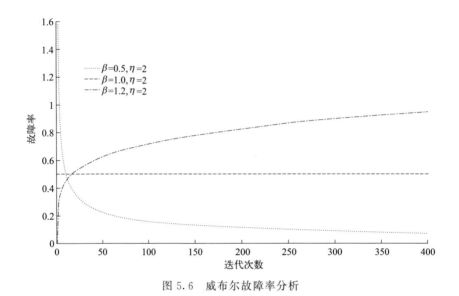

图 5.6　威布尔故障率分析

5.3.1.2　备件库存分析

在对设备进行维护过程中，必须有充足的备件库存才能满足设备的维护需求。如果备件库存缺失，不仅需要加急订购备件，导致增加成本，同时会造成维护时机的延误，直接影响设备的利用率和企业的生产效率。但同时若无限制地订购备件以满足维护需要，也会造成备件的订购成本和库存成本的增加，使得整体的维护成本升高。故在备件库存分析中需要优化备件的存储和缺货成本，使得其达到最优。本节将设备的备件成本表示为 C_{Inv}，根据上述分析，备件成本可分为备件的订购成本 C_{book}、备件的存储成本 C_{r}、备件的缺货成本 C_{s}。所以设备的备件成本模型表示为：

$$C_{\text{Inv}} = C_{\text{book}} + C_{\text{r}} + C_{\text{s}} \tag{5-16}$$

设备的备件订货成本可分类成固定订货成本和可变订货成本，将备件订货成本表示如下：

$$C_{\text{book}} = K\delta(b_n) + c_{\text{item}} \times b_n \tag{5-17}$$

$$\delta(b_n) = \begin{cases} 1, & b_n \neq 0 \\ 0, & b_n = 0 \end{cases}$$

式中，K 为每次订购备件时的固定订货成本；b_n 是在第 n 个维护阶段下的订货数量，通过引入 $\delta(b_n)$ 来表示是否有订货而产生固定成本；c_{item} 是每单位可变的备件订货成本。所以 $c_{\text{item}} \times b_n$ 代表在第 n 个维护阶段总的备件订货可变成本。

设备备件的存储成本是与设备的库存水平及备件的需求量紧密相关的。因此设备的备件库存成本模型可以表示为：

$$C_r = \begin{cases} [y_n + b_n - r(a_n | f_n)] \times c_r, & y_n + b_n > r(a_n | f_n) \\ 0, & \text{其他情况} \end{cases} \tag{5-18}$$

式中，y_n 表示第 n 个维护阶段的初始备件的库存水平，$y_n = y_{n-1} + b_{n-1} - r(a_{n-1})$；$r(a_n | f_n)$ 表示当设备处在故障率 f_n 下，通过采取维护动作 a_n 时的设备备件需求数量；c_r 为单位备件的存储成本。

设备备件的缺货会直接导致设备维护行为的延迟，从而导致设备采取维修动作进行维护的成本增加。故本节的设备备件缺货成本模型可用式(5-19)表示：

$$C_s = \sum_{n,i} P(a_n | f_n) \times PC_s(a) \tag{5-19}$$

$$PC_s(a_n) = \begin{cases} [r(a_n | f_n) - y_n - b_n] \times c_s, & r(a_n | f_n) > y_n + b_n \\ 0, & \text{其他情况} \end{cases} \tag{5-20}$$

式中，$P(a_n | f_n)$ 表示当设备处在故障率 f_n 下采取维修动作 a_n 的概率；$PC_s(a)$ 表示在第 n 个维护阶段采取维修动作 a 时因备件缺货导致的延迟维修成本；c_s 为单位备件的缺货成本。

因此，维护模型中的总的备件成本模型可表示为：

$$\begin{aligned} C_{Inv} = & K\delta(b_n) + c_{item} \times b_n + \max\{[y_n + b_n - r(a_n | f_n)] \times c_r, 0\} \\ & + \sum_{n,i} P(a_n | f_n) \times PC_s(a) \end{aligned} \tag{5-21}$$

5.3.2 设备双层维护决策模型

5.3.2.1 维护动作分类

在对设备进行预防性维护时，不同的维护动作会产生不同的维护效果，但同时，不同的维护动作产生的成本也是不同的。因此需要在不同的故障率下采用适当的维护行为，达到整体维护成本最低以及可用度最高。具体的维护动作的集合表示如下：

不修（I）：表明当前的故障率很小，忽略掉设备的维护，不采取任何维护行为。

小修（MI）：表明当前的故障率较小，对设备执行简单的保养维护。比如对设备进行润滑、除尘、调节等一系列保养工作，使得设备尽可能保持在当前的状态 s_i。用 F_{MI} 代表对设备执行小修的故障率阈值。同时，设备的退化程度与维修前相比会有较小幅度的改善。

大修（MA）：表明当前的故障率较大，对设备采取比较充分的维修工作，对设备的损耗进行修复。大修使得设备的衰退程度得到明显改善，让设备的故障率大大降低。F_{MA}代表对设备执行大修的故障率阈值。

替换（RE）：表明当前的故障率很大，直接利用新的零件替换损耗的或已经发生故障的零部件。在这种状况下，设备将恢复到最新的状态，修复如新。F_{RE}为对设备执行替换的故障率阈值。

如图 5.7 所示，设备在维护后将会有不一样的恢复程度，图中用故障率的变化趋势对设备的恢复情况进行分析。在(T_{MI}, T_{MA})的时间段的曲线为小修后设备的维护效果，经过小修后设备的故障率并未产生变化，设备的衰退呈现变慢趋势。(T_{MA}, T_{RE})时间段表示设备经过大修之后的维护效果，在设备大修之后，首先运转性能获得显著的恢复，但同时也可以注意到大修之后衰退趋势变得更加陡峭。T_{RE}后设备的性能获得完全恢复，设备的衰退速度也随之变慢。

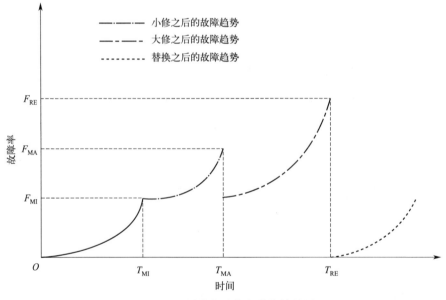

图 5.7　不同维护动作的维护效果图

本节对设备的维护过程划分维护阶段，分别按照设备的监测所得故障率进行维护建模并求解最优的维护策略。同时，由于实际对设备的监测是按照所传输的信号实时表现出当前设备的故障率状态，故本节按照故障率划分阶段定义常数$F \in \{1, 2, \cdots, F_{max}\}$来表示设备的维护阶段。因此设备的维护问题转化为阶段决策问题，在每一个故障率范围内对设备进行维护决策并采取相应维护动作，采取的维护动作要使得维护目标达到最优，根据动态规划的思想需要保证每个阶段的策略最优。总的设备维护策略为分阶段的最优策略集合。

在设备的实际运行里，随设备的使用时间与维修次数的增加，实际的维护动作（包括小修和大修）的效果都会打折扣，从而使得设备的衰退速率增加。为了更好地模拟现实状况，本节在维修模型中加入加速衰退因子 λ 和性能恢复因子 μ 两个调整因子。

在小修过程中，设备衰退随着小修次数的增加明显增大，设备在时刻 t 的小修故障率模型为：

$$\mathrm{FR_{MI}}(t) = \mathrm{FR_{MI}}(t_0) + F_{MI}(t, \beta_{MI}, \eta_{MI} \times \lambda) \tag{5-22}$$

式中，$\mathrm{FR_{MI}}(t_0)$ 为在设备小修之前的故障率；λ 代表设备的加速衰退因子（$0 < \lambda < 1$），$\lambda = a^m$ [a 是依据设备的历史数据得到的（$0 < a < 1$），m 是设备到 t 时刻总共经过小修的次数]。从式中不难得出，小修次数的增加将导致 λ 的减少，因此故障率曲线的斜率增加。首次小修时，$m = 0$。

在大修过程中，随大修次数的增加，设备性能恢复越来越少。设备在时刻 t 的大修故障率模型为：

$$\mathrm{FR_{MA}}(t) = (1-\mu)\mathrm{FR_{MA}}(t_0) + F_{MA}(t, \beta_{MA}, \eta_{MA} \times \lambda) \tag{5-23}$$

式中，$\mathrm{FR_{MA}}(t_0)$ 代表在设备大修前的故障率；μ 为设备的性能恢复因子（$0 < \mu < 1$），$\mu = b^n$ [b 是根据设备的历史数据获得的（$0 < b < 1$），n 是设备到 t 时刻总共经过大修的次数]。从式中能够得到，随大修次数的增加，μ 越来越小，从而使得初始故障率 $(1-\mu)\mathrm{FR_{MA}}(t_0)$ 越来越大。所以设备的性能恢复越来越少。首次大修时，$n = 0$。

在设备的总成本目标中包含设备的维护成本 C_m、设备的故障成本 C_f、设备的备件成本 C_{Inv} 以及由于维护引起设备的停机成本 C_d。总体考虑成本与利用率的设备一次维护活动的成本模型：

$$C_T = C_f + C_m + C_{Inv} + C_d \tag{5-24}$$

式中，故障成本 $C_f = F \times \mathrm{FR}(t)$ [F 表示设备的故障依赖成本，与维护动作无关；$\mathrm{FR}(t)$ 为设备在维护时刻 t 的故障率]；维护成本 C_m 见式（5-25）；C_{Inv} 表示当前故障率下最优的库存成本；设备停机成本 $C_d = \mathrm{CA} \times (T_{MI} \times X_{MI,t} + T_{MA} \times X_{MA,t} + T_{RE} \times X_{RE,t})$ [CA 代表设备单位时间的停机成本，T_{MI}、T_{MA}、T_{RE} 分别代表设备维护的小修时间、大修时间和替换时间]。

$$C_m = M_{MI} \times X_{MI,t} + M_{MA} \times X_{MA,t} + M_{RE} \times X_{RE,t} \tag{5-25}$$

式中，M_{MI}、M_{MA}、M_{RE} 分别表示设备维护的小修成本、大修成本和替换成本；$X_{MI,t}$ 取值为 0 或 1，如果设备在 t 时刻进行小修则 $X_{MI,t} = 1$，否则 $X_{MI,t} = 0$；$X_{MA,t}$ 取值为 0 或 1，如果设备在 t 时刻进行大修则 $X_{MA,t} = 1$，否则 $X_{MA,t} = 0$；$X_{RE,t}$ 取值为 0 或 1，如果设备在 t 时刻进行替换则 $X_{RE,t} = 1$，否则 $X_{RE,t} = 0$。

在对设备进行维护优化的整个生命周期中会发生多次维护活动。设备初始运转后，当其故障率达到维护阈值时则引发一次维护活动。设备维护完成后，性能恢复并投入使用，在后续运转中故障率不断上升，又达到维护阈值，则会触发第二次维护，依此类推，直至设备的全寿命周期终止。因此，除了思考每一次的维护活动，还需要顾及设备整个生命周期的维护优化总费用。其总费用率可以显示为：

$$C_{\text{Total}} = (\sum_{j=1}^{m} C_{j,T}) / D \tag{5-26}$$

式中，C_{Total} 代表设备维护优化总的费用率；$C_{j,T}$ 为第 j 次维护导致的总费用；D 表示设备的全生命周期；m 为设备全生命周期的维护总次数。由上述方程可得，为使设备的整个生命周期总费用率最低，要考虑设备在进行每次维护时产生的故障、资源、维护和停机费用，还要考虑使整个寿命周期的维护活动的次数尽可能小，只有保证这两大目标，设备的总费用率才会降低。

5.3.2.2　双层维护决策框架

本节首先针对维护决策中一个重要的因素即维护所需的备件信息进行分析，考虑备件的订购成本、存储成本以及由缺货造成的缺货成本，满足相关要求之后以在备件充足基础之上将成本最低作为第一层优化目标。然后将第一层优化目标所获取的最优结果作为输入放至第二层。第二层以设备当前的健康状态为基础，考虑其出现的故障率以及采取的维护动作，将维护产生的成本、置换成本以及第一层的优化结果作为约束条件，以总的维护费用率最低作为第二层的优化目标，最终产生最优的维护策略。具体流程见图 5.8。

将该维护模型转为一个双层优化模型，如图 5.8 所示。在给定的故障率下，维护模型的第一层的目的主要是获取最佳的备件库存策略和最低廉的设备库存成本。在维护模型的第二层，这个来自第一层的最小设备库存成本被作为输入变量，进而得到设备全生命周期下不同故障率阶段最佳的设备维护策略。

5.3.3　系统远程运维模型求解流程

基于式（5-24）和式（5-25），提出的求解双层优化问题的模型分别由两个算法组成。首先运用第一个算法求解出备件充足时最低的备件成本，然后运用第二个遗传算法求解出最优的维护策略集合。

5.3.3.1　备件优化层算法求解

步骤 1：读取参数值 K，c_{item}，C_r，C_s，$P(a_n \mid f_n)$，F，以及需求集合 $r(a_n \mid f_n)$（反映了在不同的故障率下执行各类维修动作所要的备件数量）。

步骤 2：初始化参数 $b_n = 1$，计算当前维护阶段中最优的库存总成

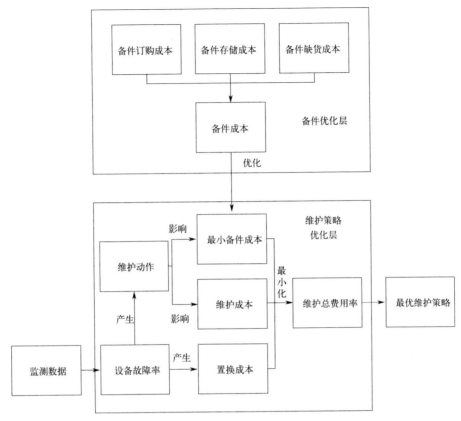

图 5.8 设备维护双层优化模型框图

本 C_{Inv}^{*}。

步骤 3：令 $b_n = b_n + 1$，重新计算最优库存 C_{Inv}。

步骤 4：比较 C_{Inv} 和 C_{Inv}^{*}。如果 $C_{\mathrm{Inv}} < C_{\mathrm{Inv}}^{*}$，则 $C_{\mathrm{Inv}}^{*} = C_{\mathrm{Inv}}$，跳回步骤 3；否则跳出循环，获取最优库存成本与最佳订货量。其基本流程如图 5.9 所示。

5.3.3.2 维护策略优化层算法求解

在维护策略优化层的算法求解中，主要采用遗传算法。遗传算法是一个模拟生物过程的运用成熟、性能优越的，可以进行多群体同时优化的求解算法，该算法的最大特征是并行性和解空间的全局搜索能力。主要包括三种基本运算：选择、交叉和变异。其基本过程如图 5.10 所示。

图 5.10 中遗传算法（genetic algorithm，GA）的基本要素包括：

① 遗传算法的编码要素。这是遗传算法的一类解的转换方式，即对优化模型的可行解执行了一个从解空间到搜索空间的转换。换句话说，遗传算法的

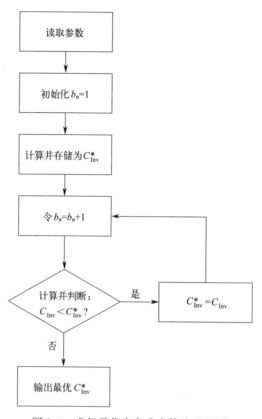

图 5.9　求解最优库存成本算法流程图

首要问题就是编码，对于不同的优化模型，编码并不相同。并且编码要素影响遗传算法的其他要素。

② 适应度函数。它是算法在运行过程中的评价标准，用来衡量遗传算法种群中每个个体在运算中发现算法中最优解。该标准亦是遗传算法在迭代过程中做出自然选择的重要依据。

③ 选择。增加群体中优良个体的生存概率，避免有效基因的消失，以提升算法的迭代的计算效率和全局收敛性。将适应度值作为依据，对每个个体的优劣程度进行判断，个体的适应度值越大也就表明具有的选择机会越多，体现了达尔文在进化论中所阐述的"优胜劣汰、适者生存"的自然生存法则，即越是优良的个体，得以保留的机会越大，进而产生下一代的个体。

④ 交叉。在算法迭代过程中，会以大概率选择群体中的两个个体，对其进行个体交叉操作，从而产生具有前代基本特征的子代。遗传算法的交叉操作代表对两个被选择的染色体，经由某种交换方式，进行染色体部分基因的互相交换操作，进而产生群体中新的染色体。由上述分析可知交叉是遗传算法中产

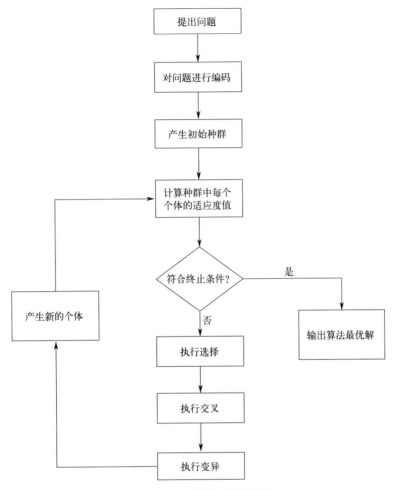

图 5.10　遗传算法基本流程

生新个体的主要方法，这也是遗传算法和其他算法不同的主要特征之一。

⑤ 变异。主要表明基因因发生交叉操作而产生新的染色体。在进行替换操作中，变异要素有一定的随机性，算法的变异操作得以增加，与选择和交叉的丢失信息不同，它能够有效保留信息。

在本节中运用遗传算法的求解步骤如下：

步骤 1：编码设备需要采取的维护动作，并产生初始种群。

步骤 2：计算父代的个体适应度值，做出选择、交叉和变异，通过计算得到子代个体适应度值。

步骤 3：用子代替代父代，之后执行遗传操作，直至实现最大进化代数。

步骤 4：从中标记出最优的维护策略。

步骤 5：实时监测设备的故障率，并判断设备运行的时间，若达到维护阈值，执行第二次维护活动并用遗传算法来优化，重复该步骤直到设备达到总运行时间。

5.3.4 算例分析

本节采用液压泵作为研究对象。液压泵性能在运行过程中会随着时间的增加渐渐退化，设备的故障率也将随之提高，所以要对设备执行对应的维护来维持其正常运行，以防设备失效导致的高风险、高成本。本次采取液压泵机的 42 组数据，并按照故障率将该泵机的状态分为四个等级：0～0.3；＞0.3～0.5；＞0.5～0.7；＞0.7～1.0。

5.3.4.1 维护动作成本分析

根据上述的分析，本节的维护动作分为：小修（MI）、大修（MA）、替换（RE）。不同的维护动作成本和时间都是不一样的，所需要的备件数量也根据所采用的维护动作而有所区别，详见表 5.5。

表 5.5 设备维护动作所需的时间、成本及备件数量

项目	MI	MA	RE
成本	8	17	30
时间	5	14	23
所需备件数量	1	3	5

在维护优化进程中采用威布尔分布描绘设备的故障率，不同的维护动作对应的故障率不一样，具体的威布尔参数取值如表 5.6 所示。

表 5.6 设备维护动作的威布尔参数表

参数	MI	MA	RE
β	4.90	2.43	3.97
η	3.95	2.79	3.68

除上述模型输入参数以外，模型中还有其他的输入参数，见表 5.7。

表 5.7 其他参数的取值

参数	K	c_{item}	C_r	C_s	F	CA	F_{MI}	F_{MA}	F_{RE}	D
取值	4000	500	35	1200	12	50	0.3	0.5	0.7	1400

考虑设备加速衰退因子和性能恢复因子取值如下：小修中的设置为 $\lambda = 0.97^m$，$m =$ 当前小修维护次数 -1；大修中的加速衰退因子设置为 $\lambda = 0.96^m$，性能恢复因子 $\mu = 0.97^n$，$n =$ 当前大修维护次数 -1。对遗传算法的参数设定

为：根据维护动作做实数编码，将设备维护优化的总费用率当作适应度函数，进化种群是 30，最大的遗传代数是 300，选择概率为 0.8，交叉概率为 0.8，变异概率为 0.15。

5.3.4.2　维护优化比较分析

本节利用 MATLAB 进行仿真分析，比较定期维护和本节提出的优化模型，分别仿真十次，根据十次仿真的平均值来计算仿真评价指标。总的费用率 c 被用作仿真评价指标，两种策略仿真结果如表 5.8 所示。设备维护活动的费用变化情况如图 5.11 所示。

表 5.8　两种维护策略的仿真结果比较

策略对比	双层维护策略	定期维护策略
c	32.06	42.92
成本降低	10.86(25.3%)	

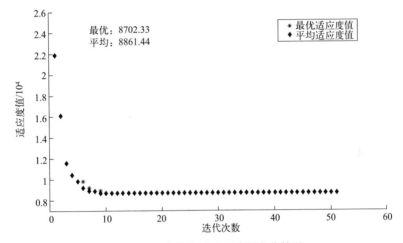

图 5.11　设备维护活动的费用变化情况

依据设备的整个生命周期对设备设置 20 个维护周期 $T(T=10$ 天)。在通过设备的故障率计算得出的周期维护下，设备的优化情况如表 5.9 所示。

表 5.9　设备寿命周期内的维护决策

维护周期	1	2	3	4	5	6	7	8	9	10
维护动作			MI		MA			MI		MI
维护周期	11	12	13	14	15	16	17	18	19	20
维护动作		RE		MI	MA		MA		RE	

如表 5.9 所示，设备的性能衰退会随着维护次数的不同而不断改变。图

5.12 表示定期维护的某次全寿命过程中采用的定期维护动作。x 轴代表寿命周期，y 轴代表执行的维护动作（1 代表小修，2 代表大修，3 代表替换）。从图 5.12 中可以看出当设备处在失效之前进行多次大修，花费了较多时间和财力、物力，尽管延长了设备寿命，但也只是较低程度的延长。

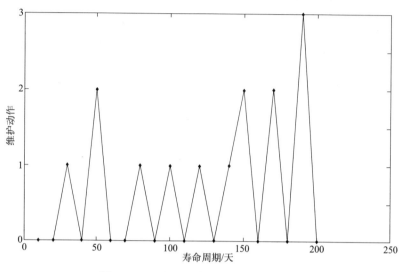

图 5.12　设备全寿命周期定期维护策略

图 5.13 描画了本节提出的方法的某次全生命过程采用的维护动作，从图中能够得到，在设备初始的工作状态下，进行了大量的保养维护（小修），这使得设备能较好地维持健康状态，减少故障成本。对于设备而言，当前状态较差时，并未执行大量维护动作，替换动作就被执行，设备的整体寿命得到了延长而不会耗费较大维护成本。

5.3.4.3　备件库存比较分析

图 5.13 显示了设备整个生命周期下采取本节所提策略和备件库存水平之间的关系，y 轴上 1 为小修，2、3、4 为大修，5 为替换。如图 5.13 所示，由于备件订货费用较高，当设备开始运行，故障率升高时，为了使得设备故障率降低，并没有采用更换备件的方式，而是让备件库存保持在 0 的水平。伴随运转时间的增加，设备的故障成本也会增加，在该情况下，其中设备备件的订货费用在后续的备件需求中逐次进行分摊，将设备的故障率有效降低，从而也确立了订货策略。

对于许多行业来说，维修部门需要备件进行维修时，备件的不可用性、不可预测性是一个主要问题。很多企业以大量囤积备件或紧急采购方式解决这一问题，这无疑造成较大成本负担。对这一问题的有效解决需要在备件的积压和

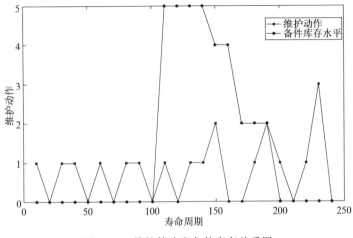

图 5.13　维护策略和备件库存关系图

短缺之间进行权衡，在保证满足维护需求的备件库存条件下最小化成本。针对上述所提出问题，本节提出双层优化模型，并采用备件优化层算法和遗传算法分别算出最优的备件库存以及最优的维修策略。通过应用案例研究可以看出该方法的性能优于定期维护，对于企业有实际的应用效果。

本节仅给出所提维护决策双层优化模型在液压泵监测数据方面的应用，未来会将所提方法应用于其他设备维护策略的改善；同时将其与其他维护优化策略进行融合，从而达到更好的维护决策优化。

本章小结

设备作为现代制造型企业制作产品的重要物资和保证，是企业赖以生存与发展的基础。对设备管理水平的高低能够影响企业的生产能力、生产成本、劳动生产率、产品质量以及能源损耗等。设备管理日渐成为企业在生产管理中的关键构成成分。随着现代科学技术的发展，机械设备的复杂度得以提升，生产系统的复杂性也随之增加。为解决先进复杂设备使用所导致的一些经济、技术与管理上的新问题，并将传统设备管理的局限性与缺陷加以解决，许多国家逐步提出、发展了诸多新的设备维护理论及相应的支持技术。

基于对设备目前及将来健康状态、趋势的分析与研究，各类维护策略的制定得以形成，从而满足设备的可靠性要求，同时将维护成本置于最低。如今，在工业领域对预防性维护技术需求的基础上，故障诊断方面的研究重点向状态检测、故障的早期诊断、预防性维护等转变。精确与可靠兼备的预测分析结果成为顺利进行基于状态的工程系统维护的主要因素，同时在规划任务、改进安全性能、降低维修成本、减少停工时间和制定维修时间表等方面都有十分重要的用处。本章对基于状态的设备维护有关技术与优化模型进行了分析。结合当前设备维护的实际情况，对国内外设备健康预测技术的发展进行分析。

① 针对复杂设备运行过程剩余有效寿命预测问题，提出了 E-HSMM 剩余寿命预测模型。就主要复杂设备的健康诊断及设备剩余寿命预测，提出基于爱尔朗分布和隐半马尔可夫模型的一类联合剩余寿命预测模型。一是提出优化的维特比算法、Baum-Welch 算法与前后向算法，大大降低了模型计算的复杂程度；二是在爱尔朗分布的基础上，对设备的健康状态逗留时间进行了改进，状态逗留时间被划分成未遍历及已遍历两大部分，提出了新的健康状态逗留时间的概率分布；三是面对状态的监测数据，采用失效率理论建立设备剩余寿命预测模型。为了说明方法的有效性，对提出的 E-HSMM 模型进行验证，验证结果表明该模型对设备的状态诊断和寿命预测更加符合实际状况，比 HSMM 更有效，这也为后面内容的发展提供了分析的基础及根据。

② 针对设备预测性维护决策问题，基于剩余寿命预测信息提出了设备双层维护决策优化模型。首先，针对传统的设备维护模型，顾及设备的衰退信息（设备退化与老化）、设备的诊断信息和预测信息并加以结合，把总的费用率（维护成本、置换成本和资源成本在整个生命周期下）最小作为目标，提出双层优化模型，分阶段进行动态优化。其次，在传统的维护模型中，设备的维护并没有充分考虑备件的约束条件，本节在考虑备件约束条件的同时，对小修和大修的维护方法加入了加速因子和衰退因子来描述不同维修状况。同时，将备件库存集成到不通过故障状态下。最后，对模型做实例验证，依据验证分析得到，相比于定期维护策略，本节提出方法的有效性与精确性更好，在实际中有更好的应用意义。

参考文献

[1] Heng A, Zhang S, Tan A C C, et al. Rotating machinery prognostics: state of the art, challenges and opportunities [J]. Mechanical Systems and Signal Processing, 2009, 23 (3): 724-739.

[2] 董明，刘勤明. 大数据驱动的设备健康预测及维护决策优化 [M]. 北京：清华大学出版社，2019.

[3] Ariki Y, Jack M A. Enhanced time duration constraints in hidden Markov modelling for phoneme recognition [J]. Electronics Letters, 1989, 25: 824-825.

[4] Russell M, Moore R. Explicit modelling of state occupancy in hidden Markov models for automatic speech recognition [J]. IEEE International Conference on Acoustics, Speech, and Signal Process-

ing，1985，10：5-8.

［5］　Titman A C，Sharples L D. Semi-Markov models with phase-type sojourn distributions ［J］. Biometrics，2010，66：742-752.

［6］　Perez-Ocon R，Castro J E. Two models for a repairable two-system with phase-type sojourn time distributions ［J］. Reliability Engineering and System Safety，2004，84：253-260.

［7］　Fackrell M. Modelling healthcare systems with phase-type distributions ［J］. Health Care Management Science，2009，12：11-26.

［8］　Jiang R，Kim M J，Makis V. Maximum likelihood estimation for a hidden semi-Markov model with multivariate observation ［J］. Quality and Reliability Engineering International，2012，28 （7）：783-791.

［9］　Khaleghei A，Makis V. Model parameter estimation and residual life prediction for a partially observable failing system ［J］. Naval Research Logistics，2015，62 （3）：190-205.

［10］ 易东波，鲍玉昆. 基于爱尔朗分布的随机动态批量决策研究 ［J］. 武汉理工大学学报，2012，34：87-92.

［11］ Bebbington M，Lai C D，Zitikis R. Reduction in mean residual life in the presence of a constant competing risk ［J］. Stochastic Models in Business and Industry，2008，24 （1）：51-63.

［12］ 王少萍. 液压系统故障诊断与健康管理技术 ［M］. 北京：机械工业出版社，2014.

［13］ Burrus C S，Gopinath R A，Guo H T. Introduction to Wavelets and Wavelet Transforms：A Primer ［M］. Hoboken：Prentice Hall，1997.

［14］ Wang Z，Yang J，Wang G，et al. Sequential imperfect preventive maintenance policy with random maintenance quality under reliability limit ［J］. Proc IMechE Part C：J Mechanical Engineering Science，2011，225 （8）：1926-1935.

［15］ Ghosh D，Roy S. A decision-making framework for process plant maintenance ［J］. European Journal Industrial Engineering，2010，4 （1）：78-98.

第6章

考虑库存缓冲区的
系统远程运维技术

6.1 概述

  针对于生产设备进行预防性维护就必然造成设备停机，造成生产中断，进而引起经济损失。解决此问题的一种方法就是在相邻设备之间设置缓冲区，建成 2M1B（maintenance-buffer-maintenance）系统以减少设备间的依赖关系和设备预防维护时的停机影响。近年来，基于缓冲区库存分配的设备维护策略研究取得了蓬勃发展，有效的缓冲区库存分配及预防维护策略在设备可靠性的提高、成本及时间的节约等方面发挥着重要作用。因此，本章在已有的研究基础上，继续研究考虑缓冲区库存分配的生产系统最优预防性维护策略，从而降低生产系统长期运行成本，提高系统可靠性。本章讲解的内容主要包括：

  ① 考虑缓冲区库存分配的 2M1B 系统智能远程运维。传统的时间延迟模型将设备状态分为缺陷状态和故障状态。三阶段的时间延迟模型将设备生命周期分为正常状态、初始缺陷状态、严重缺陷状态和故障状态，从而将系统退化过程划分为：初始缺陷时刻、严重缺陷时刻和故障时刻。针对 2M1B 系统，基于三阶段时间延迟理论，充分考虑生产设备从正常生产到故障的各种情况，以缓冲区库存量与设备状态检测时间为决策变量，以成本率函数为目标函数建立预防维护模型。

  ② 考虑缓冲区库存分配的串联生产系统智能远程运维。针对带有缓冲区库存的串联生产系统维护问题，提出了考虑缓冲区库存分配的串联生产线预防

维护模型。首先，利用近似分解法将串联生产线分解成 $n-1$ 条虚拟生产线，并引入影响因子，建立每条虚拟生产线上下游虚拟设备的故障率与维修率模型。其次，在考虑设备可能不完美生产的情况下，针对每一条虚拟生产线，以缓冲区库存量和设备正常运行时间为决策变量，以成本率函数为目标函数，建立设备成本率模型。

③ 考虑缓冲区库存分配的并联生产系统智能远程运维。考虑并联系统每台设备的故障率与维修率，在并联系统中上下游设备之间建立缓冲区，构建 3M1B 系统。其次，考虑了设备不完美生产的可能性，即当设备变为非完好状态时，存在一定概率生产出缺陷品，以缓冲区库存量与设备运行周期为决策变量，以设备最小生产成本率函数为目标函数，建立预防维护模型，求解最佳的预防维护策略与缓冲区库存分配策略。总成本包括由于生产缺陷品而产生的成本、库存持有成本、缺货成本和设备维护成本，同时考虑了并联系统中一台设备停机缺货，另一设备出现空转的可能性，加上了设备空转成本。

6.2　基于三阶段时间延迟的 2M1B 系统远程运维技术

对于生产企业，设备停机无疑会给企业带来巨大的经济损失，因此在上下游设备之间加入缓冲区，在设备进行预防维护前备足库存，保证设备进行预防维护时生产不间断。

三阶段的时间延迟模型是将设备生命周期分为正常状态、初始缺陷状态、严重缺陷状态和故障状态，从而将系统退化过程划分为：初始缺陷时刻、严重缺陷时刻和故障时刻。将三阶段时间延迟理论应用于模拟设备劣化过程和更新过程，能够比较精细地、定量地对设备可能出现的不同种类的故障或缺陷进行聚类汇总。

综上，本节基于三阶段时间延迟理论，针对 2M1B 系统，以缓冲区库存量与设备检测时间为决策变量，以设备最小生产成本率为目标函数建立优化模型，求解最佳的预防维护策略与最优的缓冲区库存量。本节通过对设备可能出现的各种非正常状态的研究，创新性地将三阶段时间延迟理论与 2M1B 系统相结合，这样对设备劣化过程有了更复杂、更贴切的函数来进行模拟，也更加具有现实意义。

6.2.1　符号描述与假设

6.2.1.1　符号描述

X：设备正常运行阶段。

Y：设备初始缺陷运行阶段。

Z：设备严重缺陷运行阶段。

$f_x(x)$：概率密度函数（设备从初始状态到初始缺陷时刻的过程）。

$f_y(y)$：概率密度函数（设备从初始缺陷时刻到严重缺陷时刻的过程）。

$f_z(z)$：概率密度函数（设备从严重缺陷时刻到故障时刻的过程）。

$F_x(x)$：累积分布函数（设备从初始状态到初始缺陷时刻的过程）。

$F_y(y)$：累积分布函数（设备从初始缺陷时刻到严重缺陷时刻的过程）。

$F_z(z)$：累积分布函数（设备从严重缺陷时刻到故障时刻的过程）。

T_x：设备发生初始缺陷的时刻。

T_y：设备发生严重缺陷的时刻。

T_z：设备发生故障的时刻。

S：缓冲区库存量。

T：设备运行周期。

C_r：每次检测费用。

C_x：当设备处于初始缺陷状态时，一次维修费用。

C_y：当设备处于严重缺陷状态时，一次维修费用。

C_z：当设备处于故障状态时，一次维修费用。

ρ：单位缺货费用。

d：缓冲区库存单位费用。

W_i：随机变量，设备分别处于初始缺陷状态、严重缺陷状态、故障状态下的维护时间（$i=1,2,3$）。

$C_h(S)$：一个运行周期内库存持有成本。

$C_s(S,T)$：一个运行周期内的缺货成本。

$C_m(T)$：设备维修成本。

$G_i(t)$：W_i 的概率分布函数，$i=1,2,3$。

$EC(T)$：运行时间为 T 时，一个周期的期望。

$C(S,T)$：一个运行周期的总成本。

$TCR(S,T)$：一个运行周期的成本率。成本率也称为费用率。

6.2.1.2 假设

① 生产设备正常运行 T 个时间单元后开始进行设备状态检测，且检测时间忽略不计。

② 所有状态都可以准确检测出，检测完毕立即进行相应的维护活动，一旦维护工作完成，立即恢复生产。

③ 为了生产缓冲库存，额外的生产能力总是可用的。

在每一个运行周期内，缓冲区库存补充完毕立即进行设备检测，设备检测时刻是 T。根据设备检测结果采取不同的维修措施。初始缺陷状态、严重缺陷状态和故障状态可能出现的时间分别为 T_x、T_y、T_z，根据检测状态和预防维护周期 T、缓冲区库存量 S 的关系，预防维护存在以下 4 种情况。

6.2.2　状态检测发生在正常运行阶段

设备状态检测发生在正常运行阶段，即初始缺陷时刻之前，则进行设备状态检测时即为无缺陷状态，不必进行任何的维修活动，而在此之后，为防止缺陷发生却没有及时检测出，需每天对设备进行一次状态检测，直到检测出设备到达初始缺陷时刻。从第一次状态检测开始，缓冲区库存即补充完毕，因此在一个运行周期内，缓冲区库存量随时间变化图如图 6.1 所示。在该情况下，检测到设备状态处于初始缺陷时刻，因此需对该设备进行初始缺陷状态下的预防维护。

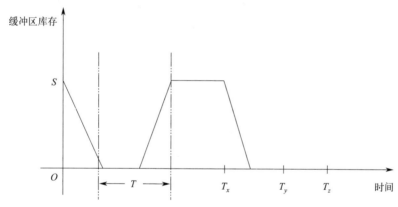

图 6.1　$0 < T < T_x$ 时，一个周期内缓冲区库存变化示意图

（1）检测时间 T 在 $[0，T_x]$ 内的概率

在该情况下，检测时间 T 在 $[0，T_x]$ 内的概率为：

$$P(0 < T < T_x) = P^1 = \int_T^\infty f_x(x)\mathrm{d}x \tag{6-1}$$

（2）$0 < T < T_x$ 时设备运行周期

设备运行周期包括设备运行时间和设备维修活动所花费的时间。设备从前一次维修结束到下一次维修开始为一个运行周期。在该情况下，设备正常运行时间即为 T_x，维修时间为 W_1，因此，设备运行周期为：

$$\mathrm{EC}^1(T) = E(W_1) + E(T_x) \tag{6-2}$$

一个运行周期内，生产维修总成本包括库存持有成本、由缺货导致的成本和设备维修成本，具体计算见（3）～（5）。

（3）$0<T<T_x$ 时库存持有成本

建立缓冲区库存的目的是减少生产系统中不必要的损失，这些损失源于设备故障停机导致的生产活动中断。然而缓冲区库存占用就会产生库存持有成本，缓冲区库存越多，库存持有成本越高。在该情况下，从缓冲区库存补充开始，经历检测时间，一直到维修活动结束，都存在库存占用的情况，因此，库存持有成本如下：

$$C_h^1(S)=h\left[\frac{S^2}{2}\left(\frac{\alpha+\beta}{\alpha\beta}\right)+(x-T)S\right] \tag{6-3}$$

式中，h 为缓冲区单位库存费用；α 为缓冲区补货率；β 为系统生产率；x 为运行时间。

（4）$0<T<T_x$ 时缺货成本

当对设备 M_1 进行维修时缓冲区库存消耗完毕，就会产生缺货，因此会产生缺货费用。是否缺货与维修时间、缓冲区库存量有关，即与维修时状态有关。在此情况下，设备进行初始缺陷状态预防维护，因此，一个运行周期内的缺货成本为：

$$C_s^1(S,T)=\rho\beta\int_{S/\beta}^{\infty}\overline{G}_1(w)\mathrm{d}w \tag{6-4}$$

式中，w 为缓冲区库存消耗率。

（5）$0<T<T_x$ 时设备维修成本

维修成本包括预防维护成本期望值和所有的检测成本。在该情况下，进行初始缺陷状态的预防维护，维修活动之前进行了 $x-T+1$ 次检测，因此，一个周期内的设备维修成本为：

$$C_m^1(T)=C_x+(x-T+1)C_r \tag{6-5}$$

综上，在 $0<T<T_x$ 情况下，在运行周期内的总成本为库存持有成本、缺货成本、维修成本之和，具体如下：

$$\begin{aligned}C^1(S,T)&=C_h^1(S)+C_s^1(S,T)+C_m^1(T)\\&=h\left[\frac{S^2}{2}\left(\frac{\alpha+\beta}{\alpha\beta}\right)+(x-T)S\right]+\rho\beta\int_{S/\beta}^{\infty}\overline{G}_1(w)\mathrm{d}w+C_x+(x-T+1)C_r\end{aligned}$$

$$\tag{6-6}$$

6.2.3 状态检测发生在初始缺陷运行阶段

设备状态检测发生在初始缺陷运行阶段，即发生在初始缺陷时刻之后，严重缺陷时刻之前，设备进行初始缺陷状态预防维护活动。在该情况下，缓冲区库存补充完毕后进行状态检测，检测结果为初始缺陷状态则即刻进行维修活动。因此，在一个周期内，缓冲区库存量随时间变化图如图 6.2 所示。

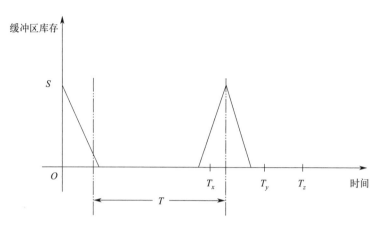

图 6.2　$T_x < T < T_y$ 时，一个周期内缓冲区库存变化示意图

（1）检测时间 T 在 $[T_x, T_y]$ 内的概率

在上述情况下，检测时间 T 在 $[T_x, T_y]$ 内的概率为：

$$P(T_x < T < T_y) = P^2 = \int_0^T \int_{T-x}^{\infty} f_x(x) f_y(y) \mathrm{d}x \mathrm{d}y = \int_0^T f_x(x) \left[1 - F_y(T-x) \right] \mathrm{d}x$$

$$(6\text{-}7)$$

（2）$T_x < T < T_y$ 时设备运行周期

在上述情况下，设备正常运行时间即为 T，维修时间为 W_2，因此，设备运行周期为：

$$\mathrm{EC}^2(T) = E(W_1) + T \tag{6-8}$$

在该运行周期内，生产维修总成本包括库存持有成本、由缺货导致的成本和设备维修成本。具体计算见（3）～（5）。

（3）$T_x < T < T_y$ 时库存持有成本

在该情况下，从缓冲区库存补充开始，一直到维修活动结束，都存在库存占用的情况，因此，库存持有成本如下：

$$C_h^2(S) = h \left[\frac{S^2}{2} \left(\frac{\alpha + \beta}{\alpha \beta} \right) \right] \tag{6-9}$$

（4）$T_x < T < T_y$ 时缺货成本

当对设备 M_1 进行维修时，缓冲区库存消耗完毕，就会产生缺货，因此会产生缺货费用。是否缺货与维修时间、缓冲区库存量有关，即与维修时状态有关。在此情况下，设备进行初始缺陷状态预防维护，因此，一个运行周期内的缺货成本为：

$$C_s^2(S,T)=\rho\beta\int_{S/\beta}^{\infty}\overline{G}_1(w)\mathrm{d}w \tag{6-10}$$

（5）$T_x<T<T_y$ 时设备维修成本

在该情况下，对设备 M_1 进行了一次状态检测，检测出处于初始缺陷状态，因此进行初始缺陷状态的预防维护。因此，一个周期内的设备维修成本为：

$$C_m^2(T)=C_x+C_r \tag{6-11}$$

综上，在 $T_x<T<T_y$ 情况下，在运行周期内的总成本为库存持有成本、缺货成本和维修成本之和，具体如下：

$$
\begin{aligned}
C^2(S,T)&=C_h^2(S)+C_s^2(S,T)+C_m^2(T)\\
&=h\left[\frac{S^2}{2}\left(\frac{\alpha+\beta}{\alpha\beta}\right)\right]+\rho\beta\int_{S/\beta}^{\infty}\overline{G}_1(w)\mathrm{d}w+C_x+C_r
\end{aligned} \tag{6-12}
$$

6.2.4 状态检测发生在严重缺陷运行阶段

设备状态检测发生在严重缺陷运行阶段，即发生在严重缺陷时刻之后，故障时刻之前，设备进行严重缺陷状态预防维护活动。在该情况下，缓冲区库存补充完毕后进行状态检测，检测结果为严重缺陷状态则即刻进行维修活动。因此，在一个周期内，缓冲区库存量随时间的变化如图 6.3 所示。

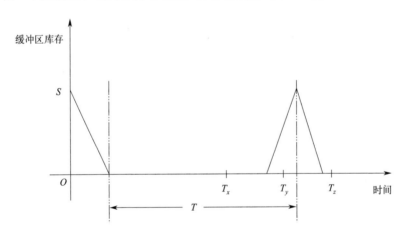

图 6.3 $T_y<T<T_z$ 时，一个周期内缓冲区库存变化示意图

（1）检测时间 T 在 $[T_y,T_z]$ 内的概率

在该情况下，检测时间 T 在 $[T_y,T_z]$ 内的概率为：

$$
\begin{aligned}
P(T_y<T<T_z)&=P^3\\
&=\int_0^T\int_0^{T-x}\int_{T-x-y}^{\infty}f_x(x)f_y(y)f_z(z)\mathrm{d}x\mathrm{d}y\mathrm{d}z
\end{aligned}
$$

$$=\int_0^T \int_0^{T-x} f_x(x) f_y(y) \left[1 - F_z(T-x-y)\right] \mathrm{d}x \, \mathrm{d}y \tag{6-13}$$

（2）$T_y < T < T_z$ 时设备运行周期

在该情况下，设备正常运行时间即为 T，维修时间为 W_2，因此，设备运行周期为：

$$\mathrm{EC}^3(T) = E(W_2) + T \tag{6-14}$$

在该运行周期内，生产维修总成本包括库存持有成本、由缺货导致的成本和设备维修成本。具体计算见（3）～（5）。

（3）$T_y < T < T_z$ 时库存持有成本

在该情况下，从缓冲区库存补充开始，一直到维修活动结束，都存在库存占用的情况，因此，库存持有成本具体如下：

$$C_h^3(S) = h \left[\frac{S^2}{2}\left(\frac{\alpha + \beta}{\alpha \beta}\right)\right] \tag{6-15}$$

（4）$T_y < T < T_z$ 时缺货成本

当对设备 M_1 进行维修时，缓冲区库存消耗完毕，就会产生缺货，因此会产生缺货费用。是否缺货与维修时间、缓冲区库存量有关，即与维修时状态有关。在此情况下，设备进行严重缺陷状态的预防维护，因此，在一个运行周期内的缺货成本如下：

$$C_s^3(S, T) = \rho \beta \int_{S/\beta}^{\infty} \overline{G}_2(w) \mathrm{d}w \tag{6-16}$$

（5）$T_y < T < T_z$ 时设备维修成本

在该情况下，对设备 M_1 进行了一次状态检测，检测出处于严重缺陷状态，因此进行严重缺陷状态的预防维护，因此，一个周期内的设备维修成本为：

$$C_m^3(T) = C_y + C_r \tag{6-17}$$

综上，在 $T_y < T < T_z$ 情况下，在运行周期内的总成本为库存持有成本、缺货成本、维修成本之和，具体如下：

$$\begin{aligned} C^3(S, T) &= C_h^3(S) + C_s^3(S, T) + C_m^3(T) \\ &= h \left[\frac{S^2}{2}\left(\frac{\alpha + \beta}{\alpha \beta}\right)\right] + \rho \beta \int_{S/\beta}^{\infty} \overline{G}_2(w) \mathrm{d}w + C_y + C_r \end{aligned} \tag{6-18}$$

6.2.5　设备故障停机之前没有进行状态检测的情况

在此情况下，还没对设备进行状态检测，设备就发生了故障，即本来打算的故障检测发生在设备故障时刻之后，对设备进行故障维修活动。在该情况下，缓冲区库存还没有补充完毕或者还没有进行缓冲区库存的补充，设备就故障停机，因此，在一个周期内，缓冲区库存量随时间的变化如图 6.4 所示。

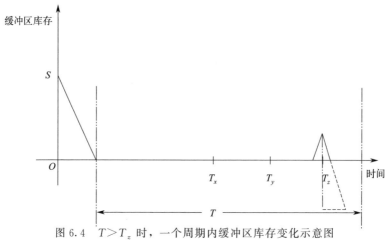

图 6.4　$T > T_z$ 时，一个周期内缓冲区库存变化示意图

(1) 检测时间 T 在 $[T_z, \infty]$ 内的概率

在该情况下，检测时间 T 在 $[T_z, +\infty]$ 内的概率为：

$$P(T > T_z) = P^4 = \int_0^T \int_0^{T-x} \int_0^{T-x-y} f_x(x) f_y(y) f_z(z) \mathrm{d}x \mathrm{d}y \mathrm{d}z$$

$$= \int_0^T \int_0^{T-x} f_x(x) f_y(y) F_z(T-x-y) \mathrm{d}x \mathrm{d}y \tag{6-19}$$

(2) $T > T_z$ 时设备运行周期

在该情况下，还没有进行状态检测，设备就发生故障停机，因此设备正常运行时间即为 z，维修时间为 W_3。因此，设备运行周期为：

$$\mathrm{EC}^4(T) = E(W_3) + E(T_z) \tag{6-20}$$

在该运行周期内，生产维修总成本包括库存持有成本、由缺货导致的成本和设备维修成本。具体计算见 (3)～(5)。

(3) $T > T_z$ 时库存持有成本

在该情况下，从缓冲区库存补充开始，一直到故障发生时刻，设备故障停机，都存在库存占用的情况，但此时缓冲库存并没有补充完，因此，库存持有成本如下：

$$C_\mathrm{h}^4(S) = \frac{h}{2} \left\{ S - \alpha \left[T - E(T_z) \right] \right\} \left\{ \frac{(\alpha+\beta)S}{\alpha\beta} - \left(\frac{\alpha+\beta}{\beta} \right) \left[T - E(T_z) \right] \right\}$$

$$\tag{6-21}$$

(4) $T > T_z$ 时缺货成本

在此情况下，缓冲区库存未补充完毕设备就故障停机。当对设备 M_1 进行故障维修时，缓冲区库存消耗完毕，就会产生缺货，因此会产生缺货费用。是否缺货与维修时间、缓冲区库存量有关，即与维修时状态有关。在此情况下，设备进行故障维修，因此，一个运行周期内的缺货成本如下：

$$C_s^4(S,T) = \rho\beta \int_{\frac{S-\alpha[T-E(T_z)]}{\beta}}^{\infty} \overline{G_3}(w)\mathrm{d}w \tag{6-22}$$

（5）$T > T_z$ 时设备维修成本

在该情况下，还未对设备 M_1 进行状态检测，设备发生故障停机，因此进行故障维修，因此，一个周期内的设备维修成本为故障状态下的维修成本，并没有检测成本，具体如下：

$$C_m^4(T) = C_z \tag{6-23}$$

综上，在 $T > T_z$ 情况下，在运行周期内的总成本为库存持有成本、缺货成本、维修成本之和，具体如下：

$$\begin{aligned}
C^4(S,T) &= C_h^4(S) + C_s^4(S,T) + C_m^4(T) \\
&= \frac{h}{2}\{S - \alpha[T - E(T_z)]\}\left\{\frac{(\alpha+\beta)S}{\alpha\beta} - \left(\frac{\alpha+\beta}{\beta}\right)[T - E(T_z)]\right\} \\
&\quad + \rho\beta\int_{\frac{S-\alpha[T-E(T_z)]}{\beta}}^{+\infty}\overline{G_3}(w)\mathrm{d}w + C_z
\end{aligned} \tag{6-24}$$

6.2.6　成本率模型

一个周期内成本率表达式为周期内总成本除以周期时间，具体如下：

$$\begin{aligned}
\mathrm{TCR}(S,T) &= \frac{C(S,T)}{EC(T)} = \frac{P^1 C^1(S,T) + P^2 C^2(S,T) + P^3 C^3(S,T) + P^4 C^4(S,T)}{P^1 EC^1(T) + P^2 EC^2(T) + P^3 EC^3(T) + P^4 EC^4(T)} \\
&= \{P^1[C_h^1(S) + C_s^1(S,T) + C_m^1(T)] + P^2[C_h^2(S) + C_s^2(S,T) + C_m^2(T)] \\
&\quad + P^3[C_h^3(S) + C_s^3(S,T) + C_m^3(T)] + P^4[C_h^4(S) + C_s^4(S,T) + C_m^4(T)]\}/ \\
&\quad [P^1 EC^1(T) + P^2 EC^2(T) + P^3 EC^3(T) + P^4 EC^4(T)]
\end{aligned} \tag{6-25}$$

因此，单位维修成本模型为：

$$\begin{cases}\min\{\mathrm{TCR}(S,T)\} \\ S,T \in \mathbf{N}^*\end{cases} \tag{6-26}$$

6.2.7　算例分析

6.2.7.1　算例求解

现有一个 2M1B 系统，该系统由两台设备（M_1，M_2）和一个缓冲区（B）组成。设备 M_1 初始缺陷阶段、严重缺陷阶段和故障阶段呈独立的指数分布。分别用 $f_x(x)$、$f_y(y)$、$f_z(z)$ 表示各阶段设备劣化的概率密度函数。给出指数分布函数定义如下：

$$f(x) = \lambda e^{-\lambda x}$$

用 λ_1、λ_2、λ_3 分别表示 $f_x(x)$、$f_y(y)$、$f_z(z)$ 的指数分布中的参数。

表 6.1　故障率分布的相关参数　　　　　单位：次/年

M_1	λ_1	λ_2	λ_3
	1.0	1.2	1.5

　　M_1 生产率 $\beta = 30000$ 个/年，缓冲区补货率 $\alpha = 6000$ 个/年，单位缺货费用是 200 元，缓冲区的单位库存费用是 5 元/(件·年)，每次检测费用为 800 元，故障维修单位费用为 15000 元，严重缺陷维修单位费用一次为 7000 元，初始缺陷维修单位费用一次为 4000 元。设备初始缺陷状态下维护时间服从 0.5～1 天的均匀分布，严重缺陷状态下维护时间服从 2～5 天的均匀分布，设备故障停机后的维修时间服从 3～7 天的均匀分布。缓冲区可以存放零件量 S 是 0～211 件，周期 T 的范围是 0～105 天。

　　为简化求解难度并联系实际情况，本节中考虑周期 T 与缓冲区库存量 S 为整数的情况。此模型针对双整数参数非线性规划问题，使用离散迭代算法，利用 MATLAB 编程对模型进行求解。得到设备 M_1 最佳检测周期 T 为 29 天，缓冲区 B 的最优库存分配量 S 是 79 件，一年内设备最少生产维修费用是 282137.8 元。图 6.5 是设备 M_1 成本率随 S、T 的变化图。

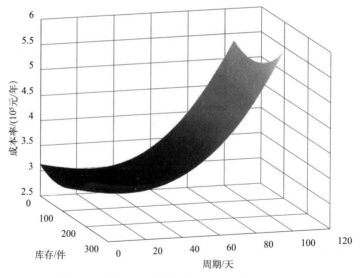

图 6.5　设备 M_1 成本率随库存、周期的变化图

6.2.7.2　结果分析

　　针对设备 M_1，求解得到不同运行周期 T 下最优库存、最小成本率，以及不同库存量 S 下最优检测周期及最小成本率，见表 6.2。从表 6.2 可看出，运行周期 T 值过大或者过小以及缓冲区库存量 S 过大或者过小都会导致成本率

增大。如果 T 值过小，检测次数与维修次数都会增加，将会导致维修成本增加，也会导致设备频繁停机；反之，如果 T 值过大，设备产生故障停机的可能性就会加大，缺货成本也会随之增加。如果 S 过小，缺货的可能性就加大，将会导致缺货成本增加；S 过大，必定会导致库存成本增加。

表 6.2　不同 T 值下最优 S、不同 S 值下最优 T，以及最小成本率

设备 M_1			设备 M_1		
T/天	S^*/件	$TCR^*(S,T)$/(元/年)	S/件	T^*/天	$TCR^*(S,T)$/(元/年)
9	78	290802.0	19	29	291379.6
19	78	284631.7	39	29	286215.1
29	**79**	**282137.8**	59	29	283134.5
39	79	285132.4	**79**	**29**	**283137.8**
49	79	295151.5	99	29	283225.1
59	78	313425.6	119	29	286396.3
69	77	340867.0	139	29	291651.4
79	76	778048.1	159	28	298989.5
89	75	425204.7	179	28	308394.0
99	74	482245.5	199	28	319878.2

从实际意义上看，模型结果也与实际相吻合。如检测周期 9 天，意味着每 9 天进行一次检测，维修成本就会过高；另一方面，如缓冲区库存量补充满到 200 件，意味着库存成本很高。这些极端情况下成本率都是最高的。

6.2.7.3　结果比较

根据三阶段故障过程的概念，系统的状态空间包括正常、初始缺陷、严重缺陷和故障状态四种。相对于传统的二阶段时间延迟理论，如果能在初始缺陷状态检测出设备故障，不仅能大大节约金钱成本，还能节约时间成本。

（1）与没有缓冲区库存维护策略的比较

本节在维修系统中加入了缓冲区，为了说明模型的有效性，表 6.3 比较了考虑和不考虑缓冲区库存时最优运行周期与最小成本率。不考虑缓冲区库存，即缓冲区库存量为 0。表 6.3 显示，与不考虑缓冲区库存相比，在考虑缓冲区库存的情况下，成本率最小，说明本节提出的考虑缓冲区库存的预防维护策略最优，是可行且有效的。

表 6.3　两种维修策略比较

设备 M_1			
策略	S_1 件	T_1^* 件	TCR*(S,T)/(元/年)
考虑缓冲区库存	**79**	**29**	**282137.8**
不考虑缓冲区库存	0	28	298210.2

（2）与基于两阶段时间延迟的维护策略的比较

传统时间延迟理论中，设备状态空间含正常、缺陷和故障三种状态。缺陷状态、故障状态出现的时间分别为 T_y、T_z。根据检测状态和预防维护周期 T、缓冲区库存量 S 的关系，预防维护存在以下 3 种情况。

① $0 < T < T_y$：

设备状态检测发生在正常运行阶段，即缺陷时刻之前，则设备状态检测时即为无缺陷状态，不必进行任何的维修活动；而在此之后，为防止缺陷已发生而没有及时检测出，需每天对设备进行一次状态检测，直到检测出设备到达缺陷时刻。在一个运行周期内，缓冲区库存量随时间的变化如图 6.6 所示。在这种情况下，需对该设备进行缺陷状态下的预防维护。

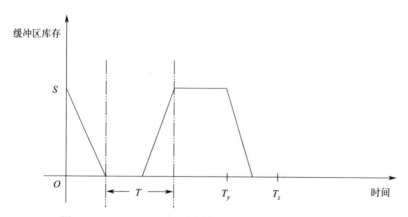

图 6.6　$0 < T < T_y$ 时一个周期内缓冲区库存变化示意图

在该情况下，检测时间 T 在 $[0, T_y]$ 内的概率为：

$$P(0 < T < T_y) = P_1 = \int_T^\infty f_y(y)\mathrm{d}y \tag{6-27}$$

设备运行周期为：

$$\mathrm{EC}_1(T) = E(W_2) + E(T_y) \tag{6-28}$$

一个周期内库存持有成本为：

$$C_{h1}(S) = h\left[\frac{S^2}{2}\left(\frac{\alpha+\beta}{\alpha\beta}\right) + (y-T)S\right] \tag{6-29}$$

一个周期内缺货成本为：

$$C_{\mathrm{s1}}(S,T)=\rho\beta\int_{S/\beta}^{\infty}\overline{G}_2(w)\mathrm{d}w \tag{6-30}$$

一个周期内的设备维修成本为：

$$C_{\mathrm{m1}}(T)=C_y+(y-T+1)C_{\mathrm{r}} \tag{6-31}$$

综上，在 $0<T<T_y$ 情况下，在运行周期内的总成本为：

$$
\begin{aligned}
&C_1(S,T)\\
&=C_{\mathrm{h1}}(S)+C_{\mathrm{s1}}(S,T)+C_{\mathrm{m1}}(T)\\
&=h\left[\frac{S^2}{2}\left(\frac{\alpha+\beta}{\alpha\beta}\right)+(y-T)S\right]+\rho\beta\int_{S/\beta}^{\infty}\overline{G}_2(w)\mathrm{d}w+C_y+(y-T+1)C_{\mathrm{r}}
\end{aligned} \tag{6-32}
$$

② $T_y<T<T_z$：

设备状态检测发生在缺陷运行阶段，即发生在缺陷时刻之后，故障时刻之前，设备进行缺陷状态预防维护活动。在一个周期内，缓冲区库存量随时间的变化如图 6.7 所示。

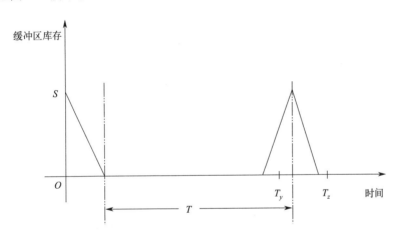

图 6.7　$T_y<T<T_z$ 时一个周期内缓冲区库存变化示意图

在该情况下，检测时间 T 在 $[T_y,T_z]$ 内的概率为：

$$P(T_y<T<T_z)=P_2=\int_0^T\int_{T-y}^{\infty}f_y(y)f_z(z)\mathrm{d}x\mathrm{d}y=\int_0^Tf_y(y)[1-F_z(T-y)]\mathrm{d}y \tag{6-33}$$

设备运行周期为：

$$\mathrm{EC}_2(T)=E(W_2)+T \tag{6-34}$$

一个周期内库存持有成本为：

$$C_{\mathrm{h2}}(S)=h\left[\frac{S^2}{2}\left(\frac{\alpha+\beta}{\alpha\beta}\right)\right] \tag{6-35}$$

一个周期内缺货成本为：

$$C_{s2}(S,T) = \rho\beta\int_{S/\beta}^{\infty}\overline{G}_2(w)\,\mathrm{d}w \tag{6-36}$$

一个周期内的设备维修成本为：

$$C_{m2}(T) = C_y + C_r \tag{6-37}$$

综上，在 $T_y < T < T_z$ 情况下，在运行周期内的总成本为：

$$C_2(S,T) = C_{h2}(S) + C_{s2}(S,T) + C_{m2}(T)$$

$$= h\left[\frac{S^2}{2}\left(\frac{\alpha+\beta}{\alpha\beta}\right)\right] + \rho\beta\int_{S/\beta}^{\infty}\overline{G}_2(w)\,\mathrm{d}w + C_y + C_r \tag{6-38}$$

③ $T > T_z$：

在此情况下，还没对设备进行状态检测，设备就发生了故障，即本来打算的故障检测发生在设备故障时刻之后，设备进行故障维修活动。在一个周期内，缓冲区库存量随时间的变化如图 6.8 所示。

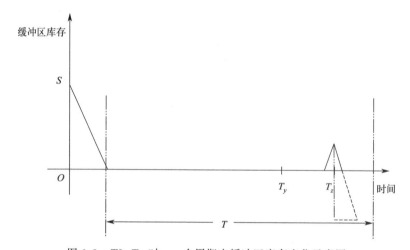

图 6.8 $T > T_z$ 时，一个周期内缓冲区库存变化示意图

在该情况下，检测时间 T 在 $[T_z, \infty]$ 内的概率为：

$$P(T > T_z) = P_3 = \int_0^T\int_0^{T-Y}f_y(y)f_z(z)\,\mathrm{d}y\mathrm{d}z = \int_0^T f_y(y)F_z(T-y)\,\mathrm{d}y \tag{6-39}$$

设备运行周期为：

$$\mathrm{EC}_3(T) = E(W_3) + E(T_z) \tag{6-40}$$

一个周期内库存持有成本为：

$$C_{h3}(S) = \frac{h}{2}\{S - \alpha[T - E(T_z)]\}\left\{\frac{(\alpha+\beta)S}{\alpha\beta} - \left(\frac{\alpha+\beta}{\beta}\right)[T - E(T_z)]\right\} \tag{6-41}$$

一个周期内缺货成本为：

$$C_{s3}(S,T) = \rho\beta \int_{\frac{S-a[T-E(T_z)]}{\beta}}^{\infty} \overline{G_3}(w)\,\mathrm{d}w \tag{6-42}$$

一个周期内的设备维修成本为：

$$C_{m3}(T) = C_z \tag{6-43}$$

在 $T > T_z$ 情况下，在运行周期内的总成本为：

$$
\begin{aligned}
C_3(S,T) &= C_{h3}(S) + C_{s3}(S,T) + C_{m3}(T) \\
&= \frac{h}{2}\{S - a[T-E(T_z)]\}\left\{\frac{(\alpha+\beta)S}{\alpha\beta} - \left(\frac{\alpha+\beta}{\beta}\right)[T-E(T_z)]\right\} \\
&\quad + \rho\beta \int_{\frac{S-a[T-E(T_z)]}{\beta}}^{\infty} \overline{G_3}(w)\,\mathrm{d}w + C_z
\end{aligned} \tag{6-44}
$$

综上，一个周期内成本率表达式如下：

$$\mathrm{TCR}(S,T) = \frac{C(S,T)}{\mathrm{EC}(T)} = \frac{P_1 C_1(S,T) + P_2 C_2(S,T) + P_3 C_3(S,T)}{P_1 \mathrm{EC}_1(T) + P_2 \mathrm{EC}_2(T) + P_3 \mathrm{EC}_3(T)} \tag{6-45}$$

因此，基于传统二阶段时间延迟理论，建立的考虑缓冲区库存的设备预防维护模型如下：

$$\begin{cases} \min\{\mathrm{TCR}(S,T)\} \\ S,T \in \mathbf{N}^* \end{cases} \tag{6-46}$$

求解中各参数不变，利用 MATLAB 编程对模型进行求解。得到设备 M_1 最佳检测周期 T 为 3 天，缓冲区 B 的最优库存分配量 S 是 211 件，一年内设备最少生产维修费用是 318378.7 元。考虑到缓冲区库存量已达到之前所给上限，因此对变量 S 取值进行调整，令 $0 < S < 400$，再进行求解，得到设备 M_1 最佳检测周期 T 为 3 天，缓冲区 B 的最优库存分配量 S 是 387 件，一年内设备最少生产维修费用是 304570.2 元。从结果可以看出，基于传统二阶段时间延迟的维修模型中，检测周期短，缓冲区库存量高，这是因为没有区分设备初始缺陷与严重缺陷，不能准确检测出设备状态，为了防止设备故障停机，需要经常进行检测，与实际相符合。基于三阶段时间延迟的维修策略比基于两阶段时间延迟的维修策略每年可节约成本 22432.4 元。具体比较见表 6.4。

表 6.4　两种维修策略比较

设备 M_1	S_1/件	T_1^*/天	$\mathrm{TCR}^*(S,T)$/(元/年)
基于三阶段时间延迟维护策略	79	29	282137.8
基于二阶段时间延迟维护策略	387	3	304570.2
	79	29	445867.4

本节针对 2M1B 系统，使用三阶段时间延迟理论，解决 2M1B 系统中上游生产设备单位时间维修费用最低的问题。首先，在生产设备上下游之间设立缓冲区，能够减少设备间的依赖和设备预防维护时的停机，从而降低企业的成本。其次，从模型的建立中可以看出，将三阶段时间延迟理论应用于模拟设备劣化过程，能够比较全面地汇总设备出现的故障种类以及时间。将二者结合，基于三阶段时间延迟理论，在上下游之间加入缓冲区，计算出设备最佳检测周期与缓冲区库存分配量，可以大大减少生产企业的成本。最后，本节通过一个实际算例验证了模型的可行性与有效性，并且比较了该模型与基于传统两阶段时间延迟的维修模型，证明了该模型优于基于传统两阶段时间延迟的维修模型。本节的内容给之后考虑缓冲区库存分配的串并联生产系统的预防维护研究提供了思路。

6.3 考虑缓冲区库存分配的串联生产系统远程运维技术

连续型的串联生产系统是现代工业领域制造系统的重要组成部分，但由于设备种类多、结构复杂，任何设备故障都可能导致整个生产系统停工，给企业造成巨大的经济损失。连续型的串联生产系统的预防性维护活动会造成设备生产停顿，在设备间加入缓冲区能提升生产线维护的灵活性，减少上下游设备间的生产依赖。连续型的串联生产系统的性能与设备预防性维护计划及缓冲区设置密切相关，同样，设备预防性维护计划与缓冲区库存分配也具有相关性。因此，为提高生产系统稳定性、降低生产成本，联合优化生产线缓冲区库存分配与设备维护计划具有十分重要的意义。

本节综合分析连续型串联生产系统的性质，建立串联生产系统分解模型，采用近似分解法将生产系统分解成 $n-1$ 条虚拟生产线，每条虚拟生产线包括上下游两台虚拟设备和一个缓冲区，并且引入影响因子，通过数学归纳法求解虚拟设备的维修率和故障率。针对每一条虚拟生产线建立设备维护成本率模型，以单位时间费用最少为目标函数，以缓冲区库存量和设备正常运行时间为决策变量，获得串联生产线上每台设备的最优预防维护策略，以及每个缓冲区的最佳库存分配量。最终帮助企业有效制定串联生产系统预防维护策略，对提高设备的可靠性、降低总费用具有重要的意义。

6.3.1 问题描述

连续型串联生产系统 L 如图 6.9 所示，有 n 台设备，$n-1$ 个缓冲区。假设 M_1 永不饥饿，即 M_1 所需原材料持续可得；M_n 永不阻塞，即 M_n 产出的最终产品无积压。其中每台设备的失效率 $\lambda_i (i=1,2,\cdots,n)$、维修率 $\mu_i (i=1,2,\cdots,n)$ 已知，用近似分解法将 L 分解成 $n-1$ 条有两台设备、一个缓冲区的虚拟生产线。

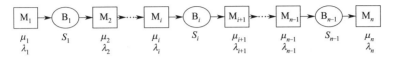

图 6.9　连续型串联生产系统 L

L 分解后的每组设备生产速率均为 β，在每一个周期内，设备运行一定时间后，缓冲区开始以补货率 α 累积缓冲库存，达到库存量水平 S 后，开始进行预防维护或者故障维修：如果设备状态是非完好状态，则进行故障维修，否则进行预防性维护。对 M_i 进行维修时，消耗的是缓冲区里的库存，不影响 M_i 的下游设备生产。因此，M_i 的上游设备可暂停生产，不会发生阻塞问题。其中，库存量水平 S 确保设备在维护活动停机时，满足下游设备的生产需求，使得生产线以速率 β 进行正常生产。

图 6.10 是在一个周期内缓冲区库存变化示意图。在设备运行后的某个随机时间 τ，设备将失去完好状态。设备在非完好状态下有一定概率生产出缺陷品，如果在建立缓冲区库存后进行维护操作，缺陷品的预期数量随着 T 增加而增加。而当 T 减少时，缓冲区补货次数就会增加，因此库存持有成本增加。同样，当 S 减少时，缺货成本增加；当 S 增加时，库存持有成本增加。T 和 S 过大或过小都会引起成本增加，因此，需要确定 T 和 S 的最优值。

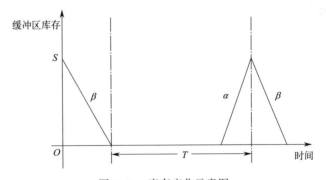

图 6.10　库存变化示意图

6.3.2　符号描述与假设

6.3.2.1　符号描述

M_i：连续型生产线 L 中的设备。

λ_i：M_i 的故障率。

μ_i：M_i 的维修率。

$M_u(i)$：分解后的上游设备。

$\lambda_u(i)$：$M_u(i)$ 的故障率。

$\mu_u(i)$：$M_u(i)$ 的维修率。

$M_d(i)$：分解后的下游设备。

$\lambda_d(i)$：$M_d(i)$ 的故障率。

$\mu_d(i)$：$M_d(i)$ 的维修率。

$t_u(i)$：$M_u(i)$ 的维修时间。

$r_u(i)$：$M_u(i)$ 的剩余维修时间。

t_i：M_i 的维修时间。

α：缓冲区补货率。

β：生产线的生产率。

c_1：单次预防维护费用。

c_2：单次故障维护费用。

d：单位缺陷产品费用。

$EC(T)$：运行时间为 T 时，一个周期的期望。

$E(X)$：随机变量 X 的期望。

h：缓冲区单位库存费用。

$C_d(T)$：一个周期内由于生产缺陷品而产生的费用。

$C_h(S)$：一个周期内库存持有费用。

$C_s(S,T)$：一个周期内的缺货费用。

q：设备处于非完好状态下产生缺陷品的概率。

ρ：单位缺货费用。

S：缓冲区库存量水平。

τ：随机变量，设备恢复生产后进入非完好状态的时间。

$f(\tau)$：τ 的概率密度函数。

$F(\tau)$：τ 的概率分布函数。

T：设备正常运行时间，即上一次维护活动后到下一次维护活动开始时，为一个生产周期。

$\overline{W}(t)$：$\overline{W}(t) = 1 - W(t)$［$W(t)$ 代表任意函数］。

$C(S,T)$：一个周期的总费用。

$TCR(S,T)$：一个周期的成本率。

Y：随机变量，维护时间。

Y_1：随机变量，设备处于正常状态下的维护时间。

Y_2：随机变量，设备处于非完好状态下的维护时间。

$g_i(t)$：Y_i 的概率密度函数，$i=1$，2。

$G_i(t)$：Y_i 的概率分布函数，$i=1$，2。

6.3.2.2 假设

① 设备正常运行 T 时间后开始进行维护工作，维护工作完成，立即恢复生产。

② 维护使设备恢复到良好的新状态。设备在运行开始后的某个随机时间 τ，将失去完好状态。如果 $\tau \leqslant T$，从 τ 到本生产周期结束，生产产品为缺陷品的概率为 q，则在运行时间结束时，进行故障维修，反之进行预防维护。

③ 如果生产周期内没有不完美生产，则维护费用为 c_1，维护持续时间为随机变量 Y_1，分布函数为 $G_1(z)$［其中 z 代表 Y_1 或 Y_2］，均值 $EY_1 > 0$；如果存在不完美生产，则维护费用为 c_2，维护持续时间为随机变量 Y_2，分布函数为 $G_2(z)$，均值为 $EY_2 > 0$。进一步假设 $c_2 > c_1$ 和 $EY_2 > EY_1$。

④ 为了生产缓冲区库存，额外的生产能力总是可用的。对于这种额外的生产能力，产生缺陷产品的可能性忽略不计。

⑤ 维护活动结束后，如果还有缓冲区库存，则下个周期的生产活动先消耗缓冲区中的剩余库存。

6.3.3 生产线分解

将生产系统 L，用近似分解法分解成 $n-1$ 条虚拟生产线，如图 6.11。每一条虚拟生产线只有两台虚拟设备和一个缓冲区（其中 M_u 永不"饥饿"，M_d 永不阻塞），即我们讨论最多的 2M1B 问题。分解完毕后即有 $n-1$ 条 2M1B 生产线，其中 Line1 中的缓冲区就对应 L 中的 B_1，Line i 中的缓冲区对应 L 中的 B_i，最后 Line $n-1$ 中的缓冲区对应 L 中的 B_{n-1}。但是，分解完毕的虚拟设备的失效率 λ_u、λ_d 以及维修率 μ_u、μ_d 是未知的，所以需要先求得分解完毕的虚拟设备的失效率和维修率。

6.3.4 虚拟设备失效率及维修率模型

L 中的设备 M_i 分解成虚拟设备 $M_d(i-1)$ 和 $M_u(i)$，$M_u(i)$ 为 Line i 中的上游设备，$M_d(i-1)$ 为 Line $i-1$ 的下游设备。M_i 饥饿代表 $M_d(i-1)$ 饥饿，M_i 故障代表 $M_u(i)$ 故障。$M_u(i)$ 的预防维护策略等价于 M_i 的预防维护策略。因此，只需求得 $M_u(i)$ 的故障率 λ_u 和维修率 μ_u。并且，由于 $M_u(i)$ 故障代表 M_i 故障或者 M_i 处于饥饿状态，而 M_i 处于饥饿状态是 M_{i-1} 故

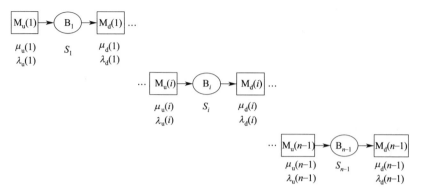

图 6.11 分解成的 $n-1$ 条 2M1B 生产线

障或者 M_{i-1} 饥饿造成的，M_{i-1} 故障或者饥饿就代表 $M_u(i-1)$ 故障，因此，$M_u(i)$ 故障是由 M_i 故障以及 $M_u(i-1)$ 故障共同决定的。故障关系如图 6.12 所示。

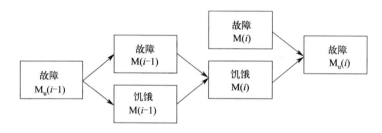

图 6.12 $M_u(i)$ 与 M_i 及 $M_u(i-1)$ 故障关系图

$M_u(i)$ 是否发生故障与 $M_u(i-1)$ 的故障以及 M_i 的故障有关，因此，引入一个影响因子 a，使 $M_u(i)$ 发生故障来自 $M_u(i-1)$ 故障所占的比重为 a，则 $M_u(i)$ 发生故障来自 M_i 故障所占的比重为 $1-a$，即：

$$\lambda_u(i) = a\lambda_u(i-1) + (1-a)\lambda_i \tag{6-47}$$

$$t_u(i) = ar_u(i-1) + (1-a)t_i \tag{6-48}$$

式中，$t_u(i)$ 和 t_i 分别是 $M_u(i)$ 和 M_i 的平均维修时间；$r_u(i-1)$ 是 M_i 发生饥饿时 $M_u(i-1)$ 的平均剩余维修时间，即缓冲区 B_{i-1} 中的库存消耗完毕后的维修时间。

6.3.5 成本率模型

一个周期内的设备维修时间：

$$EY = \overline{F}(T)EY_1 + F(T)EY_2 \tag{6-49}$$

一个周期内由于生产缺陷品而产生的费用：

$$C_d(T) = dq\beta \int_0^T F(y)\,\mathrm{d}y \tag{6-50}$$

一个周期内的库存持有费用：

$$C_h(S) = h\frac{S^2}{2}\left(\frac{\alpha+\beta}{\alpha\beta}\right) \tag{6-51}$$

一个周期内的缺货费用：

$$C_s(S,T) = \rho\beta\left[\overline{F}(T)\int_{S/\beta}^{\infty}\overline{G}_1(y)\,\mathrm{d}y + F(T)\int_{S/\beta}^{\infty}\overline{G}_2(y)\,\mathrm{d}y\right] \tag{6-52}$$

一个周期内的维护费用：

$$C_m(T) = c_1\overline{F}(T) + c_2 F(T) \tag{6-53}$$

因此，串联生产线的总费用可表示为：

$$C(S,T) = dq\beta\int_0^T F(y)\,\mathrm{d}y + c_1\overline{F}(T) + c_2 F(T) + h\frac{S^2}{2}\left(\frac{\alpha+\beta}{\alpha\beta}\right)$$
$$+ \rho\beta\left[\overline{F}(T)\int_{S/\beta}^{\infty}\overline{G}_1(y)\,\mathrm{d}y + F(T)\int_{S/\beta}^{\infty}\overline{G}_2(y)\,\mathrm{d}y\right] \tag{6-54}$$

一个周期的期望时间为：

$$EC(T) = T + E(Y) \tag{6-55}$$

因此，一个周期内的成本率表示为：

$$\mathrm{TCR}(S,T) = \frac{C(S,T)}{EC(T)} \tag{6-56}$$

以一个周期内的最小成本率为目标函数，设备运行时间 T 与缓冲区库存量 S 为决策变量，求解成本率最小时的最优预防维护周期 T^* 与最佳缓冲区库存量 S^*，获得最佳缓冲区库存量与设备预防性维护周期的对应关系。

6.3.6　生产系统远程运维模型求解流程

6.3.6.1　求解虚拟设备失效率 λ_u 与维修率 μ_u

将式(6-1)采用数学归纳法求解：

$$\lambda_u(i) = a\lambda_u(i-1) + (1-a)\lambda_i$$
$$\lambda_u(i-1) = a\lambda_u(i-2) + (1-a)\lambda_{i-1}$$
$$\cdots\cdots \tag{6-57}$$
$$\lambda_u(2) = a\lambda_u(1) + (1-\alpha)\lambda_2$$

式中，$\lambda_u(1)$ 即是 λ_1，则可求出每一台虚拟设备 $M_u(i)$ 的故障率 $\lambda_u(i)$。

同理，将式(6-48)采用数学归纳法求解：

$$t_u(i)=ar_u(i-1)+(1-a)t_i$$

$$t_u(i-1)=ar_u(i-2)+(1-a)t_{i-1}$$

$$\cdots\cdots$$

$$t_u(2)=ar_u(1)+(1-a)t_2$$

(6-58)

基于式(6-58)，求得虚拟设备 $M_u(i)$ 的平均维修时间，以及其维修率 μ_u (i)。

6.3.6.2 求解最佳维护周期与缓冲区库存量

因为模型的复杂性，首先证明模型最优解存在。对于成本率函数，固定 T，对 S 求导，可得如下关系式：

$$\frac{\partial}{\partial S}\text{TCR}(S,T)=\frac{1}{T+\text{EY}}\left\{hS\left(\frac{\alpha+\beta}{\alpha\beta}\right)-\rho\left[\overline{F}(T)\overline{G}_1(S/\beta)+\overline{F}(T)\overline{G}_2(S/\beta)\right]\right\}$$

(6-59)

二阶导数为：

$$\frac{\partial^2}{\partial^2 S}\text{TCR}(S,T)=\frac{1}{T+\text{EY}}\left\{h\left(\frac{\alpha+\beta}{\alpha\beta}\right)+\frac{\rho}{\beta}\left[\overline{F}(T)g_1(S/\beta)+F(T)g_2(S/\beta)\right]\right\}$$

(6-60)

$$\frac{\partial^2}{\partial^2 S}\text{TCR}(S,T)\geqslant0$$

(6-61)

可看出二阶导数是非负的，而且存在如下关系：

$$\left.\frac{\partial}{\partial S}\text{TCR}(S,T)\right|_{S=0}<0$$

(6-62)

$$\lim_{S\to+\infty}\frac{\partial}{\partial S}\text{TCR}(S,T)=+\infty$$

(6-63)

因此，存在唯一解使得：

$$\frac{\partial}{\partial S}\text{TCR}(S,T)=0$$

(6-64)

固定 T，成本率函数是关于 S 的凸函数，且存在唯一最优解 S^* 使得成本率函数最小。

同理，固定 S，对 T 求导：

$$\frac{\partial}{\partial T}\text{TCR}(S,T)=\frac{1}{(T+\text{EY})^2}\left[(T+\text{EY})\frac{\partial}{\partial T}C(S,T)-C(S,T)\frac{\partial}{\partial T}(T+\text{EY})\right]$$

(6-65)

其中：

$$\frac{\partial}{\partial T}C(S,T) = dq\beta F(T) + f(T)\left\{\left[c_2+\rho\beta\int_{S/\beta}^{\infty}\overline{G}_2(y)\mathrm{d}y\right]-\left[c_1+\rho\beta\int_{S/\beta}^{\infty}\overline{G}_1(y)\mathrm{d}y\right]\right\}$$

$$(6\text{-}66)$$

$$\frac{\partial}{\partial T}(T+\mathrm{EY})=1+f(T)(\mathrm{EY}_2-\mathrm{EY}_1) \tag{6-67}$$

假设式(6-65)在固定 $S=S_0$ 时存在最优解 T^*，如果 $\partial f(T)/\partial T \leqslant 0$，且

$$dq\beta f(T)-\left|\frac{\partial f(T)}{\partial T}\right|\left\{\left[c_2+\rho\beta\int_{S_0/\beta}^{\infty}\overline{G}_2(y)\mathrm{d}y\right]-\left[c_1+\rho\beta\int_{S_0/\beta}^{\infty}\overline{G}_1(y)\mathrm{d}y\right]\right\}>0$$

$$(6\text{-}68)$$

对于所有 $T>0$，$\mathrm{TCR}(S_0,T)$ 在 T^* 处达到全局最优解。

因此，只需 $\dfrac{\partial^2 C(S,T)}{\partial T^2}\mathrm{EC}(T)-C(S,T)\dfrac{\partial^2 \mathrm{EC}(T)}{\partial T^2}>0$ 即可证明 $\mathrm{EC}^2(T)$

$\times \partial\mathrm{TCR}(S,T)/\partial T$ 是严格递增的。

对 $\dfrac{\partial^2 C(S,T)}{\partial T^2}\mathrm{EC}(T)-C(S,T)\dfrac{\partial^2 \mathrm{EC}(T)}{\partial T^2}$ 进行求解得到：

$$
\begin{aligned}
&\frac{\partial^2 C(S,T)}{\partial T^2}\mathrm{EC}(T)-C(S,T)\frac{\partial^2 \mathrm{EC}(T)}{\partial T^2} \\
=&\left\{dq\beta f(T)+\frac{\partial f(T)}{\partial T}\left[c_2+\rho\beta\int_{S/\beta}^{\infty}\overline{G}_2(y)\mathrm{d}y\right]-\left[c_1+\rho\beta\int_{S/\beta}^{\infty}\overline{G}_1(y)\mathrm{d}y\right]\right\} \\
&\times\left[T+\overline{F}(T)\mathrm{EY}_1+F(T)\mathrm{EY}_2\right] \\
&-\left[dq\beta\int_0^T F(y)\mathrm{d}y+\frac{hS^2}{2}\times\frac{\alpha+\beta}{\alpha\beta}+c_1+\rho\beta\overline{F}(T)\int_{S/\beta}^{\infty}\overline{G}_1(y)\mathrm{d}y\right. \\
&\left.+c_2+\rho\beta F(T)\int_{S/\beta}^{\infty}\overline{G}_2(y)\mathrm{d}y\right]\times(\mathrm{EY}_2-\mathrm{EY}_1)\frac{\partial f(T)}{\partial T}
\end{aligned}
$$

$$(6\text{-}69)$$

因为 $\partial f(T)/\partial T \leqslant 0$，所以条件式(6-68)使式(6-69)右边对于所有的 $T>0$ 都是非负的，$\mathrm{EC}^2(T)\cdot\partial\mathrm{TCR}(S,T)/\partial T$ 是严格递增的。如果条件式(6-68)成立，式(6-69)存在解 T^*，对于所有的 $T<T^*$，有：

$$\frac{\partial}{\partial T}\mathrm{TCR}(S,T)<0$$

对于所有的 $T>T^*$，有：

$$\frac{\partial}{\partial T}\mathrm{TCR}(S,T)>0$$

因此，对于所有的 $T\neq T^*$，$\mathrm{TCR}(S,T)>\mathrm{TCR}(S,T^*)$，得到最优解 T^*。

然后，本节采用离散迭代算法求解数值最优解，最后通过 MATLAB 编程，具体求解步骤如下：

步骤 1：赋值 $S = S_{min}$。

① $T = T_{min}$。

② 求解 TCR(T,S)，赋值 TCR(T^*,S)=TCR(T,S)。

③ $T = T + \Delta T$，求解 TCR(T,S)。

④ 判断 $T < T_{max}$ 是否成立。若成立，则转到⑤；否则，转到⑥。

⑤ 判断 TCR(T^*,S)＞TCR(T,S)是否成立。若成立，则 TCR(T^*,S)=TCR(T,S)，$T^* = T$，转到③；否则，记录 TCR(T^*,S)、T^*，转到⑥。

⑥ 令 $S = S + \Delta S$，若 $S < S_{max}$，则转到①；否则，结束。

步骤 2：通过步骤 1 可求得不同库存分配量 S 下的最优运行时间 T^*，以及所有的成本率 TCR(T^*,S)。通过得到的所有 TCR(T^*,S)，经过排序可得生产线最小平均成本率 TCR(T^*,S^*)=$\min\limits_{S_{min} \leqslant S \leqslant S_{max}}$ $\{TCR(T^*,S)\}$和最优联合策略(T^*,S^*)。

6.3.7 算例分析

6.3.7.1 算例求解

某一连续型串联生产线由四台设备、三个缓冲区组成，生产线的生产率 $\beta = 30000$ 单位/年，缓冲区补货率 $\alpha = 6000$ 单位/年，单位缺货费用为 10 元，缺陷产品的单位费用为 10 元，当设备处于非完好状态下产生缺陷产品的概率 $q = 0.1$，每台设备的单次预防维护费用为 150 元，单次故障维修费用为 450 元。每台设备没有出现故障时的维护时间服从 0.5～1 天的均匀分布，出现故障后的维修时间服从 2～5 天的均匀分布。每台设备的故障率服从参数 λ_i 的指数分布，每台设备故障率参数见表 6.5。缓冲区的单位库存费用是 20 元/（件·年），缓冲区可以存放零件量是 0～411 件，运行时间 T 的范围是 19～105 天。

表 6.5 设备 M_i 参数 单位：次/年

	M_1	M_2	M_3	M_4
λ_i	$\lambda_1 = 1.2$	$\lambda_2 = 1.4$	$\lambda_3 = 1.6$	$\lambda_4 = 1.0$

利用近似分解法，将原生产线分解成三条虚拟生产线，求解虚拟设备故障率和维修率时 a 是不确定的，在具体求解中分别将 $a = 0.2$、$a = 0.5$、$a = 0.8$ 三种情况代入求解。每台设备的维修率都是一样的，分解后虚拟设备的维修率

也和原设备一样，因此，只需求解分解后虚拟设备的故障率。

在 $a=0.2$ 的情况下，求解的虚拟设备 $M_u(i)$ 的故障率 $\lambda_u(i)$ 见表 6.6。

表 6.6　虚拟设备 $M_u(i)$ 的故障率 单位：次/年

	$M_u(1)$	$M_u(2)$	$M_u(3)$
$\lambda_u(i)$	$\lambda_u(1)=1.2$	$\lambda_u(2)=1.36$	$\lambda_u(3)=1.552$

基于成本率函数，求得使成本率最小的周期 T 以及缓冲区库存 S，利用 MATLAB 编程求解，分别得到 $M_u(1)$、$M_u(2)$、$M_u(3)$ 的运行时间 T_1、T_2、T_3 是 47 天、45 天、43 天，缓冲区 B_1、B_2、B_3 的库存量 S_1、S_2、S_3 分别是 243 件、251 件、258 件。图 6.13 是当 $\lambda_u(1)=1.2$ 时成本率随 S、T 的变化图，图 6.14 是当 $\lambda_u(2)=1.36$ 时成本率随 S、T 的变化图，图 6.15 是 当 $\lambda_u(3)=1.552$ 时成本率随 S、T 的变化图。

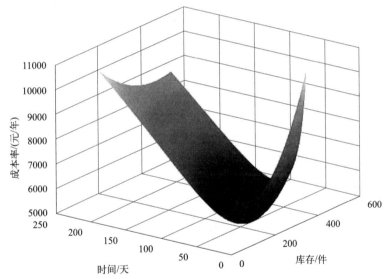

图 6.13　当 $\lambda_u(1)=1.2$ 时成本率随运行周期 T 和缓冲区库存 S 的变化图

当 $a=0.2$ 时，生产线每台设备的运行时间、缓冲区库存分配量、最低成本率见表 6.7。

表 6.7　当 $a=0.2$ 时，生产线设备运行周期及缓冲区库存分配量

项目	$i=1$	$i=2$	$i=3$
M_i 运行周期 T_i/天	47	45	43
B_i 缓冲区库存 S_i/件	243	251	258
成本率 $TCR(S,T)$/(元/年)	5129.7	5500.6	5918.1

同理，当 $a=0.5$ 时，虚拟设备 $M_u(i)$ 的故障率 $\lambda_u(i)$ 见表 6.8。

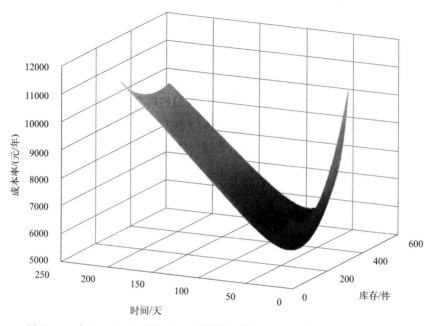

图 6.14　当 $\lambda_u(2)=1.36$ 时成本率随运行周期 T 和缓冲区库存 S 的变化图

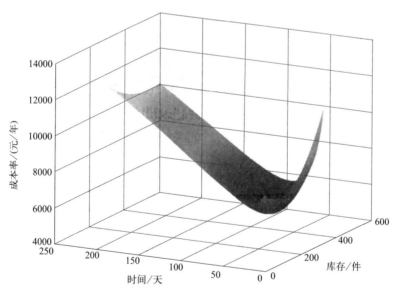

图 6.15　当 $\lambda_u(3)=1.552$ 时成本率随运行周期 T 和缓冲区库存 S 的变化图

表 6.8　虚拟设备 $M_u(i)$ 的故障率　　　　　　单位：次/年

	$M_u(1)$	$M_u(2)$	$M_u(3)$
$\lambda_u(i)$	$\lambda_u(1)=1.2$	$\lambda_u(2)=1.3$	$\lambda_u(3)=1.55$

$a＝0.5$ 时，生产线每台设备的运行时间、缓冲区库存分配量、最低成本率见表 6.9。

表 6.9　当 $a＝0.5$ 时生产线设备运行周期及缓冲区库存分配量

项目	$i＝1$	$i＝2$	$i＝3$
M_i 运行周期 T_i/天	47	45	43
B_i 缓冲区库存 S_i/件	243	247	258
成本率 TCR(S,T)/(元/年)	5129.7	5364.2	5913.8

在 $a＝0.8$ 时，虚拟设备 $M_u(i)$ 的故障率 $\lambda_u(i)$ 见表 6.10。

表 6.10　虚拟设备 $M_u(i)$ 的故障率　　　　　单位：次/年

	$M_u(1)$	$M_u(2)$	$M_u(3)$
$\lambda_u(i)$	$\lambda_u(1)＝1.2$	$\lambda_u(2)＝1.24$	$\lambda_u(3)＝1.312$

$a＝0.8$ 时，生产线每台设备的运行时间、缓冲区库存分配量、最低成本率见表 6.11。

表 6.11　当 $a＝0.8$ 时生产线设备运行周期及缓冲区库存分配量

项目	$i＝1$	$i＝2$	$i＝3$
M_i 运行周期 T_i/天	47	46	45
B_i 缓冲区库存 S_i/件	243	244	248
成本率 TCR(S,T)/(元/年)	5129.7	5224.6	5391.7

6.3.7.2　结果分析

首先分析在不同影响因子下，设备运行周期与缓冲区库存分配量。表 6.12 和表 6.13 分别是在不同的影响因子下，每台设备运行周期比较与缓冲区库存分配量的比较。

表 6.12　当 a 不同时，生产线每台设备运行周期 T

项目	$a＝0.2$	$a＝0.5$	$a＝0.8$
M_1 运行周期 T/天	47	47	47
M_2 运行周期 T/天	45	45	46
M_3 运行周期 T/天	43	43	45

表 6.13　当 a 不同时，生产线每个缓冲区库存量 S

项目	$a＝0.2$	$a＝0.5$	$a＝0.8$
缓冲区 B_1 库存量 S/件	243	243	243
缓冲区 B_2 库存量 S/件	251	247	244
缓冲区 B_3 库存量 S/件	258	258	248

由表 6.12 和表 6.13 可看出，随着 a 增大，同一台设备运行时间逐步增大，同一缓冲区的库存量逐渐减少。考虑到实际情况，a 越小，设备 M_i 的重

要度就越高，运行时间就越短，维护的频率就越高，与之相对应的缓冲区分配的库存就越高。因此企业可根据生产线中设备的重要程度选择影响因子 a 的大小，获得更加准确的预防维护策略以及缓冲区库存分配策略。

本节主要解决了考虑缓冲区库存的连续型串联生产系统维护问题。利用近似分解法将生产系统分解成 $n-1$ 条有两台设备和一个缓冲区的虚拟生产线，通过数学归纳法求得分解后虚拟设备的故障率和维修率。引入影响因子，影响因子用来确定生产线中不同设备的重要程度。针对每条虚拟生产线，以成本率最低为目标构建函数，以运行时间与缓冲区库存为决策变量构建预防维护模型，求得每台设备的最佳预防维护策略与缓冲区库存分配策略。相对于传统生产线维护策略的研究，缓冲区的引入可以减少上下游设备间的依赖性，进而减少整条生产线的停机时间，降低企业的生产维修成本。

对于影响因子 a 的大小，需要根据生产线上设备重要程度来确定，后续可采取有效方法，针对生产线中不同设备，求得最精确的影响因子。

6.4 考虑缓冲区库存分配的并联系统远程运维技术

本节综合分析连续型并联系统设备的性质，充分考虑并联系统中每台设备的故障率与维修率，在并联系统与下游设备之间建立缓冲区，构建了一个 3M1B 系统，即 $\begin{smallmatrix} M_1 \\ M_2 \end{smallmatrix} \to B \to M_3$。在一个生产周期内，以成本率最小为目标函数，以缓冲区库存量与设备运行时间为决策变量建立优化模型，求解最佳的预防维护策略与最优的缓冲区库存量。同时考虑了设备不完美生产的可能性，即当设备处于非完好状态时，存在一定概率生产出缺陷品。总成本包括由于生产缺陷品而产生的成本、库存持有成本、缺货成本和设备维护成本。同时考虑了并联系统中一个设备停机缺货，另一设备出现空转的可能性，加上了设备空转成本。最后求得的预防维护策略为减少并联系统的停机时间，降低企业生产成本，对提高企业竞争力有非常重要的作用。

6.4.1 问题描述

有一带缓冲区的连续型并联生产单元（3M1B）如图 6.16 所示，设备 M_1 和 M_2 为上游不同设备，以生产速率 β 为设备 M_3 提供不同的半成品 m_1 和 m_2，设备 M_3 以 m_1、m_2 为原材料并以速率 β 生产产品 m_3。上下游设备之间设立缓冲区 B，m_1 和 m_2 经过缓冲区后到达下游设备。设备在进行维修活动之前进行缓冲区库存的累计，以确保上游设备维修时生产过程的连续性。

与以往 2M1B 串联系统不同，3M1B 并联生产单元中并联的两台设备 M_1 和 M_2 互相影响，一台设备进行停机维护或者缺货，另一台设备也会空转，整个生产系统停止生产。本节要解决的问题即是并联生产单元中并联设备 M_1 和 M_2 最佳预防维护周期以及缓冲区 B 最优库存分配量。

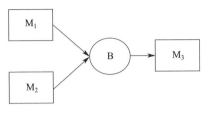

图 6.16　3M1B 系统

设备 M_1、M_2 从上一次维修结束到下一次维修开始为一个运行周期 T_i ($i=1,2$)，在设备运行后的某个随机时间 t_i，设备将失去完好状态。如果 $t_i \leqslant T_i$，那么从时间 t_i 到运行周期结束，每个生产出来的产品为缺陷品的概率为 q。在每一个周期运行一定时间后，设备以最大速率 α 累计缓冲库存，直至达到累计库存量 S_i($i=1,2$)，开始进行预防维护或者故障维修，在每次维护行动开始时，可诊断出生产设备的状态。如果生产设备处于非完好状态，则进行故障维修，否则进行预防性维修。如果在生产周期内没有不完美生产，则维护行动的预期成本为 c_1，维护行动的持续时间为随机变量 Y_1，分布函数为 $G_1(z)$，均值 $EY_1>0$；如果存在不完美生产，则维修行动的预期成本为 c_2，维持行动的持续时间为随机变量 Y_2，分布函数为 $G_2(z)$，均值为 $EY_2>0$。维护活动结束之后，开始一个新的周期。该库存量 S_i 需要确保设备在维护活动停机时，满足下游设备的生产需求，使得生产系统依然以速率 β 进行生产。图 6.17 是在一个运行周期内缓冲区库存变化示意图。

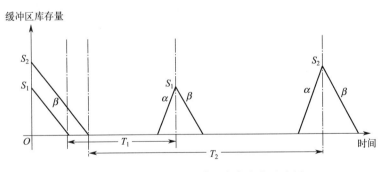

图 6.17　一个周期内缓冲区库存变化示意图

图 6.17 中，S_1 是设备 M_1 在进行维修时需要累计的缓冲区库存量，S_2

是设备 M_2 在进行维修时需要累计的缓冲区库存量；T_1 是设备 M_1 的运行周期，T_2 是设备 M_2 的运行周期。当 $T_i(i=1,2)$ 减少时，库存持有成本增加，如果在建立缓冲区库存后进行维护操作，缺陷品的预期数量随着 $T_i(i=1,2)$ 增加而增加。同样，当 $S_i(i=1,2)$ 减少时，预期短缺增加；当 $S_i(i=1,2)$ 增加时，库存持有成本增加。因此，需要确定 $T_i(i=1,2)$ 和 $S_i(i=1,2)$ 的最优值。

6.4.2 符号描述与假设

6.4.2.1 符号描述

$M_i(i=1,2)$：生产设备。

$\lambda_i(i=1,2)$：设备 M_i 的故障率。

$\mu_i(i=1,2)$：设备 M_i 的维修率。

α：缓冲区补货率。

β：并联系统生产率。

c_1：每次预防性维护的固定费用。

c_2：每次故障维护的固定费用。

d：残次品单位费用。

$EC(T)$：运行时间为 T 时，一个周期的期望。

$E(X)$：随机变量 X 的期望。

η：设备空转费用。

$C_d(T)$：一个运行周期内由于生产缺陷品而产生的费用。

$C_h(S)$：一个运行周期内库存持有费用。

$C_s(S,T)$：一个运行周期内的缺货费用。

$q_i(i=1,2)$：当生产设备 M_i 处于失控状态下产生缺陷产品的概率。

ρ：单位缺货费用。

$S_i(i=1,2)$：设备 M_i 维修时缓冲区库存量水平。

$t_i(i=1,2)$：随机变量，生产设备 M_i 恢复生产后进入失控状态的时间。

$f(t)$：t 的概率密度函数。

$F(t)$：t 的概率分布函数。

$T_i(i=1,2)$：M_i 运行时间，上一次维护活动后到下一次维护活动开始时的生产周期。

$\overline{W}(t)$：$\overline{W}(t)=1-W(t)$ [$W(t)$ 为任意函数]。

$C(S,T)$：一个运行周期的总费用。

$TCR(S,T)$：一个运行周期的成本率。

Y：随机变量，维护时间。

h：缓冲区库存单位费用。

Y_{i1}：随机变量，生产设备 M_i 处于正常状态下的维护时间。

Y_{i2}：随机变量，生产设备 M_i 处于失控状态下的维护时间。

$g_i(t)$：Y_{ij} 的概率密度函数，$i,j=1,2$。

$G_i(t)$：Y_{ij} 的概率分布函数，$i,j=1,2$。

6.4.2.2　假设

① 生产设备正常运行 T 单元时间后开始进行维护工作。一旦维护工作完成，立即恢复生产。

② 为了生产缓冲区库存，额外的生产能力总是可用的。对于这种额外的生产能力，产生缺陷产品的可能性可以忽略不计。

③ 生产设备重新启动，设备需要预热，生产设备的启动与关闭也将破坏生产设备以及生产系统的连续性，加大了风险。本节假设设备进行维修活动中发生缺货时，并联系统中另一台设备以及下游设备空转运行，当设备恢复运行时，立即恢复生产。

6.4.3　故障率模型

针对并联系统中的每一台设备，制定预防维护模型，优化目标是生产成本率最低，从而求得在成本率最低情况下的最佳运行周期与缓冲区库存分配量。在概率论和统计学中，指数分布（也称为负指数分布）是描述泊松过程中事件之间的时间的概率分布，即描述事件以恒定平均速率连续且独立地发生的过程，它具有无记忆的关键性质，常用来表示设备寿命。均匀分布是几何模型的概率模型，是应用最多的模型之一。本节假设设备故障率服从参数为 λ_i 的指数分布，维修率服从均匀分布。

在每个运行周期 T_i 内，在设备运行后的某个随机时间 t_i，设备将发生故障。如果 $t_i \leqslant T_i$，那么从时间 t_i 到运行周期结束 T_i，每个生产出来的产品为缺陷品的概率为 q_i。其中，设备发生故障的时刻 t_i 服从参数为 λ_i 的指数分布。具体表达式如下：

$$F(t_i)=1-\mathrm{e}^{-\lambda_i t_i} \tag{6-70}$$

6.4.4　运行周期时间模型

设备运行周期包括设备维修活动所花费的时间和设备运行时间。设备从前一次维修结束到下一次维修开始为一个运行周期，设备在运行期间存在出现非完好状态的可能，设备一旦进入非完好状态，就要进行故障维修，反之则进行预防维护。因此得到设备维修活动所花费的时间期望表达式：

$$\mathrm{EY}_i = \overline{F}(T_i)\mathrm{EY}_{i1} + F(T)\mathrm{EY}_{i2} \tag{6-71}$$

式中，$F(T_i) = 1 - \mathrm{e}^{-\lambda T_i}$，表示设备在运行周期 T_i 内发生故障的可能性；EY_{i1} 是设备预防维护的期望时间；EY_{i2} 是设备故障维修的期望时间。

因此，运行周期时间为：

$$\mathrm{EC}(T_i) = T_i + E(Y_i) \tag{6-72}$$

6.4.5 生产成本率模型

在一个运行周期内，生产总成本包括由于生产缺陷品而产生的成本、库存持有成本、缺货成本和设备维修成本。

（1）生产缺陷品而产生的成本

设备在一个运行周期 T_i 内的某个时刻 t_i 会进入非完好状态，那么从时间 t_i 到运行周期结束 T_i，每个生产出来的产品为缺陷品的概率为 q_i。生产周期内处于非完好状态的时间期望是 $\displaystyle\int_0^{T_i} F(y)\mathrm{d}y$。因此，由于生产缺陷品而产生的成本表达式如下：

$$C_{\mathrm{d}}(T_i) = dq_i\beta\int_0^{T_i} F(y)\mathrm{d}y \tag{6-73}$$

（2）运行周期内的库存持有成本

建立缓冲区库存的目的是减少由于设备故障停机而导致的生产活动中断。然而缓冲区库存过多，将会给企业带来更多的库存持有成本。因此，在一个运行周期内的库存持有成本表达式如下：

$$C_{\mathrm{h}}(S_i) = h\,\frac{S_i^2}{2}\left(\frac{\alpha+\beta}{\alpha\beta}\right) \tag{6-74}$$

（3）运行周期内的缺货成本

假设设备 M_1 在维修，缓冲区库存耗尽，会产生缺货，此时，设备 M_2、M_3 虽然不停机，但处于空转状态，会产生一定的费用。同理，设备 M_2 在维修，缓冲区库存耗尽，此时，设备 M_1、M_3 虽然不停机，但处于空转状态，会产生一定的费用。因此一个运行周期内的缺货成本为：

$$C_{\mathrm{s}}(S_i, T_i) = (\eta + \rho\beta)\left[\overline{F}(T_i)\int_{S_i/\beta}^{\infty}\overline{G_1}(y)\mathrm{d}y + F(T_i)\int_{S_i/\beta}^{\infty}\overline{G_2}(y)\mathrm{d}y\right]$$

$$\tag{6-75}$$

式中，η 为设备单位时间空转所消耗的成本；$\rho\beta$ 是单位时间的缺货成本。

（4）运行周期内的维护成本

维护成本是预防维护成本和故障维修成本之和的期望值，在一个运行周期内的维护成本为：

$$C_{\mathrm{m}}(T_i)=c_1\overline{F}(T_i)+c_2\overline{F}(T_i) \tag{6-76}$$

运行周期内的总成本为：

$$C(S_i,T_i)=dq_i\beta\int_0^{T_i}F(y)\mathrm{d}y+c_1\overline{F}(T_i)+c_2F(T_i)+h\frac{S_i^2}{2}\left(\frac{\alpha+\beta}{\alpha\beta}\right)$$
$$+(\eta+\rho\beta)\left[\overline{F}(T_i)\int_{S_i/\beta}^{\infty}\overline{G_1}(y)\mathrm{d}y+F(T_i)\int_{S_i/\beta}^{\infty}\overline{G_2}(y)\mathrm{d}y\right]$$
$$\tag{6-77}$$

综上，一个运行周期内的成本率表达式如下：

$$\mathrm{TCR}(S_i,T_i)=\frac{C(S_i,T_i)}{\mathrm{EC}(T_i)} \tag{6-78}$$

针对 3M1B 中的每台设备，分别以一个周期内的最小成本率为目标函数，以设备一个周期运行时间 T_i 与缓冲区库存量 S_i 为决策变量，求解对于每台设备使得成本率最低时的最优维护周期 T_i^* 与最佳缓冲区库存量 S_i^*。同时，模型也能得到缓冲区最佳缓冲库存量与设备预防性维护周期的对应关系，从而在实际生产中，更好地对设备进行预防维护。

6.4.6　生产系统远程运维模型求解流程

由于模型的复杂性，通过求解得到最优解是非常困难的，本节分别采用离散迭代算法和遗传算法求解数值最优解，最后通过 MATLAB 编程。

离散迭代算法流程图如图 6.18 所示。

遗传算法具体步骤如下：

步骤 1：设置初始值。

① 初始化：设置 T、S 最大取值，设置迭代次数、种群数、变量维数、交叉概率、变异概率，初始化种群。

② 个体评价：计算初始种群的目标函数值 $\mathrm{TCR}(T,S)$。

步骤 2：迭代。

① 选择算子。在选择操作前，将种群中个体按照适应度从小到大进行排列，采用轮盘赌选择方法，每一个体被选中的概率与其适应度函数值大小成正比。轮盘赌选择方法具有随机性，在选择的过程中可能会丢掉较好的个体，所以可以使用精英机制，将前代最优个体直接选择。

② 交叉算子。两个待交叉的不同的染色体（父母）根据交叉概率按某种方式交换其部分基因。本节采用单点交叉法。

③ 变异。染色体按照变异概率进行染色体的变异。本节采用单点变异法。

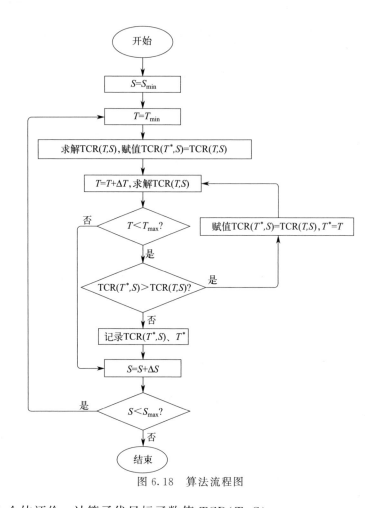

图 6.18　算法流程图

④ 个体评价：计算子代目标函数值 TCR(T,S)。

步骤 3：寻优。

寻找最小值 TCR(T^*,S^*)，以及最小值对应的最优解(T^*,S^*)。

6.4.7　算例分析

6.4.7.1　算例求解

假设一连续型并联生产单元由三台设备和一个缓冲区组成，如图 6.16 所示。生产率 β＝30000 个/年，缓冲区补货率 α＝6000 个/年，单位缺货费用是10 元，设备空转产生的成本是 300000 元/年，残次品的单位费用是 10 元，生产设备 M_1 处于失控状态下产生缺陷产品的概率 q＝0.1，生产设备 M_2 处于失控状态下产生缺陷产品的概率 q＝0.2，每台设备每次预防维护费用为 150 元，固定维修费用为 450 元。每台设备没有出现故障时的维护时间服从 0.5～1 天的均匀分布，出现故障后维修时间服从 2～5 天的均匀分布。每台设备的故障率服从参数 λ_i 的指数分布，每台设备故障率参数见表 6.14。缓冲区的单位库存费用是 20 元/(件·年)，缓冲区可以存放的零件量是 0～411 件，周期 T 的范围是 0～105 天。

表 6.14　设备 M_i 参数　　　　　　　　单位：次/年

	M_1	M_2	M_3
λ_i	$\lambda_1=1.0$	$\lambda_2=1.5$	$\lambda_3=1.2$

通过成本率函数，求得使其成本率最小时的周期 T 以及缓冲区库存 S，首先以离散迭代算法求解，利用 MATLAB 编程求解，分别得到 M_1、M_2 的运行时间 T_1、T_2 是 61 天、34 天，缓冲区 B 的库存分配量 S_1、S_2 分别是 339 件、328 件。图 6.19 是设备 M_1 成本率随 S、T 的变化图；图 6.20 是设备 M_2 成本率随 S、T 的变化图。通过变化图可以看出随着缓冲区库存和维修周期的变大，成本率先减小后增大，与实际符合。

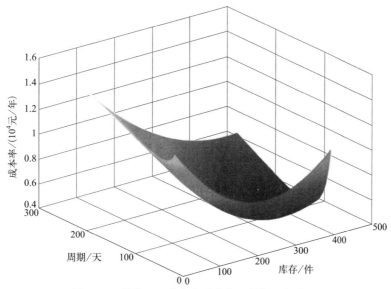

图 6.19　设备 M_1 成本率随库存、周期的变化图

因此，生产单元中 M_1、M_2 的运行周期，以及缓冲区库存分配量和与之对应的最低成本率见表 6.15。

表 6.15　设备运行周期及缓冲区库存分配量

项目	$i=1$	$i=2$
M_i 运行周期 T_i/天	61	34
B_i 缓冲区库存 S_i/件	339	328
成本率 TCR(S,T)/(元/年)	5113.7	8647.5

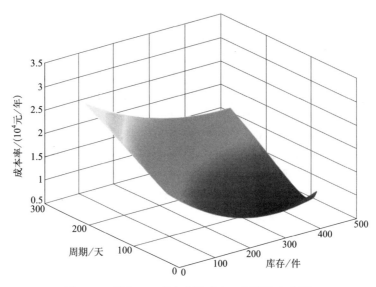

图 6.20　设备 M_2 成本率随库存、周期的变化图

针对遗传算法，本节设置种群数为 200，迭代次数 500，交叉概率 0.9，变异概率 0.02，先后通过选择算子、交叉算子、变异算子来求得最优解。图 6.21 是设备 M_1 求解迭代过程图；图 6.22 是设备 M_2 求解迭代过程图。

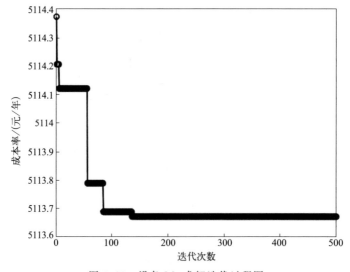

图 6.21　设备 M_1 求解迭代过程图

通过遗传算法计算得到的结果与离散迭代算法所得结果相同。验证两种求解方法，遗传算法求解运行时间是所提出离散迭代算法求解时间的 3 倍，因此

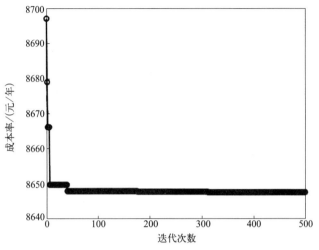

图 6.22　设备 M_2 求解迭代过程图

本节中模型求解适合运用离散迭代算法。

6.4.7.2　结果分析

设备 M_1 失效率 $\lambda_1 = 1.0$，设备 M_2 失效率 $\lambda_2 = 1.5$，通过结果可看到设备 M_1 维修周期是 61 天，设备 M_2 维修周期是 34 天，符合实际。因此对于此生产系统，正常运行 34 天后对设备 M_2 进行维修，且需缓冲区库存 328 件，再运行 27 天对设备 M_1 进行维修，且需累计的缓冲区库存是 339 件。运行周期及缓冲区库存的变化图如图 6.23。

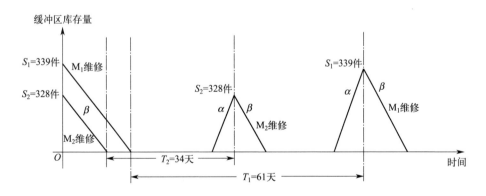

图 6.23　运行周期及缓冲区库存的变化图

针对设备 M_1 与 M_2，求解得到不同运行周期 T 下最优库存及最小成本率，见表 6.16。从表 6.16 可看出，运行周期 T 值过小或者过大都会导致成本率增大。T 值过小，维修次数过多，将会导致维修成本增加，停机次数增加；T 值过大，设备在周期内产生故障的概率就越大，产生的缺陷品成本就会增加。

表 6.16　不同 T 值下最优库存以及最小成本率

设备 M_1			设备 M_2		
T_1/天	S_1^*/件	$TCR^*(S,T)$/(元·年)	T_2/天	S_2^*/件	$TCR^*(S,T)$/(元·年)
21	258	7135.3	21	294	9321.2
41	314	5401.8	**34**	**328**	**8647.5**
61	**339**	**5113.7**	41	340	8761.6
81	352	5262.6	61	358	9767.6
101	362	5593.3	81	369	11176.1
121	369	6010.4	101	375	12705.6
141	372	6470.5	121	377	13481.6
161	376	6951.1	141	379	14256.1
181	379	7439.6	161	382	15785.0
201	382	7928.5	181	385	17272.6
210	382	8147.2	201	387	18709.4

6.4.7.3　结果比较

为了说明模型的有效性，表 6.17 比较了考虑和不考虑缓冲区库存时最优运行周期与最小成本率。不考虑缓冲区库存即缓冲区库存量为 0。当不考虑缓冲区库存时，总的生产成本不包括库存持有成本。表 6.17 显示，在考虑缓冲区库存的情况下，成本率最小，说明了本节提出的考虑缓冲区库存的预防维护策略最优，是有效和可行的。

表 6.17　考虑与不考虑缓冲区库存维修策略比较

设备 M_1			设备 M_2		
S_1/件	T_1^*/天	$TCR^*(S,T)$/(元·年)	S_2/件	T_2^*/天	$TCR^*(S,T)$/(元·年)
0	43	12637.6	0	22	19414.5
61	**339**	**5113.7**	**34**	**328**	**8647.5**

本节针对带有缓冲区的连续型并联生产系统，充分分析并联设备间的关系，构建每台设备的维护成本率模型。之后通过案例分析分别采用离散迭代算法和遗传算法对模型进行求解，验证得到离散迭代算法优于遗传算法。得到设备 M_1 的最佳维护周期为 61 天，缓冲区库存量为 339 件，每年需花费 5113.7 元；设备 M_2 的最佳维护周期为 34 天，缓冲区库存量为 328 件，每年需花费 8647.5 元。通过比较可得，带有缓冲区的预防维护策略优于没有缓冲区的预防维护策略。

本章小结

本章研究了考虑缓冲区分配的连续型生产系统预防维护问题，即在生产系统上下游设备之间加入缓冲区，构建设备维护成本率模型，为设备制定维护策略与缓冲区库存分配策略。本章的主要内容包括：

① 研究了考虑缓冲区分配的 2M1B 系统预防维护策略问题。将三阶段时间延迟理论应用于模拟设备劣化过程，能够比较全面地汇总设备出现的故障种类以及时间。针对 2M1B 系统，将时间延迟理论应用于考虑缓冲区库存分配的预防维护模型中，可以大大减少生产企业的成本。通过离散迭代算法对模型进行求解，通过一个案例分析，将该模型与基于传统两阶段时间延迟的维修模型进行比较，每台设备每年可节省成本 22432.4 元，证明了该模型的合理性与有效性。

② 研究了考虑缓冲区分配的串联生产系统预防维护策略问题。针对连续型串联生产系统，充分考虑生产系统中上下游设备之间的影响，利用近似分解法将生产系统分解成 $n-1$ 条有两台设备和一个缓冲区的虚拟生产线，建立故障率和维修率模型。引入影响因子来确定生产线中不同设备的重要程度，用数学归纳法进行求解。针对每条虚拟生产线，以成本率最低为目标函数，以运行时间与缓冲区库存为决策变量构建预防维护模型，求得每台设备的最佳预防维护策略与缓冲区库存分配策略。使用离散迭代算法进行求解。案例分析表明，在生产系统中加入缓冲区可以减少上下游设备间的依赖性，进而减少整个生产系统的停机时间，降低企业的生产维修成本。

③ 研究了考虑缓冲区分配的并联生产系统预防维护策略问题。针对连续型并联生产系统，在上下游之间建立缓冲区，构建了 3M1B 系统，对上游并联生产设备构建预防维护模型。分别用离散迭代算法与遗传算法进行求解，结果表明在此问题求解上，离散迭代算法优于遗传算法。案例分析表明，与没有考虑缓冲区分配的维护策略相比，上游并联两台设备分别可节省成本 7523.9 元和 10767 元，证明了该模型的合理性与有效性。

第 7 章

考虑服务合同的系统远程运维技术

7.1 概述

近年来，由于生产系统的智能化程度不断提高，对系统的可靠性和安全性的要求越来越高。设备维修可以有效改善系统劣化状态，减少设备运行过程中出现故障或停机的频率，以及由此造成的经济损失。据统计，美国等国相关企业每年用于飞机维修的费用不低于其利润的 $12\%\sim26\%$，德国等国相关企业每年用于设备维修的费用占其所获利润的 $15\%\sim25\%$。经研究，适当的维修策略不仅可以降低维修费用的 $15\%\sim40\%$，而且将减少维修资源与时间成本的 $30\%\sim60\%$，可见，在维修过程中不断引进激励措施促使设备供应商提供更好的维修质量和效率至关重要，同时对企业经济发展也会带来巨大影响。

目前，为了减少租赁设备以及维修投资成本，大型设备运营商越来越倾向于选择租赁维修服务，通过在维修策略制定的过程中加入服务性能合同（performance-based contract，PBC）来提高供应商的维修质量和效率。对运营关键设备的公司来说，保持较高的系统可用度是非常重要的，因为设备故障的不确定性会给运营商带来短期或长期的利益影响。英国能源电力公司在 2012 年到 2019 年间由于其发电厂的设备停机而每年损失大约 21% 的产能，仅 2017 一年就因其设备停机而收到英国政府 8250 万英镑的罚单。在航空工业中，因机械、电子及其他类型的故障导致的飞机停飞将会给航空公司带来千万美元每小时的损失。但是即使制造商付出很大的心血来避免各种系统故障的发生，也不可能完全预测设备故障的发生节点或频率，经济上也是不可行的，特别是在制造商不能把控系统故障风险的时候。因此，针对不同的系统、不同的设备状态，将视情维修和机会维修相结合制定维修策略就显得尤其重要。不管设备故障造成的初始影响有多严重，只要能够在事件发生后使故障的系统或设备尽快地恢复到正常的状态，那么突发事件的影响就会降到最低的水平。毫无疑问，故障设备维修服务已经成为很多企业利润的一个重要组成部分。例如，Accenture 的一项研究发现，通用汽车公司 85 亿美元的售后维护服务创造了 30 亿美元的利润，利润率远高于其 1650 亿美元的汽车销售。另外，对很多企业来说，售后维修服务的销售额虽然仅占总收入的 22％，却产生了高达 35％～55％ 的利润。根据 Standard and Poor 的研究，2019 年全球的设备维护、修理业务创造了 1260 亿美元的收入，其中商业飞机收入为 52 亿美元。而 GE 航空集团预测 2019 年度其 760 亿美元收入中的 72％ 来自航空发动机的售后维修服务，2017 年这一数字为 65％。

此外，由于关键大型设备在技术和操作上具有较高的复杂性和机密性，一旦发生故障，其运营商往往不能独自修复，因此，就会涉及关键设备系统的维修服务外包的问题。尤其对于一些具有技术垄断性的设备（如风力发动机、输油管道等）而言，维修服务往往只能由原来的设备供应商提供。这种高度的依赖性使得运营商对供应商的激励出现了冲突：运营商希望系统拥有较高的可靠性，而供应商却不希望系统过于可靠。这是因为系统可用性过高不仅代表供应商前期需要投入较高的精力、时间、资源和研发成本，而且会大大影响供应商后期维修服务的展开。双方这一矛盾的根源正是传统的维修服务合同（如资源合同、成本加成合同等）已经不能对这种高依赖、低竞争环境下设备维修服务问题提供有效的激励。而根据现有研究，这种冲突能够通过一种被称作基于服务性能的合同来缓解，并且能够有效减少维修成本，增强系统的可用度。

综合以上分析可以看出，无论是对于制造业中的供应商还是对于运营商，大型设备维修服务模式转型研究已成为迫切需要，就提高维修质量与系统可用度来看，新型的维修服务外包合同与维修策略模型协同设计的研究必不可少。因此，为了提高大型设备供应商的维修质量和效率，在维修策略制定的过程中加入 PBC 合同的制定，是越来越多企业需要关注和研究的重点，从而更好地实现缩小维修成本、增大设备使用寿命周期、提高维修质量与系统可用度，实现运营商和供应商二者的双重利益最大化。

本章内容主要包括：

（1）基于服务性能合同的单部件系统视情维修策略

对于单部件系统，在设备运作过程中，通过内部监测设备实时所处状态，采取不同的维修措施。针对单部件系统视情维修策略优化问题，主要内容包括：

a. 针对传统合同造成的维修成本和时间浪费问题，基于定期对设备劣化状态实时检测，采用 Gamma 过程完成设备劣化过程建模，考虑预防维修和事后维修两种维修方式，根据单位周期内不同的维修次数，提出单部件系统的视情维修策略。

b. 基于单位更新周期内的总运行时间和总停机时间，计算平均系统可用度，建立以利润为中心的新型视情维修模型，利用灰狼算法对模型进行精确求解，并给出线性激励参数对系统可用度与利润的灵敏度分析。

（2）基于服务性能合同的多部件系统维修策略优化

a. 同样针对供应商维修质量低下和效率低的问题，考虑各部件间的经济相关性，基于韦伯分布，描述系统各部件使用寿命分布，判断各部件使用寿命情况，判断其与预防维修阈值、机会维修阈值的关系，决定何时采取维修行动以及如何采取维修行动。同时采取不同的维修策略，即预防维修［也称预防性维修、预防（性）维护］、事后维修和机会维修，进一步求解各维修策略的概率。

b. 建立以利润为中心的新型多部件成组维修策略模型，基于算法对比，利用灰狼算法求解不同维修策略下最佳利润值与两大决策阈值，最后完成各激励参数对系统可用度、所获利润和维修总成本三大评判指标的灵敏度分析。

7.2 基于服务性能合同的单部件系统远程运维技术

随着生产系统的大型化、系统化和自动化，为了尽可能减少系统故障导致的经济损失和重大事故，运营商越来越倾向于向掌握内部技术的系统供应商购买售后维修服务，在维修策略制定的过程中加入服务性能合同来减少人力、物力、财力的投资成本，以提高系统供应商的维修质量和效率。这种售后服务模式逐渐成为供应商极其重要的利润及竞争力增长的来源，也是越来越多制造业企业关注和研究的重点。

视情维修是根据系统所处实时状态实施相应的维修策略，以往的研究分析中以维修成本率最低为目标来构建函数的视情维修已得到广泛认可，但忽略了维修费用参数的数据很难获得，且大多假设对故障系统实施的维修结果是完美的或直接替换新部件，不符合现实运用；其次，大多数文献仅在理论上分析性能合同和资源合同对维修策略的影响，并没有通过具体数学模型，来分析 PBC 合同与维修策略的联合优化是否将促进系统可用度的提升，以及使供应商获得更理想化的利润。

综上所述，本节以单部件系统为研究对象，基于 Gamma 过程，描述系统逐渐递增的劣化趋势，创新性地将利润、收益、成本函数与系统可用性相结合，以检测间隔和预防维修阈值为决策变量，建立基于 PBC 模式的视情维修策略模型，即以利润为中心的视情维修模型，有助于实现供应商与运营商共同参与视情维修策略制定，而且实现了以数学模型的落实来激励供应商不断提升维修质量与效率，也更具有现实意义。

7.2.1　单部件系统远程运维模型

7.2.1.1　问题描述

一般视情维修模型以维修成本最小化为优化目标，但在企业实际运作中，各成本参数的数据并不容易获得。基于 PBC 合同的视情维修模型以时间参数为出发点，根据单位更新周期内的实际维修策略，得出运行时间和故障时间，进一步求解系统平均可用度和实际维修成本率，最终建立供应商所得利润的目标函数，在合理范围内不断实现决策目标最优化。

实际中，系统供应商可以通过检测系统的实时状态来诊断是否需要实施维修。大多数文献成功运用 Gamma 过程阐述设备的退化过程。因此，本节使用 Gamma 过程对单部件系统的劣化过程建模，定义 $X(t)$ 为 t 时刻系统的劣化状态，其概率密度函数为：

$$f(\alpha,\beta,x)=\frac{\beta^{\alpha}}{\Gamma(\alpha)}x^{\alpha-1}\mathrm{e}^{-\beta x}$$

式中，α 为形状参数；β 为尺度参数。对于单部件系统视情维修，将连续两次使系统恢复如新的时间点（又称周期更新点）间隔定为一个更新周期。每一个更新周期的时间是不确定的，由单位周期内预防性/事后维修次数决定。如果一次预防性/事后维修没有使系统恢复如新，它将不被视为一个周期更新点。图 7.1 描述了部分更新周期过程，其中 t_{pm} 为预防性维护时间，t_{cm} 为故障维护时间，t_{ins} 为检测时间。

基本符号如下：

L：失效故障阈值。

σ：检测间隔。

ε：预防性维护阈值。

C_{pm}：预防性维护成本。

C_{cm}：事后维修成本。

C_{ins}：单次检测成本。

T_{up}：单位周期内系统运行时间。

T_{d}：单位周期内系统停机时间。

T_{L}：单位更新周期时间。

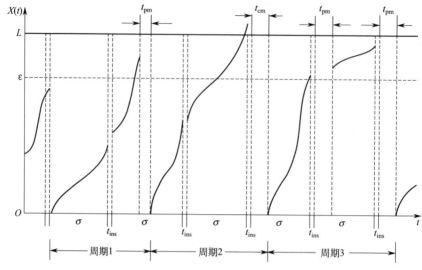

图 7.1　单部件系统视情维修周期过程

Π：期望利润率。

R：期望收益率。

C：期望成本率。

A：期望平均可用度。

λ：检测次数。

p：预防维修使故障设备恢复如新的概率。

q：预防维修使故障设备恢复如旧的概率。

p_λ：第 λ 次检查故障设备由预防维修恢复如新的概率。

q_λ：第 λ 次检查故障设备由事后维修恢复如新的概率。

p_m：更新周期内由预防性维护使系统恢复如新的概率。

q_m：更新周期内由事后维修使系统恢复如新的概率。

$F(x;x_0;t)$：$X(t)$ 的累计分布函数。

$f(X;X_0;t)$：$X(t)$ 的概率密度函数。

R_f：总固定收益。

7.2.1.2　模型建立

本节考虑一个单部件系统或只考虑最重要部件的系统，其退化状态呈持续递增趋势。为了更好地阐述该模型构建，现对单部件系统做以下假设：

① 在正常设备生产中，系统的退化水平是呈严格递增的，且初始状态为 0；

② 对系统执行周期性检查，认定检查完成瞬间不会发生瞬间停机的状况；

③ 系统状态检测成本远小于预防维修、事后维修成本；

④ 一旦系统劣化水平大于系统故障阈值，则认为系统出现故障，对系统实施事后维修；

⑤ 预防性维护为不完美维修，以概率 p 使系统恢复如新，以概率 q 使系统恢复如旧；事后维修视为完美维修。

在视情维修策略下，何时采取维修行动在于第 λ 次检测期间，系统劣化状态 $X(t)$ 与预防性维护阈值 ε 和故障阈值 L 之间的关系。

① 当 $X(t)<\varepsilon$ 时，系统处于正常工作状态，不需要实施任何维修。

② 当 $\varepsilon \leqslant X(t)<L$ 时，系统没有发生故障停机，仍可继续运行，但处于临近失效状态，为了避免发生故障停机，此时采取预防性维护。

③ 当 $X(t) \geqslant L$，系统出现故障，必须采取事后维修，并认定维修结果使系统恢复如新，即系统状态值 $X(t)$ 归为 0。

视情维修策略问题是选择合理的阈值 ε 和检测间隔 σ，实现维修活动的最优化。过低的阈值 ε 会增加系统的可靠性，但过度维修增大维修成本，造成资源浪费；过高的阈值 ε 虽然可以减小维修成本，但很容易增大系统故障风险。对于检测间隔 σ，间隔过大可能会错过最佳维修时机，增大设备停机可能性；检测间隔过小虽有利于实时掌握系统运行状态，但会增加检测成本。本节从经济性角度出发，通过选择最佳的预防性维护阈值 ε 和检测间隔 σ，使得系统期望平均可用度最大，供应商所获利润 $\Pi(\sigma,\varepsilon)$ 最高。

PBC 模式下以利润为中心的视情维修策略模型需要将供应商所提供性能、维修成本和收益三大目标统一为一体，在建立的模型中，系统维修商收益直接取决于系统可用度的大小。由供应商收益与维修成本之差得到的售后服务利润，由系统可用度和维修成本共同决定。对供应商而言，维修成本小，但为客户带来的服务性能差，将不能从客户手中得到足够利润；服务性能好但维修成本高，也同样获取不了最佳利润。因此，以最大化供应商利润为目的，建立一个维修成本与绩效性能相平衡的维修优化模型。定义利润率为 $\Pi(\sigma,\varepsilon)$，收益率为 $R(A(\sigma,\varepsilon))$，则：

$$\begin{cases} \Pi(\sigma,\varepsilon)=R(A(\sigma,\varepsilon))-C(\sigma,\varepsilon) \\ (\sigma^{*},\varepsilon^{*})=\arg\max\{\Pi(\sigma,\varepsilon)\} \\ \sigma>0,\varepsilon>0 \end{cases} \tag{7-1}$$

（1）系统可用度

对于维修运营商而言，系统可用度是衡量供应商售后维修绩效成果的关键指标。相比于成本参数，维修时间更容易获得且数据较准确，故本节用单位更新周期内的总运行时间和总停机时间推出系统可用度，则：

$$A = \frac{T_{up}}{T_L} = \frac{T_{up}}{T_{up} + T_d} \quad (7\text{-}2)$$

（2）总运行时间

根据更新周期定义，每一个更新周期包括不同的检测次数和所需维修次数，但在单位周期内最后一次检测发现系统故障，并使系统恢复如新的维修形式只有预防维修或事后维修两种可能。所以，依据使系统恢复如新的两种维修形式可能性，分别求出不同的运行时间和总停机时间。则单位更新周期内总运行时间为：

$$T_u = \sum_{\lambda=1}^{\infty} \lambda \sigma p_m + \sum_{\lambda=1}^{\infty} \lambda \sigma q_m \quad (7\text{-}3)$$

首先，考虑单位更新周期内的最后一次检测，是由预防维护使故障系统恢复如新的情况。根据单位周期内包含的检测次数 $\lambda(\lambda = 1, 2, 3, \cdots)$，计算使故障系统恢复如新的概率。

① 当 $\lambda = 1$ 时，等同于在单位更新周期内只经历一次预防维护并使系统恢复如新，其概率为：

$$p_1 = p_m \quad (7\text{-}4)$$

② 当 $\lambda = 2$ 时，在单位周期内，使系统恢复如新的情况有以下两种：第一，第一次检测期间发现系统故障，需要预防维修但维修结果使系统恢复如旧，直到第二次检测后对系统实施预防维修才使系统恢复如新；第二，经过第一次检测后，系统退化状态没有达到阈值 ε，系统不采取维修，直到第二次检测，系统退化状态高于阈值 ε 但低于阈值 L，对其实施预防维修，并使系统恢复如新。因此，单位周期内经过两次检查，使系统恢复如新的概率为：

$$p_2 = p_m(\varepsilon < X(2\sigma) < L \& \varepsilon < X(\sigma) < L) \times (1-p)p$$
$$+ p_m(\varepsilon < X(2\sigma) < L \& X(\sigma) < \varepsilon) \times p \quad (7\text{-}5)$$

③ 当 $\lambda = 3$ 时，在单位更新周期内，使故障系统恢复如新的情况有三种可能：第一，经过前两次检查，系统均需要预防维修，但维修结果都使系统恢复如旧，直到经过第三次检测，继续实施预防维修，使系统状态回归初始值；第二，在第一次检测期间，系统退化状态一直低于预防维修阈值，即直到第二次检查，系统才需要预防维修，但维修结果使其恢复如旧，在经过第三次检查后，继续实施预防维修，直使系统恢复如新；第三，经过前两次检查，系统均不需要维修措施，直到第三次检测期间，系统劣化状态高于预防维修阈值，对系统实施预防维修，并使其恢复如新。所以，通过叠加以上三种预防维修可能，在一个更新周期内经过三次检查使系统恢复如新的概率为：

$$p_3 = p_m(\xi < X(3\sigma) < S \& \xi < X(2\sigma) < S \& \xi < X(\sigma) < S) \times (1-p)^2 p$$
$$+ p_m(\xi < X(3\sigma) < S \& \xi < X(2\sigma) < S \& X(\sigma) < \xi) \times (1-p)p$$

$$+ p_{\mathrm{m}}(\xi < X(3\sigma) < S \,\&\, X(2\sigma) < \xi) \times p \tag{7-6}$$

综上所述，在单位更新周期内，经第 $\lambda\,(\lambda = 1,2,3,\cdots)$ 次检查，故障系统由预防维修使其恢复如新的概率为：

$$P_\lambda = \sum_{n=1}^{\lambda-1} p_{\mathrm{m}}(\varepsilon < X(\lambda\sigma) < L \,\&\, \varepsilon < X(n\sigma) < L \,\&\, X((n-1)\sigma) < \varepsilon) \times (1-p)^{\lambda-n} p$$
$$+ p_{\mathrm{m}}(X(\lambda\sigma) < L \,\&\, X((\lambda-1)\sigma) < \varepsilon) \times p \tag{7-7}$$

式中：

$$p_{\mathrm{m}}(\varepsilon < X(\lambda\sigma) < L \,\&\, \varepsilon < X(n\sigma) < L \,\&\, X((n-1)\sigma) < \varepsilon)$$
$$= \int_0^\varepsilon f(u\,;0\,;(n-1)\sigma < \varepsilon) \int_\varepsilon^L f(v\,;u\,;\sigma) F(L-v\,;0\,;(\lambda-n)\sigma) \mathrm{d}u\,\mathrm{d}v$$

$$p_{\mathrm{m}}(X(\lambda\sigma) < L \,\&\, X((\lambda-1)\sigma) < \varepsilon)$$
$$= \int_0^\varepsilon f(u\,;0\,;(\lambda-1)\sigma) [F(L-u\,;0\,;\sigma) - F(\varepsilon-u\,;0\,;\sigma)] \mathrm{d}u$$

同理可得单位更新周期内，经第 λ 次检测，故障系统由事后维修使其恢复如新的概率 $q_\lambda\,(\lambda = 1,2,3,\cdots)$，见式（7-8）。但与预防性维修不同的是，系统只要经过事后维修都将恢复如新，即事后维修被视为完美维修。

$$q_\lambda = \begin{cases} p_{\mathrm{m}}(X(\sigma) > L) \times p,\ \lambda = 1 \\[4pt] p_{\mathrm{m}}(X(2\sigma) > L \,\&\, \varepsilon \times X(\sigma) < L) \times (1-p) + p_{\mathrm{m}}(X(2\sigma) > L \,\&\, X(\sigma) < \varepsilon),\ \lambda = 2 \\[4pt] \sum_{n=1}^{\lambda-2} [p_{\mathrm{m}}(X(\lambda\sigma) > L \,\&\, \varepsilon < X(n\sigma) < L \,\&\, X((n-1)\sigma) < \varepsilon) \\[4pt] \quad - p_{\mathrm{m}}(X((\lambda-1)\sigma) > L \,\&\, \varepsilon < X(n\sigma) < L \,\&\, X((n-1)\sigma) < \varepsilon)](1-p)^{\lambda-n} \\[4pt] \quad + p_{\mathrm{m}}(X(\lambda\sigma) > L \,\&\, \varepsilon < X((\lambda-1)\sigma) < L \,\&\, X((\lambda-2)\sigma) < \varepsilon)(1-p) \\[4pt] \quad + p_{\mathrm{m}}(X(\lambda\sigma) > L \,\&\, X((\lambda-1)\sigma) < \varepsilon),\ \lambda > 2 \end{cases}$$
$$\tag{7-8}$$

（3）总停机时间

停机时间由检测时间、预防维修时间和事后维修时间三部分组成，将总停机时间定义为 T_{d}，则 $T_{\mathrm{d}} = T_{\mathrm{ins}} + T_{\mathrm{pm}} + T_{\mathrm{cm}}$。

$T_{\mathrm{d}(1,\lambda)}$ 为经第 λ 次检查后，由预防维修使故障系统恢复如新的单位周期内的停机时间，$T_{\mathrm{d}(2,\lambda)}$ 为在第 λ 次检查后，由事后维修使故障系统恢复如新的单位周期内的停机时间，则：

$$T_{\mathrm{d}} = \sum_{i=1}^{2} \sum_{\lambda=1}^{+\infty} T_{\mathrm{d}(i,\lambda)} = \sum_{\lambda=1}^{+\infty} T_{\mathrm{d}(1,\lambda)} + \sum_{\lambda=1}^{+\infty} T_{\mathrm{d}(2,\lambda)} \tag{7-9}$$

其中，单位更新周期内经第 λ 次检查，在由预防维修使系统恢复如新的整个过程中，所用停机时间为：

$$T_{d(1,\lambda)} = \begin{cases} (T_{ins} + T_{pm}) \times p_m(X(\sigma) < L) \times p, \lambda = 1 \\ (2T_{ins} + 2T_{pm}) \times p_m(\varepsilon < X(2\sigma) < L \& \varepsilon < X(\sigma) < L) \times (1-p)p \\ + (2T_{ins} + T_{pm}) \times p_m(\varepsilon < X(2\sigma) < L \& X(\sigma) < \varepsilon) \times p, \lambda = 2 \\ \sum_{n=1}^{\lambda-1}[\lambda T_{ins} + (\lambda - n + 1)T_{pm}] \\ \times p_m(\varepsilon < X(\lambda\sigma) < L \& \varepsilon < X(n\sigma) < L \& X((n-1)\sigma) < \varepsilon) \\ \times (1-p)^{\lambda-n}p \\ + (\lambda T_{ins} + T_{pm})p_m(X(\lambda\sigma) < L \& \varepsilon < X((\lambda-1)\sigma) < \varepsilon) \times p, \lambda > 2 \end{cases}$$

$$(7-10)$$

同理，在第 λ 次检查时，在由事后维修使系统恢复如新的整个周期过程中，所用停机时间为：

$$T_{d(2,\lambda)} = \begin{cases} (T_{ins} + T_{pm}) \times p_m(X(\sigma) > L), \lambda = 1 \\ (2T_{ins} + T_{pm} + T_{cm}) \times p_m(X(2\sigma) > L \& \varepsilon < X(\sigma) < L) \times (1-p) + (2T_{ins} + T_{cm}) \\ \times p_m(X(2\sigma) > L \& X(\sigma) < \varepsilon), \lambda = 2 \\ \sum_{n=1}^{\lambda-2}[\lambda T_{ins} + (\lambda - n)T_{pm} + T_{cm}][p_m(X(\lambda\sigma) > L \& \varepsilon < X(n\sigma) < L \& X((n-1)\sigma) < \varepsilon) \\ - p_m(X((\lambda-1)\sigma) > L \& \varepsilon < X(n\sigma) < L \& X((n-1)\sigma) < \varepsilon)](1-p)^{\lambda-p} + (\lambda T_{ins} + \\ T_{pm} + T_{cm}) \times p_m(X(\lambda\sigma) > L \& \varepsilon < X((\lambda-1)\sigma) < L \& X((\lambda-2)\sigma) < \varepsilon)(1-p) \\ + (\lambda T_{ins} + T_{cm}) \times p_m(X(\lambda\sigma) > L \& X((\lambda-1)\sigma) < \varepsilon), \lambda > 2 \end{cases}$$

$$(7-11)$$

（4）成本率

由于故障时间是维修成本产生的来源，所以同样地，依据单位更新周期内的检测次数、预防/事后维修次数，将上述总停机时间内的检测时间、预防/事后维修时间用检测成本、预防/事后维修成本替代，得出由预防维修使故障系统恢复如新的单位更新周期内的维修成本 $C_{1,\lambda}$ 和事后维修使故障系统恢复如新的单位更新周期内的维修成本 $C_{2,\lambda}$。

因此，经过第 λ 次检测，由预防维修使故障系统恢复如新的单位更新周期内，维修成本为：

$$C_{1,\lambda} = \begin{cases} (C_{ins} + C_{pm}) \times p_m(X(\sigma) < L) \times p, \lambda = 1 \\ (2C_{ins} + 2C_{pm}) \times p_m(\varepsilon < X(2\sigma) < L \& \varepsilon < X(\sigma) < L) \times (1-p)p \\ + (2C_{ins} + C_{pm}) \times p_m(\varepsilon < X(2\sigma) < L \& X(\sigma) < \varepsilon) \times p, \lambda = 2 \\ \sum_{n=1}^{\lambda-1}[\lambda C_{ins} + (\lambda - n + 1)C_{pm}] \times p_m(\varepsilon < X(\lambda\sigma) < L \& \varepsilon < X(n\sigma) < L \& X((n-1)\sigma) < \varepsilon) \\ \times (1-p)^{\lambda-n}p + (\lambda C_{ins} + C_{pm})p_m(X(\lambda\sigma) < L \& \varepsilon < X((\lambda-1)\sigma) < \varepsilon) \times p, \lambda > 2 \end{cases}$$

$$(7\text{-}12)$$

同理，经过第 λ 次检测，在一个由事后维修使故障系统恢复如新的更新周期内，维修总成本为：

$$C_{2\lambda} = \begin{cases} (C_{\text{ins}} + C_{\text{pm}}) \times p_{\text{m}}(X(\sigma) > L), \lambda = 1 \\ (2C_{\text{ins}} + C_{\text{pm}} + C_{\text{cm}}) \times p_{\text{m}}(X(2\sigma) > L \& \varepsilon < X(\sigma) < L) \times (1-p) + (2C_{\text{ins}} + C_{\text{cm}}) \\ \quad \times p_{\text{m}}(X(2\sigma) > L \& X(\sigma) < \varepsilon), \lambda = 2 \\ \sum\limits_{n=1}^{\lambda-2} [\lambda C_{\text{ins}} + (\lambda - n)C_{\text{pm}} + C_{\text{cm}}] p_{\text{m}}(X(\lambda\sigma) > L \& \varepsilon < X(n\sigma) < L \& X((n-1)\sigma) < \varepsilon) \\ \quad - p_{\text{m}}(X((\lambda-1)\sigma) > L \& \varepsilon < X(n\sigma) < L \& X((n-1)\sigma) < \varepsilon)](1-p)^{\lambda-p} \\ \quad + (\lambda C_{\text{ins}} + C_{\text{pm}} + C_{\text{cm}}) \times p_{\text{m}}(X(\lambda\sigma) > L \& \varepsilon < X((\lambda-1)\sigma) < L \& X((\lambda-2)\sigma) < \varepsilon)(1-p) \\ \quad + (\lambda C_{\text{ins}} + C_{\text{cm}}) \times p_{\text{m}}(X(\lambda\sigma) > L \& X((\lambda-1)\sigma) < \varepsilon), \lambda > 2 \end{cases}$$

$$(7\text{-}13)$$

从而在单位更新周期内，由期望维修成本费用与期望维修时间的比值得出维修费用率，即：

$$\text{CR} = \frac{\sum\limits_{\lambda=1}^{+\infty} [E(C_{1,\lambda}) + E(C_{2,\lambda})]}{E(T_{\text{d}}) + E(T_{\text{u}})]} \tag{7-14}$$

（5）收益率

依据现有研究对收益率与系统可用度关系的分析，认定二者呈分段线性关系，表示如下：

$$R = \begin{cases} 0, & A \leqslant A_{\min} \\ R_{\text{f}} + r_{\text{k}}(A - A_{\min}), & A > A_{\min} \end{cases} \tag{7-15}$$

式中，$A_{\min}$ 为供应商达到的最低系统可用度。当平均可用度 A 小于 $A_{\min}$ 时，供应商的收益视为 0；若平均可用度大于 $A_{\min}$，则认为收益与可用度二者呈线性关系。其次，为考虑双方利益，双方共同签订 PBC 合同。奖励力度 r_{k} 取值应在（1，100）以内，具体应视维修供应商提供绩效而定。r_{k} 过大，会有效激励供应商提高维修效率，但会加大运营商运行成本，导致利润过低；r_{k} 值过小，奖励力度不够，很难促使供应商在最短的时间内提供最优的服务效率，即失去签订 PBC 合同的意义。

7.2.2　单部件系统远程运维模型实现流程

本节提出的基于 PBC 模式的视情维修策略模型，以供应商利润率最大为目标函数，求解最佳检查间隔和预防维修阈值。由于平均利润率的表达式较复杂，要从理论上求解最佳值非常困难。灰狼算法是一种新型群体智能优化算法，它通过跟踪、包围和攻击行为捕捉"猎物"，具有极强的群体智能优化特性[1-2]。为了增加搜索效率，求解之前依据实际经验确定检测周期 σ 的取值范围，预防性维修阈值应满足 $\varepsilon \in (0, L)$。具体算法步骤如下：

a. 初始化"灰狼"数量 S、"灰狼"种群 $Y = \{Y_1, Y_2, Y_3, \cdots, Y_S\}$，每个"灰狼"个体位置 D 由检查间隔 σ 和预防性维修阈值 ε 组成，最大迭代数次数为 T，首先令迭代次数 $t = 1$。

b. 把平均维修利润率 $p(\sigma, \varepsilon)$ 作为个体适应度函数，即 $f = p(\sigma, \varepsilon)$，计算各"灰狼"个体的适应度值 $f_i (i = 1, 2, \cdots, S)$。寻找 f_i 值处于前三位的个体：Q_1，Q_2，Q_3。

c. 计算 GWO 算法的收敛因子 $w = 2 - 2\tan^4(\pi/4t)$，并更新系数 $A = 2w \cdot r_1 - w$ 和 $B = 2r_2$；其中 r_1 和 r_2 为两个一维分量取值在 $[0,1]$ 内的随机数向量。

d. 遍历"灰狼"种群，开始逮捕。分别更新前三个体 Q_1、Q_2、Q_3 的位置，即 $Y_{Q_1}(a+1) = Y_{Q_1}(a) - A_1 |B_1 Y_{Q_1}(a) - Y(a)|$、$Y_{Q_2}(a+1) = Y_{Q_2}(a) - A_2 |B_2 Y_{Q_2}(a) - Y(a)|$、$Y_{Q_3}(a+1) = Y_{Q_3}(a) - A_3 |B_3 Y_{Q_3}(a) - Y(a)|$。

e. 计算前三"灰狼"个体 Q_1、Q_2、Q_3 和各自的权重 $w_{Q_1} = f_{Q_2} f_{Q_3} / (f_{Q_1} f_{Q_2} + f_{Q_2} f_{Q_3} + f_{Q_1} f_{Q_3})$、$w_{Q_2} = f_{Q_1} f_{Q_3} / (f_{Q_1} f_{Q_2} + f_{Q_2} f_{Q_3} + f_{Q_1} f_{Q_3})$、$w_{Q_3} = f_{Q_1} f_{Q_2} / (f_{Q_1} f_{Q_2} + f_{Q_2} f_{Q_3} + f_{Q_1} f_{Q_3})$，并更新其他个体的位置 $Y(a+1) = w_{Q_1} Y_{Q_1}(a+1) + w_{Q_2} Y_{Q_2}(a+1) + w_{Q_3} Y_{Q_3}(a+1)$。

f. 若 $t \leqslant T$，$t = t+1$，转到步骤 b；否则，输出最优灰狼个体位置 $Y^* = (\sigma^*, \varepsilon^*)$。

7.2.3 算例分析

本节根据单部件系统维修的实际因素，考虑一个单部件系统的退化过程服从 $\alpha = 1$、$\beta = 1$ 的 Gamma 过程，失效阈值 $L = 50$。根据实际经验设置检测间隔和临近失效阈值范围为 $\sigma \in (1, 20)$，$\varepsilon \in (0, 50)$，系统在检测时间 $T_{ins} = 5$ 天时对系统进行检测，得出每个检测时间点下的系统状态值。

其他参数分别为：

$$A_{min} = 0.6，C_{ins} = 5，C_{pm} = 100，R_f = 6，r_k = 50$$

7.2.3.1 结果分析

将以上参数代入系统可用度 A 的表达式，利用 GWO 算法求解单位时间的利润率。GWO 算法中，种群规模设为 30，最大迭代次数设为 60。"灰狼"群体在搜索过程中获得了与最终解有关的信息，跟踪、包围和攻击等步骤使

"灰狼"种群逐渐向最优解区域聚集。求解中，GWO 算法的初始种群在解析空间内随机分布，随着种群的迭代，"灰狼"逐步向最优解靠近。经过 15 次种群迭代，找到了视情维修策略的最优解，确定了最佳检查间隔 σ 和最优阈值 ε。由于 T_{pm}、C_{ins}、C_{up}、C_{cm}、T_{up}、T_{cm} 等参数值呈非线性关系，所以不同参数值导致的最佳结果也不同。针对不同的输入值，在 $\sigma \in (1,20)$，$\varepsilon \in (0,50)$ 范围内的系统最大可用度以及最佳利润率如表 7.1、表 7.2 所示。

表 7.1　不考虑 PBC 合同情况下的视情维修策略结果

C_{ins}	C_{up}	C_{cm}	T_{pm}	T_{cm}	σ	ε	C	A	P
5	50	1000	2	24	3.01	32.38	3.73	0.85	29.32
			2	12	3.23	32.83	3.77	0.86	29.00
			2	6	3.23	32.83	3.79	0.86	29.17
5	50	500	2	24	3.98	37.24	3.24	0.85	29.34
			2	12	4.28	38.14	3.35	0.87	30.15
			2	6	3.89	35.32	3.35	0.89	30.99

表 7.2　考虑 PBC 合同情况下的视情维修策略结果

C_{ins}	C_{up}	C_{cm}	T_{pm}	T_{cm}	σ	ε	C	A	P
5	50	1000	2	24	3.43	35.28	3.83	0.87	29.49
			2	12	3.74	36.00	4.00	0.88	30.01
			2	6	4.63	33.32	4.25	0.88	29.97
5	50	500	2	24	3.74	36.00	3.28	0.87	30.04
			2	12	5.30	37.73	3.36	0.88	30.75
			2	6	5.66	38.85	3.62	0.90	31.56

通过表 7.1、表 7.2 可看出，在相同的参数输入下，相比传统的以维修费用最小化为目标的视情维修策略，虽然以利润为中心的视情维修策略所用维修成本率略高，但带来的系统可用度更大，所获利润率也更高。明显地，当 $C_{ins}=5$，$C_{up}=50$，$C_{cm}=1000$，$T_{pm}=2$，$T_{cm}=12$ 时，前者所用维修成本率比后者低 0.23%，可用度低 0.02%，但后者所获利润率高达 30.01%，高出传统视情维修策略利润率 1.01 个百分点。其次，针对最佳检测阈值 ε 和预防性维修阈值 L，后者值明显更大，即在单位更新周期内，检测次数与维修次数较少，使系统寿命得到充分发挥，也是利润更高的原因之一。

综上，在实际生产中，考虑到相比于成本参数，系统运行时间参数更容易获得而且更精确，所以在收益是基于系统平均可用度的情况下，可以通过实施以利润为中心的视情维修策略使供应商获得理想化的利润，同时激励其更加积极地提高服务水平，实现供应商与运营商二者利润点的平衡。

7.2.3.2　敏感度分析

为了获得最优决策变量和平均利润率的变化趋势，需要分析最优决策维修策略对于维修费用参数的敏感程度。本节通过改变其中一个参数，固定其余参数的办法，分析不同参数对优化目标和最优决策策略的影响。一般情况下，维修费用满足 $C_{ins} < C_{pm} < C_{cm}$，其余参数保持不变。

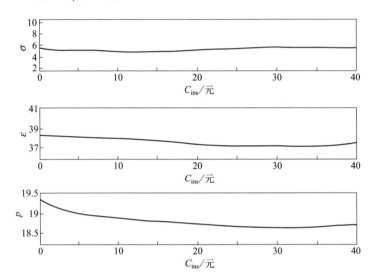

图 7.2 检测成本与最佳利润率和最优维修策略的关系

首先，分析检测成本 C_{ins} 对最优维修策略的影响。图 7.2 描述了检测成本与最优维修策略的关系。从图 7.2 可看出：①当 C_{ins} 较小时，最优检测周期 σ 也较短，频繁的检测便于降低系统的故障概率；②当 C_{ins} 不断增大时，检测周期 σ 也将不断增加以避免维修成本过高；③检测成本 C_{ins} 对预防性维修阈值影响较小，最佳利润率 $p(\sigma, \varepsilon)$ 随着检测费用增加而不断减小。

其次，分析预防性维修成本 C_{pm} 对最优维修决策的影响。从图 7.3 可看出：①当预防性维修成本增加时，为了避免过高的维修成本，预防维修阈值随之增加；②最佳检查周期较短，有利于实时掌握系统累积退化状态，降低系统故障发生概率；③检查间隔 σ 受 C_{pm} 影响较小，呈略微增长趋势。总体来看，最佳利润率 $p(\sigma, \varepsilon)$ 随着 C_{pm} 的增大而减小。

最后，分析事后维修成本 C_{cm} 对最优维修策略的影响。图 7.4 表示事后维修成本对于最佳利润率与最优维修决策的影响。从图 7.4 看出：①当事后维修成本 C_{cm} 较小时，最优检查间隔 σ 较长，因为此时设备停机费用较小而不需要对系统频繁检测；②当 C_{cm} 较大时，最优检测周期较短，便于实时掌握系统劣化状态，有利于及时采取维修活动减少故障损失；③事后维修费用 C_{cm} 对检测间隔、预防性维修阈值和最佳利润率影响较明显，总体上随着 C_{cm} 增大，最佳利润率 $p(\sigma, \varepsilon)$ 逐渐减小。

本节针对单部件系统采用实际中普遍采用的定期检测策略，研究了基于

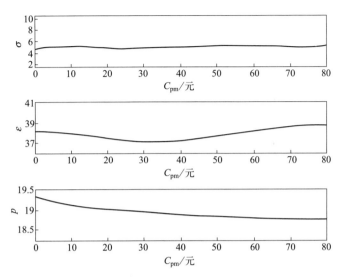

图 7.3　预防性维修成本与最佳利润率和最优维修策略的关系

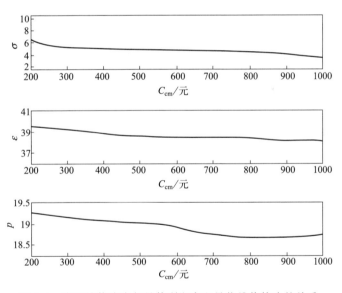

图 7.4　事后维修成本与最佳利润率和最优维修策略的关系

PBC 模式的最优视情维修策略。基于 Gamma 过程和系统可用度建立了以利润为中心的视情维修模型，给出了平均利润率的表达式，通过优化系统的预防性维修阈值和检测间隔来获得最佳利润率，并用数值分析证实了基于性能合同的最优视情维修策略的可行性。另外，本节研究了维修费用参数与最优维修策略的关系，最优的视情维修策略对于不同的维修参数敏感度是不一样的，事后维修费用对维修阈值与检测间隔影响较显著，而最佳利润率对于三个不同的维修费用参数的变化有着相同的变化趋势，即随着维修费用参数的增大而减小。在此维修策略基础上，未来研究可拓展到库存持有成本、采购成本等多个维修成本参数的加入，并考虑性能合同随着时间的推移，不断做出阶段性调整，以更符合运营商与供应商双方实际需要。

7.3　基于服务性能合同的多部件系统远程运维技术

多部件系统一般由很多独立的子部件组成，各子部件之间存在复杂的依赖关系。该系统组合情况多，分析难度大，数据较复杂，进行维修决策较困难。而实际涉及的维修设备大多数是多部件系统，因此针对多部件系统维修拟定合适的维修策略，引入适当的激励合同，提高维修质量，降低维修成本至关重要。目前的研究中，以单位时间内维修成本率最低为优化目标的多部件系统维修已得到广泛认可，但忽略了维修策略带来的系统绩效，且较少有文献将系统绩效与多部件维修策略相结合；其次，大多数文献仅在理论上研究 PBC 和 T&MC 合同对维修策略的影响，并没有通过具体模型构建，来验证性能合同与维修策略的联合优化，从而提高系统可用度，以及使维修商获取更理想化利润。因此本节针对以上不足，建立了基于服务性能合同的多部件系统维修策略优化，不仅达到了供应商与运营商可共同参与系统维修策略制定的目的，而且实现了以数学模型的落实来激励供应商不断提高维修质量与效率，也更具有现实意义。

7.3.1　多部件系统远程运维模型

7.3.1.1　问题描述

一般多部件系统的维修策略模型以平均维修成本最小化为优化目标，但实际生产中，各维修成本的数据并不容易获得；其次，在实际生产过程中，大型设备客户对系统性能绩效更敏感，不只是追求维修成本最低。基于 PBC 模式的多部件系统维修策略模型以部件寿命变化值为出发点，依据单位周期内的实际维修策略，得出平均故障时间和平均运行时间，进一步得出系统可用性和维修成本，最终建立以供应商利润为目标函数的数学模型，在合理范围内逐渐实现决策目标最优化。

本节研究对象为多部件串联系统，考虑其各部件之间存在经济相关性，即任何一个部件故障将会导致系统停机。该模型使用韦伯分布描述多部件串联系统的各部件寿命分布，通过检测系统各部件的使用寿命情况，比较预防性维修阈值和机会维修阈值两个决策变量的大小，确定部件是否需要维修以及如何实施维修活动。假设部件 i 的使用寿命函数分布服从韦伯分布，形状参数为 β_i，尺度参数为 α_i。其概率密度函数与累积密度函数分别为：

$$f_i(t) = \frac{\beta_i}{\alpha_i}\left(\frac{t}{\alpha_i}\right)^{\beta_i-1} \mathrm{e}^{-(t/\alpha_i)^{\beta_i}} \qquad (t>0) \tag{7-16}$$

$$F_i(t) = 1 - \mathrm{e}^{-(t/\alpha_i)^{\beta_i}} \qquad (t>0) \tag{7-17}$$

当部件 i 的使用时间 $X_{(t)}^i$ 超过预防维修阈值 η_i 时，采取预防维修策略。部件在两个时间间隔 $[0,w_i]$、$[w_i,\eta_i]$ 内，存在不同的事后维修可能性。第一，当部件 i 在 $[0,w_i]$ 期间内故障停机时，它一定是由随机故障造成的，对其实施事后维修，不存在机会维修的可能性。第二，在 $[w_i,\eta_i]$ 期间，部件可能被实施机会维修或事后维修。当部件 i 被实施预防维修和事后维修时，如果其他的任一部件的使用寿命达到或超过 w_i，且低于 η_i，此部件执行机会维修。图 7.5 为本节研究的多部件串联系统示意图。

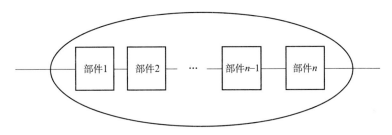

图 7.5　多部件串联系统示意图

基本符号如下：

A：系统可用度。

A_i：部件 i 的可用度。

$A_{\min}$：系统最小可用度。

w_i：机会维修阈值。

η_i：预防维修阈值。

M：寿命失效阈值。

T_{L}：单位更新周期时间。

$E(N_{pi})$：单位更新周期内预防维修的次数。

$E(N_{oi})$：单位更新周期内机会维修的次数。

$E(N_{ci})$：单位更新周期内事后维修的次数。

$E(t_{pi}^{'})$：单次预防维修时间。

$E(t_{oi})$：单次机会维修时间。

$E(t_{ci})$：单次事后维修时间。

$E(T_{up})$：单位更新周期内系统运行时间。

$E(T_d)$：单位更新周期内系统故障时间。

δ_i：部件 i 的机会维修参数。

λ_{pi}：部件 i 的预防维修率。

λ_{ci}：部件 i 的事后维修率。

λ_{oi}：部件 i 的机会维修率。

C_s：维修建立成本。

C_d：单位时间内停机成本。

C_{pi}：部件 i 的预防维修成本。

C_{ci}：部件 i 的事后维修成本。

C_{oi}：部件 i 的机会维修成本。

C_{di}：部件 i 的停机成本。

$C(w_i,\eta_i)$：系统总维修成本。

$X^i_{(t)}$：部件 i 的使用寿命。

$P_i(p)$：部件 i 的预防维修概率。

$P_i(c)$：部件 i 的事后维修概率。

$P_i(o)$：部件 i 的机会维修概率。

$P(w,\eta)$：供应商所获利润。

$R(A)$：供应端所获收益。

$f_i(t)$：部件 i 寿命函数的概率密度函数。

$F_i(t)$：部件 i 寿命函数的累积分布函数。

$g_i(w_i,t)$：部件 i 机会维修时间的概率密度函数。

$G_i(w_i,t)$：部件 i 机会维修时间的累积分布函数。

7.3.1.2 模型建立

本节对系统做以下假设：

① 系统中的所有部件初始为全新状态。每个部件之间仅存在经济独立性，即任意部件故障不会影响其他部件。

② 所有维修行动被认为是完美维修，即故障部件经过维修以后恢复全新状态。

③ 部件 i 的单次维修时间：$t_{ci} > t_{pi} > t_{oi}$。停机时间主要取决于事后维修和预防维修。

④ 部件 i 的事后维修成本远大于预防维修成本，机会维修成本小于预防维修成本，即 $C_{ci} > C_{pi} > C_{oi}$。

⑤ 有足够的备件、工具库存和维修工人确保维修行动正常进行。

⑥ 部件 i 的事后维修时间、预防维修时间和机会维修时间分别遵循参数为 δ_i 的指数分布。

在机会维修策略下，何时采取维修行动取决于部件寿命状态 $X_{(t)}^i$ 与预防性维修阈值 η_i 和机会维修阈值 w_i 之间的关系。

① $X_{(t)}^i < \eta_i$ 时，系统正常工作，不采取维修措施。

② $0 < X_{(t)}^i < w_i$ 时，系统故障由随机故障造成，对其采取事后维修。

③ $w_i \leqslant X_{(t)}^i \leqslant \eta_i$ 时，部件 i 被实施预防维修或事后维修，但当系统其他任一部件的寿命状态处于 $[w_i, \eta_i]$ 期间时，对其采取机会维修。

多部件系统维修决策问题是选择合理的预防维修阈值和机会维修阈值，实现维修活动的最优化。阈值过低会增加系统的可靠性，但过度维修加大维修成本，造成资源浪费；阈值过高可以降低维修成本，但伴随增加系统故障风险。本节从经济性角度出发，通过选择最佳的阈值 η_i 和 w_i，使系统可用度达到最大，供应商所获利润最高。

PBC 模式下以利润为中心的多部件系统维修策略模型需要将供应商所提供绩效、维修总成本和收益三大目标统一为一体，在建立的模型中，供应商收益直接取决于系统可用度的大小。售后服务利润由供应商收益与维修成本之差所得，其由系统可用度和维修成本共同决定。对供应商而言，维修费用小但为运营商带来的服务效果差，将不能从客户手中得到可观利润；服务性能好但维修成本高，也同样获取不了最佳利润。因此，以最大化供应商利润为目标函数，建立一个维修成本与服务绩效二者相平衡的维修优化模型。

设 T_0 为合同有效时间段，T_L 为单位更新周期时间，假设系统是由 $n(n = 1,2,3,\cdots)$ 个不同的部件串联组成，供应商在合同期内的期望利润可表达为：

$$\max P_m(w, \eta) = R_m(A) - \sum_{i=1}^{n} C(w_i, \eta_i) \times \frac{T_0}{T_L} \tag{7-18}$$
$$\text{s. t.} \quad 0 < w_i < \eta_i \quad (i = 1,2,3,\cdots,n)$$

式中，对于 $P_m(w, \eta)$，当 $m=1$ 时，表示收益函数呈线性变化；当 $m=2$ 时，收益函数为指数函数。W_i 表示机会维修时间阈值；η_i 表示预防维修时间阈值。

(1) 性能合同指标

① 供应商收益。目前，系统可用度与收益线性相关理论已被广泛应用。Gibbons[3] 已经提出系统可用度与收益之间的理论关系成线性。Nowicki 和 Kumar[4] 指出收益函数为 $a + b^* A$，其中 a 表示合同的固定值以保证补偿供应商的基础成本，$b^* A$ 表示性能合同对供应商维修效益的激励。在合同 T_0

时间段内的线性收益函数为：

$$R_1(A) = a + b^* (A - A_{min})$$ (7-19)

另外，收益函数也可认定为指数函数：

$$R_2(A) = \exp(\delta + \gamma^* (A - A_{min}))$$ (7-20)

式中，δ、γ^* 表示指数参数模型中的激励参数；A_{min} 表示供应商需达到的最小系统可用度。在上述两个模型中，当系统可用度超过最小可用度时，供应商将会得到额外的奖励。可用度越高，供应商得到的奖励越多。否则，当系统可用度低于最小值时，供应商会得到惩罚。

② 系统可用度。在生产系统中，系统运行可用度是一个非常重要的指标系数，一般使用两种方式增加系统可用度：第一，增加系统平均运作时间；第二，减少平均故障维修时间。本节主要通过优化机会维修阈值和预防维修阈值减少系统停机，提高系统可用度。结合上述讨论，部件 i 的可用度是由停机时间和合同有效期决定，可视为总运行时间与合同有效时间的比值：

$$A_i = \frac{T_0 - E(N_{pi}) \times E(t_{pi}) - E(N_{ci}) \times E(t_{ci}) - E(N_{oi}) \times E(t_{oi})}{T_0}$$

$$= 1 - E(N_{pi}) \times \frac{E(t_{pi})}{T_0} - E(N_{ci}) \times \frac{E(t_{ci})}{T_0} - E(N_{oi}) \times \frac{E(t_{oi})}{T_0}$$

$$= 1 - T_0 \times P_i(p) \times \lambda_i \times \frac{E(t_{pi})}{T_0} - T_0 \times P_i(c) \times \lambda_i \times \frac{E(t_{ci})}{T_0} - T_0 \times P_i(o) \times \lambda_i \times \frac{E(t_{oi})}{T_0}$$

$$= 1 - P_i(p) \times \lambda_i \times t_{pi} - P_i(c) \times \lambda_i \times t_{ci} - P_i(o) \times \lambda_i \times t_{oi}$$ (7-21)

式中，$E(t_{pi})$、$E(t_{ci})$、$E(t_{oi})$ 分别表示一次预防维修、事后维修和机会维修需要的时间，由实际案例获得。进一步，作为一个串联系统，可得系统可用度为：

$$A = \prod_{i=1}^{n} A_i = \prod_{i=1}^{n} [1 - P_i(p) \times \lambda_i \times t_{pi} - P_i(c) \times \lambda_i \times t_{ci} - P_i(o) \times \lambda_i \times t_{oi}]$$ (7-22)

③ 维修总成本。系统涉及的费用有预防性维修成本、事后维修成本、机会维修成本、维修准备成本和停机损失成本。在单位更新周期内的期望成本表达为：

$$C(w_i, \eta_i) = (C_s + C_{pi} + C_{di}) \times P_i(p) + (C_s + C_{ci} + C_{di}) \times P_i(c) + C_{oi} \times P_i(o)$$ (7-23)

（2）维修策略模型

本节采用三种维修方法：预防维修，事后维修和机会维修。实际情况中，根据系统部件所处的不同状态，采取不同的维修措施。事后维修用于由突然和意外故障造成的系统停机。预防维修是通过判断系统状态与两个维修阈值的关系，提前实施以保持系统可靠度，避免事后维修的发生。较多的预防维修可以使系统拥有较高的可靠度和较少的事后维修次数。但它占据更多的运行时间，消耗更多资源。因此，机会维修则是一个可以平衡时间和预防维修成本的维修方法。当其他部件进行预防和事后维修时，对此部件采用机会维修。在多部件系统维修中，机会维修可以减少拆卸和装配等时间，节约相关成本。

部件 i 的三个维修率通过历史维修数据得到，总维修率可以通过运行时间获得。在得到所有部件的三个维修率后，维修的总次数和总时间便可依次求出。相关的维修率依次表示为：λ_{pi}，λ_{ci}，λ_{oi}。下面详细介绍三种维修方法。

① 机会维修。机会维修策略是在考虑部件之间经济相关性的基础上，将各个部件的维修策略组合起来，提高系统可用度并节约维修成本的一种维修方法。当一个故障部件实施预防或事后维修时，若系统中的其他任一部件使用度满足机会维修条件，对其采取机会维修。因此，部件 i 的机会维修参数为：

$$\delta_i = \sum_{j \neq i} (\lambda_{pj} + \lambda_{ci}) \tag{7-24}$$

本节主要目的是优化机会维修阈值 w_i，当其他的任一部件进行预防维修或事后维修时，如果部件 i 的使用度达到或超过 w_i，且低于 η_i，部件 i 执行机会维修。基于可靠性理论，部件 i 的机会维修时间服从参数为 δ_i 的指数分布。部件 i 的概率密度函数和累积分布函数为：

$$g_i(w_i, t) = \delta_i \exp(-\delta_i(t - w_i)), \ t \geq w_i \tag{7-25}$$

$$G_i(w_i, t) = 1 - \exp(-\delta_i(t - w_i)), \ t \geq w_i \tag{7-26}$$

综上，部件 i 的机会维修行动发生在时间间隔 $[w_i, \eta_i]$ 之内。根据上面两个公式，得出部件 i 实施机会维修的概率为：

$$p_i(o) = \int_{w_i}^{T_i} \left[1 - \int_0^t f_i(t) \mathrm{d}t \right] g_i(w_i, t) \mathrm{d}t \tag{7-27}$$

得到部件 i 实施机会维修的概率后，在合同 T_0 时间段内，完成机会维修的期望次数为：

$$E(N_{oi}) = T_0 \times \lambda_{oi} = T_0 \times P_i(o) \times \lambda_i \tag{7-28}$$

式中，λ_i 表示部件 i 的总维修率，$\lambda_i = \lambda_{pi} + \lambda_{ci} + \lambda_{oi}$。

② 事后维修。部件在两个时间间隔 $[0, w_i]$、$[w_i, \eta_i]$ 内，存在不同的维修策略，事后维修的概率由两部分时间间隔内的维修概率之和得到。第一，当部件 i 在 $[0, w_i]$ 期间故障停机，它一定是由随机故障造成，对其实施事后维修。第二，在 $[w_i, \eta_i]$ 期间，部件可能被实施机会维修或事后维修。因此，单位更新周期内的事后维修概率为：

$$p_i(c) = \int_0^{w_i} f_i(t) \mathrm{d}t + \int_{w_i}^{\eta_i} f_i(t) \mathrm{d}t - \int_{w_i}^{\eta_i} f_i(t) \mathrm{d}t \int_{\eta_i}^t g_i(t) \mathrm{d}t \tag{7-29}$$

期望事后维修次数为：

$$E(N_{ci}) = T_0 \times P_i(c) \times \lambda_i \tag{7-30}$$

一旦发生故障，系统将会停机，随之对部件进行事后维修。这就伴随产生维修准备成本 C_s、事后维修成本费 C_{ci} 和停工成本损失 C_{di}，$C_{di} = E(t_{ci}) \times C_d$，$C_d$ 为单位时间停工成本损失。即实施事后维修的成本为三者之和。

③ 预防维修。当部件 i 的使用度超过预防维修阈值 η_i 时，采取预防维修策略，即实施预防维修的概率为：

$$p_i(p) = \left[1 - \int_0^t f_i(t)\mathrm{d}t \right]\left[1 - \int_{\eta_i}^t g_i(t)\mathrm{d}t \right] \tag{7-31}$$

进一步推出在合同 T_0 时间内，预防维修的期望次数为：

$$E(N_{pi}) = T_0 \times P_i(p) \times \lambda_i \tag{7-32}$$

同理，当对部件 i 实施预防维修时，伴随产生三种维修成本：维修准备成本 C_s、预防维修成本 C_{pi} 和停工成本损失 C_{di}。$C_{di} = E(t_{pi}) \times C_d$。即实施预防维修的成本为三者之和。

④ 单位更新周期。单位更新周期由期望运行时间和期望故障时间组成。部件 i 的维修率由单位更新周期得到，单位更新周期是部件 i 维修率的倒数。依据更新过程理论，部件 i 的期望运行时间为：

$$E(T_{up}) = \int_0^{w_i} t f_i(t)\mathrm{d}t + \int_{w_i}^{\eta_i} t f_i(t)\mathrm{d}t - \int_{w_i}^{\eta_i} t f_i(t)\mathrm{d}t \int_{\eta_i}^t t g_i(t)\mathrm{d}t$$

$$+ \eta_i \left[1 - \int_0^t f_i(t)\mathrm{d}t \right]\left[1 - \int_{\eta_i}^t g_i(t)\mathrm{d}t \right] \tag{7-33}$$

部件 i 的期望停机时间为：

$$E(T_d) = P_i(p) \times t_{pi} + P_i(c)t_{ci} + P_i(o)t_{oi} \tag{7-34}$$

所以，由期望运行时间和期望停机时间之和得单位更新周期为：

$$E(T_L) = E(T_{up}) + E(T_d) \tag{7-35}$$

7.3.2　多部件系统远程运维模型实现流程

7.3.2.1　灰狼算法过程

从目标函数可以看出，该模型是一种复杂的多变量优化问题，非线性的函数求解从理论上很难得到分析结果。而灰狼算法是一种新型群体智能优化算法，它通过跟踪定位、包围和攻击行为获取"猎物"，具有极强的群体智能优化特性。相比普遍用于优化目标模型的遗传算法（genetic algorithm，GA）、粒子群算法（particle swarm optimization，PSO），灰狼算法具有结果更简单、需要调节的参数少、计算更快捷的特点，能够在局部求最优解和全局求最优解之间实现平衡，因此在求解过程中往往具有更高的精度和效率。为了增加搜索效率，依据实际经验确定机会维修阈值 w、预防性维修阈值 η 的取值范围，满足 η、$w \in (0, M)$。具体算法步骤如下：

a. 初始化"灰狼"数量 S、"灰狼"种群 $Y = \{Y_1, Y_2, Y_3, \cdots, Y_S\}$，每个"灰狼"个体位置 D 由阈值 η 和阈值 w 组成，最大迭代数次数为 T，首先令迭代次数 $t = 1$。

b. 把平均维修利润率 $p(w, \eta)$ 作为个体适应度函数，即 $f = p(w, \eta)$，计算各"灰狼"个体的适应度值 $f_i (i = 1, 2, \cdots, S)$。寻找 f_i 值处于前三位的个体：Q_1，Q_2，Q_3。

c. 计算 GWO 算法的收敛因子 $w = 2 - 2\tan^4(\pi/4t)$，并更新系数 $A = 2w \cdot r_1 - w$ 和 $B = 2r_2$，其中 r_1 和 r_2 为两个一维分量取值在 $[0, 1]$ 内的随机数向量。

d. 遍历"灰狼"种群，开始逮捕。分别更新前三个体 Q_1、Q_2、Q_3 的位置，即 $Y_{Q_1}(a+1) = Y_{Q_1}(a) - A_1 |B_1 Y_{Q_1}(a) - Y(a)|$，$Y_{Q_2}(a+1) = Y_{Q_2}(a) - A_2 |B_2 Y_{Q_2}(a) - Y(a)|$，$Y_{Q_3}(a+1) = Y_{Q_3}(a) - A_3 |B_3 Y_{Q_3}(a) - Y(a)|$。

e. 计算前三"灰狼"个体 Q_1、Q_2、Q_3 和各自的权重 $w_{Q_1} = f_{Q_2} f_{Q_3} / (f_{Q_1} f_{Q_2} + f_{Q_2} f_{Q_3} + f_{Q_1} f_{Q_3})$、$w_{Q_2} = f_{Q_1} f_{Q_3} / (f_{Q_1} f_{Q_2} + f_{Q_2} f_{Q_3} + f_{Q_1} f_{Q_3})$、$w_{Q_3} = f_{Q_1} f_{Q_2} / (f_{Q_1} f_{Q_2} + f_{Q_2} f_{Q_3} + f_{Q_1} f_{Q_3})$，并更新其他个体的位置 $Y(a+1) = w_{Q_1} Y_{Q_1}(a+1) + w_{Q_2} Y_{Q_2}(a+1) + w_{Q_3} Y_{Q_3}(a+1)$。

f. 若 $t \leqslant T$，$t = t + 1$，转到步骤 b；否则，输出最优灰狼个体位置 $Y^* = (\sigma^*, \varepsilon^*)$。

7.3.2.2　基于灰狼算法的模型求解

以利润为中心的多部件系统维修策略模型是一种复杂的多变量优化问题。其中，充分有效地利用每一个决策变量的覆盖能力，合理布局每个变量的位置，适当调整决策变量的参数，不仅能够获取所需的信息，还能够减少两个决策变量之间相互的干扰，产生理想化的经济效应，并且提高系统的整体效能。将灰狼算法应用于多部件系统维修策略模型的具体步骤如下：

① 在设置区域内随机预设期望利润，并在该决策目标识别范围内读取所有可以读取到的信息，并对所得数据进行预处理。

② 初始化参数：期望利润的数量 S，系数 A 和 B，随机向量 r_1、r_2，最大迭代次数 T。随机布置目标变量利润的位置（灰狼的初始解位置）。

③ 以新型绩效模型为基础，建立相应的目标函数，并计算此时每个目标函数利润率的适应度值，由此选定位于前三位置的 3 个利润度，并利用其位置

信息更新其他因变量的位置。

④"猎物"表示在可接受范围内可能放置目标变量位置的解，灰狼有机会从各个方向包围"猎物"，即在有效范围内，系统维修的最佳利润度可能放置在每个潜在的位置；引入改进型灰狼算法，利用惯性常数策略更新各参数值，借助各个系数的调整平衡算法的搜索输出能力。

⑤利用目标函数适应度最高的位置作为最优等级的"灰狼"，迫使其他"灰狼"向此等级密集的方向移动，以覆盖更多的变量。将所有更新后的"灰狼"个体信息作为最优目标函数的位置信息，利用目标函数计算每个期望利润的适应度值，将其中前三个体作为新一次迭代过程中的 Q_1、Q_2、Q_3 目标"灰狼"，更新其他"灰狼"的位置。迭代次数 $t=t+1$；判断当前迭代次数是否大于最大迭代次数 T，若未达到，继续更新"灰狼"位置，直至达到最大迭代次数 T。此时提取出每个"灰狼"个体所在"猎物"的位置信息，并将其作为系统维修策略优化部署的结果。

⑥在 GWO 迭代一定次数后，若有些"灰狼"个体在局部极值点出现较密集的聚拢情况，则对其他等级的"灰狼"状态进行高斯变异，分开干扰较强的参数，以求得更佳的目标函数利润值。

⑦直到达到迭代次数或者遍历所有最佳利润潜在的位置时，找到目标函数表现最好的解，否则返回步骤④。

具体算法流程如图 7.6 所示。

7.3.3 算例分析

7.3.3.1 算法对比

本模型考虑系统由 4 个关键部件组成，为了简便，对部件从 1 至 4 分别编号。详细的参数信息从实际案例获得，合同期限认定为 10 年，即 $T_0=10$，最小的系统可用度设为 0.85。从仓库到发电厂的距离为 800m。在线性收益函数里，两个激励参数设置为 $a=17$ 万元，$b=1200$ 万元。为了和线性收益函数比较，指

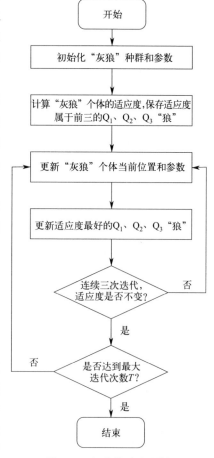

图 7.6 灰狼算法流程图

数收益函数的两个激励参数设为 14 和 10，并依据实际经验设立两个阈值范围为 $w \in (0,50)$，$\eta \in (50,80)$。

将以上参数代入利润目标函数的表达式，利用灰狼算法求解单位时间的平均利润率。算法模型中，最大迭代次数设为 70，种群规模设为 45。"灰狼"群体在搜索过程中获取与最优解相关的信息，通过跟踪、包围和攻击等步骤，使"灰狼"个体不断向最优解区域靠拢。求解中，灰狼算法的初始种群在解析空间内随机分布，随着种的迭代，个体逐步向最优解靠拢。经过 25 次种群迭代，确立了系统维修策略的最优解，找到了不同激励模型下的最佳决策变量 (w_i, η_i)，并进一步推出最佳利润 p、系统可用度 A 和系统收益 R，具体结果分析见 7.3.3.2 节。其中，算例分析所用参数输入值如表 7.3 所示。

表 7.3　部件相关参数值

部件编号	C_{ci}	C_{pi}	C_{oi}	C_d	C_s	α_i	β_i	δ_{pi}	δ_{ci}
1	16000	3600	2600	15000	3300	220	3	0.03	0.04
2	6500	1300	1100	7200	2680	340	4	0.02	0.05
3	11000	2600	1900	8900	2800	280	4	0.04	0.07
4	13000	2700	2300	12800	3000	260	3	0.04	0.06

首先，为了验证改进灰狼算法在多部件系统组合维修模型应用中的有效性和优越性，将其与普遍应用的遗传算法、粒子群算法进行比较分析。在实验过程中，将 80 个随机分布的变量个体放置在工作区域，然后分别用算法进行优化。

通过图 7.7～图 7.9 结果比较可得：在相同的条件下，分别对灰狼算法、遗传算法和粒子群算法进行模拟分析；在图 7.7～图 7.9 中，可用的"灰狼"个体被标记为圆圈，散落在区域里的点表示随机放置的变量位置。在有 10 个可用的利润度的条件下，GA 算法覆盖了 80 个变量位置中的 65 个（81.25%），PSO 算法涵盖了 80 个随机位置中的 71 个（88.75%），部分"灰狼"个体产生了干扰，但是参数变量并没有被多个"灰狼"捕获，说明该算法的负载平衡得到了充分的考虑。如图 7.9 所示，本节算法在实验中覆盖了 74 个（92.5%）变量位置，无任何的干扰，并且读取了更多的"灰狼"个体，说明本节算法在保证覆盖率的基础上避免了个体之间的干扰，综合性能优于参与对比的 2 种传统算法。

在适应度函数值上，适应度函数值越大，说明算法的效果越好。实验结果表明，在 70 次迭代中，基于线性函数模型下，GA 遗传算法得到的最佳适应度函数值（即最佳利润）为 1292.8，PSO 粒子群算法的最佳适应度函数值为 1378.6，而灰狼算法的最佳适应度函数值达到了 1425.18，GWO 表现优于对比算法。

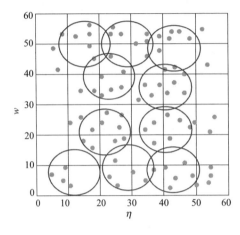

图 7.7　随机分布的 80 个
个体在 GA 上的实验结果

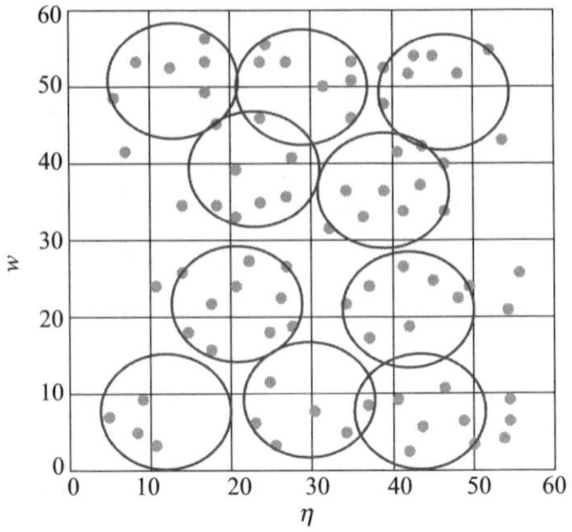

图 7.8　随机分布的 80 个
个体在 PSO 上的实验结果

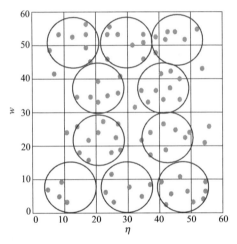

图 7.9　随机分布的 80 个个体在 GWO 上的实验结果

7.3.3.2　结果分析

如表 7.4 所示，在相同的参数输入下，相比于传统的以维修费用最小化为目标的维修策略，虽然以利润为中心的绩效模型策略所用维修成本率略高，但带来的系统可用度更大，所获利润率也更高。明显地，当可用度与收益呈线性变化时，前者所用维修成本率比后者低 23%，可用度低 1.73%，但后者所获利润率高达 25.3%，高出传统维修策略利润率 2.6%。其次，当可用度与收益呈指数函数变化时，传统模型成本率比绩效模型低 10.91%，可用度低 1.4%，后者所获利润却高达 19.1%，高出传统维修策略利润率 1.8%。所以综上所述可知，基于三个模型评判标准，以利润为中心的新型绩效模型更能为供应商带来理想化收益。

表 7.4　不同收益激励参数对应的评判标准值

函数形式	方法模型	可用度	利润/元	成本/元
线性收益	传统模型	0.965	1137.12	63.15
	绩效模型	0.982	1425.18	82.8
指数收益	传统模型	0.965	1149.3	50.57
	绩效模型	0.979	1421.1	61.48

表 7.5　4 个部件在不同收益函数下的最优维修阈值

函数形式	方法模型	(w_1,w_2,w_3,w_4)	$(\eta_1,\eta_2,\eta_3,\eta_4)$
线性收益函数	传统模型	(48.2,49.3,48.6,48.9)	(188.4,210,199.7,238,6)
	绩效模型	(33.7,36.6,33.4,33.8)	(239.7,310,275.2,297.8)
指数收益函数	传统模型	(56.4,55.3,56.6,56.9)	(168.8,190.6,179.7,218.8)
	绩效模型	(41.7,40.8,41.5,41.9)	(249.4,270,258.7,297.5)

从表 7.5 可看出，针对最佳机会维修阈值 w 和预防性维修阈值 η，后者值明显更大，即在单位更新周期内，检测次数与维修次数较少，使系统寿命得到充分发挥，也是利润更高的原因之一。明显地，在线性收益函数里，绩效性能模型的预防维修阈值高于传统模型约 50.6 个单位，但其机会维修阈值相对更低，约低 5.7 个单位，意味着新型模型可通过增加机会维修的次数从而减少预防维修和事后维修的时间，系统停机的次数更少，进一步提高了系统可用度，从而实现提高利润的目的。同理，在指数收益函数里分析理论结果亦是如此。

系统可用度是评判传统模型和绩效模型所带来设备可靠度大小的重要指标之一。从表 7.6、表 7.7 可以看出，所提出模型的系统可用度远高于传统模型。其次，对于传统模型，系统可用度不随任何激励参数的改变而改变；对于绩效模型，在线性收益函数里，系统绩效不受激励参数 a 影响，但会随着参数 b 的增加而增加，当 $b=32600$ 万元时，系统可用度达到 0.9815。在指数收益函数里，两个激励参数 (r,δ) 均对系统绩效产生影响。尤其当参数 r 从 13.5 增加到 15 时，系统可用度增加了 13 个百分点；而参数 b 则对系统绩效产生较小的影响。

表 7.6　不同激励参数产生的系统可用度（基于线性收益函数）

情况	参数(a,b)	传统成本模型	绩效模型
1	(17,12000)	0.976	0.9804
2	(35,12000)	0.976	0.9804
3	(53,12000)	0.976	0.9804
4	(17,8400)	0.976	0.9792

续表

情况	参数(a,b)	传统成本模型	绩效模型
5	$(17,21600)$	0.976	0.9808
6	$(17,28800)$	0.976	0.9812
7	$(17,32600)$	0.976	0.9815

表 7.7　不同激励参数产生的系统可用度（基于指数收益函数）

情况	参数(r,δ)	传统成本模型	绩效模型
1	$(14,10)$	0.976	0.9796
2	$(13.5,10)$	0.976	0.9792
3	$(14.5,10)$	0.976	0.9814
4	$(15,10)$	0.976	0.9805
5	$(14,9.5)$	0.976	0.9802
6	$(14,10.5)$	0.976	0.9805
7	$(14,11)$	0.976	0.9806

综上可知，在实际生产中，相比于以成本为目标函数的传统模型，所提出的模型不仅促使供应商提供更好的服务质量与效率，同时保证了维修成本在运营商可接受的范围之内，所以在收益与系统平均可用度呈指数函数变化的情况下，以利润为中心的新型绩效模型更能为双方带来理想化的效果，实现运营商与供应商二者利润点的平衡。

7.3.3.3　敏感度分析

为了分析收益激励参数 r、η 对三个评判标准的敏感程度，基于指数收益函数，计算不同激励参数下，传统模型与所提出绩效模型的三个评判标准变化趋势。本节通过改变其中一个参数，固定其余参数的办法，分析不同参数对可用度与维修总成本的影响。一般情况下，维修费用满足 $C_{oi}<C_{pi}<C_{ci}$，激励参数范围为 $r\in(10,20)$，$\delta\in(8,10)$，r 值以 1 为单位从 10 到 20 变化，δ 值以 0.2 为单位从 8 到 10 变化，其余参数保持不变。

从图 7.10 看出，随着激励参数 r、δ 的增加，成本率也在增加，绩效模型下的维修成本对 δ 值的变化最敏感，呈明显递增趋势。r、δ 对传统模型成本无影响，但绩效模型产生的维修成本略高于传统模型，由 7.3.3.2 节分析结果可知，为了保持较高的系统可用度，适当增加维修成本是合理的。

图 7.11 代表两种模型在不同激励参数下产生的系统可用度，可看出绩效模型产生的系统可用度明显高于传统模型，高出值近 0.25。当 r 值以 1 为单位从 10 到 20 变化时，基于 PBC 模式的系统可用度呈平稳增长趋势，大约比传统模型高出 2 个百分点；当 δ 值以 0.2 为单位从 8 到 10 变化时，所提出模型的系统可用度比传统模型高出近 1.7 个百分点。r、δ 的改变对传统模型下的成本无影响。因此，对于新型绩效模型，增加 r 值是一种很有效的提高系统运行可用度的方式。

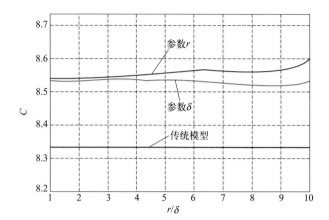

图 7.10　不同激励参数下的维修成本变化

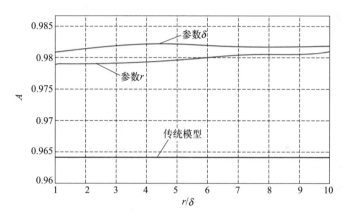

图 7.11　不同激励参数产生的系统可用度

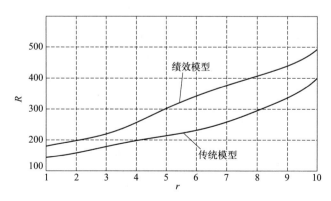

图 7.12　随着参数 r 的改变，系统收益的变化

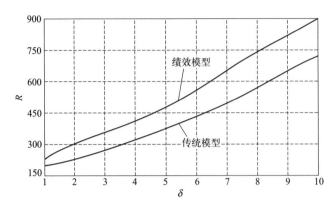

图 7.13　随着参数 δ 的改变，系统收益的变化

　　如图 7.12、图 7.13 所示，随着两个参数的增大，效益成本率逐渐增大，即供应商的维修能力和运营商奖励程度决定维修效率本身。其次，在不同激励参数影响下，所提出模型的效益成本率远高于传统模型。因此，证明了对于多部件系统，绩效模型比传统成本模型更有效。

　　本节针对多部件串联系统，以供应商利润为中心，建立了基于 PBC 模式的多部件系统维修策略模型，采用灰狼算法对模型进行求解，数值分析表明：相对于传统成本模型，新型绩效模型可带来更高的系统可用度和利润率；同时，指数收益函数比线型收益函数更有效。本节中的新型绩效模型和改进的灰狼算法、数值分析结论能为运营商和供应商共同制定维修策略提供有效决策支持，在提高供应商售后服务效率的同时，加大运营商运营规模和利润率，从而促进传统制造业完成由卖产品到卖服务的新型转变。在此维修策略模型基础上，未来研究可拓展到库存持有成本、采购成本等多个维修成本参数的加入，除此之外，对研究系统可拓展为串并联、并联等更复杂的结构，并考虑性能合同随着时间的推移不断做出阶段性调整，以更符合运营商与供应商双方实际需要。

本章小结

　　本章研究了基于服务性能合同的设备系统维修决策问题，即基于维修服务效果，为提高供应商维修质量与效率以及双方利润，提出新的决策模型方法。主要内容包括：

　　① 研究了基于服务性能合同的单部件系统维修策略模型。针对供应商系统维修的低效率以及维修成本参数较难获得的问题，首先，基于 Gamma 分

布，描述单部件系统连续递增的退化过程，依据系统实时检测状态与预防维修阈值、故障阈值之间的关系，实施不同的维修策略；其次，分析单位更新周期内的检测次数、使故障设备恢复如新的维修方式，以供应商利润率最大化为目标函数，以最佳维修阈值与检测间隔时间为决策变量，建立以利润为中心的视情维修优化模型；最后，利用改进的灰狼算法求解数学模型，通过算例验证了所提出模型的有效性，并进行了各维修费用参数对目标函数以及最优维修策略的灵敏度分析。

② 研究了基于性能合同的多部件系统维修策略模型。考虑各部件间的经济相关性，采用韦伯分布描述系统各部件使用寿命规律，提出了基于性能合同的多部件系统的维修策略模型。首先，通过判断各部件使用度与预防性维修阈值和机会维修阈值的关系，实施不同的维修策略；其次，计算单位更新周期内的各维修活动概率和对应维修次数，以供应商利润最大化为目标，以预防性维修阈值和机会维修阈值为决策变量，建立基于性能合同的多部件系统的维修策略模型；最后，利用改进的灰狼算法求解模型，并通过算例分析验证，发现与遗传算法、粒子群算法相比，精准有效率分别提高了 22.6% 和 7.6%；同时，验证了相比于传统成本模型，在所获利润率方面，所提出绩效模型高达 25.3%，提高了 5.2%。基于性能合同的多部件系统维修策略优化模型和算法，可以有效解决供应商维修质量与效率低下问题，为供应商和运营商共同制定维修合同提供依据。

参考文献

[1] 李玲，成国庆，柳炳祥. 基于 Gamma 过程的加速劣化系统模型及其最优视情维修策略 [J]. 计算机集成制造系统，2013，19 (11)：2922-2927.

[2] 龙文，赵东泉，徐松金. 求解约束优化问题的改进灰狼优化算法 [J]. 计算机应用，2015，35 (09)：2590-2595.

[3] Gibbons R. Incentives between firms [J]. Management Science, 2005, 51 (06): 2-17.

[4] Nowicki D R, Kumar U D. Spares provisioning under performance-based logistics contract: profit-centric approach [J]. Operational Research Society, 2008, 59 (08): 342-352.

第 8 章

考虑环境影响的系统远程运维技术

8.1 概述

从第一次工业革命到现在，人类在谋求自身发展的同时，不断索取地球的资源并产生大量的污染排放，对环境造成很难逆转的破坏。然而地球的资源并不是取之不竭、用之不尽的，其环境的承载力是有限度的。图 8.1 描述了从 1990 年到 2021 年间全球能源消耗和工业过程产生的碳排放量。2021 年全球能源燃烧和工业过程产生的碳排放量达到了 363 亿吨，创历史新高，其中电力行业产生的碳排放量接近 14.6Gt，达到了有史以来的最高水平。

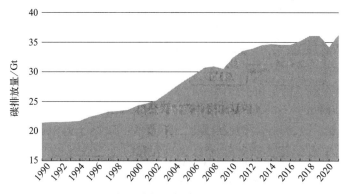

图 8.1　1990—2021 年全球能源燃烧和工业过程产生的碳排放量

2000 年到 2021 年全球主要新兴经济体和发达经济体的碳排放量以及人均碳排放量的情况如图 8.2 和图 8.3 所示。

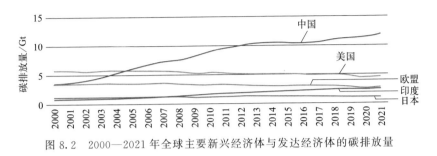

图 8.2　2000—2021 年全球主要新兴经济体与发达经济体的碳排放量

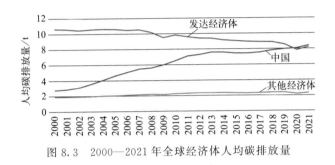

图 8.3　2000—2021 年全球经济体人均碳排放量

我国自改革开放以来，工业化、城镇化的发展非常迅速，其中制造业是我国经济发展的重要动力，也是我国的能源消耗和二氧化碳排放量的主要来源，占据了全国总量的三分之一，同时能源消耗与碳排放导致的环境问题也日益严重。党的十八大以来，我国不断加强环境保护政策的执行力度，2018 年全国生态环境保护大会也强调要充分利用改革开放 40 周年以来积累的坚实物质基础，加大力度推进生态文明建设，解决好生态环境的问题。从政策层面看，环境保护的高压态势，在今后一段时期将成为一种常态，并朝着更为规范化的方向发展。绿水青山就是金山银山，我们不应以破坏环境为代价来发展经济，而是要在经济发展与环境保护之间寻找一个平衡点，实现共赢[1]。

经济的蓬勃发展依赖于健康稳定的系统，而维修是保证系统安全可靠运行的关键，在绿色可持续制造的背景下，维修也被赋予了新的使命：设备的维修不再仅仅是考虑设备在制造过程的故障、停机风险等造成的经济损失，而加入了能源消耗、碳排放等环境因素，从而满足可持续制造体系下考虑环境因素的设备维修准则。另外，环保部门出台的相关政策也约束着企业进行绿色低碳的生产，不断进行技术创新。设备性能的劣化往往伴随着能源消耗的增加，这一方面增加了企业的能源成本，另一方面也对环境产生了巨大的压力。维修与生产对于制造业都是非常重要的两个模块，也是制造业中两个不可分割的模块。

生产以满足市场需求，维修以保证系统能够良好地运转。在绿色、低碳、可持续发展的背景下，企业的维修与生产也有了更多的要求。

因此，本章考虑碳排放与能源消耗等环境问题，对设备的预防性维修进行优化。首先，提出设备的预防性维修不仅要考虑成本因素，还要结合碳排放等环境因素；其次，基于环保部门的政策约束对设备的预防性维修进行优化；最后，结合企业的生产计划，对设备的预防性维修进行优化，谋求经济效益与环境效益的双赢。

目前，国内对于设备的预防性维修研究关注的大多是经济效益，忽略了设备性能不断退化导致的能源消耗加剧以及排放超标等环境问题。因此，本章主要研究绿色、可持续发展背景下设备的预防性维修策略，将设备运行过程中由性能退化导致的能源消耗等纳入到预防性维修计划的制定中，通过合理规划来降低设备对环境的影响，避免高额的惩罚，获得经济效益与生态效益的双赢。主要内容包括以下三个方面：

① 单产品情况下考虑碳排放的设备智能运维优化。鉴于设备运行过程中能耗随着其性能退化而递增，并在考虑维修活动降低设备故障率以及排放率的基础上，进一步考虑了设备回收对于成本和排放的降低作用，采用动态的故障率函数以及碳排放函数，将设备回收的收益、维修活动的排放等纳入模型中。通过优化设备的预防性维修计划，平衡企业的经济效益与环境效益。最后采用算例验证了模型的有效性。

② 单产品情况下考虑能耗的设备智能运维优化。通过建立设备排放与能耗的指数模型以及设备故障的分布函数，结合环保部门的排放与能耗的阈值来触发非完美的预防性维修操作，使得设备生命周期的成本率最小，将设备的排放与能耗超标的惩罚成本纳入总成本，并通过灰狼算法求解模型，最后通过算例验证该方法的有效性。

③ 多产品情况下考虑能耗的设备智能运维计划与生产计划联合优化。基于多品种批量生产模式，考虑设备性能退化对产品加工时长以及设备加工单位时间基础能耗的影响，提出了考虑能耗的生产计划与维修决策联合优化模型，根据设备的实际运转时长研究故障发生次数，以最小化包括生产成本、库存成本、延期成本、能耗成本以及维修成本在内的总成本为目标，制订最佳的维修计划与生产计划，并运用遗传算法进行求解。

8.2　单产品情况下考虑碳排放的系统远程运维技术

气候变暖、污染、资源枯竭等环境问题日益严重。为应对气候变暖和环境污染带来的挑战，实现经济的绿色、可持续发展，我国向世界宣布，努力使碳排放在 2030 年达到最高峰，然后在 2060 年前实现碳中和。但由于我国目前的能源结构主要还是化石能源居多，与发达经济体相比，我国的碳中和起步较晚、起点较高、难度较大。因此，我们必须重视环境问题，采取措施降低碳排放。随着国家对"碳达峰""碳中和"工作的部署与推进，"碳达峰"和"碳中和"已成为我国的热点话题，很多政府部门和企业都在思考和研究如何实现这两个目标。

因此，本节采用动态故障率函数以及能源消耗函数，将设备性能退化过程中运行成本的增加以及更换设备的回收利用纳入成本率函数中。设备消耗能源会产生碳排放，对环境造成破坏，因此本节考虑设备性能退化导致设备运行的碳排放增加、维修活动造成的碳排放以及设备更换的回收利用降低碳排放。通过对设备预防性维修计划的优化，使设备生命周期内的成本率以及碳排放率最小，并且用一个算例来验证模型的有效性。

8.2.1　问题描述

本节以单设备系统为研究对象。系统在其运行过程中伴随着性能劣化，在其生命周期内，随着预防性维修次数的增加，出现非预期故障的概率降低，故障维修次数也随之降低，但若采取过多的预防性维修，必然导致预防性维修成本的增加，预防性维修的成本与故障性维修的成本呈现反比例的关系。在一个维修周期内，系统运行时长的增加会导致其周期内运行成本以及排放的增大，如图 8.4 和图 8.5 所示。比如，汽车在刚开始行驶时具有很好的燃油经济性，但随着行驶距离的增加，每公里的油耗可能会增大，进而导致汽车的行驶成本以及碳排放增加，因此最佳的预防维修次数以及预防维修间隔能降低企业的成本与排放。以单设备系统为研究对象，以预防维修次数为决策变量，以最小化系统单位时间成本和单位时间碳排放为优化目标。当系统发生故障时对其进行

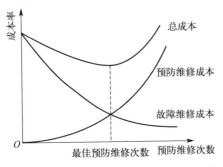
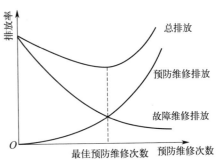

图 8.4　成本与碳排放随预防维修次数变化图

故障维修，故障维修只能将系统的性能恢复到故障发生之前瞬时的状态，并不改变其故障率和排放率。如果该系统的工作时间超过了预定的维修期限，还没有出现任何问题，那么就需要进行预防性维修，避免后续故障的发生。预防性维修并不能将其修复如新，引入改善因子来描述维修的不完美。在进行数次预防性维修后对设备进行更换。将设备视为整体，不考虑其内部构造，忽略维修以及更换的时间。

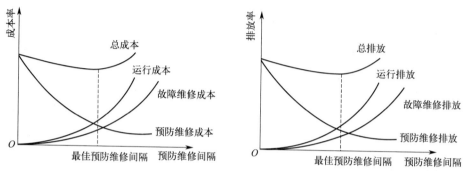

图 8.5　成本与碳排放随预防维修间隔变化图

符号说明见表 8.1。

表 8.1　模型符号含义

符号	含义
$\lambda_i(t)$	系统在第 i 个维修周期内的故障率函数
$R_{\min}$	系统可靠度限制
η_i	系统在第 i 个预防性维修周期内的役龄回退因子
L_i^-	系统在第 i 次预防性维修前的有效役龄
L_i^+	系统在第 i 次预防性维修后的有效役龄
T_i	系统第 i 个预防性维修的周期长度
γ_i	系统在第 i 个预防性维修周期内的故障率递增因子
GT	系统产生的总排放
G_{use}	系统运行单位能耗排放系数
G_m	系统维修活动的单位能耗排放系数
G_p	系统更新的单位能耗排放系数
X	系统运行期间消耗的总能源
N	系统生命周期内进行预防性维修的次数
N_c	系统生命周期内发生故障性维修的次数
δ^{N-1}	回收系数
$x_i(t)$	系统在第 i 个预防性维修周期内运行产生的能耗函数
GWP	系统生命周期内的碳排放率
CT	系统生命周期内的总成本
C_p	系统进行一次预防性维修的成本

符号	含义
C_c	系统进行一次故障性维修的成本
C_r	系统更新成本
TC_c	系统进行故障性维修的总成本
TOC	系统运行的总成本
C_e	单位能耗成本
EC	系统生命周期内的成本率

8.2.2 生产系统远程运维模型

根据上述问题描述，系统在运行期间会发生以下三种维修活动：故障性维修、预防性维修以及更新整个系统。基于上述三种维修活动，引入改善因子并建立单一成本率模型、单一碳排放率模型以及两者的多目标决策模型。

8.2.2.1 改善因子模型

预防性维修后，系统的役龄会回退到之前的某个阶段，其回退程度与维修成本、预防维修次数有关，引入役龄回退因子表示预防性维修对系统役龄的影响，其表达式如下：

$$\eta_i = \left(a \frac{C_p}{C_r} \right)^{bi} \tag{8-1}$$

式中，a 为成本调节系数，用以调整预防性维修成本与系统更新成本的比值，使得改善因子的取值符合实际情况，其取值范围为 $0 \leqslant a \leqslant C_r/C_p$，一般认为预防维修成本越高，维修效果越好；$C_p$ 为预防维修成本；C_r 为更换成本；$b > 1$，表示时间调节函数。役龄回退因子的取值范围为 $0 \leqslant \eta_i \leqslant 1$，$\eta_i = 0$ 代表故障维修，$\eta_i = 1$ 代表完全维修，即更换。η_i 越大（越小），表示预防维修后设备役龄回退得越多（越少），当其他参数确定后，η_i 是随着维修次数动态变化的。假设系统的预防维修周期为 T，在设备进行第一次预防维修前后，设备的有效役龄可以表示为：

$$\begin{cases} L_1^- = T_1 \\ L_1^+ = t + (1 - \eta_1) T_1 \end{cases} \tag{8-2}$$

式中，t 是周期起始的时间刻度，在第 i 个预防维修周期内，t 的取值范围为 $t \in (0, T_i)$。通过预防维修，使得系统的役龄回退了 $\eta_1 T_1$，则维修后，系统的有效役龄变成了 $t + (1 - \eta_1) T_1$。那么可以推出在第二次预防维修前后设备的有效役龄可以表示为：

$$\begin{cases} L_2^- = L_1^+ + T_2 = t + (1-\eta_1)T_1 + T_2 \\ L_2^+ = t + (1-\eta_1)T_1 + (1-\eta_2)T_2 \end{cases} \quad (8\text{-}3)$$

以此类推，在第 $i(i \geqslant 2)$ 次预防性维修前后，可以将系统的有效役龄表示为：

$$\begin{cases} L_i^- = t + \displaystyle\sum_{j=1}^{i-1}(1-\eta_j)T_j + T_i \\ L_i^+ = t + \displaystyle\sum_{j=1}^{i}(1-\eta_j)T_j \end{cases} \quad (8\text{-}4)$$

经过预防性维护后，系统的有效役龄变化情况如图 8.6 所示。

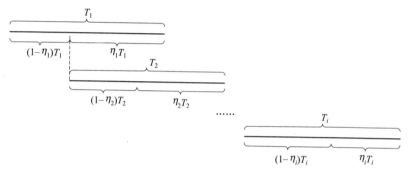

图 8.6 预防性维修前后系统有效役龄的变化情况

预防性维修在使系统役龄回退的同时也会造成其故障率曲线的改变，采用故障率递增因子来表示预防性维修对故障率曲线的影响，则系统的故障率函数在预防性维修前后的关系如下：

$$\lambda_{i+1}(t) = \gamma_i \lambda_i(t) = \prod_{j=1}^{i} \gamma_j \lambda_1 \left[t + \sum_{j=1}^{i}(1-\eta_j)T_j \right], \quad t \in (0, T_{i+1}) \quad (8\text{-}5)$$

式中，γ_i 表示第 i 次预防维修后，系统的故障率变化率。在不同的改善因子作用下，系统的故障率曲线随之变化，如图 8.7 所示。

考虑到系统的可靠度限制 $R_{\min}$，当系统可靠度低于 $R_{\min}$ 时就进行预防性维修以恢复其性能，可以得到系统的可靠度函数为：

$$\exp\left[-\int_0^{T_1}\lambda_1(t)\mathrm{d}t\right] = \exp\left[-\int_0^{T_2}\lambda_2(t)\mathrm{d}t\right] = \cdots = \exp\left[-\int_0^{T_N}\lambda_N(t)\mathrm{d}t\right] = R_{\min}$$

$$(8\text{-}6)$$

因此，系统在每个预防维修间隔内进行故障维修的次数均为 $-\ln R_{\min}$，通过求解式(8-6)可得到每个预防维修间隔期 $(T_1, T_2, \cdots, T_N)$。

8.2.2.2 碳排放率模型

系统在其生命周期内对环境造成的影响主要由生产制造、运行，以及回收

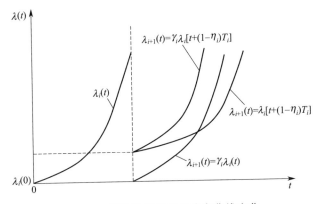

图 8.7 预防维修前后故障率曲线变化

处理三个过程中消耗能源产生的碳排放组成，其中回收处理是有利于降低碳排放的。设备使用期内的碳排放主要是设备运行消耗能源产生的，比如消耗电能等，以及维修活动产生的，比如生产用以维修的消耗性材料等。因此系统在生命周期内的总排放可以表示为：

$$GT = G_{use}X + (N + N_c)G_m + (1 - \delta^{N-1})G_p \tag{8-7}$$

式中，G_{use} 为系统运行单位能耗排放系数，即系统运行过程中消耗单位能源产生的碳排放；X 为系统运行期间消耗的总能源，其表达式见式(8-8)；N 为系统生命周期内进行预防性维修的次数，当系统进行预防性维修活动已经不再经济环保时，对系统进行更新处理，使系统完全修复如新，进入下一个运行周期；N_c 为系统在其生命周期内发生故障性维修的次数，其表达式见式(8-9)；G_m 为系统维修活动的单位能耗排放系数，即一次维修活动所产生的碳排放，假设故障性维修与预防性维修的维修活动单位能耗排放系数相同；δ^{N-1} 为回收系数；G_p 为系统更新的单位能耗排放系数，即系统完全修复如新所产生的碳排放。

$$X = \int_0^{T_1} x_1(t)dt + \int_0^{T_2} x_2(t)dt + \cdots + \int_0^{T_N} x_N(t)dt = \sum_{i=1}^N \int_0^{T_i} x_i(t)dt \tag{8-8}$$

$$N_c = \int_0^{T_1} \lambda_1(t)dt + \int_0^{T_2} \lambda_2(t)dt + \cdots + \int_0^{T_N} \lambda_N(t)dt = \sum_{i=1}^N \int_0^{T_i} \lambda_i(t)dt \tag{8-9}$$

式中，$x_i(t)$ 为系统运行的能耗函数，可表示为：

$$x_i(t) = kt + b \tag{8-10}$$

式中，k、b 为系统能耗模型的参数。系统的维修活动在恢复系统性能的同时也会改变其能耗情况，因此将改善因子引入到能耗函数中，更加契合实际情况。在第 i 次预防性维修前后，系统能耗函数之间的关系可表示为：

$$x_{i+1}(t) = \prod_{j=1}^{i} \gamma_j x_i \left[t + \sum_{j=1}^{i} (1 - \eta_j) T_j \right] = \prod_{j=1}^{i} \gamma_j \left\{ k \left[t + \sum_{j=1}^{i} (1 - \eta_j) T_j \right] + b \right\}$$

(8-11)

综上所述，系统在生命周期内的排放率可表示为：

$$\begin{aligned} \text{GWP} &= \frac{\text{GT}}{\sum\limits_{i=1}^{N} T_i} = \frac{G_{\text{use}} X + G_{\text{m}} (N + N_{\text{c}}) + G_{\text{p}} (1 - \delta^{N-1})}{\sum\limits_{i=1}^{N} T_i} \\ &= \frac{G_{\text{use}} \sum\limits_{i=1}^{N} \int_0^{T_i} x_i(t) \mathrm{d}t + G_{\text{m}} \left[N + \sum\limits_{i=1}^{N} \int_0^{T_i} \lambda_i(t) \mathrm{d}t \right] + G_{\text{p}} (1 - \delta^{N-1})}{\sum\limits_{i=1}^{N} T_i} \end{aligned}$$

(8-12)

8.2.2.3 成本率模型

本节主要考虑系统的故障性维修成本、预防性维修成本、系统更新成本以及运行成本四个部分，假设系统在第 N 次预防性维修时进行更新，则系统的总成本可表示为：

$$\text{CT} = (N-1) C_{\text{p}} + \text{TC}_{\text{c}} + (1 - \delta^{N-1}) C_{\text{r}} + \text{TOC} \tag{8-13}$$

式中，C_{p} 为单次预防维修成本；TC_{c} 为故障性维修的总成本；C_{r} 为系统更新成本；TOC 为系统运行的总成本。系统进行故障性维修的总成本可表示为：

$$\text{TC}_{\text{c}} = C_{\text{c}} N_{\text{c}} = C_{\text{c}} \sum_{i=1}^{N} \int_0^{T_i} \lambda_i(t) \mathrm{d}t \tag{8-14}$$

式中，C_{c} 为系统进行单次故障维修的成本。系统性能的退化会导致其运行成本增加，运行成本与其能耗相关，单位能耗成本为 C_{e}，则系统运行的总成本为：

$$\text{TOC} = C_{\text{e}} X = C_{\text{e}} \sum_{i=1}^{N} \int_0^{T_i} x_i(t) \mathrm{d}t \tag{8-15}$$

综上所述，系统在其生命周期内的成本率可表示为：

$$\text{EC} = \frac{\text{CT}}{\sum\limits_{i=1}^{N} T_i} = \frac{(N-1) C_{\text{p}} + (1 - \delta^{N-1}) C_{\text{r}} + \text{TC}_{\text{c}} + \text{TOC}}{\sum\limits_{i=1}^{N} T_i}$$

$$= \frac{(N-1)C_{\mathrm{p}} + (1-\delta^{N-1})C_{\mathrm{r}} + C_{\mathrm{c}}\sum_{i=1}^{N}\int_0^{T_i}\lambda_i(t)\mathrm{d}t + C_{\mathrm{e}}\sum_{i=1}^{N}\int_0^{T_i}x_i(t)\mathrm{d}t}{\sum_{i=1}^{N}T_i}$$

(8-16)

8.2.2.4　联合决策模型

在多目标优化问题中，很难让所有的目标都达到最优，一个目标的优化往往伴随着其他目标的劣化，因此需要协调各个目标以尽可能使得总体目标最优。在可靠度约束下考虑系统成本率以及碳排放率的多目标预防维修优化模型为：

$$\min\begin{cases} \mathrm{GWP}(N^*) = \dfrac{C_{\mathrm{use}}\sum_{i=1}^{N}\int_0^{T_i}x_i(t)\mathrm{d}t + (N-N\ln R_{\min})G_{\mathrm{m}} + (1-\delta^{N-1})G_{\mathrm{p}}}{\sum_{i=1}^{N}T_i} \\[4mm] \mathrm{EC}(N^*) = \dfrac{(N-1)C_{\mathrm{p}} + (1-\delta^{N-1})C_{\mathrm{r}} - C_{\mathrm{c}}N\ln R_{\min} + C_{\mathrm{e}}\sum_{i=1}^{N}\int_0^{T_i}x_i(t)\mathrm{d}t}{\sum_{i=1}^{N}T_i} \end{cases}$$

(8-17)

$$\mathrm{s.t.} \quad N_{\mathrm{g}}^* \leqslant N^* \leqslant N_{\mathrm{c}}^* \text{ 或 } N_{\mathrm{c}}^* \leqslant N^* \leqslant N_{\mathrm{g}}^*$$

式中，N_{g}^* 为系统单位能耗排放系数最优时的预防维修次数。

8.2.3　生产系统远程运维模型求解流程

首先分别求出成本与碳排放两个优化目标对应的最优解，其求解过程如图 8.8 所示，以此确定多目标优化模型中最优解的范围，进而对求出的目标值进行标准化处理，并根据企业对不同目标的重视程度求出多目标优化模型的最优解。

图 8.8 左框为系统在其生命周期内的碳排放率模型的求解过程，右框为系统在其生命周期内的成本率模型的求解过程。

8.2.4　算例分析

8.2.4.1　数据准备

以某个制造企业的一台耗能设备构成的生产系统为例，假设单次预防性维修的成本 C_{p} 为 1000 元，单次故障性维修的成本 C_{c} 为 5000 元，系统更新成

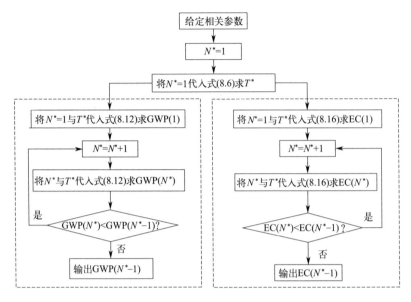

图 8.8　模型求解步骤

本 C_r 为 500000 元，系统更新的单位能耗排放系数为 $C_p = 80000000$g CO_2，系统维修活动的单位能耗排放系数 $C_m = 11450$g CO_2。据统计，当设备运行了约 109156min 后，其单位时间油耗为 0.635L/min；运行约 105333min 后，其单位时间的油耗为 0.653L/min；系统运行单位能耗排放系数为 $G_{use} = 2695$g CO_2，能源的价格 C_e 为 6.2 元/L。设备运行时长与其能耗率之间存在如式（8-10）所示的线性关系，则设备运行时长与其能耗率的关系可以表示为：

$$x(t) = 4.371 \times 10^{-7} t + 0.587 \tag{8-18}$$

假设设备的故障率服从两参数威布尔分布，则其故障率函数可以表示为：

$$\lambda(t) = \frac{\beta}{\alpha} \left(\frac{t}{\alpha} \right)^{\beta-1} \tag{8-19}$$

式中，α、β 分别表示威布尔分布的尺度参数和形状参数，可以通过分析历史数据得到，这里取 $\alpha = 21416$，$\beta = 4$。假设设备的可靠度限制 $R_{min} = 0.8$，回收系数 $\sigma = 0.5$，役龄回退因子参数取值为：$a = 1$，$b = 0.07$。故障率递增因子为：

$$\gamma_i = \frac{12i+1}{11i+1} \tag{8-20}$$

8.2.4.2　结果分析

通过迭代求解得到碳排放率模型和成本率模型的结果，见图 8.9。用 Python 对图 8.9 中的数据进行可视化处理后得到设备的碳排放率与维修次数的关系（图 8.10）以及设备的成本率与维修次数的关系（图 8.11）。

N	1	2	3	4	5	6	7	8	9	10	11	12	13	14	15
	14719.21	14719.21	14719.21	14719.21	14719.21	14719.21	14719.21	14719.21	14719.21	14719.21	14719.21	14719.21	14719.21	14719.21	14719.21
		9295.52	9295.52	9295.52	9295.52	9295.52	9295.52	9295.52	9295.52	9295.52	9295.52	9295.52	9295.52	9295.52	9295.52
			4540.33	4540.33	4540.33	4540.33	4540.33	4540.33	4540.33	4540.33	4540.33	4540.33	4540.33	4540.33	4540.33
				2590.02	2590.02	2590.02	2590.02	2590.02	2590.02	2590.02	2590.02	2590.02	2590.02	2590.02	2590.02
					1735.89	1735.89	1735.89	1735.89	1735.89	1735.89	1735.89	1735.89	1735.89	1735.89	1735.89
						1275.98	1275.98	1275.98	1275.98	1275.98	1275.98	1275.98	1275.98	1275.98	1275.98
t							991.94	991.94	991.94	991.94	991.94	991.94	991.94	991.94	991.94
								799.98	799.98	799.98	799.98	799.98	799.98	799.98	799.98
									661.87	661.87	661.87	661.87	661.87	661.87	661.87
										577.89	577.89	577.89	577.89	577.89	577.89
											476.89	476.89	476.89	476.89	476.89
												412.11	412.11	412.11	412.11
													359.22	359.22	359.22
														315.29	315.29
															278.33
GWP	4309.12	4142.8	4133.81	4121.52	4098.39	4073.33	4051.55	4034.96	4023.79	4017.59	4015.7	4017.47	4022.3	4029.72	4039.31
EC	20.72	19.53	19.38	19.23	19.02	18.81	18.63	18.47	18.36	18.27	18.21	18.17	18.16	18.15	18.17

图 8.9　设备碳排放率模型和成本率模型优化结果

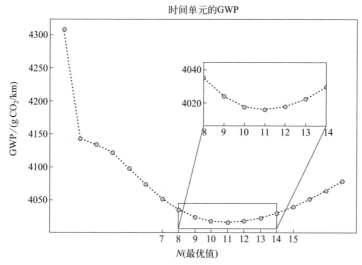

时间单元的GWP

图 8.10　设备碳排放率与预防性维修次数关系图

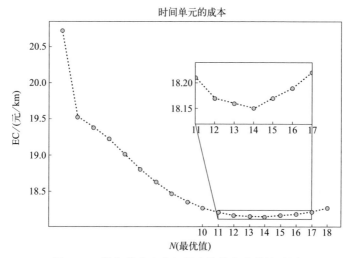

时间单元的成本

图 8.11　设备的成本率与预防性维修次数关系图

由图 8.9 可知，当设备的预防性维修次数为 11 次时，其单位时间碳排放最低，为 GWP＝4015.7g CO_2 当量，但此时设备的单位时间成本并不是最少的；同样地，在成本率模型中，当设备的预防性维护次数为 14 次时，单位时间成本最小，为 EC＝18.15 元，而此时设备单位时间碳排放也并非最低的。在两个模型决策变量的最优取值区间内构建碳排放率与成本率的关系如图 8.12 所示，在 $11 \leqslant N^* \leqslant 14$ 的区间内，碳排放率与成本率之间成反比例关系。

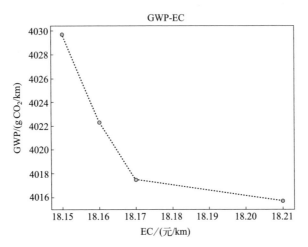

图 8.12　单位时间碳排放与单位时间成本的关系图

在两个模型的最优解范围内，单位时间碳排放的降低伴随着单位时间成本的增大，因此需要在这两个目标之间协调，使得总体目标达到最优。图 8.13 给出了预防性维修次数不同时两个目标函数的函数值。

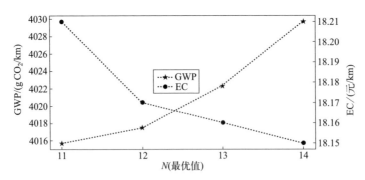

图 8.13　预防性维修次数变化时两个目标函数值变化情况

由于碳排放与成本的量纲不同，需要进行标准化处理进行统一，这里采用最大最小化法，处理的公式为：

$$y^* = \frac{y - y_{\min}}{y_{\max} - y_{\min}} \tag{8-21}$$

处理后 GWP、EC 的值如表 8.2 所示。

表 8.2　标准化处理后 GWP 与 EC 函数值

N	11	12	13	14
GWP	0	0.126248	0.470756	1
EC	1	0.333333	0.166667	0

企业根据自身发展与相关政策确立碳排放和成本的比重，假设两者同等重要，即单位时间碳排放与单位时间成本的权重分别为：

$$w_1 = 0.5, \quad w_2 = 0.5 \tag{8-22}$$

则总的目标值（TOTAL）如表 8.3 所示，其变化趋势如图 8.14 所示。

表 8.3　标准化处理后总的目标值

N	11	12	13	14
TOTAL	0.5	0.23	0.32	0.5

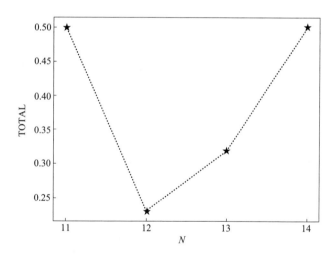

图 8.14　$w_1 = 0.5$，$w_2 = 0.5$ 下最优维修次数图

从图 8.14 可以看出，当企业的碳排放与总成本的权重均为 0.5 时，最优维修次数为 $N^* = 12$，此时总体目标标准化之后的值为 TOTAL＝0.23。

综上所述，当设备的预防性维修的次数达到 11 次时，其生命周期内的单位时间碳排放最低，但此时设备的单位时间成本并不是最少的，经济效益是企业必须考虑的一个重要因素。而当设备单位时间成本最少时，其最佳预防性维修次数为 14 次，在第 11 次预防性维修后，设备单位时间碳排放逐渐增大。因此，在综合考虑环境效益与经济效益情况下，最佳的预防性维修次数为 12 次，此时整体的目标达到最优。

通过对系统运行的单位能耗排放系数 G_{use}、系统维修活动的单位能耗排放系数 G_m 以及系统更新的单位能耗排放系数 G_p 这三个参数进行敏感性分析可以得到以下结果：

① 系统运行的单位能耗排放系数 G_{use}。当 G_{use} 变化时，系统单位时间的碳排放随之变化，碳排放模型最优解也随之变化，其变化趋势如图 8.15 所示。

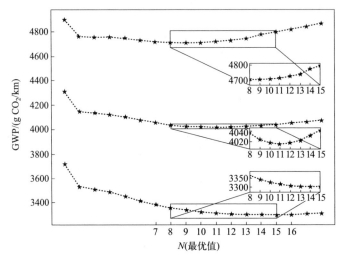

图 8.15 G_{use} 变化时 GWP 以及 N_g^* 的变化

图 8.15 中从上往下看，第一条线为 $G_{use}=3695g\ CO_2$，此时 $N_g^*=9$；第二条线为 $G_{use}=2695g\ CO_2$，此时 $N_g^*=11$；第三条线为 $G_{use}=1695g\ CO_2$，此时 $N_g^*=14$。G_{use} 取值变大（变小）说明系统消耗单位能源产生的碳排放变大（变小），在其运行期间会产生更多（更少）的温室气体污染环境，因此针对单一碳排放模型需要减少（增加）预防性维修次数。综合考虑成本率，当 G_{use} 取值变小时，多目标决策模型的预防性维修次数最优解取值的变化较敏感；当 G_{use} 取值变大时，预防性维修次数最优解的取值变化并不敏感。其具体变化情况如表 8.4 所示。

表 8.4 基于 G_{use} 的最优预防性维修次数演变

G_{use}	N_g^*	GWP	N^*
1695	14	3302.7	14
2695	11	4015.7	12
3695	9	4706.33	12

② 系统维修活动的单位能耗排放系数 G_m。当 G_m 变化时，系统单位时间碳排放的变化如图 8.16 所示。

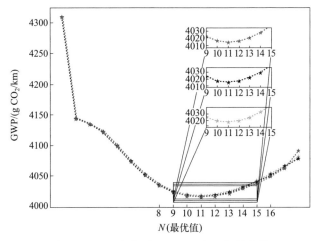

图 8.16　G_m 变化时 GWP 以及 N_g^* 的变化

图 8.16 中由上至下，第一条曲线为 $G_m = 6450 \text{g CO}_2$，此时 $N_g^* = 11$；第二条曲线是 $G_m = 11450 \text{g CO}_2$，此时 $N_g^* = 11$；第三条曲线为 $G_m = 16450 \text{g}$ CO_2，此时 $N_g^* = 11$。由此可见，当 G_m 的取值变化时，碳排放率模型以及多目标优化决策模型的最优解的变化并不敏感，只是改变了单位时间碳排放，见表 8.5。

表 8.5　基于 G_m 的最优预防性维修次数演变

G_m	N_g^*	GWP	N^*
6450	11	4013.91	12
11450	11	4015.70	12
16450	11	4017.49	12

③ 系统更新的单位能耗排放系数 G_p。当 G_p 变化时，系统单位时间碳排放也会发生变化，碳排放率模型的最优解也随之变化，其变化趋势如图 8.17 所示。

图 8.17 中从上往下看，第一条线为 $G_p = 1.6 \times 10^8 \text{g CO}_2$，此时 $N_g^* = 16$；第二条线为 $G_p = 9 \times 10^7 \text{g CO}_2$，此时 $N_g^* = 12$；第三条线为 $G_p = 8 \times 10^7 \text{g CO}_2$，此时 $N_g^* = 11$；第四条线为 $G_p = 7 \times 10^7 \text{g CO}_2$，此时 $N_g^* = 10$。G_p 取值变大（变小）说明系统更新的单位能耗排放系数变大（变小），对单一碳排放模型需要增加（减少）预防性维修次数，使得系统生命周期内单位时间碳排放变小。综合考虑成本率，当 G_p 取值变大时，多目标决策模型的预防性维修次数最优解取值变化较敏感；而 G_p 取值变小时，多目标决策模型的最优预防性维修次数的取值变化并不敏感；其具体变化情况如表 8.6 所示。

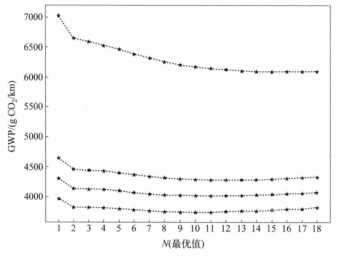

图 8.17　G_p 变化时 GWP 的变化

表 8.6　基于 G_p 的最优预防维修次数演变

G_p	N_g^*	GWP	N^*
70000000	10	3748.8	12
80000000	11	4015.7	12
90000000	12	4280.16	13
160000000	16	6088.54	15

　　要实现零排放，达到碳中和并不容易，这是一个巨大的挑战，同时也是一个巨大的经济机遇。本节综合考虑了设备生命周期内的碳排放对环境造成的影响以及维修成本，引入了役龄回退因子以及故障率递增因子两个改善因子，建立了环境影响决策模型、维修成本决策模型以及多目标决策模型，对有可靠度限制的设备，采用顺序预防性维修，通过优化预防性维修次数，使设备生命周期内对环境产生的影响以及总的维修成本最小。本节为企业提供了一个降低设备碳排放的思路，对实现碳中和，保护环境具有重要意义。

8.3　单产品情况下考虑能耗的系统远程运维技术

　　良好的生态环境是我们生存发展的基石。随着社会生产力的迅速发展，制造业的能源消耗急剧增加，环境问题也日益严重。在众多行业中，制造业消耗能源占比最大，其主要能源为电力，而我国发电主要依赖化石能源，因此，在消耗电力的过程中也伴随着各种温室气体的排放。为减少排放，降低能源消耗，实现绿色制造，各国都制定了相关的法律法规来约束企业，比如碳排放限额、环境税等，要求企业承担更多的社会以及环境责任，这也导致企业的成本越来越高，因此能耗与排放控制也逐渐成为研究热点。

本节将设备的能耗控制和排放控制引入传统的顺序预防性维修策略中，对设备的维修周期进行优化，进一步降低设备生命周期内的成本率，并将役龄递减因子引入设备的能耗水平和排放水平模型中，以模拟维修动作对设备能耗水平和排放水平的影响，并用灰狼优化算法对模型进行求解，获得了设备长期成本率最低时最佳的维修次数和维修周期。

8.3.1　问题描述

本节的研究对象是由一台设备构成的易故障生产系统，该系统在生产过程中会消耗能源并产生碳排放。随着设备性能的劣化，生产过程中的能源消耗以及碳排放都会增加。若设备的能耗与碳排放超过了当地环保部门执行的限额标准，则需要缴纳相应的罚金用以治理环境。传统的预防性维修一般在设备的可靠度达到其阈值时对其进行预防性维修，忽略了设备运行的能源消耗与碳排放等环境问题。本节综合设备运行过程中的能源消耗与碳排放，根据环保部门制定的清洁生产要求对设备进行预防性维修的周期进行优化，建立综合设备可靠性、能耗与排放的预防性维修模型。根据环保部门执行的限额标准，结合设备的可靠度约束调整系统的维修计划。当设备的能耗与碳排放达到了企业设定的阈值而可靠性还没有达到其维修阈值时，也对其进行预防性维修操作来恢复系统的性能，避免高能耗生产和高排放。若设备在达到预防性维修时间点前就发生了故障，则对其进行故障性维修，故障性维修只能将设备的状态恢复到发生故障之前的水平。由于小修所需的时长相对于系统运行的时长来说很短，故忽略不计。当设备的运行时间达到了其预防性维修时间点，则需要进行预防性维修。预防性维修只能将设备的性能恢复到之前的某一状态，而不能修复如新。在经历数次预防性维修后对设备进行更换，使其恢复如新，所有的维修操作都是停机维修。假设设备的运行环境及预防性维修过程相对稳定，中间无生产停歇，且设备生产的产品市场供需平衡，其需求率等于生产率，停机维修时将无法满足市场需求，会造成销售损失。

符号说明见表 8.7。

表 8.7　模型符号含义

符号	含义
$\lambda_i(t)$	设备在第 i 个维修周期内的故障率函数
R	设备可靠度阈值
T_i^R	设备可靠度约束下第 i 个预防性维修的周期长度
$u_i(t)$	设备在第 i 个预防性维修周期内的排放水平

符号	含义
U	环保部门设定的排放阈值
U_L	企业设定的设备排放阈值
T_i^U	设备排放约束下第 i 个预防性维修的周期长度
$e_i(t)$	设备在第 i 个预防性维修周期内的能耗水平
E	环保部门设定的能源消耗阈值
E_L	企业设定的设备能源消耗阈值
T_i^E	设备能耗约束下第 i 个预防性维修的周期长度
T_i	设备在可靠度、排放与能耗约束下第 i 个预防性维修周期长度
C_{ul}^i	第 i 预防性维修周期中，设备排放超过环保部门阈值时所需支付的罚金
C_u	单位排放罚金
T_i^u	设备在第 i 个预防性维修周期内排放达到环保部门阈值的时间
C_e^i	第 i 预防性维修周期中，设备能耗超过环保部门阈值时所需支付的罚金
C_e	单位能耗罚金
T_i^e	设备在第 i 个预防性维修周期内能耗达到环保部门阈值的时间
C_m^i	设备在第 i 个预防性维修周期的维修操作成本
C_c	设备进行一次故障性维修的成本
C_p	设备进行一次预防性维修的成本
T_p	设备进行一次预防性维修的时间
C_{stop}^i	设备在第 i 个预防性维修周期的停机损失成本
C_s	设备生产单位产品的盈利价值
$x(t)$	设备生产产品的生产率
C_{new}	设备进行一次更新的成本
EC	设备生命周期内的维修成本率

8.3.2 生产系统远程运维模型

8.3.2.1 故障率模型

设备的故障分布有指数分布、正态分布、伽马分布、威布尔分布等，其中威布尔分布运用较为广泛。假设设备的故障率服从两参数威布尔分布。设备的故障率函数可表示为：

$$\lambda(t) = \frac{\beta}{\alpha} \left(\frac{t}{\alpha} \right)^{\beta-1} \tag{8-23}$$

式中，t 表示设备运行时间，在设备的实际运转环境中，其故障率是会随着设备役龄和维修次数的增加而增加的，维修也并不能使其恢复如新。很多学者通过引入改善因子来建立不同的维修周期内的故障率演化情况，包括役龄递减因子以及故障率递增因子等。在改善因子作用下设备预防性维修前后设备的故障率函数之间的关系为：

$$\lambda_{i+1}(t) = b_i \lambda_i(t + a_i T_i) \tag{8-24}$$

式中，a_i（$0 < a_i < 1$）、b_i（$b_i > 1$）分别表示设备第 i 次预防性维修的役龄递减因子和故障率递增因子，其取值可以根据设备的历史情况求得，本节采用了以往文献中的经验取值法；T_i 表示设备的预防性维修周期。针对单一故障率模型，当设备的可靠度达到其阈值 R 时对设备采取预防性维修操作，因此，每个预防性维修操作进行的时候，设备的可靠度都为其阈值 R，设备的可靠度与故障率之间的关系可表示为：

$$R(t) = \exp\left[-\int_0^{T_1} \lambda_1(t)\,\mathrm{d}t\right] = \exp\left[-\int_0^{T_2} \lambda_2(t)\,\mathrm{d}t\right] = \cdots = \exp\left[-\int_0^{T_i} \lambda_i(t)\,\mathrm{d}t\right]$$

$$(8\text{-}25)$$

求得的每个预防性维修的周期用 T_i^R 表示。

8.3.2.2 排放模型

设备在运行过程中消耗能源会产生二氧化碳等温室气体污染环境，在倡导绿色、可持续发展的大背景下，环保部门对碳排放超过限额标准的企业会实施罚款。根据 Ben-Salem 等[59] 的研究，假设设备的排放水平为 u，即生产单位数量的产品带来的排放量，其可表示为：

$$u(t) = u_0 \times \mathrm{e}^{\beta_u t} \tag{8-26}$$

式中，u_0 表示设备初始时的排放量；β_u 是排放模型的调整参数（$0 \leq \beta_u \leq 1$），每次预防性维修后，设备的排放水平会恢复，但不会回到初始水平。故预防性维修前后设备的排放水平之间的关系可以表示为：

$$u_{i+1}(t) = u_i(t + a_i T_i) \tag{8-27}$$

根据环保部门排放限额的规定，当设备的排放水平超过限额 U 时将对超过 U 的每单位排放量收取 C_u 数额的罚金，直到采取维修措施，排放水平恢复后停止。企业为了避免支付这一部分的罚款，会自主设置一个低于环保部门排放限额的阈值 U_L，当设备的排放水平达到阈值 U_L 时，对设备进行预防性维修来恢复其排放水平。针对单一排放模型，每个预防性维修操作进行的时候，设备的排放水平都为其阈值 U_L，因此设备的排放水平阈值 U_L 与排放水平之间的关系可表示为：

$$U_L = u_1(t) = u_2(t) = \cdots = u_i(t) \tag{8-28}$$

求得的每个预防性维修周期用 T_i^U 表示，另外引入 $\eta = U_L/U$ 来表示企业自主设定的排放水平阈值和环保部门设定的限额之间的关系。

8.3.2.3 能耗模型

设备运行需要消耗大量的能源，其中大部分是电能。设备在运行过程中的能耗会随着其役龄的增加而增加。Yan 等[2] 的研究表明，设备的能耗和其运行时长之间存在映射关系，在设备使用初期，其能耗水平保持在一个较低的水平，随着设备性能退化到一定程度，其能耗水平急剧增加。设备的能耗水平可以表示为：

$$e_i(t) = k \times e^{\beta_e t} + e_0 \qquad (8\text{-}29)$$

式中，$e_i(t)$ 表示设备的第 i 次预防性维修能耗水平，即设备生产单位产品的能耗；e_0、k、β_e 是能耗模型的调整参数。能耗示例图见图 8.18。

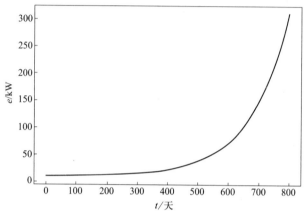

图 8.18　设备能耗示例图

每次预防性维修后，设备的能耗水平会恢复，但不会回到初始水平。故预防性维修前后设备的能耗水平之间的关系可以表示为：

$$e_{i+1}(t) = e_i(t + a_i T_i) \qquad (8\text{-}30)$$

根据环保部门能耗限额的规定，当设备能耗水平超过 E 时将对超过 E 的每单位能耗收取 C_e 数额的罚金，直到采取维修措施，能耗水平恢复后停止。企业为了避免支付这一部分的罚款，会自主设置一个低于环保部门能耗限额的阈值 E_L，当设备的能耗水平达到此阈值时，对设备进行预防性维修来恢复其能耗水平。针对单一能耗模型，每个预防性维修操作进行的时候，设备的能耗水平都为其阈值 E_L，因此设备的能耗水平阈值 E_L 与能耗水平之间的关系可表示为：

$$E_L = e_1(t) = e_2(t) = \cdots = e_i(t) \qquad (8\text{-}31)$$

求得的每个预防性维修周期用 T_i^E 表示，另外引入 $r = E_L/E$ 来表示企业自主设定的能耗水平阈值和环保部门设定的限额之间的关系。

8.3.2.4　预防性维修策略

设备在运行过程中会消耗能源并且产生碳排放，根据清洁生产相关法规，当设备的能耗水平或排放水平超过限额标准时，都需要支付罚金。传统的预防性维修是当设备的可靠度达到其阈值时进行维修，没有考虑到设备的能耗水平以及排放水平，实际上设备的可靠度降低到其阈值时，其能耗水平和排放水平很可能已经超过了环保部门的限额标准，会导致企业支付罚款而增加成本。为了避免成本增加，也为了保护环境，企业会制定一个低于其环保限额的能耗阈值与排放阈值，来对设备预防性维修的周期进行调整。因此，设备进行维修的周期选取可靠度控制周期、能耗控制周期与排放控制周期中较小的值。

$$T_i = \min\{T_i^{\mathrm{R}}, T_i^{\mathrm{E}}, T_i^{\mathrm{U}}\} \tag{8-32}$$

8.3.2.5　长期成本率模型

设备在一个预防性维修周期内的排放超过其环保部门阈值时所需要支付的罚金可表示为：

$$C_{\mathrm{ul}}^i = C_{\mathrm{u}} \times \max\left\{\int_{T_i^{\mathrm{u}}}^{T_i}\left[u_i(t) - U\right]\mathrm{d}t, 0\right\} \tag{8-33}$$

式中，T_i^{u} 表示在第 i 个维修周期内设备的排放水平达到环保部门设定的限额标准时的时间。可由式(8-26)～式(8-28)求得。

设备在一个预防性维修周期内能耗水平超过其环保部门限额标准时需要支付的罚金可表示为：

$$C_{\mathrm{el}}^i = C_{\mathrm{e}} \times \max\left\{\int_{T_i^{\mathrm{e}}}^{T_i}\left[e_i(t) - E\right]\mathrm{d}t, 0\right\} \tag{8-34}$$

式中，T_i^{e} 表示在第 i 个维修周期内，设备的能耗水平达到环保部门设定的限额标准时的时间。可由式(8-29)～式(8-31)求得。

设备在排放与能耗的双重约束下不产生罚金。设备的维修操作成本包括故障性维修成本和预防性维修成本，在第 i 个预防性维修周期内设备的维修操作成本可以表示为：

$$C_{\mathrm{m}}^i = C_{\mathrm{c}} \times \int_0^{T_i}\lambda_i(t)\mathrm{d}t + C_{\mathrm{p}} \times T_{\mathrm{p}} \tag{8-35}$$

当设备在生产期间进行停机维修时，生产不足以满足市场需求，必然会造成销售损失，设备在第 i 个维修周期内的销售损失成本可以表示为：

$$C_{\mathrm{stop}}^i = C_{\mathrm{s}} \times \int_0^{T_{\mathrm{p}}}x(t)\mathrm{d}t \tag{8-36}$$

式中，C_{s} 表示单位产品盈利价值；$x(t)$ 表示设备生产率。

综上所述，设备在其生命周期内的维修成本率可以表示为：

$$\mathrm{EC} = \frac{\sum\limits_{i=1}^{N}(C_{\mathrm{el}}^i + C_{\mathrm{ul}}^i + C_{\mathrm{m}}^i + C_{\mathrm{stop}}^i) + C_{\mathrm{new}}}{\sum\limits_{i=1}^{N}(T_i + T_{\mathrm{p}})} \tag{8-37}$$

式中，C_{new} 表示设备的更换费用与一次预防性维修费用的差值，在最后一个预防性维修时执行更换操作，使设备恢复如新。因此，考虑能耗和排放的设备维修优化模型可以表示为：

$$\begin{cases} \min \text{EC} = \text{EC}(R, r, \eta, N) \\ \text{s. t.} \\ 0 \leqslant R \leqslant 1, \\ 1 \leqslant N \leqslant 50, \\ 0 \leqslant r \leqslant 1, \\ 0 \leqslant \eta \leqslant 1 \end{cases} \tag{8-38}$$

其中决策变量为可靠度阈值 R、企业自主设备的能耗阈值与环保部门执行的限额标准之比 r、排放阈值与环保部门执行的限额标准之比 η，以及最优维修次数 N，目标函数为设备生命周期内的成本率函数。通过优化目标函数可得到设备生命周期内的最优维修计划。

8.3.3 生产系统远程运维模型求解流程

对于复杂的多变量优化问题，非线性的函数很难求解，而灰狼优化算法（gray wolf optimization，GWO）[3] 具有极强的群体智能优化特性，它模拟了灰狼跟踪、包围和攻击猎物等狩猎行为。与一些普遍用于优化目标的求解算法，比如遗传算法（genetic algorithm，GA）、粒子群算法（particle swarm optimization，PSO）、差分进化算法（differential evolution，DE）相比，灰狼优化算法结果更简单，需要的参数少，计算的速度快，并且能够实现局部最优和全局最优的平衡，在求解过程中具有更高的精度和效率。具体算法步骤如下：

① 初始化"灰狼"种群规模 S，"灰狼"种群 $X = \{X_1, X_2, \cdots, X_S\}$，种群中每个"灰狼"个体的位置由可靠度阈值 R、最佳维修次数 N、能耗控制强度 r 以及排放控制强度 η 构成，最大迭代次数为 T，第一次迭代时，迭代次数 $t = 1$。

② 将长期成本率作为个体适应度函数，即 $f = \text{EC}(R, r, \eta, N)$，计算每个"灰狼"个体的适应度值 $f_i (i = 1, 2, \cdots, S)$，寻找适应度值前三的"灰狼"个体 G_1、G_2、G_3。

③ 计算灰狼优化算法的收敛因子 $a = 2 - 2\tan^4(\pi/4t)$，并更新系数 $\boldsymbol{A} = 2a o r_1 - a$，$\boldsymbol{C} = 2r_2$。其中，$t$ 为当前迭代次数，o 为哈达玛乘积符号，$\boldsymbol{r}_1$ 和 $\boldsymbol{r}_2$ 是两个一维分量取值在 $[0, 1]$ 内的随机向量。随着迭代次数的增加，收敛因子由 2 线性减小到 0。

④ 遍历"灰狼"种群中的个体，开始搜寻、包围、攻击"猎物"。计算个体与"猎物"之间的距离 $D=C \mathrm{o} X_\mathrm{p}(t)-X(t)$，"灰狼"的位置更新公式为 $X(t+1)=X_\mathrm{p}(t)-A \mathrm{o} D$。其中，$X_\mathrm{p}(t)$ 表示猎物的位置向量，$X(t)$ 表示灰狼的位置向量。灰狼个体跟踪猎物位置的数学模型为：

$$\begin{cases} D_{G_1}=\left| C_1 \mathrm{o} X_{G_1}-X(t) \right| \\ D_{G_2}=\left| C_2 \mathrm{o} X_{G_2}-X(t) \right| \\ D_{G_3}=\left| C_3 \mathrm{o} X_{G_3}-X(t) \right| \end{cases} \tag{8-39}$$

式中，D_{G_1}、D_{G_2}、D_{G_3} 分别表示 G_1、G_2、G_3 与其他"灰狼"个体之间的距离；X_{G_1}、X_{G_2}、X_{G_3} 分别表示 G_1、G_2、G_3 当前的位置；C_1、C_2、C_3 是随机向量。种群中其他灰狼的最终位置由式（8-40）确定：

$$\begin{cases} X_1=X_{G_1}-A_1 \mathrm{o} D_{G_1} \\ X_2=X_{G_2}-A_2 \mathrm{o} D_{G_2} \\ X_3=X_{G_3}-A_3 \mathrm{o} D_{G_3} \end{cases} \tag{8-40}$$

$$X(t+1)=\frac{X_1+X_2+X_3}{3}$$

⑤ 若 $t \leqslant T$，则 $t=t+1$，转到②；否则，输出最优"灰狼"个体的位置，"灰狼"的位置更新见图 8.19。

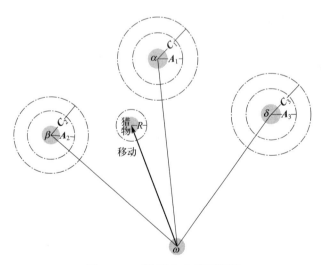

图 8.19　"灰狼"位置更新图

"灰狼"种群根据 G_1、G_2、G_3 的位置来搜索"猎物"，基于数学建模的散度，用 $A>1 \& A<-1$ 的随机值迫使"灰狼"与"猎物"分离，避免陷入局部最优。其伪代码见表 8.8。

表 8.8 灰狼优化算法伪代码

灰狼优化算法
1：初始化"灰狼"种群规模 S 和最大迭代次数 T
2：初始化参数 a，$A\&C$
3：计算所有"灰狼"个体的适应度值
4：选择适应度值最好的前三只"灰狼"保存其位置
5：**While**(当前迭代次数＜最大迭代次数)**do**
6：　　　　**for**(每个"灰狼"个体(X_i)，i＝1：S)**do**
7：　　　　　　更新其他"灰狼"的位置信息
8：　　　**End for**
9：　　　　更新参数 a，$A\&C$
10：　　　　计算所有灰狼个体的适应度值
11：　　　　更新适应度值最好的三只"灰狼"的位置
12：　　　　更新迭代次数 $t=t+1$
13：**End While**
14：　　**Return** 适应度值最好的"灰狼"的位置

8.3.4 算例分析

8.3.4.1 数据准备

假设设备的故障率服从形状参数为 α、尺度参数为 β 的威布尔分布，通过对设备的历史故障数据的分析统计可以得到其参数值。假设设备的役龄递减因子和故障率递增因子为：

$$a_i = \frac{i}{3i+7}, \quad b_i = \frac{12i+1}{11i+1} \tag{8-41}$$

式中，i 表示设备的第 i 个维修周期。模型中其他的参数取值见表 8.9。

表 8.9 各参数取值

参数名	α	β	k	e_0
参数值	1000	3	0.5	8
参数名	u_0	β_e	β_u	E
参数值	2	0.008	0.005	15
参数名	U	T_p	C_e	C_u
参数值	10	3	500	800
参数名	C_c	C_p	C_s	C_{new}
参数值	300	500	10	49000

8.3.4.2 结果分析

Python 仿真结果显示设备可靠度周期大于能耗控制周期和排放控制周期，见图 8.20，符合假设条件。针对高能耗设备，引入能耗控制和排放控制对基于可靠度的顺序预防性维修进行约束，以三者中周期最小的作为设备预防性维修的周期以避免支付高额的惩罚成本。结果显示，在能耗与排放的双重控制下，设备的长期成本率低于在单能耗控制和无控制下的设备上的长期成本率。其双控制下可靠度取值、能耗控制取值以及排放控制取值变化时，设备长期成本率变化如表 8.10 所示。

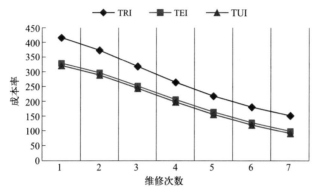

图 8.20　维修周期递减图

表 8.10　能耗与排放双重控制下的成本率

R	r	η	EC								
			$N=1$	$N=2$	$N=3$	$N=4$	$N=5$	$N=6$	$N=7$	$N=8$	$N=9$
0.99	1	1	244.52	141.33	110.01	96.50	89.96	86.79	85.47	85.27	85.78
0.97	1	1	169.71	98.13	76.41	67.06	62.55	60.38	59.50	59.40	59.79
0.93	1	1	164.70	93.95	72.23	62.78	58.27	56.24	55.65	55.97	56.90
0.93	0.95	1	167.89	95.76	73.63	63.99	59.39	57.32	56.72	57.04	57.99
0.93	0.87	1	183.20	104.49	80.33	69.81	64.78	62.51	61.85	62.20	63.22
0.93	0.75	1	225.78	128.75	98.95	85.97	79.75	76.94	76.10	76.50	77.73
0.93	1	0.96	168.95	96.37	74.09	64.39	59.76	57.68	57.07	57.40	58.35
0.93	1	0.89	177.43	101.20	77.80	67.61	62.74	60.55	59.91	60.25	61.25
0.93	1	0.76	198.17	113.02	86.88	75.49	70.04	67.59	66.86	67.23	68.33

表 8.10 结果显示，设备在能耗控制和排放控制的双重作用下，其生命周期内的最低长期总成本率为 55.65，对应的最优预防性维修次数为 7 次，即在第 7 次预防性维修时需要对设备进行更换，其最优预防性维修周期如表 8.11 所示。

表 8.11　能耗与排放双重控制下的最优预防性维修周期

R	r	η	N	T_1	T_2	T_3	T_4	T_5	T_6	T_7	EC
0.93	1	1	7	321.89	289.7	245.13	199.17	157.24	121.5	92.34	55.65

若能耗控制取值不变，随着排放控制取值的降低，设备预防性维修周期缩短，其成本率增加。而当排放控制取值不变，而能耗控制取值降低时，设备预

防性维修周期会由排放控制逐渐变成能耗控制下的周期，其值也在降低，成本率随之增高。设备预防性维修的周期呈现递减之势，与实际情况相符，当设备进行第七次预防性维修时对其进行更换处理，将生产设备恢复如新。图 8.21～图 8.23 描述了当可靠度限制取值、能耗控制取值以及排放控制取值变化时，设备长期总成本变化情况。

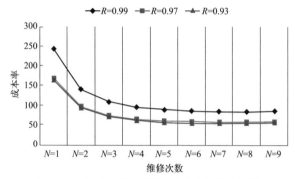

图 8.21   可靠度变化时设备成本率变化情况

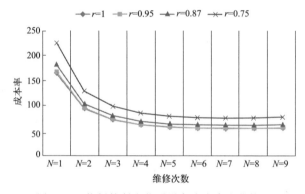

图 8.22   能耗控制变化时设备成本率变化情况

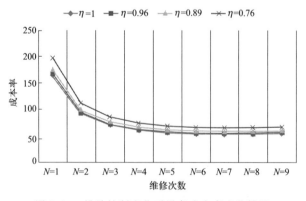

图 8.23   排放控制变化时设备成本率变化情况

当可靠度取 0.93，能耗控制强度和排放控制强度取 1 时，设备维修次数变化时其长期成本率的变化情况见图 8.24。

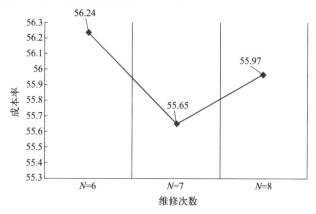

图 8.24　$R = 0.93$ 时设备长期成本率变化情况

在最优维修次数为 7 时，设备的长期成本率最低。在可靠度取值 0.93 但只有能耗控制情况下，设备的长期成本率如表 8.12 所示。

表 8.12　单能耗控制下的成本率

R	r	η	EC								
			$N=1$	$N=2$	$N=3$	$N=4$	$N=5$	$N=6$	$N=7$	$N=8$	$N=9$
0.93	1	1	164.64	95.79	74.88	66.02	62.02	60.51	60.44	61.29	62.78

由表 8.12 可知，在只有能耗控制的预防性维修策略中，设备的长期成本率在第 7 次预防性维修时进行更换条件下取最小值 60.44，大于能耗控制和排放控制双重作用下的设备长期成本率，其相应的预防性维修周期见表 8.13。

表 8.13　单能耗控制下的最优预防性维修周期

R	r	η	N	T_1	T_2	T_3	T_4	T_5	T_6	T_7	EC
0.93	1	1	7	329.88	296.89	251.22	204.11	161.14	124.52	94.63	60.44

虽然在只有能耗控制情况下设备的每一个预防性维修周期的时间长度大于能耗控制与排放控制双重作用下的预防性维修的时间长度，但其设备的长期成本率较大，因此，能耗控制与排放控制双重作用下的预防性维修策略更优。在没有能耗控制和排放控制时，设备的长期成本率如表 8.14 所示。

表 8.14　无控制下的成本率

R	r	η	EC								
			$N=1$	$N=2$	$N=3$	$N=4$	$N=5$	$N=6$	$N=7$	$N=8$	$N=9$
0.93	1	1	961.07	856.05	810.36	798.83	818.45	869.87	955.14	1076.67	1236.56

在没有能耗控制和排放控制的作用下，设备的长期成本率在第 4 次预防性维修时进行更换条件下取得最小值，为 798.83，远大于双重控制下的设备长期成本率，其对应的预防性维修周期如表 8.15 所示。

表 8.15　无控制下的预防性维修周期

R	r	η	N	T_1	T_2	T_3	T_4	EC
0.93	1	1	4	417.11	364.57	299.19	238.19	798.83

在没有能耗控制和排放控制时，设备的预防性维修周期相比于双控制下要长，但其设备的长期成本率远大于双控制下的设备长期成本率。综上所述，设备在不同控制条件下长期成本率对比如图 8.25 所示。

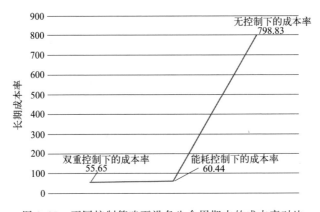

图 8.25　不同控制策略下设备生命周期内的成本率对比

随着环境问题的日益突出，环保部门对企业的绿色生产约束逐渐加强，企业的运行成本也在不断增加，其所要承担的环境责任逐渐增大。传统的顺序预防性维修只考虑设备的可靠度性能，而忽略了设备在达到其可靠度阈值前，其能耗和排放有可能超过环保部门设定的环境阈值，从而导致企业支付高额的环境成本。本节在传统的顺序预防性维修基础上，加入了设备的能耗控制和排放控制，并将设备的故障率递增因子引入到能耗和排放模型中，完善维修活动对设备能耗和排放水平增长的影响。通过算例表明，对于能耗和排放较高的企业，加入能耗控制和排放控制的设备预防性维修策略，使得其生命周期内的长期成本率降低，从而有利于企业降低成本。

8.4　多产品情况下考虑能耗的系统远程运维技术

在实际生产环境中，设备不是总处于可用状态的。一方面，设备的突发故障或者计划的预防性维修都会使生产中断，进而影响后续的生产计划；另一方面，若设备持续运行而不进行适当的预防维修，设备的使用寿命也会大大缩短，因此维修计划和生产计划实际上是相互影响，高度相关的。但在大多数制造企业中，维修与生产通常是分开进行计划的，尤其是在激烈的竞争环境下，很容易发生因为争分夺秒进行生产，忽视或不愿意进行预防维修活动进而导致后期不乐观的生产情况。为了解决生产与维修都占用设备的矛盾，进一步提高企业生产率，带来更多的效益，将设备维修与生产计划联合起来进行研究是非常有必要的。

如今，资源短缺、全球变暖等环境问题使企业越发关注制造过程中的能源消耗情况，最小化环境污染也逐渐成为企业进行决策时一个重要的标准。一方面，设备性能的退化会导致其单位时间基础能耗随时间推移而增加；另一方面，设备性能退化会导致产品实际加工时间的延长，进而导致生产同等数量产品的能耗增加。而能耗的增加不仅会使得企业的总成本增加，还伴随着大量的二氧化碳排放污染环境，威胁生态。因此，在维修计划和生产计划的联合优化模型中考虑制造过程中的能源消耗是十分有价值的。

本节基于多品种批量生产模式，考虑设备性能退化对产品加工时长以及设备加工单位时间基础能耗的影响，提出了考虑能耗的维修计划与生产计划联合优化模型，根据设备的实际运转时长研究故障发生次数，以最小化包括生产成本、库存成本、延期成本、能耗成本以及维修成本在内的总成本为目标，制订最佳的维修计划与生产计划。

8.4.1　问题描述

本节以多品种批量生产的单机系统为研究对象，采用基于设备实际运行时长的非固定周期非完美预防维修（PM）与故障小修（CM）相结合的维修方式，避免固定周期维修在初始阶段维修过度而后期维修不足的情况，更加符合实际。假设设备在零时刻可用，且设备一次只能加工一种产品，将企业的生产计划期等分为多个生产期，在每个生产期内生产多种产品，不考虑产品的生产顺序。每个生产期内设备的生产能力是有限的，若产品需求没有被满足，则会产生缺货现象；若产品生产过多，则会产生库存。在生产计划期初期，所有产品的库存均为零且上一个生产计划期没有任何延期交货的产品。设备持续运行会导致其故障率增加，假设设备的故障率服从两参数的威布尔分布。随着设备役龄的增加，其性能的退化会导致产品的实际加工时间延长，设备的单位时间加工基础能耗增加。预防性维修活动安排在某些生产期的期末进行来恢复设备的性能，降低企业成本。但预防性维修是不完全维修，并不能将设备完全修复如新。为保证下一个生产计划期开始时设备良好的运转状态，假设在每一个生产计划期期末都会进行一次预防性维修活动。整合设备维修计划与生产计划的示意图如图 8.26 所示。

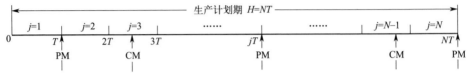

图 8.26　维修计划与生产计划联合示意图

通过计算得出维修计划与生产计划的联合优化模型中每个生产期内生产产品的种类和产量，以及在哪些生产期的期末进行预防性维修活动，能够使整个生产计划期内产品生产和维修的总成本最小。

符号说明见表 8.16。

表 8.16　模型符号含义

符号	含义
$\lambda(t)$	系统故障率函数
$R(t)$	系统可靠度函数
i	产品种类，$i=1,2,\cdots,n$
J	生产计划期
j	生产期编号，$j=1,2,\cdots,J$
T_{bj}	第 j 个生产期开始时设备役龄
T_{ej}	第 j 个生产期结束时设备役龄
$E(N(j))$	系统在第 j 个生产期内故障次数期望
y_j	0-1 变量,系统在第 j 个生产期末进行预防维修则为 1,否则为 0
η	设备役龄回退因子
θ_i	产品 i 的加工时长堕化因子
l_{ij}	产品 i 在第 j 个生产期内生产的实际加工时长
e_{ij}	产品 i 在第 j 个生产期内生产的单位时间能耗
ε_i	产品 i 的能耗堕化因子
H_{ij}	产品 i 在第 j 个生产期期末的库存量。H_{i0} 为产品 i 在第一个生产期期初的库存量
d_{ij}	产品 i 在第 j 个生产期的需求
B_{ij}	产品 i 在第 j 个生产期末的延期交货量。B_{i0} 为产品 i 在第一个生产期期初的延期交货量
t_p	系统进行一次预防性维修的耗时
t_c	系统进行一次故障性维修的耗时
L	系统在每个生产期内的最大生产能力
x_{ij}	产品 i 在第 j 个生产期的产量
C_{xi}	产品 i 的单位生产成本
C_{si}	产品 i 的生产准备成本
z_{ij}	0-1 变量,产品 i 在第 j 个生产期进行生产则为 1,否则为 0
C_e	单位能耗成本
C_{hi}	产品 i 的单位库存成本

符号	含义
C_{bi}	产品 i 的单位延期交货成本
C_p	系统进行一次预防性维修成本
C_c	系统进行一次故障性维修成本

8.4.2　生产系统远程运维模型

8.4.2.1　故障率模型

采用威布尔分布对设备的故障分布进行建模，其故障率函数为：

$$\lambda(t) = \frac{\beta}{\alpha}\left(\frac{t}{\alpha}\right)^{\beta-1} \tag{8-42}$$

式中，α、β 为威布尔分布的参数。根据设备的故障分布，可以得到设备在各生产期内的可靠度函数以及发生故障的期望次数为：

$$R(t) = \mathrm{e}^{-\int_{T_{bj}}^{T_{ej}}\lambda(t)dt} = \mathrm{e}^{-\left[\left(\frac{T_{ej}}{\alpha}\right)^{\beta} - \left(\frac{T_{bj}}{\alpha}\right)^{\beta}\right]} \qquad \forall j = 1,2,\cdots,J \tag{8-43}$$

$$E[N(j)] = \int_{T_{bj}}^{T_{ej}}\lambda(t)dt = \int_{T_{bj}}^{T_{ej}}\frac{\beta}{\alpha}\left(\frac{t}{\alpha}\right)^{\beta-1}dt = \left(\frac{T_{ej}}{\alpha}\right)^{\beta} - \left(\frac{T_{bj}}{\alpha}\right)^{\beta} \qquad \forall j = 1,2,\cdots,J \tag{8-44}$$

8.4.2.2　生产约束模型

设备的实际役龄是根据设备实际运行时长来计算的，在第一个生产期的期初，设备役龄为零。由于设备在实际运行过程中会发生性能退化，因此在某些生产期的期末安排预防性维修计划来恢复设备的性能，以避免后续的突发故障。预防性维修活动是非完美的，并不能将设备的性能完全修复如新，因此，在第 j 个生产期开始和结束的时候，设备的实际役龄为：

$$\begin{cases} T_{bj} = T_{ej-1}(1 - y_{j-1} + y_{j-1}\eta) & \forall j = 2,3,\cdots,J \\ T_{ej} = T_{bj} + \sum_{i=1}^{n}x_{ij}l_{ij} & \forall j = 1,2,\cdots,J \end{cases} \tag{8-45}$$

$y_{j-1} = 0$ 表示在第 $j-1$ 个生产期结束后没有进行预防维修，设备的性能持续退化；$y_{j-1} = 1$ 表示在第 $j-1$ 个生产期结束后进行了预防维修。

产品的实际加工时长与生产期开始时设备的实际役龄相关，在第 j 个生产期内产品 i 的实际加工时长为：

$$l_{ij} = l_{i1} + \theta_i T_{bj} \qquad \forall i = 1,2,\cdots,n; \forall j = 1,2,\cdots,J \tag{8-46}$$

在实际生产环境中，设备的单位时间能耗往往也会随着其性能的退化而增加，用每一个生产期内单位时间能耗的平均值来表示这个生产期内设备加工单位时间的基础能耗，则产品 i 在第 j 个生产期内加工的能耗为：

$$e_{ij} = e_{i1} + \varepsilon_i T_{bj} \quad \forall i = 1, 2, \cdots, n; \forall j = 1, 2, \cdots, J \quad (8-47)$$

在低碳发展的潮流下，环保部门对高能耗、高污染的生产行业设定了单位产品的能耗限额。故在企业的生产计划期内，生产单位产品的能耗不能超过环保部门规定的限额标准 e_{max}，即：

$$e_{ij} l_{ij} \leqslant e_{max} \quad \forall i = 1, 2, \cdots, n; \forall j = 1, 2, \cdots, J \quad (8-48)$$

在实际市场环境中，很难保证生产量刚好等于需求量，若是生产量大于需求量，就会产生库存成本，而生产量若是小于库存量，又会产生拖期成本，因此合理安排生产计划使得企业总成本最小十分重要。假设所有产品在第一个生产期开始时的库存均为零，则在第 j 个生产期结束的时候，产品 i 的库存为：

$$H_{ij} = x_{ij} + H_{ij-1} - d_{ij} + B_{ij} - B_{ij-1} \quad (8-49)$$

设备在每个生产期内可用的生产时间是有限制的，并且维修活动还会占用掉一部分时间，第 j 个生产期设备的生产能力可以表示为：

$$\sum_{i=1}^{n} x_{ij} l_{ij} \leqslant L - t_p y_j - t_c E(N(j)) \quad \forall j = 1, 2, \cdots, J \quad (8-50)$$

8.4.2.3 联合优化模型

建立维修计划与生产计划的联合优化模型，在可靠度以及能耗的约束下，使得生产系统内维修与生产的总成本最小化，并且对每个生产期内每种产品是否进行生产、生产多少以及每个生产期结束后是否对设备进行预防性维修进行决策。

联合优化模型中与生产相关的成本主要包括产品的生产成本、能耗成本、生产准备成本、库存成本以及缺货成本，在生产计划期开始时产品的库存量和缺货量都为零，即 $H_{i0} = 0$、$B_{i0} = 0$。因此生产计划期内产品的生产相关成本可以表示为：

$$\text{TPC} = \sum_{i=1}^{n} \sum_{j=1}^{J} (x_{ij} C_{xi} + e_{ij} x_{ij} l_{ij} C_e + C_{si} z_{ij} + C_{hi} H_{ij} + C_{bi} B_{ij}) \quad (8-51)$$

联合优化模型中与维修相关的成本主要包括预防性维修成本以及故障性维修成本，可以表示为：

$$\text{TMC} = \sum_{j=1}^{J} [C_p y_j + C_c E(N(j))] \quad (8-52)$$

综上所述，生产计划和维修决策联合优化模型为：

$$\min \sum_{i=1}^{n} \sum_{j=1}^{J} (x_{ij} C_{xi} + e_{ij} x_{ij} l_{ij} C_e + C_{si} z_{ij} + C_{hi} H_{ij} + C_{bi} B_{ij}) + \sum_{j=1}^{J} [C_p y_j + C_c E(N(j))]$$

$$(8-53)$$

$$\begin{cases} H_{i0}=0 & \forall i=1,2,\cdots,n \\ B_{i0}=0 & \forall i=1,2,\cdots,n \end{cases} \tag{8-54}$$

$$H_{ij}=x_{ij}+H_{ij-1}-d_{ij}+B_{ij}-B_{ij-1} \qquad \forall i=1,2,\cdots,n;\forall j=1,2,\cdots,J \tag{8-55}$$

$$x_{ij}\leqslant Qz_{ij} \qquad \forall i=1,2,\cdots,n;\forall j=1,2,\cdots,J \tag{8-56}$$

$$\begin{cases} T_{b1}=0 \\ T_{bj}=T_{ej-1}(1-y_{j-1}+y_{j-1}\eta) & \forall j=2,3,\cdots,J \\ T_{ej}=T_{bj}+\sum_{i=1}^{n}x_{ij}l_{ij} & \forall j=1,2,\cdots,J \end{cases} \tag{8-57}$$

$$l_{ij}=l_{i1}+\theta_i T_{bj} \qquad \forall i=1,2,\cdots,n;\forall j=1,2,\cdots,J \tag{8-58}$$

$$R(t)\geqslant R_{min} \tag{8-59}$$

$$\sum_{i=1}^{n}x_{ij}l_{ij}+t_p y_j+t_c E(N(j))\leqslant L \qquad \forall j=1,2,\cdots,J \tag{8-60}$$

$$e_{ij}=e_{i1}+\varepsilon_i T_{bj} \qquad \forall i=1,2,\cdots,n;\forall j=1,2,\cdots,J \tag{8-61}$$

$$e_{ij}l_{ij}\leqslant e_{imax} \qquad \forall i=1,2,\cdots,n;\forall j=1,2,\cdots,J \tag{8-62}$$

$$y_j,z_{ij}\in\{0,1\} \tag{8-63}$$

$$x_{ij},l_{ij},H_{ij},B_{ij}\geqslant 0 \tag{8-64}$$

式(8-53)为维修计划和生产计划联合优化模型的目标函数,表示最小化生产计划期内的总成本,包括生产成本、能耗成本、生产准备成本、库存成本、延期交货成本、预防性维修成本以及故障维修费用。

式(8-54)~式(8-64)为约束条件。式(8-54)表示所有产品在生产计划期期初没有库存和延期。式(8-55)表示各个生产期内产品的需求量、生产量、库存量以及延期交货量之间的关系。式(8-56)描述了如果产品 i 在第 j 个生产期内进行生产,则产生相应的设备调整费用,式中 Q 为生产量。式(8-57)表示设备在每个生产期开始和结束时的役龄。式(8-58)描述了产品加工时长的变化情况。式(8-59)表示设备的可靠度限制。式(8-60)描述了每个生产期内设备的生产能力上限。式(8-61)描述了设备在每个生产期内加工产品的能耗变化情况。式(8-62)表示生产单位产品的能耗限制。式(8-63)表示 y_j、z_{ij} 是 0-1 变量,其中:$y_j=0$ 表示设备在第 j 个生产期结束后没有进行预防性维修,$y_j=1$ 则表示设备在第 j 个生产期结束后进行了预防性维修;$z_{ij}=0$ 表示产品 i 在第 j 个生产期内没有进行生产,即 $x_{ij}=0$;$z_{ij}=1$ 则表示产品 i 在第 j 个生产期内进行了生产,会产生生产准备成本。式(8-64)表示 x_{ij}、l_{ij}、H_{ij}、B_{ij} 均为非负变量。

8.4.3 生产系统远程运维模型求解流程

本节采用 LINGO 软件求解联合优化模型。LINGO 是由美国芝加哥大学的 Linus Schrage 教授在 1980 年前后开发的一款用于优化模型求解的工具，一般用于求解线性规划问题、二次规划问题以及非线性规划问题。与其他求解器相比，LINGO 最大的特点是它的决策变量可以是整数，并且计算速度非常快。本节联合优化模型中产品的生产量、库存量以及缺货量都是整数，因此采用 LINGO 软件对联合模型进行求解，求解流程如图 8.27 所示。求解步骤主要有以下四个部分：

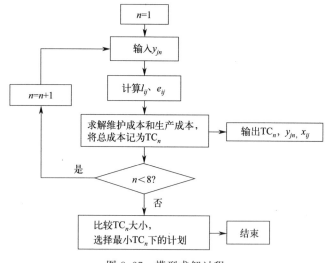

图 8.27　模型求解过程

① 制订设备的预防性维修计划，得到相应的预防性维修序列；
② 计算得出每个生产期内产品的实际加工时间以及能源消耗情况；
③ 求解对应预防性维修序列下的维修成本以及生产成本；
④ 选择使得总成本最小的预防性维修序列以及相应的生产计划为联合模型的最优解。

8.4.4 算例分析

8.4.4.1 数据准备

某台设备生产加工 2 种不同的产品，其生产计划期为 4 个月，将其等分为 4 个生产期，每个生产期的时长为 1 个月。其中每个生产期内 2 种产品的需求量见表 8.17，产品生产相关参数取值见表 8.18，设备相关参数取值见表

8.19，模型中其他相关参数取值见表 8.20。

表 8.17　生产期内产品的需求量

	$j=1$	$j=2$	$j=3$	$j=4$
d_{1j}	700	900	750	800
d_{2j}	1100	900	850	700

表 8.18　产品生产相关参数值

	C_{si}	C_{xi}	C_e	C_{hi}	C_{bi}	l_{i1}	e_{i1}	$e_{i\max}$
$i=1$	100	20	1.5	10	40	0.17	3	2
$i=2$	80	15	1.5	10	30	0.15	3	2

表 8.19　设备相关参数值

L	C_p	C_c	t_p	t_c
500	2000	8000	2	8

表 8.20　其他相关参数值

α	β	η	θ	ε	$R_{\min}$
800	2	0.15	0.0003	0.0005	0.9

8.4.4.2　结果分析

根据假设条件，设备在生产计划期内进行预防性维修活动的维修序列共有以下 8 种情况：$y_j=[1,1,1,1]$；$y_j=[1,1,0,1]$；$y_j=[1,0,1,1]$；$y_j=[0,1,1,1]$；$y_j=[1,0,0,1]$；$y_j=[0,1,0,1]$；$y_j=[0,0,1,1]$；$y_j=[0,0,0,1]$。其中 $y_j=[1,1,1,1]$ 表示在每个生产期期末都对设备进行了预防性维修活动，以此类推。并且当预防性维修活动的维修序列为 $y_j=[1,1,1,1]$、$y_j=[0,1,0,1]$、$y_j=[0,0,0,1]$ 时表示进行的是等周期的维修操作。

采用数学求解软件 LINGO 对本节中的联合模型进行求解，可以得到在不同的预防性维修序列下设备生产计划期内的维修成本、生产成本以及总成本，见表 8.21，其中不同的预防性维修序列下设备各项成本的变化趋势如图 8.28 所示。

表 8.21　不同的预防性维修序列下设备成本的情况

编号	维修序列	维修成本/元	生产成本/元	总成本/元
1	$y_j=[0,0,0,1]$	14861.47	292843.9	307705.4
2	$y_j=[0,0,1,1]$	29302.89	153828.4	183131.3
3	$y_j=[0,1,0,1]$	23961.39	131162.4	155123.8
4	$y_j=[1,0,0,1]$	23638.69	134494.6	158133.2
5	$y_j=[0,1,1,1]$	19773.36	124664.8	144438.2

续表

编号	维修序列	维修成本/元	生产成本/元	总成本/元
6	$y_j=[1,0,1,1]$	20106.47	141526.8	161633.2
7	$y_j=[1,1,0,1]$	16458.65	123177.5	139636.2
8	$y_j=[1,1,1,1]$	13673.26	122453.2	136126.4

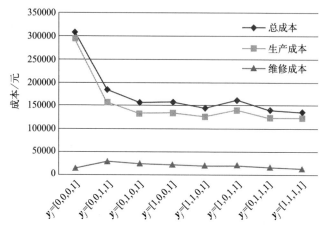

图 8.28　不同的预防性维修序列下设备的成本变化趋势

由表 8.21 可知，当预防性维修序列为 $y_j=[1,1,1,1]$ 时，设备在生产计划期内的总成本最低，为 136126.4 元，其中生产成本为 122453.2 元，维修成本为 13673.26 元，此时产品的生产计划如表 8.22 所示。

表 8.22　最优维修计划与生产计划

生产期	y_j	产品 1			产品 2		
		x_{1j}	H_{1j}	B_{1j}	x_{2j}	H_{2j}	B_{2j}
1	1	700	0	0	1100	0	0
2	1	900	0	0	900	0	0
3	1	750	0	0	850	0	0
4	1	800	0	0	700	0	0

根据 LINGO 求解的结果，可以得到在不同的预防性维修序列下，设备加工生产单位产品时加工时长的变化情况如图 8.29 所示。其中，编号 1 表示设备的预防性维修序列为 $y_j=[0,0,0,1]$，即设备在整个生产计划期内只在结束的时候进行了一次预防性维修；编号 2 表示设备的预防性维修序列为 $y_j=[0,0,1,1]$；编号 3 表示设备的预防性维修序列为 $y_j=[0,1,0,1]$；编号 4 表示设备的预防性维修序列为 $y_j=[1,0,0,1]$；编号 5 表示设备的预防性维修序列为 $y_j=[0,1,1,1]$；编号 6 表示设备的预防性维修序列为 $y_j=[1,0,1,1]$；编号 7

表示设备的预防性维修序列为 $\boldsymbol{y}_j = [1,1,0,1]$；编号 8 表示设备的预防性维修序列为 $\boldsymbol{y}_j = [1,1,1,1]$。

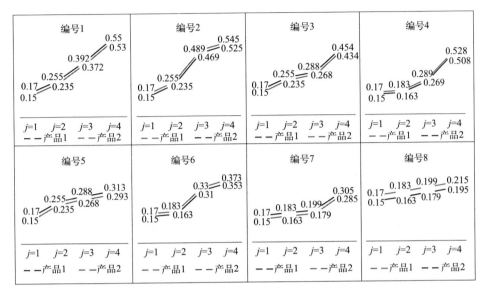

图 8.29　不同的预防性维修序列下产品加工时长的变化情况

单位为 h

由图 8.29 可以看出，虽然编号 2 中设备在生产计划期内进行了两次预防性维修，但在第三个生产期中，产品的实际加工时间大于编号 1 中产品的实际加工时间，这是因为产品在不同的生产期内的生产量不同，而产品的实际加工时长又与设备的实际役龄有关，当产品的生产量不同时，设备的实际役龄不同，自然导致了产品实际加工时间的差别。在不同的预防性维修序列下，产品的生产情况示意图见图 8.30，在各个生产期内的生产量、库存量以及缺货量见表 8.23。

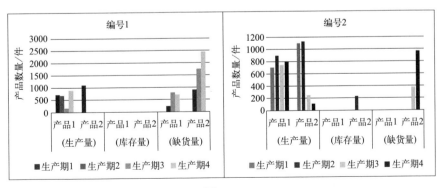

图 8.30

259

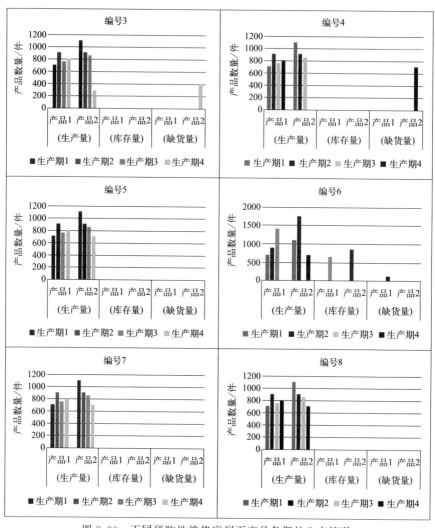

图 8.30　不同预防性维修序列下产品各期的生产情况

表 8.23　不同预防性维修序列下产品各期的生产情况

编号	生产期	生产量/件		库存量/件		缺货量/件		总成本/元
		产品 1	产品 2	产品 1	产品 2	产品 1	产品 2	
1	1	700	1100	0	0	0	0	307705.4
	2	680	0	0	0	220	900	
	3	175	0	0	0	795	1750	
	4	887	0	0	0	708	2450	
2	1	700	1101	0	1	0	0	183131.3
	2	899	1122	0	223	1	0	
	3	751	253	0	0	0	374	
	4	800	107	0	0	0	967	

续表

编号	生产期	生产量/件		库存量/件		缺货量/件		总成本/元
		产品 1	产品 2	产品 1	产品 2	产品 1	产品 2	
3	1	700	1100	0	0	0	0	155123.8
	2	900	900	0	0	0	0	
	3	750	850	0	0	0	0	
	4	800	289	0	0	0	411	
4	1	700	1100	0	0	0	0	158133.2
	2	900	900	0	0	0	0	
	3	750	850	0	0	0	0	
	4	800	0	0	0	0	700	
5	1	700	1100	0	0	0	0	144438.2
	2	900	900	0	0	0	0	
	3	750	850	0	0	0	0	
	4	800	700	0	0	0	0	
6	1	700	1100	0	0	0	0	161633.2
	2	900	1750	0	850	0	0	
	3	1410	0	660	0	0	0	
	4	0	700	0	0	140	0	
7	1	700	1100	0	0	0	0	139636.2
	2	900	900	0	0	0	0	
	3	750	850	0	0	0	0	
	4	800	700	0	0	0	0	
8	1	700	1100	0	0	0	0	136126.4
	2	900	900	0	0	0	0	
	3	750	850	0	0	0	0	
	4	800	700	0	0	0	0	

　　结合图 8.30 以及表 8.23 可以看出：编号 7 和编号 8 中两种产品在各生产期内的产量相同；而编号 7 中设备在生产计划期内进行了 3 次预防性维修，其预防性维修序列为 $y_j = [1,1,0,1]$；编号 8 中设备在生产计划期内进行了 4 次预防性维修，其预防性维修序列为 $y_j = [1,1,1,1]$；因此两种产品在最后一个生产期内的实际加工时长要低于编号 7 中维修序列为 $y_j = [1,1,0,1]$ 时产品的实际加工时长。并且由于模型中设置了生产能力约束、可靠度约束以及生产单位产品的能源消耗约束，因此在一些预防性维修序列下，产品会产生库存或者缺货。

　　本节以单设备多产品的生产系统为研究对象，结合设备的产能约束、可靠度约束以及产品的能耗约束，研究了设备的维修计划与产品的生产计划相联合的优化问题。由于设备性能的退化，产品的实际加工时间以及能源消耗会发生堕化，而设备在每个生产期内的生产能力是有限的，并且设备加工单位产品的能源消耗也不能超过相应的阈值，在此基础上研究维修与生产的联合优化问题，更加符合现在绿色生产的发展要求。

本章小结

本章研究了考虑能耗、碳排放等环境因素情况下设备的预防性维修优化，针对生产单一产品的设备，以企业经济效益与环境效益为决策目标构建模型，引入改善因子刻画设备劣化后不完美的维修导致的设备有效役龄以及故障率的变化情况。然后根据环境污染惩罚构建设备可靠度、能耗以及排放三种控制下设备的维修计划模型。随后将单一产品扩展到多种产品，并结合生产计划，将能耗限制作为约束条件，构建维修计划与生产计划的联合优化模型，为企业制定设备的绿色维修计划提供新的方案。本章的主要工作包括：

① 研究了单产品情况下考虑碳排放的设备预防性维修优化问题。针对目前制造业对绿色环保的重视，提出了考虑碳排放的预防性维修计划。分析了只考虑碳排放和成本其中一个的情况下设备的最佳预防性维修次数，以及同时考虑二者的情况下设备的最佳预防性维修次数，结果表明同时考虑对于总体目标而言更优，可以兼顾企业的经济效益与环境效益。

② 研究了单产品情况下考虑能耗的设备预防性维修优化问题。针对企业能源消耗与排放的超标所导致的高额罚金，构建能耗与排放控制下的预防性维修计划。分析了能耗与排放共同控制、单独控制以及不控制的情况下，设备长期成本率的变化以及最佳的预防性维修次数和维修周期，结果表明：在能耗和排放的共同约束下，设备的长期成本率最低，可以使企业获得避免能耗以及排放超标的最优预防性维修计划，展现企业绿色、低碳、环保意识。

③ 研究了多产品情况下考虑能耗的设备维修计划与生产计划的联合优化问题。考虑到现实中设备的维修活动与产品的生产活动之间的相互影响，以及设备不健康运转状态带来的产品加工时间延长以及能源消耗增大等情况，提出了考虑能耗的设备维修计划与生产计划的联合模型。将产品的生产计划期拆分成多个等长的生产周期，结合产品的实际加工时长、设备的实际能耗情况，确定在每个生产周期结束后是否对设备进行预防性维修活动。在能耗和产能的约束下得到了使企业成本最低的维修计划与生产计划。避免了能耗过高污染环境的情况。

参考文献

[1] International Energy Agency. Global energy review：CO$_2$ emissions in 2021［EB/OL］．［2023-04-01］．https：//www.iea.org/reports/global-energy-review-co2-emissions-in-2021-2.

[2] Yan J，Hua D. Energy consumption modeling for machine tools after preventive maintenance［C］. IEEE International Conference on Industrial Engineering and Engineering Management. 2010：2201-2205.

[3] Mirjalili S，Mirjalili S M，Lewis A. Grey Wolf Optimizer［J］. Advances in Engineering Software，2014，69：46-61.

第9章

考虑相关性的系统
远程运维技术

9.1 概述

随着科学技术的飞速发展，现代制造业的生产设备正朝着柔性化、精密化、智能化的方向发展。在生产设备中，设备零部件难免会出现老化和磨损的现象，如果不及时采取合理的维护措施，设备的故障将会频频发生，严重影响企业生产的正常运行，造成企业生产成本变高、经济效益严重降低等影响。2018年，发生的印尼狮航波音737客机坠毁事件中，由于飞机电力设备的故障和老化，189名乘客和机组人员丧生。2020年，吉林某电厂磨煤机运行过程中，因密封胶圈未及时更换，导致1死2伤。由此可见，对设备进行及时的检查和预防性维护至关重要。

在现代制造企业中，由于生产设备的长期运行以及受各种环境因素的影响，设备通常容易发生故障，进而导致生产线无法正常运行，影响企业的正常运转。如今，制造企业的成本很大一部分与设备维护管理息息相关，生产设备的维护和管理已成为企业生产工作的核心。在制造业中，1/4以上的劳动力从事维修工作，企业因设备故障维修和停机损失而发生的费用占其总成本的30%～40%。因此，如何制订高效、合理的设备管理和维护计划已经是企业发展不可忽视的重要环节之一。

本章以目前企业中普遍存在的机械生产设备为研究对象，对单部件设备考虑多目标情况下的预防性维护策略研究，对于多部件设备考虑部件之间的相关性并以机会维护的方式对设备的预防性维护策略进行优化。主要内容分为以下三个部分。

① 基于模糊理论的设备多目标智能远程运维策略。针对当前生产设备多为单一目标维护决策的不足，同时考虑维护成本率和设备可用度，提出了一种基于模糊理论的多目标预防性维护策略模型。首先，针对设备的衰退过程，结合役龄递减因子和故障率递增因子的混合故障率来描述设备的衰退特性。其次，在此基础上，以可靠性阈值和预防性维护次数为决策变量，以设备维护成本率和设备可用度为目标函数建立设备多目标预防性维护策略模型。基于模糊加权平均算法求解多目标维护决策模型。最后，通过数值仿真分析，验证提出的设备多目标预防性维护策略模型的有效性。

② 基于结构相关性的多部件设备智能远程运维策略。针对多部件设备进行维护时未考虑结构相关性的问题，提出了一种基于拆卸序列的多部件设备机会维护策略模型。首先，以拆卸混合图表示部件间的拆卸序列，进而得出各部件的拆卸时间和拆卸成本，然后针对各部件的衰退过程，结合役龄递减因子和故障率递增因子的混合故障率来描述各部件的衰退特性；其次，在此基础上，以设备机会维护时间窗为决策变量，在设备满足一定的可用度情况下，以设备在有限运行时间内的最低维护成本为目标，求解设备的最优预防维护计划；最后，通过数值仿真分析，验证所提出的多部件设备机会维护策略的有效性。

③ 基于故障相关性的多部件设备智能远程运维策略。针对多部件设备进行维护时未考虑故障相关性的问题，提出了一种基于故障链的多部件设备机会维护策略模型。首先，利用故障链对多部件设备的故障相关关系进行描述，依据混合故障率和故障相关系数矩阵表示出各部件的故障率；其次，在设备各部件满足一定可靠度的基础上，以设备在总运行周期内的维护总成本最低为目标，求解设备的最优机会维护时间窗和预防维护计划；最后，通过数值仿真，验证所提出的基于故障相关性的多部件设备预防性维护策略的有效性。

9.2 单部件系统远程运维技术

在预防性维护过程中，最为关键的是确定可靠度阈值和合适的预防维护时间间隔。过短的预防维护间隔导致维护频繁，维护费用激增；过长的预防维护间隔导致维护不足，故障频发，故障维修费用激增。

由于近几年传感设备、故障预测、设备诊断等技术的兴起，检测设备的实时故障状态得以实现。在已有文献中，预防性维护策略往往运用于设备的维护成本率、可用度和任务完成率等单目标情况，对于实际情况中需要涉及多个目标的求解并未考虑。因此，本节详细描述了考虑设备维护成本率和设备可用度为目标函数，建立设备多目标预防维护模型。

9.2.1　问题描述

设备维护方式包括小修、预防性维护和置换。小修是对设备进行保养维护，即对设备进行润滑、调节和除尘等，使设备能在更好的环境下运行。小修不会改变设备的故障率，即"修复如旧"。预防性维护是对设备的部分部件进行修复，对设备的故障率降低有显著的作用，即"修复非新"。置换是将整个设备进行更换，设备的故障率恢复至 0，即"修复如新"。本节考虑在对维护成本率和设备可用度有一定偏好的情况下，对这三种维护方式做出合理的安排。本节采取顺序维修策略，设备达到设定的可靠性阈值 R 时就对设备进行预防性维护，维修间隔期随设备的劣化而降低。假定设备的最优预防性维护次数为 N，当预防性维护次数在 $N-1$ 内，设备达到设定的可靠性阈值 R 时就对设备进行预防性维护；当预防性维护次数达到 N 时，则对设备进行置换。设备运行期间发生的故障则采取小修解决。

本节中所用到的符号及它们的含义如下：

i：预防性维护次数（$i=1,2,\cdots,N$）；

N：最优预防性维护次数；

T_i：第 $i-1$ 个到第 i 个预防性维护周期间的时间间隔（$i=1,2,\cdots,N$）；

$\lambda_i(t)$：第 $i-1$ 个到第 i 个预防性维护周期间的失效率函数（$i=1,2,\cdots,N$）；

R：可靠性阈值；

a_i：第 i 个预防性维护周期的役龄递减因子（$i=1,2,\cdots,N$），$a_i \in (0,1)$；

b_i：第 i 个预防性维护周期故障率递增因子（$i=1,2,\cdots,N$），$b_i \in (1,+\infty)$；

C_p：单次预防性维护成本；

t_p：单次预防性维护时间；

C_{mr}：单次小修成本；

t_{mr}：单次小修时间；

C_r：置换成本；

t_r：置换时间；

C_b：单位时间的停机成本；

C_i：第 i 个周期的维护成本 $(i=1,2,\cdots,N)$；

C_N：第 N 个周期的维护成本；

C_T：维护成本率；

A：设备可用度。

本节内容的假设条件为：

① 以独立的系统为研究对象，它的初始状态为新；

② 系统状态可被有效监控，系统随机失效且可用数学函数进行表示；

③ 采用小修的方式解决设备在预防性维护周期间失效的问题，且小修不改变故障率函数；

④ 进行预防性维护、小修和置换均视为停机。

9.2.2 生产系统远程运维模型

9.2.2.1 系统失效率的优化

针对设备的衰退过程，结合役龄递减因子和故障率递增因子所组成的混合故障率模型来描述设备的衰退特性，对系统的失效率函数进行表示，为：

$$\lambda_{i+1}(t)=b_i\lambda_i(t+a_iT_i), \ t\in(0,T_{i+1}) \tag{9-1}$$

式中，a_i 和 b_i 的取值需根据之前的历史维护数据进行估计。

在设备的可靠性达到预先设定的可靠性阈值（可靠度）R 时，系统的失效率函数和可靠度之间的关系为：

$$\exp\left[-\int_0^{T_i}\lambda_i(t)\,\mathrm{d}t\right]=R \tag{9-2}$$

由上述方程可得不同阶段的维护时间间隔表达式为：

$$\exp\left[-\int_0^{T_1}\lambda_1(t)\,\mathrm{d}t\right]=\exp\left[-\int_0^{T_2}\lambda_2(t)\,\mathrm{d}t\right]=\cdots=\exp\left[-\int_0^{T_N}\lambda_N(t)\,\mathrm{d}t\right]=R \tag{9-3}$$

基于式(9-1)，可得：

$$\int_0^{T_1}\lambda_1(t)\,\mathrm{d}t=\int_0^{T_2}\lambda_2(t)\,\mathrm{d}t=\cdots=\int_0^{T_N}\lambda_N(t)\,\mathrm{d}t=-\ln R \tag{9-4}$$

9.2.2.2 维护成本率的构建

设备在运转过程中的维护成本包括预防性维护成本、小修成本、停机成本和置换成本。在一个维护周期内，预防性维护时间、小修时间和置换时间都视为停机时间，其中小修发生的次数与 T_i 有关。

当 $0<i<N$ 时，设备的维护成本包括预防性维护成本、小修成本和停机成本；在 1 个维护周期内，预防性维护成本为 C_p，小修成本为 $C_{mr}\int_0^{T_i}\lambda_i(t)\,\mathrm{d}t$，

停机成本为 $C_b\left[t_p+t_{mr}\displaystyle\int_0^{T_i}\lambda_i(t)\mathrm{d}t\right]$。此时，设备的维护成本为：

$$C_i=C_p+C_{mr}\int_0^{T_i}\lambda_i(t)\mathrm{d}t+C_b\left[t_p+t_{mr}\int_0^{T_i}\lambda_i(t)\mathrm{d}t\right]$$

$$=C_p+C_{mr}(-\ln R)+C_b[t_p+t_{mr}(-\ln R)] \tag{9-5}$$

当 $i=N$ 时，设备的维护成本包括置换成本、小修成本和停机成本；在 1 个维护周期内，置换成本为 C_r，小修成本为 $C_{mr}\displaystyle\int_0^{T_N}\lambda_N(t)\mathrm{d}t$，停机成本为 $C_b\left[t_r+t_{mr}\displaystyle\int_0^{T_N}\lambda_N(t)\mathrm{d}t\right]$。当维护周期为 N 时，设备进行置换，它的维护成本为：

$$C_N=C_r+C_{mr}\int_0^{T_N}\lambda_N(t)\mathrm{d}t+C_b\left[t_r+t_{mr}\int_0^{T_N}\lambda_N(t)\mathrm{d}t\right]$$

$$=C_r+C_{mr}(-\ln R)+C_b[t_r+t_{mr}(-\ln R)] \tag{9-6}$$

因此，当维护周期 i 为 $0<i\leqslant N$ 时，设备的维护成本率为：

$$C_T=\frac{\displaystyle\sum_{i=1}^{N-1}C_i+C_N}{\displaystyle\sum_{i=1}^N T_i+(N-1)t_p+t_r+t_{mr}\sum_{i=1}^N\int_0^{T_i}\lambda_i(t)\mathrm{d}t}$$

$$=\frac{\displaystyle\sum_{i=1}^{N-1}C_i+C_N}{\displaystyle\sum_{i=1}^N T_i+(N-1)t_p+t_r+Nt_{mr}(-\ln R)} \tag{9-7}$$

9.2.2.3　设备可用度的构建

在某些特定的情况下，如国防军工、高精设备等行业对设备可用度的要求远高于对设备维护成本率的要求，此时设备可用度成为关注的焦点，它的表达式为：

$$A=\frac{T_{MU}}{T_{MU}+T_{MD}} \tag{9-8}$$

式中，T_{MU} 是设备的平均工作时间；T_{MD} 是设备的平均停机时间，它包含设备的预防性维护时间和小修时间。

当维护周期 i 为 $0<i\leqslant N$ 时，设备可用度为：

$$A_i=\frac{T_i}{T_i+t_p+t_{mr}\displaystyle\int_0^{T_i}\lambda_i(t)\mathrm{d}t}=\frac{T_i}{T_i+t_p+t_{mr}(-\ln R)} \tag{9-9}$$

当维护周期为 N 时，设备进行置换，设备可用度为：

$$A_N = \frac{T_N}{T_N + t_r + t_{mr} \int_0^{T_N} \lambda_N(t) dt} = \frac{T_N}{T_N + t_r + t_{mr}(-\ln R)} \qquad (9\text{-}10)$$

当维护周期 i 为 $0 < i \leqslant N$ 时，设备可用度为：

$$A = \frac{\sum_{i=1}^{N} T_i}{\sum_{i=1}^{N} T_i + (N-1)t_p + t_r + t_{mr} \sum_{i=1}^{N} \int_0^{T_i} \lambda_i(t) dt}$$

$$= \frac{\sum_{i=1}^{N} T_i}{\sum_{i=1}^{N} T_i + (N-1)t_p + t_r + N t_{mr}(-\ln R)} \qquad (9\text{-}11)$$

9.2.2.4　多目标决策模型

在单目标决策过程中，常常会追求较低维护成本率或较高设备可用度中的任意一个目标，但在实际生产过程中，往往需要综合考虑这两个目标。因此，本节以维护成本率 C_T 最低和设备可用度 A 最高为目标建立如下多目标决策模型：

$$D = \begin{cases} \min C_T(R, N) \\ \max A(R, N) \end{cases} \qquad (9\text{-}12)$$

多目标决策问题具有目标间不可公度性的特点。目标间的不可公度性是指由于各个目标的决策属性不同，所以难以对所有目标有一个统一的衡量标准。对于决策目标维护成本率和设备可用度来说，两者之间也没有一个统一的衡量标准。在本次维护决策过程中，需要考虑到定性指标的存在，从而使决策具有不确定性，而模糊理论对于解决多目标情况下评价指标不同的问题有较好的效果。因此，针对两目标决策体系和量纲的不同，本节采用模糊理论来求解此问题。运用模糊理论将维护成本率和设备可用度的具体实数转变为各自相应的优属度，根据实际情况的要求，得出考虑多目标情况下的维护决策优属度。因此，可以通过优属度来对单目标决策和多目标决策进行对比和评价。

9.2.3　生产系统远程运维模型求解流程

针对提出的多目标预防性维护模型，先求解出不同可靠度下对应的维护时间间隔，再求出每一个可靠性阈值和最优维护次数对应的维护成本率和设备可用度，接着通过模糊理论将维护成本率和设备可用度的实数转变为相应的优属度；根据实际情况对维护成本率和设备可用度的偏好来确定相应的权重，并以三角模糊数来描述权重，最终得出考虑多目标情况下的维护决策优属度，从而得出最优决策集 $D(R,N)$ 并确定最优的维护策略。模型的具体求解步骤如下。

① 设立在不同的预防性维护次数 N 下的可靠度阈值 R 以及此时对应的维护成本率 $C_T(R,N)$ 和设备可用度 $A(R,N)$。

② 根据模糊理论将 $C_T(R,N)$ 和 $A(R,N)$ 转化为模糊数 $P_{C_T}(R,N)$ 和 $P_A(R,N)$，$P_{C_T}(R,N)$ 和 $P_A(R,N)$ 分别代表决策集 $D(R,N)$ 基于维护成本率和设备可用度的优属度，具体的转化公式如下。

当目标越大越优时，有：

$$r'_{ij} = \frac{x_{ij} - \mathrm{Inf}(x_i)}{\mathrm{Sup}(x_i) - \mathrm{Inf}(x_i)} \tag{9-13}$$

当目标越小越优时，有：

$$r'_{ij} = \frac{\mathrm{Sup}(x_i) - x_{ij}}{\mathrm{Sup}(x_i) - \mathrm{Inf}(x_i)} \tag{9-14}$$

式中，r'_{ij} 表示决策 j 目标 i 特征值的最优目标隶属度（优属度）；x_{ij} 表示决策 j 目标 i 的特征值；$\mathrm{Sup}(x_i)$ 和 $\mathrm{Inf}(x_i)$ 表示目标 i 特征值 x_i 的上确界和下确界。在本节中，先找出 $C_{T\max}(R,N)$，$C_{T\min}(R,N)$，$A_{\max}(R,N)$、$A_{\min}(R,N)$。目标越大越优对应于设备可用度，其中 $P_A(R,N)$ 即为 r'_{ij}，$A_{\max}(R,N)$ 和 $A_{\min}(R,N)$ 分别为 $\mathrm{Sup}(x_i)$ 和 $\mathrm{Inf}(x_i)$，$A(R,N)$ 为 x_{ij}。目标越小越优对应于维护成本率，其中 $P_{C_T}(R,N)$ 即为 r'_{ij}，$C_{T\max}(R,N)$ 和 $C_{T\min}(R,N)$ 分别为 $\mathrm{Sup}(x_i)$ 和 $\mathrm{Inf}(x_i)$，$C_T(R,N)$ 为 x_{ij}。由此式(9-13)、式(9-14) 就可以分别转化为：

$$P_A(R,N) = \frac{A(R,N) - \mathrm{Inf}(x_i)}{\mathrm{Sup}(x_i) - \mathrm{Inf}(x_i)} \tag{9-15}$$

以及

$$P_{C_T}(R,N) = \frac{\mathrm{Sup}(x_i) - C_T(R,N)}{\mathrm{Sup}(x_i) - \mathrm{Inf}(x_i)} \tag{9-16}$$

从而分别求出设备可用度优属度 $P_A(R,N)$ 和维护成本率优属度 $P_{C_T}(R,N)$。

③ 运用模糊加权平均算法寻找最优维护决策。令 $P(R,N)$ 为决策 $D(R,N)$ 的优属度，$P_{C_T}(R,N)$ 和 $P_A(R,N)$ 为决策 $D(R,N)$ 对于维护成本率和设备可用度的优属度。W_{C_T} 和 W_A 分别表示决策属性维护成本率和设备可用度的模糊权重，它们的模糊权重用三角模糊数来表示，即 $W = \{a,b,c\}$。α 截集 $(P)_\alpha$ 的下限和上限分别表示为 $(P)_\alpha^L$ 和 $(P)_\alpha^U$。α 截集 $[P_{C_T}(R,N)]_\alpha$ 的下

限和上限分别表示为 $\left[P_{C_T}(R,N)\right]_\alpha^L$ 和 $\left[P_{C_T}(R,N)\right]_\alpha^U$。$\alpha$ 截集 $\left[P_A(R,N)\right]_\alpha$ 的下限和上限分别表示为 $\left[P_A(R,N)\right]_\alpha^L$ 和 $\left[P_A(R,N)\right]_\alpha^U$。$\alpha$ 截集 $(W_{C_T})_\alpha$ 的下限和上限分别表示为 $(W_{C_T})_\alpha^L$ 和 $(W_{C_T})_\alpha^U$。α 截集 $(W_A)_\alpha$ 的下限和上限分别表示为 $(W_A)_\alpha^L$ 和 $(W_A)_\alpha^U$。采用三角模糊数定义的权重的隶属函数为：

$$w(x)\begin{cases}\dfrac{x-a}{b-a}, & x\in[a,b]\\[2mm]\dfrac{c-x}{c-b}, & x\in[b,c]\end{cases} \tag{9-17}$$

P 的 α 截集表达式为：

$$(P)_\alpha=\{(P)_\alpha^L,(P)_\alpha^U\} \tag{9-18}$$

$$(P)_\alpha^L=\min\left\{\frac{\left[P_{C_T}(R,N)\right]_\alpha^L W_{C_T}+\left[P_A(R,N)\right]_\alpha^L W_A}{W_{C_T}+W_A}\right\} \tag{9-19}$$

$$(P)_\alpha^U=\max\left\{\frac{\left[P_{C_T}(R,N)\right]_\alpha^U W_{C_T}+\left[P_A(R,N)\right]_\alpha^U W_A}{W_{C_T}+W_A}\right\} \tag{9-20}$$

式中，$(W_{C_T})_\alpha\in\{(W_{C_T})_\alpha^L,(W_{C_T})_\alpha^U\}$，$(W_A)_\alpha\in\{(W_A)_\alpha^L,(W_A)_\alpha^U\}$。最终所求 $(P)_\alpha$ 仍为模糊数；$(P)_\alpha^L$ 和 $(P)_\alpha^U$ 应以设定三角模糊数分别求出，再进行排序，找出最大值和最小值，以此得到最终优属度的区间，求出区间中点作为 $(P)_\alpha$，即 $(P)_\alpha=\dfrac{(P)_\alpha^L+(P)_\alpha^U}{2}$。

权重隶属函数如图 9.1 所示。

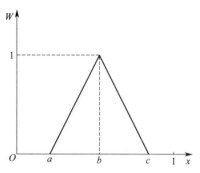

图 9.1　权重隶属函数

9.2.4　算例分析

本节选用在电子和机械领域使用较为广泛的二参数威布尔分布来描述该设备的系统失效率，即：

$$\lambda(t)=\frac{m}{Z}\left(\frac{t}{Z}\right)^{m-1} \tag{9-21}$$

式中，m 为形状参数，Z 为生命特征参数，两者需根据之前的历史维护数据进行估计，分别假定 $m=3$，$Z=100$。为了得到设备的最优维护计划，还需要确定调整因子(a_i,b_i)、成本因子(C_p,C_{mr},C_r,C_b)、时间因子(t_p,t_{mr},t_r)等参数，假设：$a_i=\dfrac{i}{3i+7}$，$b_i=\dfrac{12i+1}{11i+1}$，$C_p=40$，$C_{mr}=80$，$C_r=800$，$C_b=70$，$t_p=2$，$t_{mr}=1$，$t_r=3$。

9.2.4.1　结果分析

在企业实际生产中，设备不能无限制地维护，到达一定维护次数后，若不进行置换，则可能会造成生产的产品质量下降，不符合质量要求。因此，本节设定 N、R 两个决策变量的范围为：$N \in [1,8]$，$R \in [0.7, 0.8]$。仿真结果以 Python 软件得出。

由表 9.1 可见，当设备的可靠性阈值保持不变时，设备的预防性维护时间间隔呈递减趋势，与设备的实际劣化情况相符。随着设备可靠性阈值的逐渐增大，设备的预防性维护时间间隔变短，即需要通过更加频繁的预防性维护来维持设备的高可靠性，更加符合高精设备对高可靠性的要求。

表 9.1　不同可靠度下设备的维护时间间隔

R	T_1	T_2	T_3	T_4	T_5	T_6	T_7	T_8
0.7	70.92	61.98	50.87	40.50	32.06	25.60	20.76	17.11
0.71	69.97	61.15	50.19	39.95	31.62	25.26	20.48	16.88
0.72	69.00	60.31	49.49	39.40	31.19	24.91	20.20	16.64
0.73	68.02	59.45	48.79	38.84	30.75	24.56	19.91	16.41
0.74	67.03	58.58	48.08	38.27	30.30	24.20	19.62	16.17
0.75	66.01	57.70	47.35	37.70	29.84	23.83	19.32	15.92
0.76	64.99	56.80	46.61	37.11	29.37	23.46	19.02	15.67
0.77	63.94	55.88	45.86	36.51	28.90	23.08	18.72	15.42
0.78	62.87	54.95	45.09	35.90	28.42	22.70	18.40	15.16
0.79	61.77	53.99	44.31	35.28	27.92	22.30	18.08	14.90
0.8	60.65	53.01	43.51	34.64	27.42	21.90	17.76	14.63

以 $R = 0.7$ 为例，选择不同的役龄递减因子 $\left(a_i = \dfrac{i}{i+7}, \ a_i = \dfrac{i}{3i+7}, \ a_i = \dfrac{i}{5i+7} \right)$ 和故障率递增因子 $\left(b_i = \dfrac{12i+1}{7i+1}, \ b_i = \dfrac{12i+1}{9i+1}, \ b_i = \dfrac{12i+1}{11i+1} \right)$ 来显示它们对维护时间间隔的影响。由图 9.2 可知，随着役龄递减因子的减小，设备达到维护阈值的时间间隔变长，设备劣化速度减慢。由图 9.3 可知，随着故障率递增因子的增大，设备达到维护阈值的时间间隔变短，设备需要更加频繁的维护来保证可靠度。不同因子的选取对维护时间间隔有不同的影响，本节依据历史维护数据选取 $a_i = \dfrac{i}{3i+7}$，$b_i = \dfrac{12i+1}{11i+1}$。

用表 9.2 中 $R = 0.7$ 时的数据来分析维护次数对维护成本率的影响。如图 9.4 所示，维护成本率随维护次数的增加而先下降后上升，在第 5 次维护时达到最低的维护成本率 742.27×10^{-2}。由于设备的置换成本较高，在设备运行初期进行置换将导致维护成本率较高，因而随维护次数的增加，维护成本率先

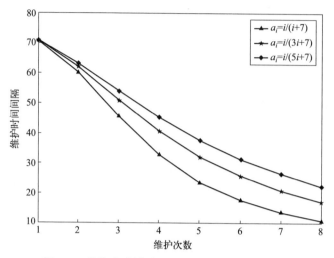

图 9.2　役龄递减因子 a_i 对维护时间间隔的影响

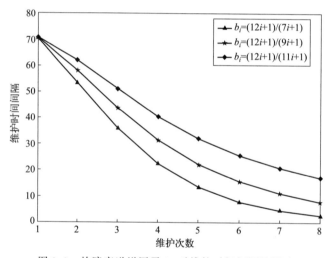

图 9.3　故障率递增因子 b_i 对维护时间间隔的影响

降低；但随着设备的不断劣化，维护时间间隔将缩短，需要更加频繁地进行维护，从而使预防性维护成本上升，进而导致维护成本率的上升。因此，上述维护成本率的变化趋势符合实际情况。

表 9.2　维护成本率仿真结果

R	$C_T \times 10^2$							
	$N=1$	$N=2$	$N=3$	$N=4$	$N=5$	$N=6$	$N=7$	$N=8$
0.7	1431.85	935.68	797.80	751.61	742.27	751.01	769.72	794.36
0.71	1447.83	944.98	805.01	757.90	748.09	756.58	775.15	799.74
0.72	1464.54	954.74	812.61	764.54	754.25	762.49	780.93	805.46

续表

R	$C_T \times 10^2$							
	$N=1$	$N=2$	$N=3$	$N=4$	$N=5$	$N=6$	$N=7$	$N=8$
0.73	1482.03	964.99	820.62	771.57	760.78	768.77	787.09	811.57
0.74	1500.38	975.79	829.08	779.01	767.71	775.44	793.64	818.08
0.75	1519.66	987.18	838.03	786.90	775.09	782.56	800.64	825.04
0.76	1539.95	999.22	847.52	795.28	782.94	790.14	808.12	832.50
0.77	1561.37	1011.97	857.60	804.21	791.31	798.25	816.12	840.48
0.78	1584.01	1025.49	868.32	813.73	800.26	806.94	824.70	849.06
0.79	1608.02	1039.89	879.77	823.92	809.85	816.26	833.92	858.28
0.8	1633.55	1055.24	892.01	834.83	820.15	826.28	843.85	868.23

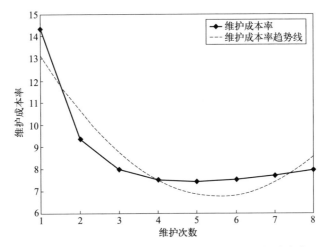

图 9.4 当 $R=0.7$ 时不同的维护次数对应的维护成本率

由表 9.3 可知，设备的可用度最高为 95.88%，对应的最优可靠性阈值为 0.7，并在第 2 次达到可靠性阈值 0.7 时进行置换。在仅考虑单目标决策情况下，若只考虑较低成本率，设备置换将会延后，可能导致产品质量不佳；若只考虑较高可用度，设备置换过于频繁，维护成本较高。

表 9.3 设备可用度仿真结果

R	$A/\%$							
	$N=1$	$N=2$	$N=3$	$N=4$	$N=5$	$N=6$	$N=7$	$N=8$
0.7	95.48	95.88	95.79	95.56	95.25	94.90	94.54	94.15
0.71	95.44	95.84	95.76	95.52	95.21	94.87	94.49	94.11
0.72	95.40	95.81	95.72	95.49	95.18	94.82	94.45	94.07
0.73	95.35	95.77	95.69	95.45	95.13	94.78	94.41	94.02
0.74	95.31	95.73	95.65	95.41	95.09	94.74	94.36	93.97
0.75	95.26	95.69	95.61	95.36	95.05	94.69	94.31	93.91
0.76	95.20	95.64	95.56	95.32	95.00	94.63	94.25	93.85

R	A/%							
	N=1	N=2	N=3	N=4	N=5	N=6	N=7	N=8
0.77	95.15	95.59	95.51	95.27	94.94	94.58	94.19	93.79
0.78	95.09	95.54	95.46	95.21	94.89	94.52	94.13	93.72
0.79	95.02	95.49	95.41	95.16	94.83	94.46	94.06	93.65
0.8	94.95	95.43	95.35	95.10	94.76	94.39	93.99	93.57

根据上述步骤中的公式，分别求解维护成本率和设备可用度的优属度，具体数据如表9.4、表9.5所示。

表9.4　维护成本率的优属度

R	$P_{C_T}(R,N)$							
	N=1	N=2	N=3	N=4	N=5	N=6	N=7	N=8
0.7	0.2263	0.7830	0.9377	0.9895	1.0000	0.9902	0.9692	0.9416
0.71	0.2084	0.7726	0.9296	0.9825	0.9935	0.9839	0.9631	0.9355
0.72	0.1896	0.7616	0.9211	0.9750	0.9866	0.9773	0.9566	0.9291
0.73	0.1700	0.7501	0.9121	0.9671	0.9792	0.9703	0.9497	0.9223
0.74	0.1494	0.7380	0.9026	0.9588	0.9715	0.9628	0.9424	0.9149
0.75	0.1278	0.7252	0.8926	0.9499	0.9632	0.9548	0.9345	0.9071
0.76	0.1050	0.7117	0.8819	0.9405	0.9544	0.9463	0.9261	0.8988
0.77	0.0810	0.6974	0.8706	0.9305	0.9450	0.9372	0.9171	0.8898
0.78	0.0556	0.6822	0.8586	0.9198	0.9349	0.9274	0.9075	0.8802
0.79	0.0286	0.6661	0.8457	0.9084	0.9242	0.9170	0.8972	0.8698
0.8	0.0000	0.6489	0.8320	0.8961	0.9126	0.9057	0.8860	0.8587

表9.5　设备可用度的优属度

R	$P_A(R,N)$							
	N=1	N=2	N=3	N=4	N=5	N=6	N=7	N=8
0.7	0.8275	1.0000	0.9632	0.8608	0.7273	0.5771	0.4174	0.2523
0.71	0.8101	0.9853	0.9487	0.8459	0.7116	0.5605	0.3998	0.2336
0.72	0.7917	0.9697	0.9334	0.8300	0.6950	0.5429	0.3811	0.2138
0.73	0.7723	0.9533	0.9172	0.8133	0.6773	0.5242	0.3612	0.1927
0.74	0.7517	0.9358	0.8999	0.7955	0.6586	0.5043	0.3401	0.1703
0.75	0.7300	0.9173	0.8816	0.7765	0.6386	0.4831	0.3176	0.1465
0.76	0.7070	0.8976	0.8621	0.7563	0.6173	0.4605	0.2937	0.1210
0.77	0.6826	0.8766	0.8413	0.7347	0.5946	0.4364	0.2680	0.0939
0.78	0.6566	0.8542	0.8191	0.7117	0.5702	0.4106	0.2406	0.0648
0.79	0.6288	0.8302	0.7953	0.6870	0.5442	0.3829	0.2112	0.0336
0.8	0.5991	0.8045	0.7697	0.6604	0.5161	0.3531	0.1796	0.0000

对维护成本率和设备可用度的不同偏好会产生不同的维护决策。若偏向于维护成本率，则维护成本率和设备可用度的三角模糊权重分别为（0.6, 0.7, 0.8）和（0.2, 0.3, 0.4），且 $\alpha=0$，运用模糊加权平均算法求出所有可靠性阈值和最优维护次数对应的维护决策优属度，即 $(P)_\alpha$。由于所求数量较多，本

节依据 $(P)_\alpha$ 的大小降序列举前 10 个维护决策优属度，最终得出表 9.6。若偏向于设备可用度，则维护成本率和设备可用度的三角模糊权重分别为 (0.2, 0.3, 0.4) 和 (0.6, 0.7, 0.8)，且 $\alpha=0$，依据上述方法最终可得出表 9.7。

表 9.6 以维护成本率为偏好的维护决策优属度

$D(R,N)$	$[(P)_\alpha^L, (P)_\alpha^U]$	$(P)_\alpha$
(0.7,4)	[0.9380,0.9638]	0.9509
(0.7,3)	[0.9428,0.9479]	0.9453
(0.71,4)	[0.9278,0.9551]	0.9415
(0.71,3)	[0.9334,0.9372]	0.9353
(0.72,4)	[0.9170,0.9460]	0.9315
(0.72,3)	[0.9235,0.9260]	0.9248
(0.73,4)	[0.9056,0.9364]	0.9210
(0.7,5)	[0.8909,0.9455]	0.9182
(0.73,3)	[0.9131,0.9141]	0.9136
(0.74,4)	[0.8935,0.9261]	0.9098

表 9.7 以可用度为偏好的维护决策优属度

$D(R,N)$	$[(P)_\alpha^L, (P)_\alpha^U]$	$(P)_\alpha$
(0.7,3)	[0.9530,0.9581]	0.9555
(0.71,3)	[0.9411,0.9449]	0.9430
(0.7,2)	[0.9132,0.9566]	0.9349
(0.72,3)	[0.9285,0.9309]	0.9297
(0.71,2)	[0.9002,0.9427]	0.9215
(0.73,3)	[0.9152,0.9162]	0.9156
(0.72,2)	[0.8865,0.9281]	0.9073
(0.74,3)	[0.9005,0.9010]	0.9007
(0.7,4)	[0.8865,0.9123]	0.8994
(0.73,2)	[0.8720,0.9126]	0.8923

9.2.4.2 结果比较

由表 9.4 可知，在仅以维护成本率为决策目标时，维护决策为 (0.7, 5)，最优可靠性阈值为 0.7，最优维护次数为 5。由表 9.5 可知，在仅以设备可用度为决策目标时，维护决策为 (0.7, 2)，最优可靠性阈值为 0.7，最优维护次数为 2。由表 9.6 可知，在多目标情况下偏重维护成本率时，最优维护决策为 $D(0.7, 4)$，此时优属度为 0.9509，即最优可靠性阈值为 0.7，最优维护次数为 4。由表 9.7 可知，在多目标情况下偏重设备可用度时，最优维护决策为 $D(0.7, 3)$，此时优属度为 0.9555，即最优可靠性阈值为 0.7，最优维护次数为 3。相较于单目标决策，考虑多目标情况下的决策更灵活，更符合实际。由此可见，在运用模糊理论和模糊权重后，整个模型可以符合实际情况来进行多目标决策，适应不同的生产需求。

针对设备的衰退过程，结合役龄递减因子和故障率递增因子来描述设备的衰退特性，以可靠度阈值和最优预防性维护次数为决策变量，以维护成本率和设备可用度为目标构建多目标维护决策模型。运用模糊理论将维护成本率、设备可用度和多目标情况下的决策统一转化为优属度，通过优属度这一衡量标准来进行比较和分析。数值仿真的结果显示，此维护模型可依据实际情况来进行多目标决策，有助于弥补仅考虑单目标决策模型的不足，符合实际情况的需求。

9.3 基于结构相关性的多部件系统远程运维技术

生产设备作为现代化制造能力的基石，为保证其合理、高效使用，对多部件组成的复杂生产设备的维护管理成为保障其生产能力的重中之重。对多部件设备在进行预防性维护时，需要考虑结构相关性对设备维护策略的影响，本节以拆卸操作衡量设备部件间的结构相关性。虽然很多文献考虑了多部件设备在预防性维护时可以进行机会维护的策略，但是往往忽略了在进行维护时需要对设备进行拆卸操作，对设备中各部件进行拆卸时未考虑拆卸成本和拆卸时间。在对多部件设备进行维护时应合理规划出各部件的拆卸序列并对设备进行机会维护。

9.3.1 问题描述

本节的研究对象是考虑拆卸序列的多部件复杂设备，通过考虑各部件的维护策略，利用机会维护对设备的整体维护进行规划。对设备的维护方式主要考虑预防性维护、小修和更换。其中，在对设备进行预防性维护时，要对设备中的部件先拆卸后维护。而当设备发生非预期故障时，用小修的方式对其进行维护。小修是指对设备进行基础的维护，即润滑、调节和除尘，因此对设备进行小修时，无须对设备进行拆卸，同时小修时间相对于设备整个运行时间来说较短，因此不考虑小修时间。小修不会改变部件的故障率，只会恢复到部件的故障前状态。

在多部件设备的预防性维护中，首先，采用顺序预防性维护的方式和最小维护成本率进行优化，求解各部件的维护间隔和最优预防性维护次数；其次，引入设备的机会维护时间窗 Δt，当有部件进行预防性维护或更换时，若其他部件在机会维护时间窗内，将同时对这些部件进行预防性维护或更换；最后，在设备满足一定可用度 A_0 的情况下，以设备的维护成本最小化为优化目标，求解设备的最优机会维护时间窗 Δt，从而得到设备的最优预防维护策略。

9.3.2　多部件系统远程运维模型

9.3.2.1　拆卸混合图模型

为简化设备部件间的拆卸关系，以拆卸混合图来对部件间的拆卸关系进行描述，如图 9.5 所示。拆卸混合图表达式为：

$$G = \{V, E, DE\} \tag{9-22}$$

式中，G 表示混合图；V 为部件或者子装配体；E 为连接关系，表示两部件之间存在有接触约束关系，用无向边表示，例如图 9.5 中的部件 1 和部件 3 之间的关系为无向边；DE 为优先关系，表示两部件之间存在无接触约束关系，用有向边表示，例如图 9.5 中的部件 2

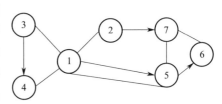

图 9.5　拆卸混合图

和部件 7 之间的关系为有向边，表示部件 2 应该在部件 7 之前拆除。

拆卸混合图 G 中的连接关系和约束关系分别用两个 n 维的拆卸混合图矩阵 $\boldsymbol{G}_1$（$\boldsymbol{G}_1 = \{V, E\}$）和 $\boldsymbol{G}_2$（$\boldsymbol{G}_2 = \{V, DE\}$）来表示。

$$\boldsymbol{G}_1 = (\mathrm{co}_{ij}) = \begin{pmatrix} \mathrm{co}_{1,1} & \mathrm{co}_{1,2} & \cdots & \mathrm{co}_{1,n} \\ \mathrm{co}_{2,1} & \mathrm{co}_{2,2} & \cdots & \mathrm{co}_{2,n} \\ \vdots & \vdots & & \vdots \\ \mathrm{co}_{n,1} & \mathrm{co}_{n,2} & \cdots & \mathrm{co}_{n,n} \end{pmatrix}$$

$$\mathrm{co}_{ij} = \begin{cases} 0, & i \text{ 和 } j \text{ 之间无连接关系} \\ 1, & i \text{ 和 } j \text{ 之间有连接关系} \end{cases}$$

式中，$i = j$ 时，$\mathrm{co}_{ij} = 0$，$\mathrm{co}_{ji} = 0$。

$$\boldsymbol{G}_2 = (\mathrm{preco}_{ij}) = \begin{pmatrix} \mathrm{preco}_{1,1} & \mathrm{preco}_{1,2} & \cdots & \mathrm{preco}_{1,n} \\ \mathrm{preco}_{2,1} & \mathrm{preco}_{2,2} & \cdots & \mathrm{preco}_{2,n} \\ \vdots & \vdots & & \vdots \\ \mathrm{preco}_{n,1} & \mathrm{preco}_{n,2} & \cdots & \mathrm{preco}_{n,n} \end{pmatrix}$$

$$\mathrm{preco}_{ij} = \begin{cases} 0, & i \text{ 和 } j \text{ 之间无优先关系} \\ 1, & j \text{ 需在 } i \text{ 之前拆卸（有优先关系）} \end{cases}$$

式中，$i = j$ 时，$\mathrm{preco}_{ij} = 0$，$\mathrm{preco}_{ji} = 0$。

因此，图 9.5 的拆卸混合图 G 可由以下两个拆卸混合矩阵 $\boldsymbol{G}_1$、$\boldsymbol{G}_2$ 表示：

$$\boldsymbol{G}_1 = \begin{pmatrix} 0 & 1 & 1 & 1 & 1 & 0 & 0 \\ 1 & 0 & 0 & 0 & 0 & 0 & 0 \\ 1 & 0 & 0 & 0 & 0 & 0 & 0 \\ 1 & 0 & 0 & 0 & 0 & 0 & 0 \\ 1 & 0 & 0 & 0 & 0 & 0 & 1 \\ 0 & 0 & 0 & 0 & 0 & 0 & 1 \\ 0 & 0 & 0 & 0 & 1 & 1 & 0 \end{pmatrix}$$

$$\boldsymbol{G}_2 = \begin{pmatrix} 0 & 0 & 0 & 0 & 0 & 0 & 0 \\ 0 & 0 & 0 & 0 & 0 & 0 & 0 \\ 0 & 0 & 0 & 0 & 0 & 0 & 0 \\ 0 & 0 & 1 & 0 & 0 & 0 & 0 \\ 1 & 0 & 0 & 0 & 0 & 0 & 0 \\ 0 & 0 & 0 & 0 & 1 & 0 & 0 \\ 0 & 1 & 0 & 0 & 0 & 0 & 0 \end{pmatrix}$$

9.3.2.2 拆卸序列的产生

设备在进行维护或更换时，首先需要确定可拆卸部件和目标部件是什么，再规划可拆卸部件和目标部件之间的拆卸序列以完成维护。可拆卸部件需要满足两个拆卸条件：①部件 i 与其他部件有且仅有一个连接关系；②部件 i 不受其他部件优先关系的影响，如下所示：

$$\sum_{j=1}^{j=n} \mathrm{co}_{ij} = 1 \tag{9-23}$$

$$\sum_{j=1}^{j=n} \mathrm{preco}_{ij} = 0 \tag{9-24}$$

若同时满足这两个条件，则部件 i 为可拆卸部件；反之，部件 i 为不可拆卸部件。具体拆卸步骤如下：

步骤 1：设定目标拆卸部件 g。根据上述可拆卸部件的条件判断目标部件 g 是否可以拆卸：若可以拆卸，则部件 g 的拆卸序列为其本身；若不可拆卸，则找出与部件 g 有连接关系或优先关系的部件，同时将与部件 g 有连接关系或优先关系的部件放入列表 C（即可拆卸部件的集合）中。

步骤 2：依据可拆卸部件的条件判断列表 C 中是否存在可拆卸部件。若存在，转至步骤 3；若不存在，则找出与列表 C 中部件有连接关系或优先关系的部件并更新列表 C，直至列表 C 中存在可拆卸部件，再转至步骤 3。

步骤 3：将列表 C 中的可拆卸部件放入列表 a 中，从列表 a 中选择拆卸时间最短的一个可拆卸部件 h 放入列表 S 中，对部件 h 进行拆卸，并将部件 h

从列表 C 中清除，更新列表 C，再转至步骤 2，直至目标拆卸部件 g 成为可拆卸部件，即可得到目标拆卸部件 g 耗时最短的一条拆卸路径。

假设目标拆卸部件为 7，部件 7 不可拆卸，找出与部件 7 有连接关系或优先关系的部件，则列表 $C=\{2,5,6,7\}$，其中可拆卸部件为 2，则 $a=\{2\}$，$S=\{2\}$。将部件 2 从列表 C 中删除，更新列表 C，$C=\{5,6,7\}$，此时列表 C 中无可拆卸部件。找出与列表 C 中部件有连接关系或优先关系的部件并更新列表 C，$C=\{1,5,6,7\}$，此时列表 C 中仍无可拆卸部件。再次寻找部件并更新列表 C，$C=\{1,3,4,5,6,7\}$，此时存在可拆卸部件为 3，则 $a=\{3\}$，$S=\{2,3\}$。依照这种顺序，如表 9.8 所示，直到目标拆卸部件 7 成为可拆卸部件，则目标拆卸部件 7 的拆卸序列为 $S=\{2,3,4,1,5,7\}$。具体拆卸过程如图 9.6 所示。

表 9.8　目标拆卸部件为 7 的拆卸过程

目标拆卸部件	C	a	S
7	2,5,6,7	2	2
	5,6,7		
	1,5,6,7		
	1,3,4,5,6,7	3	2,3
	1,4,5,6,7	4	2,3,4
	1,5,6,7	1	2,3,4,1
	5,6,7	5	2,3,4,1,5
	6,7	7	2,3,4,1,5,7

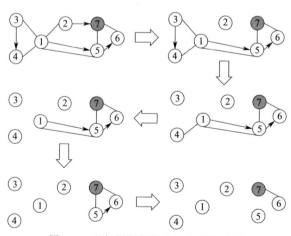

图 9.6　目标拆卸部件为 7 的拆卸过程

9.3.3　考虑拆卸序列的多部件系统远程运维模型

9.3.3.1　单部件设备预防性维护模型

设备的劣化往往是从部件开始的，多部件设备的劣化需要从单部件设备的劣化状态推衍。以单部件设备为例，求解出每个部件的最优预防性维护计划并为多部件设备的预防性维护计划做准备。

对单部件设备维护条件假设如下：①以单部件设备为维护对象，设备初始状态为新。②对设备进行维护时，由于小修是处理非预期故障，所以小修成本远大于预防性维护成本，设备的停机主要由预防性维护和更换造成。

针对部件的衰退过程，结合役龄递减因子和故障率递增因子所组成的混合故障率模型来描述部件的衰退特性，对部件 k 在第 n_k 次预防性维护的故障率函数进行表示：

$$\lambda_{k,n_k+1}(t)=b_{k,n_k}\lambda_{k,n_k}(t+a_{k,n_k}T_{k,n_k}),\ t\in(0,T_{k,n_k+1}) \tag{9-25}$$

式中，n_k 为部件 k 的预防性维护次数；$\lambda_{k,n_k}(t)$ 为部件 k 在第 n_k-1 次和第 n_k 次预防性维护期间的故障率分布函数；T_{k,n_k} 为部件 k 在第 n_k-1 次和第 n_k 次预防性维护的间隔期；a_{k,n_k} 为部件 k 第 n_k 个预防性维护期的役龄递减因子（$0<a_{k,n_k}<1$）；b_{k,n_k} 为部件 k 第 n_k 个预防性维护期的故障率递增因子（$b_{k,n_k}>1$）。a_{k,n_k} 和 b_{k,n_k} 的取值可以根据历史维护数据进行估计。

在部件的可靠性阈值达到预设的可靠性阈值 R_{km} 时，部件的故障率函数和可靠度之间的关系：

$$\exp\left[-\int_0^{T_{k,n_k}}\lambda_{k,n_k}(t)dt\right]=R_{km} \tag{9-26}$$

由上述方程可得，不同阶段的维护时间间隔通过式(9-27)表达：

$$\exp\left[-\int_0^{T_{k,1}}\lambda_{k,1}(t)dt\right]=\exp\left[-\int_0^{T_{k,2}}\lambda_{k,2}(t)dt\right]=\cdots=\exp\left[-\int_0^{T_{k,n_k}}\lambda_{k,n_k}(t)dt\right]=R_{km} \tag{9-27}$$

可将式(9-27)改写为：

$$\int_0^{T_{k,1}}\lambda_{k,1}(t)dt=\int_0^{T_{k,2}}\lambda_{k,2}(t)dt=\cdots=\int_0^{T_{k,n_k}}\lambda_{k,n_k}(t)dt=-\ln R_{km} \tag{9-28}$$

单部件设备在其生命周期内，预防性维护成本、非预期故障成本、拆卸成本和停机成本这四方面组成设备总的维护成本，部件 k 在生命周期内的维护成本率 C_T 为：

$$C_T=\frac{N_k[C_{kpm}+C_{kmr}(-\ln R_{km})+C_{kcx}+C_b(\tau_{kpm}+\tau_{kcx})]+C_{kr}}{\sum_{n_k=1}^{N_k}T_{k,n_k}+N_k(\tau_{kpm}+\tau_{kcx})+\tau_{kr}} \tag{9-29}$$

式中，N_k 为部件 k 的最优预防维护次数；C_{kpm} 为部件 k 进行一次预防性维护的成本；C_{kmr} 为部件 k 进行一次非预期故障维护的成本；C_{kcx} 为部件 k 进行一次拆卸的成本；C_b 为部件单位时间内的停机损失成本；C_{kr} 为部件进行一次更换的成本；τ_{kpm} 为部件 k 进行一次预防性维护的时间；τ_{kcx} 为部件 k 进行一次拆卸的时间；τ_{kr} 为部件 k 进行更换的时间。

通过优化目标函数 $\min(C_T)$，可以得到部件 k 在其整个生命周期内的最优预防性维护计划和部件 k 的最优预防性维护次数。

9.3.3.2 多部件设备机会维护模型

对多部件设备维护条件假设如下：①设备共包含 M 个可修部件，这些部件初始状态均为全新状态，各部件故障分布相互独立且各部件均服从威布尔分布。②设备各个部件之间为串联逻辑，当一个部件在进行维护时，设备也会停机进行维护。③设备在生产过程中无生产停歇，设备在维护过程中维护资源充足且可以得到及时的维护。具体步骤如下：

步骤 1：依据前文的方法可以求出部件 k 的预防性维护间隔期 T_{k,n_k} 和最优预防性维护次数 N_k，以此类推，可以求出设备中各个部件的预防性维护间隔期和最优预防性维护次数。

步骤 2：$t_n = \min\{t_{1n}, t_{2n}, \cdots, t_{kn}, \cdots, t_{Mn}\}$ 表示设备第 n 次预防性维护的时刻，t_{kn} 表示在设备第 $n-1$ 次预防性维护后，部件 k 进行第 n 次预防性维护的时刻。此外，当 $n=1$ 时，$t_{11}=T_{11}$，$t_{21}=T_{21}$，$\cdots$，$t_{k1}=T_{k1}$，$\cdots$，$t_{M1}=T_{M1}$。

步骤 3：设定机会维护时间窗 Δt。若 $t_{kn} > t_n + \Delta t$，则在设备第 n 次预防性维护时不对部件 k 进行预防性维护；若 $t_{kn} \leqslant t_n + \Delta t$，则在设备第 n 次预防性维护时对部件 k 进行预防性维护，部件 k 的预防性维护次数为 n_k，那么对部件 k 的预防性维护次数加 1，若部件 k 的预防性维护次数为 $n_k = N_k + 1$，那么对部件 k 实施预防性更换，且在此时将 n_k 归零，即 $n_k = 0$。所以部件 k 在 t_n 时刻采取的维护方式 $X(k, t_n)$ 可以用下式进行表示：

$$X(k,t_n) = \begin{cases} 0, & t_{kn} > t_n + \Delta t \\ 1, & t_{kn} \leqslant t_n + \Delta t \text{ 且 } n_p < N_p + 1 \ (n_p \neq 0) \\ 2, & t_{kn} \leqslant t_n + \Delta t \text{ 且 } n_p = N_p + 1 \ (n_p = 0) \end{cases} \tag{9-30}$$

式中，0 表示不对部件 k 进行维护；1 表示对部件 k 进行预防性维护；2 表示对部件 k 进行更换。

步骤 4：在一个维护周期内，部件每次预防性维护中需要对设备进行拆卸。假设部件 k 的拆卸序列为 $i \rightarrow j \rightarrow k$，则依据此拆卸序列，对部件 k 维护产生的综合拆卸成本 C_{ktcx} 和综合拆卸时长 τ_{ktcx} 分别为：

$$C_{ktcx} = C_{icx} + C_{jcx} + C_{kcx} \tag{9-31}$$

$$\tau_{ktcx} = \tau_{icx} + \tau_{jcx} + \tau_{kcx} \tag{9-32}$$

式中，C_{kcx} 为仅对部件 k 进行一次拆卸的成本；τ_{kcx} 为仅对部件 k 进行一次拆卸的时间。

部件 k 在 t_n 时刻进行维护所需的时间 $\tau(k,t_n)$ 表示为：

$$\tau(k,t_n)=\begin{cases}0, & X(k,t_n)=0\\ \tau_{k\mathrm{pm}}+\tau_{k\mathrm{tcx}}, & X(k,t_n)=1\\ \tau_{kr}+\tau_{k\mathrm{tcx}}, & X(k,t_n)=2\end{cases} \quad (9\text{-}33)$$

式中，$\tau_{k\mathrm{pm}}$ 为部件 k 进行一次预防性维护的时间；$\tau_{k\mathrm{tcx}}$ 为对部件 k 进行一次综合拆卸的时间；τ_{kr} 为部件 k 进行更换的时间。设备的停机维护时间取决于部件中所需维护时间最长的维护部件，即 $T_{\mathrm{park}n}=\max\limits_{0<k<M}\{\tau(k,t_n)\}$。

设备第 n 次预防性维护后，部件 k 进行第 $n+1$ 次预防性维护的时刻为：

$$t_{k(n+1)}=\begin{cases}t_{kn}+T_{\mathrm{park}n}, & X(k,t_n)=0\\ t_n+T_{k,n_k+1}+T_{\mathrm{park}n}, & X(k,t_n)=1,2\end{cases} \quad (9\text{-}34)$$

根据步骤2的方法可以得出设备进行第 $n+1$ 次维护的时间点 t_{n+1}，重复步骤3和步骤4，直至 $t_n=t_{N+1}>t_{\mathrm{end}}$（$N$ 为设备在 $[0,t_{\mathrm{end}}]$ 期间进行预防性维护的次数，t_{end} 为设备设定的运行周期）。

设备的维护成本主要由两部分组成：一部分是设备的直接维护成本，另一部分是设备的停机损失成本。其中，设备的直接维护成本包括预防性维护成本、小修成本、综合拆卸成本、更换成本。

部件 k 从时刻 t_{n-1} 到时刻 t_n 维护结束的一个维护周期内的直接维护成本为：

$$C_{kn}=\begin{cases}0, & X(k,t_n)=0\\ C_{k\mathrm{pm}}+C_{k\mathrm{tcx}}+C_{k\mathrm{mr}}\displaystyle\int_0^{T_{k,n_k}-(t_{kn}-t_n)}\lambda_{k,n_k}(t)\mathrm{d}t, & X(k,t_n)=1\\ C_{kr}+C_{k\mathrm{tcx}}+C_{k\mathrm{mr}}\displaystyle\int_0^{T_{k,n_k}-(t_{kn}-t_n)}\lambda_{k,n_k}(t)\mathrm{d}t, & X(k,t_n)=2\end{cases}$$

$$(9\text{-}35)$$

部件 k 从时刻 t_{n-1} 到时刻 t_n 维护结束的一个维护周期内的停机损失成本为：

$$C_{k\mathrm{b}}=C_{\mathrm{b}}T_{\mathrm{park}n} \quad (9\text{-}36)$$

设备从时刻 t_{n-1} 到时刻 t_n 维护结束的一个维护周期内的维护成本 C_k 为：

$$C_k=\sum_{k=1}^{M}(C_{kn}+C_{k\mathrm{b}}) \quad (9\text{-}37)$$

设备在运行周期 $[0,t_{\mathrm{end}}]$ 之间的总维护成本 C 为：

$$C=\sum_{n=1}^{N}\sum_{k=1}^{M}(C_{kn}+C_{k\mathrm{b}}) \quad (9\text{-}38)$$

调整 Δt 的取值，将改变设备各个部件的维护计划。当 Δt 过小时，部件之间的机会维护次数较少，可能导致机会维护效果不明显，设备维护成本的降低不明显；当 Δt 过大时，设备各个部件将会频繁进行维护，虽然保证了设备的稳定运行，但会增加设备总体的维护成本。因此，选择合理的 Δt 对降低设备总体的维护成本很重要。

在一些特定的情况下，如动车设备、高精设备等对于设备的可用度会有较高的要求，因此，在设备运行的过程中，需要满足一定的可用度要求，则采用机会维护的设备可用度 A 为：

$$A = 1 - \frac{\sum\limits_{n=1}^{N} T_{\mathrm{park}n}}{t_{\mathrm{end}}} \tag{9-39}$$

依据设备实际的生产需求确定设备的所需的最低可用度 A_0。

所以，多部件设备的机会维护模型为：

$$\min \left\{ C = \sum_{n=1}^{N} \sum_{k=1}^{M} (C_{kn} + C_{k\mathrm{b}}) \right\} \tag{9-40}$$

$$\mathrm{s.\,t.} \begin{cases} A = 1 - \dfrac{\sum\limits_{n=1}^{N} T_{\mathrm{park}n}}{t_{\mathrm{end}}} \geqslant A_0 \\ \Delta t \geqslant 0 \end{cases} \tag{9-41}$$

9.3.4　算例分析

9.3.4.1　数据描述

一般认为部件的故障率服从在电子和机械领域使用较为广泛的二参数威布尔分布，如下所示：

$$\lambda_k(t) = \frac{m_k}{Z_k} \left(\frac{t}{Z_k} \right)^{m_k - 1}$$

式中，$m_k (m_k > 0)$ 为形状参数；$Z_k (Z_k > 0)$ 为尺度参数。设备的每个部件均从全新状态开始运行。设备在单位时间内的停机损失成本 $C_\mathrm{b} = 550$ 元，设备的最低可用度 $A_0 = 88\%$。设定设备中各个部件的役龄递减因子 a_n 和故障率递增因子 b_n 相同，如下：

$$a_n = \frac{n}{3n+7} \tag{9-42}$$

$$b_n = \frac{12n+1}{11n+1} \tag{9-43}$$

设备由 7 个部件组成，设备部件之间的拆卸关系如图 9.5 所示，并以拆卸混合图表示。各部件的拆卸成本、拆卸时间和拆卸序列等如表 9.9～表 9.11

所示。

表 9.9 各部件拆卸成本、拆卸时间和拆卸序列参数

部件	拆卸成本/元	拆卸时间/h	拆卸序列
1	180	0.25	3→2→4→1
2	150	0.2	2
3	200	0.1	3
4	210	0.3	3→4
5	220	0.15	3→2→4→1→5
6	190	0.2	2→3→4→1→5→6
7	170	0.2	2→3→4→1→5→7

表 9.10 各部件综合拆卸成本和综合拆卸时间

部件	1	2	3	4	5	6	7
综合拆卸成本/元	740	150	200	410	960	1150	1130
综合拆卸时间/h	0.85	0.2	0.1	0.4	1	1.2	1.2

表 9.11 各部件相关参数

部件	Z_k	m_k	C_{kpm}	C_{kmr}	C_{kr}	τ_{kpm}	τ_{kr}	R_{km}
1	54	1.8	120	300	450	0.4	0.2	0.7
2	100	2.5	200	450	1000	0.6	0.4	0.75
3	108	3.2	300	680	1500	0.5	0.3	0.80
4	150	3.1	80	200	260	0.3	0.1	0.60
5	140	1.8	130	320	500	0.6	0.4	0.70
6	70	1.5	240	700	1100	0.9	0.5	0.80
7	100	3	250	400	900	0.6	0.3	0.75

9.3.4.2 结果分析

依据上述相关参数，以最小维护成本率为目标函数，求解出各部件的预防性维护间隔期和最优预防性维护次数，如表 9.12 和表 9.13 所示。

表 9.12 各部件预设可靠度对应的维护时间间隔

部件	R_{km}	T_1	T_2	T_3	T_4	T_5	T_6	T_7	T_8
1	0.70	30.45	26.08	20.75	15.59	11.08	7.39	4.49	2.29
2	0.75	60.75	52.76	42.72	32.81	24.06	16.81	11.04	6.60
3	0.80	67.59	59.16	48.36	37.62	28.06	20.07	13.69	8.74
4	0.60	120.78	105.62	86.25	66.99	49.87	35.58	24.16	15.32
5	0.70	78.96	67.63	53.80	40.41	28.72	19.15	11.64	5.95
6	0.80	25.75	21.84	17.16	12.68	8.80	5.66	3.22	1.39
7	0.75	66.01	57.70	47.35	37.70	29.84	23.83	19.32	15.92

表 9.13　各部件不同维护次数对应的维护成本率

部件	C_T/%							
	$N_k=1$	$N_k=2$	$N_k=3$	$N_k=4$	$N_k=5$	$N_k=6$	$N_k=7$	$N_k=8$
1	65.96	63.45	66.63	72.06	79.00	87.17	96.42	106.65
2	30.98	24.58	23.63	24.28	25.73	27.72	30.11	32.85
3	36.24	27.01	25.09	25.19	26.26	27.91	30.00	32.44
4	10.18	9.72	10.14	10.90	11.88	13.04	14.37	15.83
5	31.92	31.08	32.84	35.69	39.29	43.54	48.38	53.76
6	134.07	124.35	128.63	137.90	150.22	164.85	181.39	199.56
7	49.70	46.00	47.27	50.13	53.75	57.80	62.09	66.52

依据表 9.12 和表 9.13 的数据，以部件 1 为例，部件 1 在 $N_k=2$ 时维护成本率达到最低，即部件 1 在 $N_k=3$ 时需要进行预防性更换，以此得出各部件的最优预防性维护间隔期和最优预防性维护次数。

以一年为设备的运行周期，单位为天，则 $t_{end}=365$。依据上述参数所得出设备 7 个关键部件基于可靠性的预防性维护或更换的数据，设定不同的机会维护时间窗，求出设备的总维护成本、设备可用度、维护成本节约率，如表 9.14 所示。

表 9.14　机会维护时间窗仿真结果

机会维护时间窗 Δt/天	总维护成本 C/元	设备可用度 A	维护成本节约率
0	298635	83.08%	0.00%
5	249551	87.14%	16.44%
10	220897	89.68%	26.03%
15	190235	91.89%	36.30%
20	190910	91.92%	36.07%
25	192200	91.92%	35.64%
30	195300	91.86%	34.60%
35	201683	91.86%	32.47%
40	206165	91.92%	30.96%
45	219816	91.92%	26.39%
50	219962	91.92%	26.34%
55	227033	91.92%	23.98%
60	228090	91.92%	23.62%

9.3.4.3　结果比较

当设备中的各部件单独进行预防性维护时，维护总成本为 298635 元，设备可用度为 83.08%。依据表 9.14 和图 9.7 分析得出设备的总维护成本随机会维护时间窗的增大而先减小后增大。当机会维护时间窗过小时，设备的部件之间机会维护次数较少，各部件之间预防性维护独立，造成设备维护频繁，设备总维护成本较高；当机会维护时间窗过大时，设备的部件之间机会维护次数较多，可能导致部件过维护，增加设备总维护成本。设备的可用度随机会维护时间窗的增大而逐渐增加并趋于稳定，符合实际情况。最终，在设备满足最低可用度 $A_0 = 88\%$ 的情况下，当机会维护时间窗 $\Delta t = 15$ 时，设备的总维护成本达到最低，为 190235 元。此时，相较于各部件单独进行维护，维护成本节约率为 36.30%，可用度提高了 8.81%，验证了模型的有效性。

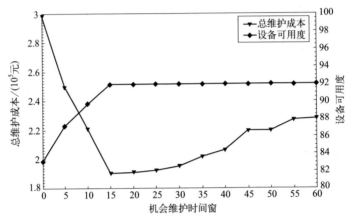

图 9.7　机会维护时间窗仿真图

表 9.15　当 $\Delta t = 15$ 时各部件的维护方式

时间/天	各部件维护方式						
	部件 1	部件 2	部件 3	部件 4	部件 5	部件 6	部件 7
25.75	1	0	0	0	0	1	0
49.69	1	1	0	0	0	1	0
68.95	2	0	1	0	1	2	1
96.50	1	1	0	0	0	1	0
120.44	1	0	1	1	0	1	1
139.70	2	2	0	0	1	2	0
167.15	1	0	2	0	0	1	2
191.09	1	1	0	0	2	1	0
210.35	2	0	0	0	0	2	0
235.76	1	1	1	1	0	1	1
259.70	1	0	0	0	0	1	0
278.05	2	2	0	0	1	2	0
299.36	1	0	1	0	0	1	1
323.30	1	0	0	2	0	1	2
342.56	2	1	2	0	1	2	2

　　表 9.15 中的 0、1、2 分别代表对部件不进行维护、进行预防性维护、进行预防性更换。分析表 9.15 得知部件 1 和部件 6 需要频繁地进行预防性维护或更换，因此企业可以提高这两个部件的备件库存量以保证设备的正常运行。

　　针对多部件设备的衰退过程，用拆卸混合图表示部件之间的拆卸关系，结合役龄递减因子和故障率递增因子来描述部件的衰退特性，以机会维护时间窗为决策变量，在设备满足一定的可用度情况下，以设备的最低维护成本为目标。数值仿真的结果表明，提出的机会维护模型能够根据实际情况在有限的区间内确定设备的最优预防性维护计划。本节考虑了部件间的拆卸序列，对部件的拆卸成本和时间都进行了考虑，对设备制订更好的预防维护计划有帮助。

9.4　基于故障相关性的多部件系统远程运维技术

随着多部件设备的运行时间变长，设备中的部件往往会出现不同程度的故障，在很多文献中往往会假定设备中各部件故障分布相互独立，但在实际情况中，设备中某个部件的劣化往往会影响其他部件，加快其他相关部件的劣化。因此，需要考虑部件之间的故障相关性的影响。故障相关性指当系统中的一个部件发生故障时，会在一定程度上增加其他部件的故障率。因此，本节依据故障链来描述多部件设备中各部件之间的故障关系，提出了基于故障相关性的多部件设备预防性维护策略研究。

9.4.1　问题描述

本节以具有故障相关性和经济相关性的多部件设备为研究对象，首先，以故障链模型对设备中的 6 个部件进行故障率建模，对部件进行划分，对不受故障相关性影响的部件以顺序预防性维护的方式求出各部件的最优预防性维护次数和间隔，对受故障相关性影响的部件在考虑故障相关系数的基础上求解最优预防性维护次数和间隔；其次，以机会维护时间窗 Δt 为决策变量，对机会维护时间窗内的部件同时进行机会维护；最后，以设备的总维护成本为目标函数，求解出最优的机会维护时间窗和对应的各部件每阶段维护方式，从而得到设备在整个运行周期的最优维护计划。

9.4.2　多部件设备的故障链模型

9.4.2.1　故障链模型

对存在故障相关性的多部件设备进行维护时，以单向故障链图表示各部件之间的故障，如图 9.8 所示。单向故障链图中存在 3 种相关故障关系：

① 相关故障起点：该部件只对其他部件造成影响，而不受其他部件的影响，如图中的 a 和 e；

② 相关故障终点：该部件只受其他部件的影响，而不影响其他部件，如图中的 f；

③ 故障中间点：该部件既影响其他部件，又受其他部件的影响，如图中的 b、c 和 d。

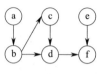

图 9.8 多部件设备单向故障链图

以图 9.8 所示的多部件设备为例，依据故障层次对设备中的部件进行编号，从相关故障起点开始到相关故障终点结束，选取途中经过部件最多的链作为主故障链，其余的故障链为故障支链。如表 9.16 所示，多部件设备的主故障链为 a(Ⅰ)－b(Ⅱ)－c(Ⅲ)－d(Ⅳ)－f(Ⅴ)，故障支链有 e(Ⅰ)－f(Ⅴ)、a(Ⅰ)－b(Ⅱ)－d(Ⅲ)－f(Ⅳ)等。

表 9.16 部件的故障层次及编号

故障层次	部件	编号
Ⅰ	a/e	1/2
Ⅱ	b	3
Ⅲ	c	4
Ⅳ	d	5
Ⅴ	f	6

依据上述部件间的故障层次和编号，根据文献中对部件故障率的描述，用故障相关系数矩阵 $\boldsymbol{\Upsilon}$ 表示部件之间的故障相关性，故障相关系数 Υ_{jk} 表示部件 k 对部件 j 的故障率影响程度。图 9.8 对应的故障相关系数矩阵 $\boldsymbol{\Upsilon}$ 如下所示：

$$\boldsymbol{\Upsilon}=\begin{pmatrix} 0 & 0 & 0 & 0 & 0 & 0 \\ 0 & 0 & 0 & 0 & 0 & 0 \\ \Upsilon_{31} & 0 & 0 & 0 & 0 & 0 \\ 0 & 0 & \Upsilon_{43} & 0 & 0 & 0 \\ 0 & 0 & \Upsilon_{53} & \Upsilon_{54} & 0 & 0 \\ 0 & \Upsilon_{62} & 0 & 0 & \Upsilon_{65} & 0 \end{pmatrix}$$

9.4.2.2 部件故障率建模

部件 k 的故障率服从在电子和机械领域使用较为广泛的二参数威布尔分布，如下所示：

$$\lambda_k(t)=\frac{m_k}{Z_k}\left(\frac{t}{Z_k}\right)^{m_k-1} \tag{9-44}$$

式中，$m_k(m_k>0)$ 为形状参数；$Z_k(Z_k>0)$ 为尺度参数。

针对部件的衰退过程，结合役龄递减因子和故障率递增因子所组成的混合故障率模型来描述部件的衰退特性，对部件 k 在第 n_k 次预防性维护的故障率函数进行表示：

$$\lambda_{k,n_k+1}(t)=b_{k,n_k}\lambda_{k,n_k}(t+a_{k,n_k}T_{k,n_k}),\ t\in(0,T_{k,n_k+1}) \tag{9-45}$$

式中，n_k 为部件 k 的预防性维护次数；$\lambda_{k,n_k}(t)$ 为部件 k 在第 n_k-1 次和第 n_k 次预防性维护期间的故障率分布函数；T_{k,n_k} 为部件 k 在第 n_k-1 次和第 n_k 次预防性维护的间隔期；a_{k,n_k} 为部件 k 第 n_k 个预防性维护期的役龄递减因子（$0<a_{k,n_k}<1$）；b_{k,n_k} 为部件 k 第 n_k 个预防性维护期的故障率递增因子（$b_{k,n_k}>1$）。a_{k,n_k} 和 b_{k,n_k} 的取值可以根据历史维护数据进行估计。

上述求解故障率的方法，往往是求解部件自身的故障率，而未考虑部件之间存在的故障相关性对部件的影响。考虑故障相关性后部件 k 的故障率为：

$$\lambda_{k,n_k}(t)=\lambda_{k,n_k}^{\mathrm{I}}(t)+\sum_{s=1}^{M}\theta_{k,s}\lambda_{s,n_s}(t) \tag{9-46}$$

式中，$\lambda_{k,n_k}(t)$ 为部件 k 在第 n_k 次预防性维护时的综合故障率；$\lambda_{k,n_k}^{\mathrm{I}}(t)$ 为部件 k 在第 n_k 次预防性维护时的固有故障率；$\theta_{k,s}$ 为部件 s 对部件 k 的故障相关系数，当 $\theta_{k,s}=0$ 时部件 s 对部件 k 的故障率无影响，当 $\theta_{k,s}=1$ 时部件 s 故障会直接导致部件 k 故障；M 为设备包含的部件总数。

9.4.2.3　部件可靠度建模

在部件的可靠性阈值达到预设值 R_{km} 时，部件的可靠度和故障率函数之间的关系：

$$R_{km}=\exp\left[-\int_0^{T_{k,n_k}}\lambda_{k,n_k}(t)\mathrm{d}t\right] \tag{9-47}$$

由上式得：

$$
\begin{aligned}
R_{km}&=\exp\left\{-\int_0^{T_{k,n_k}}\left[\lambda_{k,n_k}^{\mathrm{I}}(t)+\sum_{s=1}^{M}\theta_{k,s}\lambda_{s,n_s}(t)\right]\mathrm{d}t\right\}\\
&=\exp\left[-\int_0^{T_{k,n_k}}\lambda_{k,n_k}^{\mathrm{I}}(t)\mathrm{d}t\right]\times\exp\left[-\sum_{s=1}^{M}\theta_{k,s}\lambda_{s,n_s}(t)\mathrm{d}t\right]\\
&=R_{k,n_k}^{\mathrm{I}}(t)\prod_{s=1}^{M}\left[R_{s,n_s}(t)\right]^{\theta_{k,s}}
\end{aligned}
\tag{9-48}
$$

式中，$R_{k,n_k}^{\mathrm{I}}(t)$ 为部件 k 在第 n_k 次预防性维护时的固有可靠度。

9.4.3　考虑故障相关性的多部件系统远程运维模型

9.4.3.1　单部件设备机会维护模型

设备的劣化往往是从部件开始的，多部件设备的劣化需要从单部件设备的劣化状态推衍，考虑到部件之间的故障相关性，相关故障起点以顺序预防性维护的方式进行维护，而相关故障终点和故障中间点则需要考虑故障相关系数后进行求解。以单部件设备为例，求解出每个部件的最优预防性维护计划并为多部件设备的预防性维护计划做准备。

对单部件设备维护条件假设如下：①以单部件设备为维护对象，设备初始状态为新。②对设备进行维护时，由于小修是处理非预期故障，所以小修成本远大于预防性维护成本，设备的停机主要由预防性维护和更换造成。

由式(9-47)和式(9-48)可得，不同阶段的维护时间间隔通过式(9-49)表达：

$$\exp\left[-\int_0^{T_{k,1}}\lambda_{k,1}(t)\mathrm{d}t\right] = \exp\left[-\int_0^{T_{k,2}}\lambda_{k,2}(t)\mathrm{d}t\right] = \cdots = \exp\left[-\int_0^{T_{k,n_k}}\lambda_{k,n_k}(t)\mathrm{d}t\right] = R_{km}$$

$$(9\text{-}49)$$

可将式(9-49)改写为：

$$\int_0^{T_{k,1}}\lambda_{k,1}(t)\mathrm{d}t = \int_0^{T_{k,2}}\lambda_{k,2}(t)\mathrm{d}t = \cdots = \int_0^{T_{k,n_k}}\lambda_{k,n_k}(t)\mathrm{d}t = -\ln R_{km}$$

$$(9\text{-}50)$$

单部件设备在其生命周期内，预防性维护成本、非预期故障成本、停机成本和更换成本这四方面组成设备总的维护成本，部件 k 在生命周期内的维护成本率 C_T 为：

$$C_T = \frac{N_k[C_{kpm} + C_{kmr}(-\ln R_{km}) + C_b\tau_{kpm}] + C_{kr}}{\sum\limits_{n_k=1}^{N_k} T_{k,n_k} + N_k\tau_{kpm} + \tau_{kr}}$$

$$(9\text{-}51)$$

式中，N_k 为部件 k 的最优预防性维护次数；C_{kpm} 为部件 k 进行一次预防性维护的成本；C_{kmr} 为部件 k 进行一次非预期故障维护的成本；C_b 为部件单位时间内的停机损失成本；C_{kr} 为部件 k 进行一次更换的成本；τ_{kpm} 为部件 k 进行一次预防性维护的时间；τ_{kr} 为部件 k 进行更换的时间。

通过优化目标函数 $\min(C_T)$，可以得到部件 k 在其整个生命周期内的最优预防性维护计划和部件 k 的最优预防性维护次数。

9.4.3.2 多部件设备预防性维护模型

对多部件设备维护条件假设如下：①设备共包含 M 个可修部件，这些部件初始状态均为全新状态，各部件之间存在故障相关性且各部件服从威布尔分布。② 设备各部件之间为串联逻辑，当一个部件在进行维护时，设备也会停机进行维护。③设备在生产过程中无生产停歇，设备在维护过程中维护资源充足且可以得到及时的维护。④部件间的故障相关性会加速与其相关部件的劣化。具体操作步骤如下：

步骤1：在多部件设备中，在故障链模型中将部件之间的故障关系分为相关故障起点、相关故障中间点和相关故障终点。由于相关故障起点不受其他部件的影响，对于部件的最优预防性维护计划和部件的最优预防性维护次数不造成影响，而将相关故障中间点和相关故障终点归于受影响的部件中，考虑部件故障相关性的影响。对于相关故障起点，可以依据上述单部件设备机会维护的

方法求出部件 k 的预防性维护间隔期 T_{k,n_k} 和最优预防性维护次数 N_k；对于相关故障中间点和相关故障终点，可以依据在考虑故障相关性后的部件 k 的故障率求出部件 k 的预防性维护间隔期 T_{k,n_k} 和最优预防性维护次数 N_k。以此类推，可以求出设备中各个部件的预防性维护间隔期和最优预防性维护次数。

步骤 2：$t_n = \min\{t_{1n}, t_{2n}, \cdots, t_{kn}, \cdots, t_{Mn}\}$ 表示设备第 n 次预防性维护的时刻，t_{kn} 表示在设备第 $n-1$ 次预防性维护后，部件 k 进行第 n 次预防性维护的时刻。此外，当 $n=1$ 时，$t_{11}=T_{11}$，$t_{21}=T_{21}$，$\cdots$，$t_{k1}=T_{k1}$，$\cdots$，$t_{M1}=T_{M1}$。

步骤 3：设定机会维护时间窗 Δt。若 $t_{kn} > t_n + \Delta t$，则在设备第 n 次预防性维护时不对部件 k 进行预防性维护；若 $t_{kn} \leq t_n + \Delta t$，则在设备第 n 次预防性维护时对部件 k 进行预防性维护，部件 k 的预防性维护次数为 n_k，那么对部件 k 的预防性维护次数加 1。当部件 k 的预防性维护次数为 $n_k = N_k + 1$ 时，对部件 k 实施预防性更换，且在此时将 n_k 归零，即 $n_k = 0$。所以部件 k 在 t_n 时刻采取的维护方式 $X(k,t_n)$ 可以用下式进行表示：

$$X(k,t_n) = \begin{cases} 0, & t_{kn} > t_n + \Delta t \\ 1, & t_{kn} \leq t_n + \Delta t \text{ 且 } n_p < N_p + 1 \quad (n_p \neq 0) \\ 2, & t_{kn} \leq t_n + \Delta t \text{ 且 } n_p = N_p + 1 \quad (n_p = 0) \end{cases} \tag{9-52}$$

式中，0 表示不对部件 k 进行维护；1 表示对部件 k 进行预防性维护；2 表示对部件 k 进行更换。

部件 k 在 t_n 时刻进行维护所需的时间 $\tau(k,t_n)$ 表示为：

$$\tau(k,t_n) = \begin{cases} 0, & X(k,t_n) = 0 \\ \tau_{k\mathrm{pm}}, & X(k,t_n) = 1 \\ \tau_{kr}, & X(k,t_n) = 2 \end{cases} \tag{9-53}$$

式中，$\tau_{k\mathrm{pm}}$ 为部件 k 进行一次预防性维护的时间；τ_{kr} 为部件 k 进行更换的时间。设备的停机维护时间取决于部件中所需维护时间最长的维护部件，即 $T_{\mathrm{park}n} = \max\limits_{0 < k < M} \{\tau(k,t_n)\}$。

设备第 n 次预防性维护后，部件 k 第 $n+1$ 次进行预防性维护的时刻为：

$$t_{k(n+1)} = \begin{cases} t_{kn} + T_{\mathrm{park}n}, & X(k,t_n) = 0 \\ t_n + T_{k,n_{k+1}} + T_{\mathrm{park}n}, & X(k,t_n) = 1,2 \end{cases} \tag{9-54}$$

根据步骤 2 的方法可以得出设备进行第 $n+1$ 次维护的时间点 t_{n+1}，重复步骤 3，直至 $t_n = t_{N+1} > t_{\mathrm{end}}$（$N$ 为设备在 $[0, t_{\mathrm{end}}]$ 期间进行预防性维护的次数，t_{end} 为设备设定的运行周期）。

设备的维护成本主要由两部分组成：一部分是设备的直接维护成本，另一部分是设备的停机损失成本。其中，设备的直接维护成本包括预防性维护成本、小修成本、更换成本。

部件 k 从时刻 t_{n-1} 到时刻 t_n 维护结束的一个维护周期内的直接维护成本为：

$$C_{kn} = \begin{cases} 0, & X(k,t_n)=0 \\ C_{k\mathrm{pm}} + C_{k\mathrm{mr}}\int_0^{T_{k,n_k}-(t_{kn}-t_n)} \lambda_{k,n_k}(t)\mathrm{d}t, & X(k,t_n)=1 \\ C_{k\mathrm{r}} + C_{k\mathrm{mr}}\int_0^{T_{k,n_k}-(t_{kn}-t_n)} \lambda_{k,n_k}(t)\mathrm{d}t, & X(k,t_n)=2 \end{cases} \qquad (9\text{-}55)$$

部件 k 从时刻 t_{n-1} 到时刻 t_n 维护结束的一个维护周期内的停机损失成本为：

$$C_{kb} = C_b T_{park\,n} \qquad (9\text{-}56)$$

设备从时刻 t_{n-1} 到时刻 t_n 维护结束的一个维护周期内的维护成本 C_k 为：

$$C_k = \sum_{k=1}^M (C_{kn} + C_{kb}) \qquad (9\text{-}57)$$

设备在运行周期 $[0, t_{\mathrm{end}}]$ 之间的总维护成本 C 为：

$$C = \sum_{n=1}^N \sum_{k=1}^M (C_{kn} + C_{kb}) \qquad (9\text{-}58)$$

选择合适的时间窗 Δt，使多部件设备在满足各部件可靠度的情况下实现在整个运行周期内的总维护成本最低，以提高设备在整个运行周期内的经济性。

$$\min\left\{ C = \sum_{n=1}^N \sum_{k=1}^M (C_{kn} + C_{kb}) \right\} \qquad (9\text{-}59)$$

$$\mathrm{s.\,t.}\ \min\{ T_{k,n_k} \} \geqslant \Delta t \geqslant 0 \qquad (9\text{-}60)$$

9.4.4 算例分析

9.4.4.1 数据描述

为了验证模型的有效性，以某含 6 个部件的设备为例进行分析，设备总的运行时间 $t_{\mathrm{end}}=365$，单位为天，各部件之间的故障链关系如图 9.9 所示，故障相关系数矩阵为 $\boldsymbol{r}$，如下所示。

$$\boldsymbol{r} = \begin{pmatrix} 0 & 0 & 0 & 0 & 0 & 0 \\ 0 & 0 & 0 & 0 & 0 & 0 \\ r_{31} & 0 & 0 & 0 & 0 & 0 \\ 0 & 0 & r_{43} & 0 & 0 & 0 \\ 0 & 0 & r_{53} & r_{54} & 0 & 0 \\ 0 & r_{62} & 0 & 0 & r_{65} & 0 \end{pmatrix} = \begin{pmatrix} 0 & 0 & 0 & 0 & 0 & 0 \\ 0 & 0 & 0 & 0 & 0 & 0 \\ 0.05 & 0 & 0 & 0 & 0 & 0 \\ 0 & 0 & 0.07 & 0 & 0 & 0 \\ 0 & 0 & 0.04 & 0.1 & 0 & 0 \\ 0 & 0.06 & 0 & 0 & 0.08 & 0 \end{pmatrix}$$

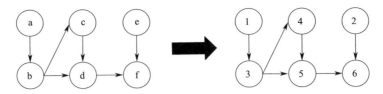

图 9.9　部件故障链关系图

设备的每个部件均从全新状态开始运行。设备在单位时间内的停机损失成本 $C_b = 550$ 元。设定设备中各个部件的役龄递减因子 a_n 和故障率递增因子 b_n 相同，如下：

$$a_n = \frac{n}{3n+7}, \quad b_n = \frac{12n+1}{11n+1}$$

表 9.17　各部件相关参数

部件	Z_k	m_k	C_{kpm}	C_{kmr}	C_{kr}	τ_{kpm}	τ_{kr}	R_{km}
1	54	1.8	120	300	450	0.4	0.2	0.7
2	100	2.5	200	450	1000	0.6	0.4	0.75
3	108	3	300	680	1500	0.5	0.3	0.80
4	150	3	80	200	260	0.3	0.1	0.75
5	140	2	130	320	500	0.6	0.4	0.80
6	70	1.5	240	700	1100	0.9	0.5	0.80

9.4.4.2　结果分析

由表 9.18 和表 9.19 得，相较于不考虑故障相关性的维护时间间隔，多部件设备在考虑故障相关性时各部件的维护时间间隔明显减少。部件之间存在故障影响，使部件更易劣化，符合实际情况。

表 9.18　各部件在预设可靠度下对应的维护时间间隔

部件	R_{km}	T_1	T_2	T_3	T_4	T_5	T_6	T_7	T_8
1	0.7	30.45	26.08	20.75	15.59	11.08	7.39	4.49	2.29
2	0.75	60.75	52.76	42.72	32.81	24.06	16.81	11.04	6.60
3	0.8	65.51	57.25	46.99	37.41	29.61	23.65	19.18	15.8
4	0.75	99.02	86.55	71.03	56.55	44.76	35.75	28.99	23.88
5	0.8	66.13	57.27	47.44	38.96	32.22	26.98	22.86	19.6
6	0.8	25.75	21.84	17.16	12.68	8.8	5.66	3.22	1.39

表 9.19　故障相关系数矩阵为 Υ 时各部件在预设可靠度下对应的维护时间间隔

部件	R_{km}	T_1	T_2	T_3	T_4	T_5	T_6	T_7	T_8
1	0.7	30.45	26.08	20.75	15.59	11.08	7.39	4.49	2.29
2	0.75	60.75	52.76	42.72	32.81	24.06	16.81	11.04	6.60
3	0.8	58.78	51.93	43.40	35.29	28.49	23.13	18.99	15.79

部件	R_{km}	T_1	T_2	T_3	T_4	T_5	T_6	T_7	T_8
4	0.75	92.49	81.37	67.46	54.3	43.38	34.88	28.41	23.47
5	0.8	56.31	49.59	41.97	35.11	29.41	24.8	21.1	18.12
6	0.8	23.58	20.22	16.16	12.22	8.75	5.87	3.59	1.83

以各部件维护时间间隔之和来衡量故障相关性的影响，由图 9.10 可知：部件 1、2 作为相关故障起点，对应的维护时间间隔不受故障相关性的影响；其余部件均受故障相关性的影响。可以看出受故障相关性影响的部件维护时间间隔缩短，需要更加频繁的维护。

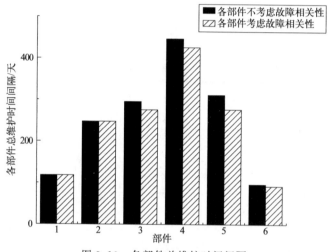

图 9.10　各部件总维护时间间隔

由表 9.20 和表 9.21 可得，相较于不考虑故障相关性的维护成本率，多部件设备在考虑故障相关性时各部件的维护成本率增加。部件之间存在故障影响使部件更易劣化，增加各部件的维护次数，从而增加维护成本，符合实际情况。以部件 3 为例，部件 3 在 $N_k = 4$ 时维护成本率达到最低，即部件 3 在 $N_k = 4$ 时需要进行预防性更换，以此得出考虑故障相关性时各部件的最优预防性维护间隔期和最优预防性维护次数。

表 9.20　不考虑故障相关性时，各部件在不同维护次数下对应的维护成本率

部件	R_{km}	$C_T/\%$							
		$N_k=1$	$N_k=2$	$N_k=3$	$N_k=4$	$N_k=5$	$N_k=6$	$N_k=7$	$N_k=8$
1	0.7	28.88	23.36	22.76	23.64	25.29	27.49	30.12	33.13
2	0.75	26.87	20.14	18.80	18.96	19.85	21.19	22.87	24.83
3	0.8	33.58	23.81	21.45	21.04	21.43	22.22	23.24	24.40
4	0.75	5.66	4.64	4.53	4.68	4.93	5.25	5.60	5.97
5	0.8	15.36	12.50	12.10	12.35	12.86	13.51	14.23	15.00
6	0.8	73.34	57.78	55.53	57.22	60.90	65.93	72.01	78.98

表 9.21　故障相关系数矩阵为Υ时各部件在不同维护次数下对应的维护成本率

部件	R_{km}	C_T/%							
		$N_k=1$	$N_k=2$	$N_k=3$	$N_k=4$	$N_k=5$	$N_k=6$	$N_k=7$	$N_k=8$
1	0.7	28.88	23.36	22.76	23.64	25.29	27.49	30.12	33.13
2	0.75	26.87	20.14	18.80	18.96	19.85	21.19	22.87	24.83
3	0.8	37.38	26.37	23.61	22.99	23.26	23.99	24.97	26.11
4	0.75	6.06	4.96	4.82	4.95	5.20	5.52	5.88	6.26
5	0.8	18.00	14.54	13.95	14.13	14.63	15.29	16.05	16.87
6	0.8	79.71	62.52	59.75	61.15	64.66	69.55	75.51	82.36

9.4.4.3　结果比较

设定机会维护时间窗 Δt 的范围为 0 到 60，求解出设备在各个维护时间窗内的设备总维护成本 C。当 $\Delta t = 0$ 时，即不考虑各部件之间的机会维护，此时的设备总维护成本作为基准，用维护成本节约率来考虑设备各部件之间的机会维护效果，以此求解出在考虑故障相关性情况下的最优机会维护时间窗 Δt。

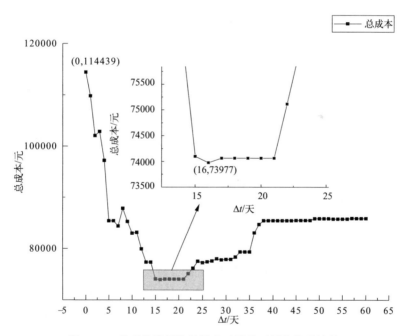

图 9.11　考虑故障相关性机会时维护时间窗仿真结果

依据图 9.11 可知，当对设备中的各部件考虑故障相关性且单独进行预防性维护时，维护总成本为 114439 元。同时可以得出设备的总成本随机会维护时间窗的增大而先减小后增大。当机会维护时间窗过小时，设备的部件之间的机会维护次数较少，各部件之间的预防性维护独立，造成设备维护频繁，设备总成本较高；当机会维护时间窗过大时，设备的部件之间的机会维护次数较多，可能导致部件过维护，增加设备总成本。当机会维护时间窗 $\Delta t = 16$ 时，设备的总维护成本达到最低，为 73977 元。此时，相较于各部件单独进行维护，维护成本节约率为 35.36%，验证了模型的有效性。

表 9.22　在最优机会维护时间窗下各部件的维护方式

时间/天	各部件维护方式					
	部件 1	部件 2	部件 3	部件 4	部件 5	部件 6
23.58	1	0	0	0	0	1
44.7	1	0	1	0	1	1
61.76	2	1	0	0	0	2
85.94	1	0	1	1	1	1
107.06	1	1	0	0	0	1
124.12	2	0	2	0	2	2
148.2	1	2	0	0	0	1
169.32	1	0	1	1	1	1
186.38	2	0	0	0	0	2
210.46	1	1	1	0	1	1
231.58	1	0	0	2	0	1
248.64	2	0	2	0	2	2
265.52	1	1	0	0	0	1
286.64	1	0	0	0	0	1
303.7	2	2	1	0	1	2
327.87	1	0	0	1	0	1
348.99	1	0	1	0	1	1

表 9.22 中的 0、1、2 分别代表对部件不进行维护、进行预防性维护、进行预防性更换。分析表 9.22 得知部件 1、部件 5 和部件 6 在考虑故障相关性的情况下需要频繁地进行预防性维护或更换，因此企业可以提高这三个部件的备件库存量来保障设备的正常运行。

针对多部件设备的衰退过程，用单向故障链表示部件之间的故障相关关系，结合役龄递减因子和故障率递增因子来描述部件的衰退特性，以机会维护时间窗为决策变量，以设备的最低维护成本为目标。数值仿真的结果表明，提出的考虑故障相关性的机会维护模型能够根据实际情况在有限的区间内确定设备的最优预防性维护计划。本节考虑了部件间的故障相关关系，对设备制订更好的预防性维护计划有帮助。

本章小结

本章研究了考虑相关性的生产设备预防性维护策略，即针对单部件和多部件生产设备，以企业经济效益为决策目标构建模型，为企业制定设备预防性维护策略提供新的方案。本章的主要工作包括：

① 研究了单部件设备在多目标情况下的智能远程运维策略。针对实际情况中需要考虑多个决策指标的问题，提出了考虑维护成本率和设备可用度的设备预防性维护策略。通过威布尔分布刻画设备劣化状态，分别构建维护成本率模型和可用度模型，再通过模糊加权平均算法对模型进行多目标决策，使整个模型可以符合实际情况来进行多目标决策，以适应工厂不同的生产需求。

② 研究了考虑结构相关性的多部件设备智能远程运维策略。针对企业多部件设备在维护时需要考虑设备拆卸的问题，提出了基于结构相关性的多部件设备预防性维护策略模型。在建模过程中，结合拆卸混合图描述部件之间的拆卸序列，表示出各部件拆卸成本和拆卸时间，以维护成本率为目标函数在单部件设备中得到各部件在其整个生命周期内的最优预防性维护间隔和最优预防性维护次数，再以机会维护时间窗作为决策变量，在满足一定可用度的情况下，以总维护成本作为优化目标构建多部件设备预防性维护模型，并通过算例验证了本模型可以实际提高设备的可用度和减少整个运行周期的维护成本。

③ 研究了考虑故障相关性的多部件设备智能远程运维策略。考虑到设备中某一部件发生失效或故障导致其他部件发生失效或故障，提出了基于故障相关性的多部件设备预防性维护策略模型。在建模过程中，结合故障链描述部件之间的故障关系，表示出各部件故障率，同时依据故障链关系对部件进行划分，对不受故障相关性影响的部件以顺序预防性维护的方式求出各部件的最优预防性维护次数和间隔，对受故障相关性影响的部件在考虑故障相关系数的基础上求解最优预防性维护次数和间隔，再以机会维护时间窗作为决策变量，对在机会维护时间窗内的部件同时进行机会维护，以总维护成本作为优化目标构建多部件设备预防性维护模型，并通过算例验证了模型的实际有效性。

第 10 章

风电机组故障预测与
远程运维技术

10.1 概述

能源是人类文明发展的先决条件，也是人类社会生产与生活必要的物质基础，在现代化建设中具有举足轻重的作用。全球气候急剧变化、生态环境恶化、不可再生能源与资源短缺等因素，使得化石能源难以满足当前经济可持续发展的要求。因此，全球范围内发达国家与发展中国家纷纷将目光转向风能、太阳能、潮汐能等可再生的清洁能源。风力发电的发展条件日趋成熟、技术水平逐渐提高，是实现化石能源向可再生能源转变的重要途径之一。

当前全球风电产业呈现快速发展的态势，风电装机容量也在持续增长[1]。全球风能理事会发布的《全球发展报告》显示，截至 2020 年年末，全球风电累计装机容量达到 743GW，新增风电装机容量为 93GW。其中海上风电新增容量为 6.1GW，陆上新增容量为 86.9GW[2]。2011—2020 年，历年全球风电累计和新增装机容量统计图见图 10.1。

为实现"碳达峰""碳中和"的目标，我国已逐步将风力发电作为重点发展产业。在国家政策的大力支持下，我国风电行业发展一路高歌猛进。图 10.2 是我国 2011—2021 年风电累计装机容量和我国风电新增装机容量的统计图，其中 2021 年我国风电累计、新增装机容量分别为 328GW、47GW[3]。

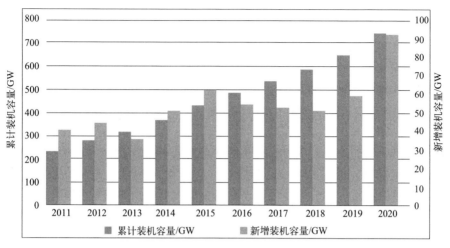

图 10.1　2011—2020 年全球风电累计装机容量

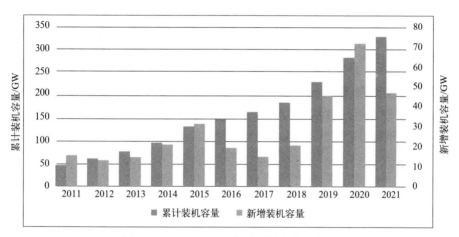

图 10.2　2011—2021 年我国风电装机容量

　　基于国际和国内风电在电力能源结构中占比不断提升的现状，对于风电行业除了在研发初期关注制造技术、质量，在运行和维修阶段如何提升运维管理水平、制订合理的运维计划、节约运行和维护成本也成为人们关注的重点。风电机组的维护效果和经济效益依托于风电机组的维护策略，与风电机组的维护策略相关的研究引起国内外学者的积极讨论。

　　本章主要讲述考虑故障相关与外部冲击的风电机组运维策略，包括以下三部分内容：

　　① 考虑故障相关的风电机组运维策略。考虑风电机组子系统间故障存在相关性的问题，将经济相关性和结构相关性一并考虑在内。首先，用风电机组子

系统间的故障传递关系绘制故障传递关系图，用威布尔分布描述风电机组子系统的退化趋势，同时结合故障相关系数表达出子系统的综合故障率并推算出综合可靠度。其次，通过经济相关性计算维护准备费，利用不同维护方式下的维护概率计算维护调整费，用结构相关性计算停机损失费。最后，以总维护费用为目标函数建立智能运维模型，通过计算最佳时间窗，使得总维护成本最低。

② 考虑外部冲击的风电机组运维策略。考虑到风电机组外部运行环境复杂、维护费用高昂的特点，提出了考虑外部冲击的风电机组机会维护策略模型。用 Gamma 过程表示系统自然退化过程，用非齐次 Poisson 过程描述外部环境带来的随机冲击，冲击幅值服从 Pareto 分布，冲击带来的退化量用服从正态分布的随机变量表示，建立总退化量模型。用维护阈值和突发失效阈值作为双重约束来确定维护概率，以最优机会维护阈值间隔为决策变量计算出最优期望维护费用。通过应用案例分析了不同影响因素下期望总维护费用与机会维护阈值间隔之间的关系，结果表明提出的维护策略对于受到外部随机冲击影响的多部件系统相关的维护决策问题是有效的。

③ 考虑故障相关与外部冲击的风电机组运维策略。考虑到风电机组子系统间的故障相关性与外部环境冲击会影响子系统的退化，从这两个角度出发提出考虑故障相关与外部冲击的风电机组机会维护策略。首先，基于退化过程之间的相关关系考虑风电机组子系统间的故障相关性，得到子系统内部退化量，并结合风电机组不同阶段的退化模式得到总的二阶段退化模型；其次，根据外部随机冲击在不同退化阶段对风电机组子系统的影响不同与维护阈值，决定各子系统的维护方式；最后，从不同的维护概率出发，以检测间隔期和机会维护阈值作为决策变量来建立期望维护费用率模型。通过应用案例分析，验证了模型的有效性。

10.2　考虑故障相关的风电机组远程运维技术

风电机组子系统内部结构错综复杂，以故障独立为前提研究风电机组子系统的维护策略则在一定程度上忽视了子系统间结构的复杂性，弱化了各子系统间的耦合性。目前，不少研究将机会维护策略应用到大型复杂设备的维护中，例如轨道交通列车[4]、港口装卸系统[5]、通用飞机[6] 等。风电机组也属于大型复杂系统，其子系统间存在着 3 种不同的相关关系：经济相关、故障相关以及结构相关。Thomas[7] 给出了相关性定义：经济相关性指几个部件的更换或维修费用少于单独更换或者维修的费用之和；故障相关性指某些部件故障时会在一定程度上影响到其他部件的故障率或运行状态；结构相关性则意味着必须替换或者至少拆除某些部件才能替换或者维修故障部件。

在基于系统相关性的维护策略研究中，学者通常假设子系统是相互独立的，来研究子系统的经济相关性[8,9]。已有的风电机组维护相关研究鲜有涉及故障相关性的维护策略，本节从故障相关角度出发，加入经济相关性和结构相关性来全面研究考虑相关性的机会维护策略。根据子系统间的故障相关性计算子系统的综合故障率和综合可靠度，用结构相关性来反映子系统的停机损失费中可分摊的部分，以最小期望总维护费用为目标，研究基于故障相关的风电机组机会维护策略模型。

10.2.1　问题描述

风电机组大都是由叶轮系统、主轴系统、齿轮箱、发电机、偏航系统、刹车系统、电气系统、主控系统、传感器、机舱、塔架等子系统组成的大型复杂设备。它的子系统内部结构错综复杂，以故障独立为前提研究风电机组子系统的维护策略，则在一定程度上忽视了子系统间结构的复杂性，弱化了各子系统间的相关性。联合考虑结构相关性和故障相关性的机会维护策略模型，通过引入结构相关系数和故障相关系数来反映子系统间的耦合程度，同时子系统通过机会维护的方式共享维护资源，获得更多的经济效益。风电机组的机会维护策略是通过判断子系统役龄 t 满足的条件来选择维护方式，如图 10.3 所示。

设子系统 i 的预防性维护时间阈值为 t_i^p，机会维护时间阈值为 t_i^o。子系统 k 的役龄满足条件 $0 < t < t_k^\mathrm{p}$ 时，如果子系统 k 出现故障，则采用最小维修的维护方式，这类维护旨在恢复子系统的状态，其瞬时故障率不发生改变。当役龄满足预防性维护条件 $t \geqslant t_k^\mathrm{p}$ 时，采取预防性更换的方式对子系统 k 进行维护，换后如

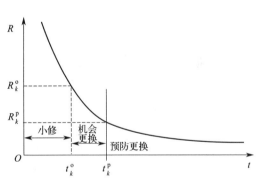

图 10.3　风电机组的机会维护策略

新。在机组停机维护期间，其他子系统均获取维护机会，当其役龄 $t_k^\mathrm{o} < t < t_k^\mathrm{p}$ 时，则符合机会维护的条件，将一次停机期间需机会维护的所有部件记于集合 O 中，$O = \{1, 2, \cdots, i\}$，$k \notin O$。采用更换的方式对子系统 i 进行维护，换后如新。

10.2.2　风电机组远程运维模型

10.2.2.1　可靠度演化

传统的故障率模型通常以部件或系统故障独立为前提，通常用二参数威布

尔分布来描述其自身的退化趋势，子系统 i 的故障率函数和可靠度函数分别表示为：

$$h_i^{\mathrm{I}}(t)=\frac{\beta^{(i)}}{\eta^{(i)}}=\left(\frac{t}{\eta^{(i)}}\right)^{\beta^{(i)}-1} \tag{10-1}$$

$$R_i^{\mathrm{I}}(t)=\exp\left[-\int_0^t h_i^{\mathrm{I}}(t)\mathrm{d}t\right] \tag{10-2}$$

式中，$\beta^{(i)}$、$\eta^{(i)}$ 为各子系统的形状参数和尺度参数，且 $\beta^{(i)}>0$，$\eta^{(i)}>0$。

在实际运作期间，子系统间存在耦合关系，其故障并不是互相独立的。本节引入故障相关系数 $\chi_{i,j}$ 来描述类型 Ⅱ 故障相关，此时子系统的综合瞬时故障率函数可表示为[10]：

$$h_i(t)=h_i^{\mathrm{I}}(t)+\sum_j \chi_{i,j}h_j(t) \tag{10-3}$$

式中，$i,j=1,2,\cdots,n$，$i\neq j$；$\chi_{i,j}\in[0,1]$。$\chi_{i,j}=0$ 表示两子系统不存在故障相关关系，此时 $h_i(t)=h_i^{\mathrm{I}}(t)$；$\chi_{i,j}=1$ 表示两子系统完全相关，其中一个子系统的故障必然导致另一子系统故障。依据风电机组中子系统间的故障传递关系，绘制故障传递关系图[11]（见图10.4），并基于此图用矩阵 $\boldsymbol{\chi}$ 记录量化后的故障相关强度系数 $\chi_{i,j}$。

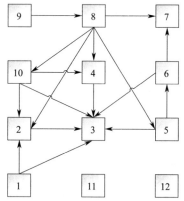

图 10.4　风电机组故障传递关系图

$$\boldsymbol{\chi}=\begin{bmatrix} 0 & 0 & 0 & 0 & 0 & 0 & 0 & 0 & 0 & 0 & 0 & 0 \\ \chi_{2,1} & 0 & 0 & 0 & 0 & 0 & 0 & \chi_{2,8} & 0 & \chi_{2,10} & 0 & 0 \\ \chi_{3,1} & \chi_{3,2} & 0 & \chi_{3,4} & \chi_{3,5} & \chi_{3,6} & 0 & 0 & 0 & \chi_{3,10} & 0 & 0 \\ 0 & 0 & 0 & 0 & 0 & 0 & 0 & \chi_{4,8} & 0 & \chi_{4,10} & 0 & 0 \\ 0 & 0 & 0 & 0 & 0 & 0 & 0 & \chi_{5,8} & 0 & 0 & 0 & 0 \\ 0 & 0 & 0 & 0 & \chi_{6,5} & 0 & 0 & 0 & 0 & 0 & 0 & 0 \\ 0 & 0 & 0 & 0 & 0 & \chi_{7,6} & 0 & \chi_{7,8} & 0 & 0 & 0 & 0 \\ 0 & 0 & 0 & 0 & 0 & 0 & 0 & 0 & \chi_{8,9} & 0 & 0 & 0 \\ 0 & 0 & 0 & 0 & 0 & 0 & 0 & 0 & 0 & 0 & 0 & 0 \\ 0 & 0 & 0 & 0 & 0 & 0 & 0 & \chi_{10,8} & 0 & 0 & 0 & 0 \\ 0 & 0 & 0 & 0 & 0 & 0 & 0 & 0 & 0 & 0 & 0 & 0 \\ 0 & 0 & 0 & 0 & 0 & 0 & 0 & 0 & 0 & 0 & 0 & 0 \end{bmatrix}$$

根据可靠度理论，将式(10-3)代入式(10-2)，可以推算出子系统在综合故障影响下的可靠度。因此，子系统 i 的综合可靠度函数表示为：

$$R_i(t) = \exp\left[-\int_0^t h_i(t)\mathrm{d}t\right] = R_i^{\mathrm{I}}(t)\prod_j \left[R_j(t)\right]^{\chi_{i,j}} \tag{10-4}$$

10.2.2.2　期望总维护费用

在机会维护策略下，以机组的维护总费用期望为目标函数建立模型。$C^{(n)}$ 表示第 n 个周期的维护成本，由维护准备费 C_{F}、维护调整费 C_{M} 和停机损失费 C_{L} 组成。系统在任一周期内的维护成本期望统一表示为 EC，可以表示为：

$$\mathrm{EC} = \mathrm{EC}_{\mathrm{F}} + \mathrm{EC}_{\mathrm{M}} + \mathrm{EC}_{\mathrm{L}} \tag{10-5}$$

式中，EC_{F}、EC_{M}、EC_{L} 分别为 C_{F}、C_{M}、C_{L} 各自期望值。

（1）维护准备费

子系统维护前需要维护人员、车辆和塔吊等设备辅助维护动作的实施。维护准备费主要包括人工服务费、车辆运输费和设备租赁费等。假设子系统 $i \in M$，M 为一次维护活动中所需维护的所有子系统的编号。在传统维护策略中，维护准备费取决于所需维护子系统的费用总和，$\mathrm{EC}_{\mathrm{F}} = \sum_{i \in M} C_i^0$。而在机会维护策略下，子系统成组维护时将经济相关性考虑在内，即多个子系统一起维护时共享维护资源，分摊维护准备费。此时，维护准备费期望值的表达式为：

$$\mathrm{EC}_{\mathrm{F}} = C_i^0 \tag{10-6}$$

（2）维护调整费

为了使子系统恢复到正常的运行状态，在实施维护策略时，不同的维护方式会产生不同的维护费用，这里统称为维护调整费。包括最小维修费 C_{mm}、预防更换费 C_{pm} 和机会更换费 C_{om}。用维护概率计算维护调整费。$p(\mathrm{m})$ 表示子系统在预防维护之前出现故障时，采取小修的方式进行维护的概率。$p(\mathrm{p})$ 表示子系统 k 在区间 $t \in (t_k^o, t_k^p)$ 没有出现故障，且获得维护机会的子系统 i 在此区间内性能良好，需要预防性更换的概率。$p(\mathrm{o})$ 表示在区间 $t \in (t_k^o, t_k^p)$ 子系统 k 状态良好，子系统 r 出现故障需要更换的概率。子系统 i 的机会维护时间 t_i^o 近似服从指数分布[12]，其概率密度函数为：

$$g_i(t_i^o, t) = \frac{1}{\eta^{(i)}}\exp\left[-\frac{t - t_i^o}{\eta^{(i)}}\right] \tag{10-7}$$

维护调整费期望函数表示为：

$$\begin{aligned}
\mathrm{EC}_{\mathrm{M}} &= E(C_{\mathrm{mm}} + C_{\mathrm{pm}} + C_{\mathrm{om}}) \\
&= \sum_{i=1}^n \left[c_{i,\mathrm{mm}}\,p_i(\mathrm{m}) + c_{i,\mathrm{om}}\,p_i(\mathrm{o}) + c_{i,\mathrm{pm}}\,p_i(\mathrm{p})\right]
\end{aligned} \tag{10-8}$$

维护概率 $p_i(\mathrm{m})$、$p_i(\mathrm{p})$、$p_i(\mathrm{o})$ 具体展开式如下：

$$p_i(\mathrm{m})=\begin{cases}\int_0^{t_k^{\mathrm{o}}}f_i(t)\mathrm{d}t\,,\ i=k\\ \int_{t_k^{\mathrm{o}}}^{t_k^{\mathrm{p}}}f_k(t)\prod_i\left[1-\int_{t_i^{\mathrm{o}}}^{t_k^{\mathrm{p}}}g_i(t_i^{\mathrm{o}},u)\mathrm{d}u\right]\mathrm{d}t\,,\ i\in O\end{cases}$$

$$p_i(\mathrm{o})=\int_{t_i^{\mathrm{o}}}^{t_k^{\mathrm{p}}}\left\{\left[1-\int_{t_i^{\mathrm{o}}}^t f_k(u)\mathrm{d}u\right]g_r(t_r^{\mathrm{o}},t)\prod_{i\in O,i\neq r}\left[1-\int_{t_i^{\mathrm{o}}}^{t_k^{\mathrm{p}}}g_i(t_i^{\mathrm{o}},u)\mathrm{d}u\right]\right\}\mathrm{d}t$$

$$p_i(\mathrm{p})=\left[1-\int_{t_k^{\mathrm{o}}}^{t_k^{\mathrm{p}}}f_k(t)\mathrm{d}t\right]\prod_{i\in O}\left[1-\int_{t_i^{\mathrm{o}}}^{t_i^{\mathrm{p}}}g_i(t_i^{\mathrm{o}},t)\mathrm{d}t\right] \tag{10-9}$$

（3）停机损失费

由于子系统的预防更换和机会更换都需要机组停机才得以完成维护活动，在此期间，机组无法正常发电，因此将停机损失费一并计算到总维护费用中。停机损失费等于单位时间损失费乘以停机时间，表达式如下：

$$C_{\mathrm{L}}=c_1 t^{\mathrm{d}}=c_1(t^{\mathrm{set}}+t^{\mathrm{m}}) \tag{10-10}$$

在风电机组的维护过程中，结构相关性主要表现在有多个子系统一同维护时，其中一个子系统的拆卸安装过程在一定程度上会影响其他子系统。子系统维护所耗时间等于预防性维护耗时 t_k^{m} 和机会维护耗时 t_i^{m} 的总和。在计算机会维护所耗的时长时，将结构相关性考虑在内，选择机会成组维护中耗时最长的子系统。用结构相关矩阵 $\boldsymbol{\lambda}$ 来表示子系统的结构间的强弱关系，因此，t^{m} 可以表示为：

$$\boldsymbol{\lambda}=\begin{pmatrix}\lambda_{1,1}&\lambda_{1,2}&\cdots&\lambda_{1,i}\\\lambda_{2,1}&\lambda_{2,2}&\cdots&\lambda_{2,i}\\\vdots&\vdots&&\vdots\\\lambda_{i,1}&\lambda_{i,2}&\cdots&\lambda_{i,i}\end{pmatrix}$$

$$t^{\mathrm{m}}=t_k^{\mathrm{m}}+\lambda_{k,i}\max\{t_i^{\mathrm{m}}\}\,,\ i\in O \tag{10-11}$$

式中，结构相关系数 $\lambda_{i,j}\in[0,1)$，$\lambda_{i,j}=\lambda_{j,i}$。结合式（10-10）和式（10-11），停机损失费的期望值可以表示为：

$$\mathrm{EC_L}=E(c_1 t^{\mathrm{d}})$$
$$=c_1[t^{\mathrm{set}}+t_k^{\mathrm{m}}p_k(\mathrm{p})+\lambda_{k,i}\max\{t_i^{\mathrm{m}}\}p_i(\mathrm{o})] \tag{10-12}$$

将式（10-7）、式（10-9）代入式（10-8）中得到 $\mathrm{EC_M}$ 的表达式；将式（10-6）、式（10-8）、式（10-12）代入式（10-1）则可得到一个维护周期内的总维护费用期望。假设在全寿命周期 D 内，共有 n 个维护周期，则在全寿命周期内的总维护费用期望为：

$$
\begin{aligned}
\text{EC} &= \sum_{n=1}^{N} E(C^{(n)}) \\
&= \sum_{n=1}^{N} \sum_{i=1}^{n} \{C_i^0 + [c_{i,\mathrm{mm}} p_i(\mathrm{m}) + c_{i,\mathrm{om}} p_i(\mathrm{o}) + c_{i,\mathrm{pm}} p_i(\mathrm{p})] + c_1 t^\mathrm{d}\} \\
&= \sum_{n=1}^{N} \sum_{i=1}^{n}
\begin{bmatrix}
C_i^0 + \left\{ c_{k,\mathrm{mm}} \int_0^{t_k^\mathrm{o}} f_k(t)\mathrm{d}t + c_{i,\mathrm{mm}} \int_{t_k^\mathrm{o}}^{t_k^\mathrm{p}} f_k(t) \prod_i \left[1 - \int_{t_i^\mathrm{o}}^{t_k^\mathrm{p}} g_i(t_i^\mathrm{o},u)\mathrm{d}u\right]\mathrm{d}t \right\} \\
+ c_{i,\mathrm{om}} \int_{t_i^\mathrm{o}}^{t_k^\mathrm{p}} \left\{ \left[1 - \int_{t_i^\mathrm{o}}^{t} f_k(u)\mathrm{d}u\right] g_r(t_r^\mathrm{o},t) \prod_{i\in O, i\neq r} \left[1 - \int_{t_i^\mathrm{o}}^{t_k^\mathrm{p}} g_i(t_i^\mathrm{o},u)\mathrm{d}u\right] \right\}\mathrm{d}t \\
+ c_{i,\mathrm{pm}} \left[1 - \int_{t_i^\mathrm{o}}^{t_k^\mathrm{p}} f_k(t)\mathrm{d}t\right] \prod_{i\in O} \left[1 - \int_{t_i^\mathrm{o}}^{t_k^\mathrm{p}} g_i(t)\mathrm{d}t\right] \\
+ c_1 [t^{\mathrm{set}} + t_k^\mathrm{m} p_k(\mathrm{p}) + \lambda_{k,i} \max\{t_i^\mathrm{m}\} p_i(\mathrm{o})]
\end{bmatrix}
\end{aligned}
$$

$$\tag{10-13}$$

10.2.3　风电机组远程运维模型求解流程

在该机会维护模型中，当机会维护阈值 t_i^o 发生变化时，满足机会维护条件的子系统 $i \in O$ 会发生变化，直接影响下一个周期的维护计划，从而动态地改变整个维护过程以及总维护费用。为便于计算，假设每个子系统的机会维护区间长度相同，并用变量 w 来表示机会维护区间的长度，即 $t_i^\mathrm{o} = t_i^\mathrm{o} - w$。$w \in [0, \min\{t_i^\mathrm{p}\}]$，通过遍历 w 使得在该机会维护阈值下的总维护费用 EC 取得最小值，此时 w^* 为最优机会维护长度，$t_i^{\mathrm{o}*} = t_i^\mathrm{p} - w^*$ 为最优机会维护阈值。图 10.5 为求解流程图，具体计算步骤如下：

步骤 1：输入已知条件——威布尔分布参数、故障相关系数及维护成本。

步骤 2：判断运行时长 t 是否达到预防性维护阈值 $t_k^\mathrm{p} = \min\{t_i^\mathrm{p}\}$。若 $t < t_k^\mathrm{p}$，更新运行时长 $t = t + 1$，并循环该步骤，直到满足预防性维护条件。转至步骤 3。

步骤 3：对于没有出现故障的其他子系统 $i(i\neq k)$，根据 w 的值计算 t_i^o 并判断子系统是否需要机会维护。若 $t_i^\mathrm{o} < t < t_i^\mathrm{p}$，部件 i 满足机会维护条件，此时子系统 i 和 k 成组维护。若 i 不满足机会维护条件，则子系统 k 单独实施预防性维护。计算第 n 个维护周期的维护概率 $p(\mathrm{m})$、$p(\mathrm{p})$、$p(\mathrm{o})$ 和维护成本期望 $\text{EC}^{(n)}$。更新 $T^{(n)} = t_k^\mathrm{p} + t^\mathrm{d}$。

步骤 4：若 $\sum_{n=1}^{N} T^{(n)} < D$，返回至步骤 2，进行下一个周期的维护，直至 $\sum_{n=1}^{N} T^{(n)} \geqslant D$，退出循环。

步骤 5：计算在全寿命周期内的期望总维护费用 EC，确定最优机会维护间隔 w^*，以及最佳机会维护阈值 t_i^{o*}。

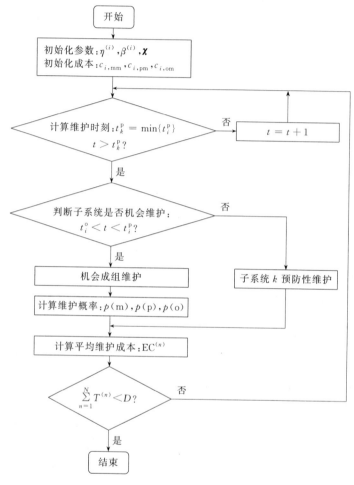

图 10.5 求解流程图

10.2.4 算例分析

10.2.4.1 数值准备

本节选用某风电场中同一型号的风电机组进行案例分析，主要以子系统中的关键部件来分析叶轮系统、主轴系统、齿轮箱和发电机，依次编号为 1～4。该类风电机组规定的可运行年限为 15 年。子系统的威布尔分布参数、单次维护费和维护所耗时间如表 10.1 所示[13]。

表 10.1　子系统维护参数

编号	子系统	威布尔分布参数		维护费/万元					维护时间/h	
		$\eta^{(i)}$	$\beta^{(i)}$	C_0	C_{mm}	C_{pm}	C_{om}	c_1	t^{set}	t_i^m
1	叶轮系统	3000	3			63.2	63.2			240
2	主轴系统	3750	2	3.5	0.65	65.8	65.8	0.24	2	480
3	齿轮箱	2400	3			180.0	180.0			360
4	发电机	3300	2			75.7	75.7			168

文献[13] 中用部件之间的联合风险度来描述部件之间的随机故障相关程度。结合故障相关系数和上文中的风电机组故障传递关系图（图 10.4）得出故障相关系数矩阵 $\boldsymbol{\chi}$。

$$\boldsymbol{\chi} = \begin{pmatrix} 0 & 0 & 0 & 0 \\ 0.031 & 0 & 0 & 0 \\ 0.042 & 0.13 & 0 & 0.11 \\ 0 & 0 & 0 & 0 \end{pmatrix}$$

根据风电机组无故障运行的可靠性要求，参照子系统的可靠性图像（见图 10.6），得出在该要求下子系统的预防性维护时间阈值（见表 10.2）。

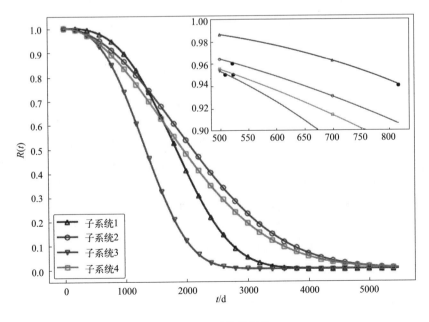

图 10.6　可靠度图像

表 10.2 预防性维护可靠度阈值及其对应的时间阈值

	$i=1$	$i=2$	$i=3$	$i=4$
R_i^{p}	0.94	0.95	0.96	0.96
t_i^{p}	823	536	619	529

10.2.4.2 预防性维护与机会维护策略对比分析

机会维护策略与传统的预防性维护策略相比，区别主要是前者考虑了子系统间的经济相关性，具体体现在维护费用随停机次数的减少而降低。表 10.3 列出了风电机组在传统的预防性维护和机会维护两种维护策略下的维护结果。在预防性维护策略下，风电机组在全寿命周期内的总停机数为 34 次。而在机会维护策略中，总停机数为 19 次，停机次数减少了 15 次，约占 44.12%。

表 10.3 预防性维护策略与机会维护策略维护结果对比

周期	传统预防性维护		机会维护（$w=220\mathrm{d}$）		
	t/d	子系统 i	t/d	预防更换 子系统 i	机会更换 子系统 i
1	529	4	529	4	2
2	536	2	619	3	1
3	619	3	1058	4	2、3
4	823	1	1442	1	2、3、4
5	1058	4	1971	4	2
6	1072	2	2061	3	1
7	1238	3	2500	4	2、3
8	1587	4	2884	1	2、3、4
…	…	…	…	…	…
15	2476	3	5384	4	2、3
…	…	…	—	—	—
34	5360	2	—	—	—

图 10.7 反映了随着机会维护区间长度 w 的增加，总维护费的变化趋势。$w=0$ 时，即不考虑机会维护的情况。此时，频繁的停机产生了高昂的维护准备费，最终总维护费的期望值 $\mathrm{EC}=6244.01$ 万元。考虑机会维护后，子系统获得机会维护的概率随着机会维护区间的增加而增大，此时机会维护产生的费用不断增加；而由于停机次数的减少，在机会成组维护中维护准备费和停机损失费大大降低。当 $w^*=220\mathrm{d}$ 时，取得目标函数最优值 2547.98 万元。最终，与不考虑机会维护相比，总维护费期望值下降 3696.03 万元，约占 59.19%。

10.2.4.3 考虑结构相关性和故障相关性的机会维护策略分析

在机会维护的基础上考虑故障相关性对风电机组维护活动的影响。类型 Ⅱ 故障相关在不同程度上加速子系统的故障速度，子系统为达到要求的预防性维

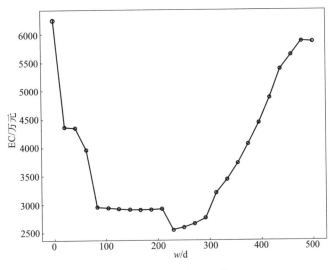

图 10.7　机会维护策略下的 EC

护时间阈值，会受到故障相关系数的影响从而发生改变。表 10.4 是考虑故障相关性后计算的预防性维护时间阈值，子系统 3 在子系统 1、2、4 的影响下，预防性维护阈值较不考虑故障相关时提前了 105 天，成为率先达到预防性维护可靠度要求的子系统，维护计划随之发生变动。与不考虑故障相关的机会维护策略相比，以机会维护区间长度为 220d 时的维护计划为例（表 10.5），此时期望总维护费为 2888.51 万元，维护费用因子随系统 3 的维护方式从以机会更换为主到以预防更换为主的转变而增加，共增加了 340.53 万元。

表 10.4　考虑故障相关性的预防性维护时间阈值

	$i=1$	$i=2$	$i=3$	$i=4$
t_i^{p}	823	530	514	529

表 10.5　$w=220\mathrm{d}$ 时考虑故障相关性的机会维护策略结果

周期	t/d	预防更换子系统 i	机会更换子系统 i	周期	t/d	预防更换子系统 i	机会更换子系统 i
1	514	3	2、4	9	3229	1	3
2	823	1	3	10	3449	4	2
3	1043	4	2	11	3788	3	2、4
4	1382	3	2、4	12	4052	1	—
5	1664	1	—	13	4307	3	2、4
6	1901	3	2、4	14	4812	3	1、2、4
7	2406	3	2、3、4	15	5326	3	2、4
8	2920	3	2、4	—	—	—	—

考虑故障相关性的机会维护策略下，机会维护时间长度为 240d 时，目标函数取得最优值 2576.13 万元（见图 10.8）。在此基础上，进一步将子系统间的结构相关性考虑在内。$w=240d$ 时，有两种成组维护分类情况：$M=\{3,2,4\}$，子系统 3 采取预防更换，子系统 2、4 实施机会更换；$M=\{1,2,3,4\}$，子系统 1 采取预防更换，子系统 2、3、4 实施机会更换。所以，当 $k=3$ 或 1 时，$\max\{t_i^m\}=t_2^m$。此时，只需考虑结构相关系数 $\lambda_{3,2}$ 和 $\lambda_{1,2}$ 对停机损失费的影响。

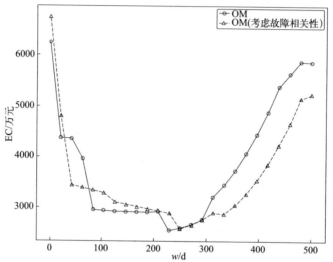

图 10.8　考虑（不考虑）故障相关性的机会维护（OM）策略下的 EC

将 $\lambda_{3,2}$ 和 $\lambda_{1,2}$ 在区间 $[0,1)$ 内以 0.1 为单位依次取值，计算其停机损失费。结构相关系数都取 0 表示只考虑故障相关性和经济相关性的情况，此时停机损失费为 993.24 万元。从表 10.6 中不难发现，停机损失费随着结构相关系数的增加而减少，当 $\lambda_{3,2}$ 和 $\lambda_{1,2}$ 取 0.9 时，停机损失费为 864.04 万元，与不考虑结构相关性时相比，减少了 129.2 万元。

表 10.6　$\lambda_{3,2}$ 和 $\lambda_{1,2}$ 不同取值下的停机损失费　　　单位：万元

$\lambda_{3,2}$	$\lambda_{1,2}$									
	0	0.1	0.2	0.3	0.4	0.5	0.6	0.7	0.8	0.9
0	993.24	985.30	977.36	969.41	961.47	953.53	945.59	937.65	929.70	921.76
0.1	986.83	978.88	970.94	963.00	955.06	947.12	939.17	931.23	923.29	915.35
0.2	980.41	972.47	964.53	956.59	948.65	940.70	932.76	924.82	916.88	908.94
0.3	974.00	966.06	958.12	950.17	942.23	934.29	926.35	918.41	910.46	902.52
0.4	967.59	959.64	951.70	943.76	935.82	927.88	919.93	911.99	904.05	896.11
0.5	961.17	953.23	945.29	937.35	929.40	921.46	913.52	905.58	897.64	889.69
0.6	954.76	946.82	938.87	930.93	922.99	915.05	907.11	899.17	891.22	883.28
0.7	948.34	940.40	932.46	924.52	916.58	908.64	900.69	892.75	884.81	876.87
0.8	941.93	933.99	926.05	918.11	910.16	902.22	894.28	886.34	878.4	870.45
0.9	935.52	927.58	919.63	911.69	903.75	895.81	887.87	879.92	871.98	864.04

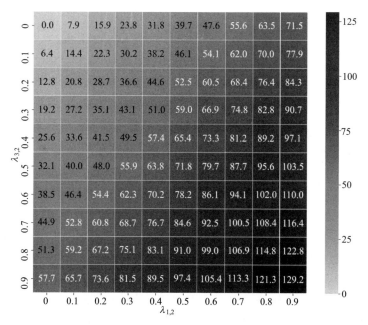

图 10.9　不同结构相关系数下节约的停机损失费（单元：万元）

图 10.9 中，横、纵轴分别表示 $\lambda_{1,2}$ 和 $\lambda_{3,2}$ 的取值，能更加直观地反映出不同结构相关系数下所节约的停机损失费。$\lambda_{1,2}=0.9$，$\lambda_{3,2}=0$ 时，停机损失费节约 71.5 万元；$\lambda_{1,2}=0$，$\lambda_{3,2}=0.9$ 时，停机损失费节约 57.7 万元，这表明子系统 2 与子系统 1 之间的结构相关性对机组损失费用的影响程度更大，多约 24.3%。

本节在研究风电机组的机会维护策略时，考虑子系统间的故障相关性。在已有研究的基础上，用故障链构建故障相关系数矩阵来刻画子系统的综合可靠度；同时将经济相关性和结构相关性一同考虑在内，用结构相关系数来描述停机损失费用，建立机会维护模型。通过算例可知，考虑故障相关性时，系统的维护费用有所增加；而联合考虑故障相关性和结构相关性后，可有效改善总维护费。

10.3　考虑外部冲击的风电机组远程运维技术

上一节在构建维护模型和提出维护策略时，以风电机组的静态运行环境为背景，研究了风电机组内部性能的退化过程、子系统自身的退化及子系统之间的影响。而实际上，风电机组处于动态的运行环境之中，所处环境复杂多变，常伴随高温、高寒、台风等恶劣天气，内部系统不断受到外部环境中随机因素的影响甚至破坏是一个普遍存在的现象。所以，研究外部环境冲击对风电机组子系统正常运行造成的影响具有重要意义。

目前，通常用冲击模型来描述系统在外部随机因素影响下的退化过程。根据外部随机冲击对系统造成的影响，冲击模型大致可以分为：累积冲击模型、极端值模型、δ-冲击模型、连续冲击模型和混合冲击模型[14-19]。成国庆等研究了串联系统在 δ-冲击环境下的维修更换策略优化问题，给出了最优联合更换策略的求解方法[20]。Poursaeed 等深入研究了离散时间型 δ-冲击的扩展模型，并将这一思想用于建立系统寿命的可靠度函数和概率函数[21]。张斌等假设随机冲击导致的退化量达到阈值时系统失控，并提出失控时间的分布函数，以中期检查时间和预防维修时间作为决策变量，建立平均利润模型[22]。Zhang 等将系统的退化过程分为正常和缺陷两个阶段，研究了退化过程和随机冲击竞争失效下的预防性维护策略[23]。

本节提出外部环境作用下的风电机组的机会维护策略，旨在从内部性能退化和外部随机冲击两部分描述风电机组的退化过程和失效机制。首先，用 Gamma 过程表示系统自然退化过程，用非齐次 Poisson 过程描述外部环境带来的随机冲击，建立总退化量模型。其次，用维护阈值和突发失效阈值作为双重约束来确定维护概率并得出期望维护费用的表达式。最后，以期望总维护费用为目标，通过优化机会维护阈值间隔求得期望维护费用最优解，得到最优机会维护策略，从而制订风电机组的最佳维护计划。

10.3.1 问题描述

风电机组退化过程 $S(t)$ 由两部分组成，即：

$$S(t) = X(t) + Y^S$$

式中，$X(t)$ 是在时间 t 内不考虑冲击过程带来的退化量的影响，只考虑子系统的自然退化量；Y^S 是由冲击过程导致的累积退化量。其系统的退化过程见图 10.10。

① 风电机组子系统的退化过程由内部性能的自然退化过程和外部随机冲击过程两部分组成。内部自然退化过程与外部冲击过程不存在相关关系，二者相互独立。这两种退化过程都有可能导致风电机组子系统失效。

② 外部随机冲击对风电机组子系统带来的损伤程度，根据其冲击幅值的大小分为非致命冲击和致命冲击。图 10.10(b) 为风电机组子系统随机冲击过程，设 W^F 为突发失效阈值。由于风电机组子系统本身对于强度较小的冲击有一定的抵抗能力，因此当冲击幅值为 $W_s < W^F$ 时，这类冲击为非致命冲击，其冲击幅值不足以引发子系统的突发失效。但该类冲击会对子系统造成一定的

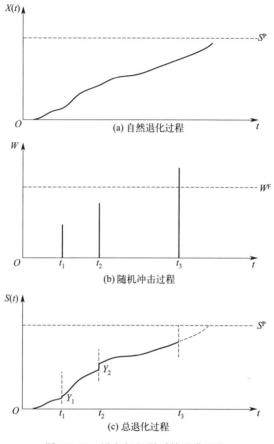

图 10.10　风电机组子系统退化过程

损伤，导致子系统的累积退化量在冲击达到时刻瞬时增加。当冲击强度 $W_s \geqslant W^F$ 时，该类强度的冲击达到突发失效阈值，直接导致子系统瞬时失效。

③ 风电机组子系统的总退化量 $S(t)$ 由内部自然退化量 $X(t)$ 和外部环境的随机冲击过程引起的累积退化量 Y^S 组成。在外部冲击的作用下子系统有两种失效模式：a. 冲击幅值小于 W^F，在不发生突发失效的情况下，总退化量达到失效阈值 S^P 时，子系统退化失效。b. 冲击幅值达到 W^F 时，该冲击对子系统来说是致命的，子系统突发失效。

10.3.2　子系统自然退化与冲击过程模型

10.3.2.1　子系统自然退化模型

风电机组子系统的运行环境受到风速、风向、气温、气压等气候性条件的影响，其退化过程具有一定的随机性，而随机过程是描述系统退化过程中的不确定性的有效途径。本节假设风电机组子系统的退化过程为具有随机效果的 Gamma 过程，用随机变量 $X(t)$ 表示 t 时刻子系统由于内部退化而产生的退化量。时间段 $t \sim (t+\Delta t)$ 内的退化增量 $X(t+\Delta t)-X(t)$ 的概率密度函数为：

$$f_{X(t)}(x \mid v\Delta t, u) = \mathrm{Ga}(x \mid v\Delta t, u) = \frac{u^{v\Delta t}}{\Gamma(v\Delta t)} x^{v\Delta t-1} \mathrm{e}^{-ux}, \ x \geqslant 0 \qquad (10\text{-}14)$$

式中，u 为尺度参数；v 为形状参数。且 $u > 0$，$v > 0$。$\Gamma(v\Delta t) = \int_0^{+\infty} z^{v\Delta t-1} \mathrm{e}^{-z} \mathrm{d}z$ 为 Gamma 函数。

对于退化过程 $\{X(t) \mid t \geqslant 0\}$，假设失效阈值为 S^P，在一个维护周期内子系统退化量首次超过 S^P 的时间为子系统的失效时间，记为 T。Gamma 退化过程的分布函数为：

$$F_T(t) = P(T \leqslant t) = P(X(t) \geqslant S^P) = \int_{S^P}^{+\infty} f_{X(t)}(x)\mathrm{d}x = \frac{\Gamma(v\Delta t, uS^P)}{\Gamma(v\Delta t)}$$

$$(10\text{-}15)$$

10.3.2.2　子系统冲击过程模型

在研究风电机组子系统的可靠性、维护策略、维修优化等相关问题时，大部分文献在描述其子系统的退化趋势时仅考虑其性能退化造成的故障或失效。而对于风电机组这种结构复杂的大型系统而言，由于其运行环境及系统结构的特殊性，在实际运行过程中，引发系统失效或故障的往往不仅是内部退化这一种因素。因此，本节将外部冲击对风电机组子系统造成的影响考虑在内，建立冲击过程模型。

风电机组子系统受到外部随机冲击，设随机变量 $N(t)(t>0)$ 表示一个维护周期内 t 时刻前的冲击次数，且 $N(t)$ 服从强度为 λt 的泊松过程，则在此过程中发生 j 次冲击的概率为：

$$P(N(t)=j) = \frac{(\lambda t)^j \mathrm{e}^{-\lambda t}}{j!}, \ j=0,1,2,\cdots \qquad (10\text{-}16)$$

在一个维护周期内，子系统受到冲击幅值为 $W_s < W^F$ 时，其累积退化量瞬时增加但不会突发失效，假设受到该类冲击的次数为 $N_1(t)$，概率 $p_1 = P(W_s < W^F)$。当冲击幅值大于 $W_s \geqslant W^F$ 时，子系统突发失效，受到该类冲击的次数为 $N_2(t)$，概率 $p_2 = P(W_s \geqslant W^F)$。$N_1(t)$、$N_2(t)$ 是两个互相独立的随机变量，由泊松过程分解定理可知非致命冲击的到达率为 λp_1，致命冲击的到达率为 λp_2，且 $p_1 + p_2 = 1$。为求得 p_1、p_2，假设冲击幅值 W_i 为独立同分布的随机变量，且服从广义 Pareto 分布，其概率密度和对应的分布函数

分别表示为[24]：

$$f_{W_s}(w_s)=\begin{cases} \dfrac{1}{\omega}\left(1-\dfrac{cw_s}{\omega}\right)^{\frac{1}{c}-1}, & c\neq0 \\[3mm] \dfrac{1}{\omega}\exp\left(-\dfrac{w_s}{\omega}\right), & c=0 \end{cases} \tag{10-17}$$

$$\overline{F}_{W_s}(w_s)=\begin{cases} P(W_s>w_s)\left(1-\dfrac{cw_s}{\omega}\right)^{\frac{1}{c}}, & c\neq0 \\[3mm] P(W_s>w_s)\exp\left(-\dfrac{w_s}{\omega}\right), & c=0 \end{cases} \tag{10-18}$$

式中，ω 是尺度参数；c 为形状参数。且 $\omega>0$，c 是常数。当 $c\leqslant0$ 时，$w_s>0$；当 $c>0$ 时，$0<w_s<\omega/c$。从而 p_1 和 p_2 可以表示为：

$$p_1=P(W_s<W^{\mathrm{F}})=F_{W_s}(W^{\mathrm{F}}) \tag{10-19}$$

$$p_2=P(W_s\geqslant W^{\mathrm{F}})=\overline{F}_{W_s}(W^{\mathrm{F}}) \tag{10-20}$$

10.3.2.3　总退化模型

用随机变量 Y_s 表示第 s 次外部冲击引发的退化量，从而在一个维护周期内，子系统在外部冲击作用下的累积退化量 Y^{S} 可以表示为：

$$Y^{\mathrm{S}}=\begin{cases} \sum\limits_{s=1}^{N_1(t)}Y_s, & N_1(t)>0 \\[3mm] 0, & N_1(t)=0 \end{cases}, \quad s=1,2,3,\cdots,N_1(t) \tag{10-21}$$

式中，Y_s 服从正态分布且相互独立，可以表示为 $Y_s\sim N(\mu,\sigma^2)$，μ 和 σ^2 分别为随机变量 Y_s 的期望和方差。

在一个维护周期内，风电机组子系统由于内部性能退化和外部环境冲击产生的总退化量 $S(t)$ 表示为：

$$S(t)=X(t)+Y^{\mathrm{S}} \tag{10-22}$$

10.3.3　风电机组在外部冲击作用下的期望费用模型

10.3.3.1　维护策略

机会维护策略下以突发失效阈值 W^{F}、预防性维护阈值 S^{P} 和机会维护阈值 S^{O} 为依据，比较当前子系统的总退化量与受到的外部冲击满足的条件，从而计算风电机组子系统最小维护（MM）、故障维护（CM）、预防维护（PM）和机会维护（OM）的维护概率。

（1）最小维护概率

风电机组的子系统在预防性维护周期内，对于由自身性能退化引起故障的子系统采取最小维护措施。最小维护的概率由两部分组成：①将率先进行预防性维护的子系统记为 k，子系统 k 小修的概率为事件 $\{S_k(t)<S_k^{\mathrm{P}},W_s<W^{\mathrm{F}}\}$ $(s=1,2,\cdots,j)$ 发生的概率，记为 $P_{k,\mathrm{MM1}}$。②对于获得机会维护的其他子系统而言，小修的概率为事件 $\{S_i(t)<S_i^{\mathrm{O}},W_s<W^{\mathrm{F}}\}(s=1,2,\cdots,j)$ 发生的概率，假设这一概率记为 $P_{i,\mathrm{MM2}}$。$P_{k,\mathrm{MM1}}$ 和 $P_{i,\mathrm{MM2}}$ 的展开式如下：

$$P_{k,\mathrm{MM1}}=P(S_k(t)<S_k^{\mathrm{P}},W_s<W^{\mathrm{F}})=P\left(X_k(t)+\sum_{s=1}^{N_1(t)}Y_s<S_k^{\mathrm{P}}\right)p_{\mathrm{nh}}$$

$$(10\text{-}23)$$

$$P_{i,\mathrm{MM2}}=P(S_i(t)<S_i^{\mathrm{O}},W_s<W^{\mathrm{F}})=P\left(X_i(t)+\sum_{s=1}^{N_1(t)}Y_s<S_m^{\mathrm{O}}\right)p_{\mathrm{nh}}$$

$$(10\text{-}24)$$

假设子系统受到 j 次外部环境带来的随机冲击，这 j 次冲击均为非致命冲击的概率为 p_{nh}。

$$p_{\mathrm{nh}}=\sum_{j=0}^{+\infty}P(W_1<W^{\mathrm{F}},W_2<W^{\mathrm{F}},\cdots,W_j<W^{\mathrm{F}}\mid N_1(t)=j)P(N_1(t)=j)$$

$$=\sum_{j=0}^{+\infty}F_{W_s}(W^{\mathrm{F}})\frac{(\lambda p_1 t)^j \mathrm{e}^{-\lambda p_1 t}}{j!}$$

$$(10\text{-}25)$$

为求出上式，需要计算出 $P\left(X_i(t)+\sum\limits_{s=1}^{N(t)}Y_s<x\right)$，而 $Y_s\sim N(\mu,\sigma^2)$ 且相互独立，$\sum\limits_{s=1}^{j}Y_s\sim N(j\mu,j\sigma^2)$，所以可以表示为：

$$P\left(X_i(t)+\sum_{s=1}^{N(t)}Y_s<x\right)=\int_0^x\frac{1}{\sqrt{2\pi j\sigma^2}}\mathrm{e}^{-\frac{(z-j\mu)^2}{2n\sigma^2}}P(X_i(t)<x-Y^{\mathrm{S}})\mathrm{d}z$$

$$=\int_0^x\frac{1}{\sqrt{2\pi j\sigma^2}}\mathrm{e}^{-\frac{(z-j\mu)^2}{2n\sigma^2}}\left[1-\frac{\Gamma(v\times\Delta t,u(x-Y^{\mathrm{S}}))}{\Gamma(v\times\Delta t)}\right]\mathrm{d}z$$

$$(10\text{-}26)$$

结合式(10-24)～式(10-26) 可得出最小维护概率。

(2) 故障维护概率

对风电机组子系统采取故障维护是指在子系统故障之后立即采取维护措施使其恢复到正常的运行状态。在一个维护周期内，对于率先进行预防性维护的子系统 k 来说，总累积退化小于预防性维护阈值，但外部带来的致命冲击致使子系统突发失效。用事件 $\{S_k(t)<S_k^{\mathrm{P}},W_s\geqslant W^{\mathrm{F}}\}(s=1,2,\cdots,j_1+1)$ 来表示子系统 k 的故障维护概率。故障维护的概率 $P_{k,\mathrm{CM}}$ 的具体展开式如下：

$$P_{k,\mathrm{CM}} = P(S_k(t) < S_k^{\mathrm{P}}, W_s \geqslant W^{\mathrm{F}}) = P\left(X_k(t) + \sum_{s=1}^{N_1(t)} Y_s < S_k^{\mathrm{P}}\right) P_{\mathrm{h}}$$

$$(10\text{-}27)$$

假设子系统受到的 j 次冲击中有 j_1 次非致命冲击和 j_2 次致命冲击，且 $j_1 + j_2 = j$，出现致命冲击的概率为 p_h。

$$
\begin{aligned}
p_h &= \sum_{j_1=0}^{+\infty} P(W_1 < W^{\mathrm{F}}, \cdots, W_{j_1} < W^{\mathrm{F}} \mid N_1(t) = j_1) P(N_1(t) = j_1) \\
&\quad + 1 - \sum_{j_2=0}^{+\infty} P(W_1 < W^{\mathrm{F}}, \cdots, W_{j_2-1} < W^{\mathrm{F}}, W_{j_2} < W^{\mathrm{F}} \mid N_2(t) = j_2) P(N_2(t) = j_2) \\
&= \sum_{j_1=0}^{+\infty} F_{W_s}(W^{\mathrm{F}}) \frac{(\lambda p_1 t)^{j_1} \mathrm{e}^{-\lambda p_1 t}}{j_1!} + 1 - \sum_{j_2=0}^{+\infty} F_{W_s}(W^{\mathrm{F}}) \frac{(\lambda p_2 t)^{j_2} \mathrm{e}^{-\lambda p_2 t}}{j_2!}
\end{aligned}
\qquad (10\text{-}28)
$$

将式（10-27）和式（10-28）一起代入式（10-14）中可得出故障维护概率 $P_{k,\mathrm{CM}}$。

（3）预防更换概率 $P_{k,\mathrm{PM}}$

对子系统进行预防更换时，其在运行过程中受到的外部环境带来的随机冲击均为非致命冲击，其冲击幅值均小于失效阈值 W^{F}；同时，子系统的总退化量不超过预防维护阈值 S^{P}。子系统 k 预防维护的概率为事件 $\{S_k(t) \geqslant S_k^{\mathrm{P}}\}$ 发生的概率，记为 $P_{k,\mathrm{PM}}$，$P_{k,\mathrm{PM}}$ 具体展开式可以表示为：

$$
\begin{aligned}
P_{k,\mathrm{PM}} &= P(S_k(t) \geqslant S_k^{\mathrm{P}}) \\
&= 1 - P(S_k(t) < S_k^{\mathrm{P}}) \\
&= 1 - \sum_{j=0}^{+\infty} P(S_k(t) < S_k^{\mathrm{P}} \mid N_1(n\tau) = j) P(N_1(t) = j) p_{\mathrm{nh}} \\
&= 1 - \sum_{j=0}^{+\infty} P\left(X_k(t) + \sum_{s=1}^{N_1(t)} Y_s < S_k^{\mathrm{P}} \mid N_1(t) = j\right) P(N_1(t) = j) p_{\mathrm{nh}} \\
&= 1 - \sum_{j=0}^{+\infty} P\left(X_k(t) + \sum_{s=1}^{N_1(t)} Y_s < S_k^{\mathrm{P}}\right) \frac{(\lambda p_1 t)^j \mathrm{e}^{-\lambda p_1 t}}{j!} p_{\mathrm{nh}} \quad (10\text{-}29)
\end{aligned}
$$

将式（10-25）和式（10-26）一同代入式（10-29）中可以得到子系统预防更换的概率 $P_{k,\mathrm{PM}}$。

（4）机会维护概率 $P_{i,\mathrm{OM}}$

子系统进行预防更换时需要停机维护，为其他子系统创造了维护机会，机会维护阈值为 S^{O}。在一个维护周期内，对获得维护机会的其他子系统而言，处于下面两种状态时进行机会维护：

① 若其总退化量介于机会维护阈值与预防性维护阈值之间，则采取机会更换的维护措施。在子系统 k 进行预防性维护的前提下，其他子系统 $i(i \neq k)$ 机会维护的概率抽象为事件 $\{S_i^O \leqslant S_i(t) \leqslant S_i^P \mid S_k(t) \leqslant S_k^P\}$ 发生的概率，记为 $P_{i,\mathrm{OM1}}$。

② 对于获得维护机会的其他子系统 $i(i \neq k)$ 来说，总累积退化小于机会维护阈值，在致命冲击的影响下，突发失效，即事件 $\{S_i(t) < S_i^O, W_s \geqslant W^F \mid S_k(t) \leqslant S_k^P\}(\forall s \in [1,j])$，该事件发生的概率为 $P_{i,\mathrm{OM2}}$。$P_{i,\mathrm{OM}}$ 的具体展开式可以表示为：

$$P_{i,\mathrm{OM}} = P_{i,\mathrm{OM1}} + P_{i,\mathrm{OM2}}$$
$$= P(S_i^O \leqslant S_i(t) \leqslant S_i^P \mid S_k(t) \leqslant S_k^P) + P\{S_i(t) < S_i^O, W_s \geqslant W^F \mid S_k(t) \leqslant S_k^P\}$$
$$= \frac{P(S_i^O \leqslant S_i(t) \leqslant S_i^P, S_k(t) \leqslant S_k^P)}{P(S_k(t) \leqslant S_k^P)} + \frac{P(S_i(t) < S_i^O, W_s \geqslant W^F, S_k(t) \leqslant S_k^P)}{P(S_k(t) \leqslant S_k^P)}$$

（10-30）

本节假设子系统故障独立，因此关于子系统 i 与子系统 k 的累积退化可视为独立事件，所以上式中事件 $\{S_i^O \leqslant S_i(t) \leqslant S_i^P\}$、$\{S_i(t) < S_i^O, W_s \geqslant W^F\}$ $(s = 1, 2, \cdots, j_1 + 1)$ 与事件 $\{S_k(t) \leqslant S_k^P\}$ 相互独立，从而可以简化为：

$$P(S_i^O \leqslant S_i(t) \leqslant S_i^P, S_k(t) \leqslant S_k^P) = P(S_i^O \leqslant S_i(t) \leqslant S_i^P)P(S_k(t) \leqslant S_k^P)$$
$$P(S_i(t) < S_i^O, W_s \geqslant W^F, S_k(t) \leqslant S_k^P) = P(S_i(t) < S_i^O, W_s \geqslant W^F)P(S_k(t) \leqslant S_k^P)$$

（10-31）

结合式（10-30）和式（10-31）可以得出：

$$P_{i,\mathrm{OM}} = P_{i,\mathrm{OM1}} + P_{i,\mathrm{OM2}}$$
$$= P(S_i^O \leqslant S_i(t) \leqslant S_i^P \mid \leqslant S_k(t) \leqslant S_k^P) + P(S_i(t) < S_i^O, W_s \geqslant W^F \mid S_k(t) \leqslant S_k^P)$$
$$= P(S_i^O \leqslant S_i(t) \leqslant S_i^P) + P\left(X_i(t) + \sum_{s=1}^{N_1(t)} Y_s < S_m^O\right) p_{\mathrm{h}}$$
$$= P\left(X_i(t) + \sum_{s=1}^{N_1(t)} Y_s \leqslant S_i^P\right) - P\left(X_i(t) + \sum_{s=1}^{N_1(t)} Y_s < S_i^O\right) + P\Big(X_i(t)$$
$$+ \sum_{s=1}^{N_1(t)} Y_s < S_i^O\Big) p_{\mathrm{h}}$$

（10-32）

将式（10-26）代入式（10-32）中可以得到子系统机会更换的概率 $P_{i,\mathrm{OM}}$。

10.3.3.2 期望费用模型

本节以风电机组子系统在内部性能退化和外部冲击的双重影响下的最小期望费用为目标，通过优化 ΔS 来求得最优期望费用。在机会维护策略下，风电机组的维护费分为固定费用、维护调整费和停机损失费。

固定费用通常指在实施维护措施之前，人工服务、车辆运输、设备租赁等环节产生的费用，记为 C_S。

维护调整费是为调整当前子系统的运行状态，而采取修复或更换等维护措施时产生的费用，主要是备件消耗和子系统的拆装费。在该期望维护费用模型中，维护调整费根据不同维护方式下的维护概率计算而来，包括最小维护费 CMM、故障维护费 CCM、预防更换费 CPM 和机会更换费 COM，见式(10-33)，其中 I 表示子系统数。

$$
\begin{cases}
\mathrm{CMM} = \sum\limits_{\substack{i=1, \\ i \neq k}}^{I} (c_{i,\mathrm{MM}} P_{i,\mathrm{MM2}}) + c_{k,\mathrm{MM}} P_{k,\mathrm{MM2}} \\
\mathrm{COM} = \sum\limits_{\substack{i=1, \\ i \neq k}}^{I} (c_{i,\mathrm{OM}} P_{i,\mathrm{OM}}) \\
\mathrm{CCM} = (C_S + c_{k,\mathrm{CM}} + c_d t_d) P_{k,\mathrm{CM}} \\
\mathrm{CPM} = (C_S + c_{k,\mathrm{PM}} + c_d t_d) P_{k,\mathrm{PM}}
\end{cases}
\tag{10-33}
$$

停机损失费是由于子系统在故障维护和预防更换时机组需要停机，在停机维护期间造成损失的费用，简单概括为单位时间停机损失费 c_d 与停机时间 t_d 的乘积，即 $C_D = c_d t_d$。

风电机组在一个维护周期内可能的维护费用 EC 由固定费用 C_S、停机损失费 C_D 和维护调整费组成，其展开式如下：

$$
\begin{aligned}
\mathrm{EC} &= \sum_{k=1}^{I} \left[C_S + (\mathrm{CMM} + \mathrm{CCM} + \mathrm{CPM} + \mathrm{COM}) + C_D \right] \\
&= \begin{cases}
\sum\limits_{k=1}^{I} \left[\begin{array}{l} \sum\limits_{\substack{i=1, \\ i \neq k}}^{I} (c_{i,\mathrm{MM}} P_{i,\mathrm{MM2}} + c_{i,\mathrm{OM}} P_{i,\mathrm{OM}}) + c_{k,\mathrm{MM}} P_{k,\mathrm{MM1}} \\ + (C_S + c_{k,\mathrm{PM}} + c_d t_d) P_{k,\mathrm{PM}} \end{array} \right], & P_{k,\mathrm{PM}} \geqslant P_{k,\mathrm{CM}} \\
\sum\limits_{k=1}^{I} \left[\begin{array}{l} \sum\limits_{\substack{i=1, \\ i \neq k}}^{I} (c_{i,\mathrm{MM}} P_{i,\mathrm{MM2}} + c_{i,\mathrm{OM}} P_{i,\mathrm{OM}}) + c_{k,\mathrm{MM}} P_{k,\mathrm{MM1}} \\ + (C_S + c_{k,\mathrm{CM}} + c_d t_d) P_{k,\mathrm{CM}} \end{array} \right], & P_{k,\mathrm{PM}} < P_{k,\mathrm{CM}}
\end{cases}
\end{aligned}
\tag{10-34}
$$

10.3.4　风电机组远程运维模型求解流程

在该机会维护模型中，当机会维护阈值 S_i^O 发生变化时，满足机会维护条件的子系统会发生变化，从而动态地改变整个维护过程以及总维护费用。为便于计算，假设每个子系统的机会维护区间长度相同，并用变量 ΔS 来表示机会维护区间的长度，即 $\Delta S = S_i^{\mathrm{P}} - S_i^{\mathrm{O}}$。通过 Monte-Carlo 方法，按照仿真流程计算风电机组在不同维护方式下的维护概率以及期望维护费用。优化 ΔS，使得在该机会维护阈值下的总维护费用 EC 取得最小值。根据机会维护策略和费用模型，求解过程如下：

步骤 1：参数初始化。输入决策变量机会维护区间长度 ΔS。同时输入参数 u_i、v_i、w、c、λ、μ、σ、C_{S}、$c_{i,\mathrm{MM}}$、$c_{i,\mathrm{CM}}$、$c_{i,\mathrm{PM}}$、$c_{i,\mathrm{OM}}$、C_{D}、S^{P}、D，以及维护成本参数和维护时间参数。设置 num、T、ΔS 为 0。

步骤 2：随机生成服从 Gamma 分布的退化量 X_i，随机生成一次外部随机冲击对子系统造成的退化量 Y_s，且 $Y_s \sim N(\mu,\sigma^2)$，根据式（4.19）计算 S_i。

步骤 3：根据 S_i^{P} 和 S_i^{O} 的数值，由 S_i^{P} 与 t 的关系图，得到 $t=T$。系统运行到 $t=T$ 时，在阈值退化量的约束下，以式（4.11）～式（4.19）为计算依据，得到计算不同维护方式满足的区间条件 $[a,b]$，若 $S_i \in [a,b]$，则 num＝num ＋1，直到 num＝N 终止。此时维护概率为 num/N。计算出不同维护方式的维护概率后进一步得到期望总维护费。$T=t+T$，进入步骤 4。

步骤 4：判断子系统的运行时间是否达到 D。若 $T<D$，返回步骤 3；若 $T \geqslant D$，$\Delta S = \Delta S + 1$，进入步骤 5。

步骤 5：判断 ΔS 是否达到 $\Delta S_{\max}$，若达到，结束计算。否则返回步骤 4。

10.3.5 算例分析

10.3.5.1 数值准备

本节以某风电场中单台额定功率为 1500kW、容量因子为 40％的风电机组为例，全寿命周期为 15 年。选取主轴系统、齿轮箱和发电机三个子系统进行分析，并依次编号为 1～3。为简化计算，设子系统受到的外部随机冲击过程中涉及的参数相同，$\lambda = 0.2$，$w = 0.3245$，$c = 0.5465$，$\mu = 1$，$\sigma = 0.005$[71]；设突发失效阈值 $W^{\mathrm{F}} = 2$，预防维护阈值分别为 175、301、210，$N = 1000$，$\Delta S_{\max} = 100$。子系统自然退化过程中的 Gamma 参数见表 10.7，子系统的固定维护费用、最小维修费、故障维护费、预防更换费、机会更换费以及停机维护时间见表 10.8[25]。

表 10.7　风电机组子系统的 Gamma 参数

	编号 $i=1$	编号 $i=2$	编号 $i=3$
u	0.15	0.3	0.2
v	1.2	1.5	1.3

表 10.8　风电机组各子系统的维修参数

	编号 $i=1$	编号 $i=2$	编号 $i=3$
C_S		35000	
$c_{i,MM}$	5000	10000	8000
$c_{i,PM}$	632000	685000	1800000
$c_{i,CM}$	175000	400000	200000
$c_{i,OM}$	240000	540000	300000
C_D		7500	
t_d/h	10	20	15

10.3.5.2　考虑/不考虑环境冲击的维护周期的对比分析

由于总退化量模型的复杂性，不能通过退化阈值直接解出子系统在该阈值下的预防性维护周期。根据风电机组无故障运行的需求，在本次算例中，参照子系统关于运行时间的总退化量图像，得到在该要求下各个子系统在考虑/不考虑环境冲击的两种退化机制下的预防维护周期。以综合考虑自然退化和冲击影响下的总退化趋势为例，如图 10.11 所示。

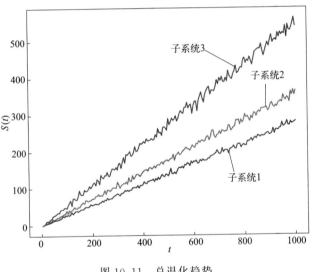

图 10.11　总退化趋势

从表 10.9 中可知，在预防维护退化量阈值相同的情况下，风电机组子系统(编号为 m)在实际运行过程中考虑双重退化比仅考虑自然退化的预防维护周期明显缩短。主轴系统预防维护退化量阈值为 175 时，不考虑环境冲击因素时，预防维护周期为 915；而考虑环境冲击因素时，其预防维护周期为 623，维护周期的缩减幅度为 31.9%。同样可以得知齿轮箱和发电机的维护周期的缩减幅度分别为 15.9% 和 26.6%。

表 10.9　预防性维护阈值及其对应的维护周期

	$m=1$（主轴）	$m=2$（齿轮箱）	$m=3$（发电机）
S_m^p	175	301	210
考虑环境冲击的 t_m^p	623	530	514
不考虑环境冲击的 t_m^p	915	630	700

　　由于在考虑了环境冲击这个影响因素后，风电机组子系统维护周期变短，这就意味着全寿命周期内，同一子系统的维护频率增加。图 10.12 给出了考虑环境带来的随机冲击和不考虑环境冲击的两种退化机制取得最佳维护费用时，风电机组子系统的退化量在全寿命周期内的变化。

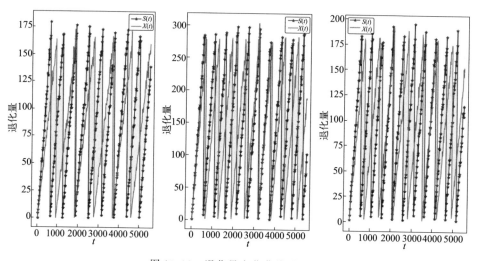

图 10.12　退化量变化曲线对比图

10.3.5.3　考虑/不考虑环境冲击的维护费用的对比分析

　　自然退化和考虑外部环境冲击两种退化模式下期望总费用函数关于机会维护阈值间隔的变化曲线如图 10.13 所示。不考虑环境冲击对风电机组子系统的影响时，在 $\Delta S=33$ 时得到期望维护费的最小值，为 2275.26 万元。而在子系统自然退化的基础上考虑外部环境带来的随机冲击时，在 $\Delta S=29$ 时得到期望维护费的最小值，为 2513.29 万元。

　　在不考虑环境冲击对风电机组子系统的影响时，在 $\Delta S=33$ 时可得到最小维护费，为 2275.26 万元。在机会维护阈值间隔小于 33 时，费用下降较快，这是由于子系统间刚获得机会维护的可能性，此时维护间隔较小，子系统获得机会维护的概率逐渐增加，子系统间的停机损失费和固定费用可共享部分随之增加，所以维护费用呈下降状态；当机会维护阈值间隔达到 33 时，期望维护费用取得最小值，此时可共享的维护资源得到最大化的利用；当机会维护间隔

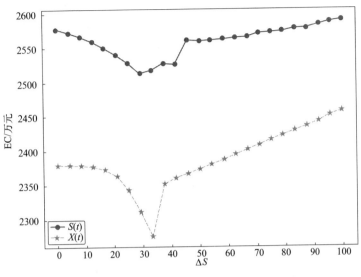

图 10.13　不同 ΔS 下的期望维护费用对比图

大于 33 时，满足机会维护条件的子系统增加，子系统的维护频率增加，所以维护费用增加。

　　风电机组在双重退化模式下的最优期望维护费用高于仅考虑自然退化时的维护费用。这是因为考虑外部冲击时，系统在自然退化的基础上伴有环境带来的非致命冲击，而累积退化量随着外部冲击次数的增加而增多，外部冲击加快了风电机组子系统的退化速度；外部冲击会引发子系统的突发失效，这也会增加风电机组子系统的维护频率。这就说明，自然退化过程对非致命冲击带给系统的累积损伤的影响同样不能忽视。

　　本节在风电机组的机会维护策略问题的研究中，用累积冲击模型计算外部环境带来的冲击影响，以期望维护费用为目标建立机会维护策略模型，求出最优机会维护阈值间隔。由于考虑了风电机组子系统的自然退化和冲击带来的退化，较好地解决了冲击对于风电机组子系统性能退化影响的相关问题，使得风电机组的机会维护策略更加符合实际情况。通过比较不同的机会维护阈值对维护费用的影响，得到了最佳机会维修阈值间隔，验证了模型的有效性。

10.4　考虑故障相关与外部冲击的风电机组远程运维技术

　　上面两节从风电机组的内部性能和外部环境两个角度出发，单独研究了风电机组子系统内部存在故障相关关系时的机会维护策略以及外部冲击对子系统造成退化损伤量的影响时的机会维护策略。

本节综合考虑风电机组子系统间的故障相关性与外部环境冲击对子系统退化过程的影响，并从这两个角度出发提出考虑故障相关与外部冲击的风电机组机会维护策略。首先，基于退化过程之间的相关关系考虑风电机组子系统间的故障相关性，得到子系统内部退化量，并结合风电机组不同阶段的退化模式得到总的二阶段退化模型；其次，根据外部随机冲击在不同退化阶段对风电机组子系统的影响不同与维护阈值决定各子系统的维护方式；最后，从不同的维护概率出发，计算期望维护费用，并通过案例分析，得出研究结果。

10.4.1 问题描述

风电机组子系统的退化过程受到内部相关子系统和外部环境两方面的影响，其维护方式和维护成本也随之变动。若不能合理地判别子系统当前的退化状态，则会造成采取的维护方式与子系统所需维护方式之间不匹配的情况，造成过度维修和欠修的局面。因此，本节在研究风电机组的机会维护策略时，同时考虑子系统间的故障相关性和由外部环境引起的随机冲击退化两种退化路径的风电机组多部件系统。为有效描述所建模型，做如下一般性假设：

① 外部随机冲击在不同退化阶段对风电机组子系统的影响不同。

② 对风电机组各子系统进行周期性的状态检测，每次检测都是瞬时的，对子系统不产生影响，各子系统的退化信息可以通过检测得到。

③ 风电机组子系统的退化阶段根据退化损伤程度分为正常退化阶段和加速退化阶段两个退化阶段。为判断子系统所处的退化阶段，设加速退化状态阈值为 H_1，退化失效阈值为 H_2。当风电机组子系统的退化量 $D(t) \in (0, H_1)$ 时，子系统处于正常退化阶段；当风电机组子系统的退化量 $D(t) \in (H_1, H_2)$ 时，子系统处于加速退化阶段，如图 10.14 所示。

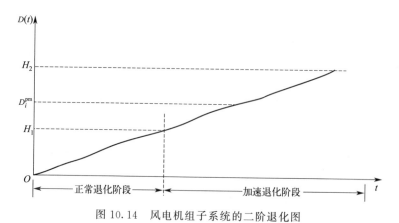

图 10.14 风电机组子系统的二阶退化图

④ 外部随机冲击对风电机组子系统带来的损伤程度：根据冲击幅值 w_s，将风电机组子系统所受到的冲击分为非致命冲击和致命冲击，其中非致命冲击又进一步细分为安全冲击、概率损伤冲击和损伤冲击。正常退化阶段的冲击临界阈值为 L_1、L_2、L_3，加速退化阶段的冲击临界阈值为 $L_1-\Delta l$、$L_2-\Delta l$、$L_3-\Delta l$。表 10.10 给出外部冲击的分类方式。

表 10.10　冲击分类

冲击类别	正常退化阶段 冲击幅值范围	加速退化阶段 冲击幅值范围
安全冲击	$0<w_s<L_1$	$0<w_s<L_1-\Delta l$
概率损伤冲击	$L_1<w_s<L_2$	$L_1-\Delta l<w_s<L_2-\Delta l$
损伤冲击	$L_2<w_s<L_3$	$L_2-\Delta l<w_s<L_3-\Delta l$
致命冲击	$w_s>L_3$	$w_s>L_3-\Delta l$

⑤ 风电机组各子系统除了日常保养（最小维护）外，无法进行其他维修，达到一定的维护阈值后进行相应的替换。

10.4.2　退化相关模型

10.4.2.1　基于故障相关的退化量

为研究风电机组子系统间故障相关对其退化量的影响，本节将选用非线性 Wiener 过程来描述风电机组子系统的内部性能退化过程。在不考虑外界随机冲击过程时子系统在 t 时刻的内部性能退化量描述为：

$$X_i(t)=\Lambda(t,\theta_i)+\sigma_{B_i}B(t) \tag{10-35}$$

式中，$\Lambda(t,\theta_i)=\int_o^t\varphi(s,\theta_i)\mathrm{d}s$，表示非线性期望退化量 $[\varphi(s,\theta_i)$ 表示风电机组子系统退化过程的平均趋势，θ_i 为影响退化过程的相关参数]；σ_{B_i} 为扩散系数；$B(t)$ 是布朗运动函数。子系统在开始时刻的退化量为零，即 $X_i(0)=0$。

风电机组在实际运行过程中，由于子系统之间存在故障相关关系，子系统内部性能衰退时会对其他相关子系统的退化速率产生影响，则有：

$$X_i(t)=\int_0^t\left[\varphi(s,\theta_i)+\sum_{j=1}^n\chi_{i,j}\varphi(s,\theta_i)\right]\mathrm{d}s+\sigma_{B_i}B(t) \tag{10-36}$$

设 $Q_i(t)$ 为子系统自身的退化量；$\chi_{i,j}$ 为故障相关系数，用来表示子系统 j 的内部性能退化对子系统 i 退化率的影响程度。$\chi_{i,j}\in[0,1]$。$\chi_{i,j}=0$ 表示两子系统不存在故障相关关系，$\chi_{i,j}=1$ 表示两子系统完全相关，其中一个子系统的故障必然导致另一子系统故障。用单位时间内期望退化量的变化来刻画子系统的退化率，则风电机组子系统 i 基于退化相关的退化率的表达式为：

$$\varphi_i(t,\theta_i)=(\chi_{i,1},\chi_{i,2},\cdots,\chi_{i,j},\cdots,\chi_{i,n})\begin{pmatrix}\Lambda_1(t,\theta_1)\\\Lambda_2(t,\theta_2)\\\vdots\\\Lambda_j(t,\theta_j)\\\vdots\\\Lambda_n(t,\theta_n)\end{pmatrix}+Q_i(t)\qquad(10\text{-}37)$$

假设风电机组系统由 n 个子系统组成且子系统的退化率各不相同，则由 n 个子系统的退化率组成的 n 维向量可以表示为：

$$\begin{pmatrix}\varphi_1(t,\theta_1)\\\varphi_2(t,\theta_2)\\\vdots\\\varphi_i(t,\theta_i)\\\vdots\\\varphi_n(t,\theta_n)\end{pmatrix}=\begin{pmatrix}\chi_{1,1}&\chi_{1,2}&\cdots&\chi_{1,j}&\cdots&\chi_{1,n}\\\chi_{2,1}&\chi_{2,2}&\cdots&\chi_{2,j}&\cdots&\chi_{2,n}\\\vdots&\vdots&&\vdots&&\vdots\\\chi_{i,1}&\chi_{i,2}&\cdots&\chi_{i,j}&\cdots&\chi_{i,n}\\\vdots&\vdots&&\vdots&&\vdots\\\chi_{n,1}&\chi_{n,2}&\cdots&\chi_{n,j}&\cdots&\chi_{n,n}\end{pmatrix}\begin{pmatrix}\Lambda_1(t,\theta_1)\\\Lambda_2(t,\theta_2)\\\vdots\\\Lambda_j(t,\theta_j)\\\vdots\\\Lambda_n(t,\theta_n)\end{pmatrix}+\begin{pmatrix}Q_1(t)\\Q_2(t)\\\vdots\\Q_i(t)\\\vdots\\Q_n(t)\end{pmatrix}$$

$$(10\text{-}38)$$

式(10-38)为常系数齐次微分方程组，由线性非齐次微分方程组解的存在与唯一定理，给定初始条件 $\Lambda(t,\theta_i)=\Lambda_0$，则可以得出 $\Lambda(t,\theta_i)$ 的唯一解：

$$\Lambda(t,\theta_i)=e^{\chi_{i,j}(t-t_0)}\Lambda_0+\int_{t_0}^t e^{\chi_{i,j}(t-s)}Q_i(s)\,\mathrm{d}s\qquad(10\text{-}39)$$

将式(10-39)代入式(10-35)，可以得出风电机组子系统基于故障相关的退化量模型为：

$$X(t)=e^{\chi_{i,j}(t-t_0)}\Lambda_0+\int_{t_0}^t e^{\chi_{i,j}(t-s)}Q_i(s)\,\mathrm{d}s+\sigma_{B_i}B(t)\qquad(10\text{-}40)$$

10.4.2.2 外部冲击

风电机组子系统受到外部随机冲击，设随机变量 $N(t)(t>0)$ 表示一个维护周期内到 t 时刻为止的冲击次数，且 $N(t)$ 服从强度为 λt 的泊松过程，则在此过程中发生 j 次冲击的概率：

$$P(N(t)=j)=\frac{(\lambda t)^j e^{-\lambda t}}{j!},\ j=0,1,2,\cdots\qquad(10\text{-}41)$$

根据冲击幅值 w_s，外部环境对风电机组的冲击分为非致命冲击(安全冲击、概率损伤冲击、损伤冲击)和致命冲击。$N_{safe}(t)$、$N_{pd}(t)$、$N_d(t)$、$N_f(t)$ 分别表示四种冲击到达的次数，且互相独立，由泊松过程分解定理可知四种冲击的到达率分别为 λp_{safe}、λp_{pd}、λp_{d}、λp_{f}，且 $p_{\text{safe}} + p_{\text{pd}} + p_{\text{d}} + p_{\text{f}} = 1$。冲击幅值 w_s 为独立同分布的随机变量，且服从广义 Pareto 分布，其概率密度和对应的分布函数详见式(10-17)和式(10-18)。

在一个维护周期内，子系统受到冲击幅值为 $w_s < W^{\text{F}}$ 时，其累积退化量瞬时增加但不会突发失效，假设受到该类冲击的次数为 $N_1(t)$，概率 $p_1 = P(w_s < W^{\text{F}})$。当冲击幅值 $w_s \geqslant W^{\text{F}}$ 时，子系统突发失效，受到该类冲击的次数为 $N_2(t)$，概率 $p_2 = P(w_s \geqslant W^{\text{F}})$。$N_1(t)$、$N_2(t)$ 是两个互相独立的随机变量，由泊松过程分解定理可知非致命冲击的到达率为 λp_1，致命冲击的到达率为 λp_2，且 $p_1 + p_2 = 1$。为求得 p_1、p_2，假设 W_s 为独立同分布的随机变量，且服从广义 Pareto 分布，其概率密度和对应的分布函数分别表示为：

$$f(w_s) = \begin{cases} \dfrac{1}{\omega}\left(1 - \dfrac{cw_s}{\omega}\right)^{\frac{1}{c} - 1}, & c \neq 0 \\[3mm] \dfrac{1}{\omega}\exp\left(-\dfrac{w_s}{\omega}\right), & c = 0 \end{cases} \tag{10-42}$$

$$\overline{F}(w_s) = P(W_s > w_s) = \begin{cases} \left(1 - \dfrac{cw_s}{\omega}\right)^{\frac{1}{c}}, & c \neq 0 \\[3mm] \exp\left(-\dfrac{w_s}{\omega}\right), & c = 0 \end{cases} \tag{10-43}$$

式中，ω 是尺度参数；c 为形状参数。且 $\omega > 0$，c 是常数。当 $c \leqslant 0$ 时，w_s 为冲击幅值，$w_s > 0$；当 $c > 0$ 时，$0 < w_s < \omega/c$。从而 p_1 和 p_2 可以表示为：

$$p_1 = P(w_s < W^{\text{F}}) = F(W^{\text{F}}) \tag{10-44}$$

$$p_2 = P(w_s \geqslant W^{\text{F}}) = \overline{F}(W^{\text{F}}) \tag{10-45}$$

（1）非致命冲击

根据冲击幅值的分类可知，安全冲击幅值小于 L_1，概率 $p_{\text{safe}} = P(w_s < L_1) = F(L_1)$，在时间 t 内子系统受到 j 次安全冲击的概率为：

$$P(N_{\text{safe}}(t) = j) = \frac{(\lambda p_{\text{safe}} t)^j e^{-\lambda p_{\text{safe}} t}}{j!}, \quad j = 0, 1, 2, \cdots \tag{10-46}$$

概率损伤冲击幅值介于 L_1 与 L_2 之间，概率 $p_{\text{pd}} = P(L_1 < w_s < L_2) = F(L_2) - F(L_1)$，在时间 t 内子系统受到 j 次概率损伤冲击的概率为：

$$P(N_{\text{pd}}(t) = j) = \frac{(\lambda p_{\text{pd}} t)^j e^{-\lambda p_{\text{pd}} t}}{j!}, \quad j = 0, 1, 2, \cdots \tag{10-47}$$

损伤冲击幅值介于 L_2 与 L_3 之间，概率 $p_{\text{d}} = P(L_2 < w_s < L_3) = F(L_3) - F(L_2)$，在时间 t 内子系统受到 j 次损伤冲击的概率为：

$$P(N_d(t)=j)=\frac{(\lambda p_d t)^j \mathrm{e}^{-\lambda p_d t}}{j!}, \quad j=0,1,2,\cdots \tag{10-48}$$

（2）致命冲击

冲击幅值超过 L_3，概率 $p_f = P(w_s > L_3) = 1 - F(L_3)$，在时间 t 内子系统受到 j 次概率损伤冲击的概率为：

$$P(N_f(t)=j)=\frac{(\lambda p_f t)^j \mathrm{e}^{-\lambda p_f t}}{j!}, \quad j=0,1,2,\cdots \tag{10-49}$$

10.4.2.3 二阶段退化模型

随着外部冲击次数的增加，风电机组子系统的总退化量持续增长，根据假设将子系统的退化历程分为两个退化阶段。系统在不同退化阶段能够抵御外部冲击的能力也不尽相同，系统退化量累积越多，越容易受到外部冲击的伤害，因此两个退化阶段衍生出不同的总退化模型。本节在考虑非致命冲击对风电机组子系统的影响时，将从子系统的退化损伤和退化速率两个方面考虑。在正常退化阶段，外部冲击以冲击损伤形式影响总退化量；在加速退化阶段，非致命冲击以急速退化率和增加退化损伤两种形式影响子系统。

（1）$0 < t < t_{\mathrm{trans}}$

子系统处于正常退化阶段，退化量随着非致命冲击次数的增加而累积增加，假设在时间 t 内子系统受到 j_1 非致命冲击。用随机变量 Y_s 表示第 s 次外部冲击引发的退化量，从而对于子系统在一个维护周期内，外部冲击作用下的累积退化量 Y^{S} 可以表示为：

$$Y^{\mathrm{S}} = \begin{cases} \sum_{s=1}^{N_1(t)} Y_s, & N_1(t) > 0 \\ 0, & N_1(t) = 0 \end{cases}$$

式中，Y_s 服从正态分布且相互独立，可以表示为 $Y_s \sim N(\mu, \sigma^2)$，$\mu$ 和 σ^2 分别为随机变量 Y_s 的期望和方差。

此时，总退化量由内部性能退化和非致命冲击带来的损伤构成，且小于预防维护阈值，系统正常运行。风电机组子系统正常退化阶段的总退化模型为：

$$D_i(t) = X_i(t) + \sum_{j_1=1}^{N_1(t)} Y_{j_1}$$

$$= \mathrm{e}^{\chi_{i,j}(t-t_0)} \Lambda_0 + \int_{t_0}^{t} \mathrm{e}^{\chi_{i,j}(t-s)} Q_i(s) \mathrm{d}s + \sigma_{B_i} B(t) + \sum_{j_1=1}^{N_1(t)} Y_{j_1} \tag{10-50}$$

（2）$t > t_{\mathrm{trans}}$

子系统处于加速退化阶段，子系统在内部退化和外部冲击的双重影响下抵御外部冲击的能力减弱。此时非致命冲击既增加退化量，又影响子系统的退化速率，加速子系统的内部性能退化。借鉴役龄退化模型的思想，设退化相关因子为 ρ_i，建立退化和冲击模型来表示由冲击引起的内部性能变化，此时：

$$X(t,\theta_i) \Rightarrow \left(1+\rho_i \sum_{j_1=1}^{N_1(t)} Y_{j_1}\right) X(t,\theta_i) \tag{10-51}$$

风电机组子系统在加速退化阶段的总退化模型为：

$$
\begin{aligned}
D_i(t) &= \left(1+\rho_i \sum_{j_1=1}^{N_1(t)} Y_{j_1}\right) X_i(t) + \sum_{j_1=1}^{N_1(t)} Y_{j_1} \\
&= \left(1+\rho_i \sum_{j_1=1}^{N_1(t)} Y_{j_1}\right) \left[e^{\chi_{i,j}(t-t_0)} \Lambda_0 + \int_{t_0}^{t} e^{\chi_{i,j}(t-s)} Q_i(s) ds \right] + \sigma_{B_i} B(t) + \sum_{j_1=1}^{N_1(t)} Y_{j_1}
\end{aligned}
\tag{10-52}
$$

不考虑环境冲击时，风电机组子系统 i 的退化过程为 $X_i(t)$。而环境冲击作为影响风电机组子系统的因素时，根据假设中的冲击分类，可知不同的冲击以不同的方式影响子系统的退化过程。t_{trans} 是划分正常退化阶段与加速退化阶段的临界时间点：当 $0 < t < t_{\text{trans}}$ 时，外部的非致命冲击以增加退化损伤量的形式影响风电机组子系统；当 $t > t_{\text{trans}}$ 时，外部的非致命冲击以增加退化损伤量及加速退化率的双重形式影响风电机组子系统。因此，风电机组子系统退化的综合退化模型可以表示为如下的分段函数：

$$
D_i(t) = \begin{cases}
e^{\chi_{i,j}(t-t_0)} \Lambda_0 + \int_{t_0}^{t} e^{\chi_{i,j}(t-s)} Q_i(s) ds + \sigma_{B_i} B(t) + \sum_{j_1=1}^{N_1(t)} Y_{j_1}, & 0 < t < t_{\text{trans}} \\
\left(1+\rho_i \sum_{j_1=1}^{N_1(t)} Y_{j_1}\right) \left[e^{\chi_{i,j}(t-t_0)} \Lambda_0 + \int_{t_0}^{t} e^{\chi_{i,j}(t-s)} Q_i(s) ds \right] + \sigma_{B_i} B(t) + \sum_{j_1=1}^{N_1(t)} Y_{j_1}, & t > t_{\text{trans}}
\end{cases}
\tag{10-53}
$$

10.4.3 成本率模型

10.4.3.1 机会维护策略

在冲击影响下的二阶段退化子系统不仅会发生退化失效，而且由于致命冲击的影响也会发生突发失效。系统的失效模式和退化过程较为复杂，设预防维护阈值为 D_i^{pm}、机会维护阈值为 D_i^{om} $(D_i^{\text{om}} > H_1)$，检测间隔期为 δ，$D_{\text{max}i}(t) = \max\{D_i(t)\}$。在不同退化阶段，根据子系统在 $t=n\delta$ 时退化量的取值范围与冲击幅值决定其维护方式，并以检测间隔期和预防维护退化量阈值为决策变量，提出该维护策略。图 10.15 展示了在不同情况下，维护方式的决策过程。

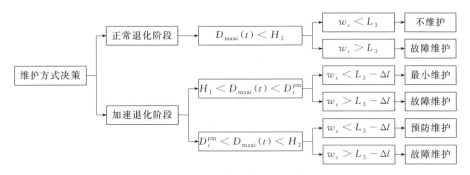

图 10.15　维护方式决策流程图

① 当 $t = n\delta$，$D_{\text{max}i}(n\delta) < H_1$ 时，风电机组子系统处于正常退化阶段，子系统的总退化量没有达到预防维护阈值，此时风电机组不采取维护措施，系统正常运行。

② 当 $t = n\delta$，$H_1 < D_{\text{max}i}(n\delta) < D_i^{\text{pm}}$ 时，风电机组子系统处于加速退化阶段，子系统的总退化量没有达到预防维护阈值 D_i^{pm}。此时，在第 n 次检测时对子系统进行最小维修。即子系统从正常退化阶段转到加速退化阶段的时间 T_{trans} 处于第 $n-1$ 次检测和第 n 次检测之间，并且在第 $n-1$ 次检测时，子系统的总退化量小于 D_i^{pm}。在第 n 个检测周期进行最小维护的概率可以表示为：

$$P_{\text{MM}} = P(N_{\text{IR}} = n)$$
$$= \int_{(n-1)\delta}^{n\delta} \left[P(D_{\text{max}i}(n\delta) - D_{\text{max}i}(u) < D_i^{\text{pm}} - H_1) P(N'_{\text{f}}(n\delta) = 0) \right]_{\text{d}F_D(u)}$$

$$(10\text{-}54)$$

式中，$F_D(u)$ 为子系统在时间区间 (t_1, t_2) 上退化总量的累积分布函数，$N'_{\text{f}}(n\delta)$ 为加速退化阶段致命冲击的次数。为了简化之后的计算和推导，首先定义一个累积分布函数 $F_D(x; t_1, t_2)$，即当系统处于加速退化阶段时，子系统在时间区间 (t_1, t_2) 上退化总量的累积分布函数，具体展开如下：

$$F_D(x; t_1, t_2) = P\{D(t_2) - D(t_1) \leqslant x\}$$
$$= \sum_{k=0}^{+\infty} \sum_{l=0}^{+\infty} \big[P(N'_{\text{pd}}(t_2) - N'_{\text{pd}}(t_1) = k) P(N'_{\text{d}}(t_2) - N'_{\text{d}}(t_1) = l) P(D(t_2) - D(t_1) \leqslant x \mid N'_{\text{pd}}(t_2) - N'_{\text{pd}}(t_1) = k, N'_{\text{d}}(t_2) - N'_{\text{d}}(t_1) = l) \big]$$

$$(10\text{-}55)$$

式中，$N'_{\text{pd}}(t)$ 表示加速退化阶段概率损伤冲击的次数；$N'_{\text{d}}(t)$ 表示加速退化阶段损伤冲击的次数。

③ 当 $t = n\delta$，$D_i^{\text{pm}} < D_{\text{max}i}(n\delta) < H_2$ 时，对于没有发生故障的子系统来说，退化总量超过了预防性更换时系统的维护阈值 D_i^{pm}，子系统处于加速退化阶段时对子系统进行预防更换，并且子系统在预防性更换之前除了小修之外

没有经历过其他维修活动。在第 $n-1$ 个检测周期时子系统处于正常退化阶段，但是在第 n 个检测周期时子系统处于加速退化阶段，也就是说子系统的综合退化量在 $t=n\delta$ 时超过 D_i^{pm}。所以，子系统在第 n 个检测周期进行预防性维护的概率 P_{PM} 的展开式为：

$$P_{PM} = P(N_P = n, N_{IR} > n-1)$$

$$= \int_{(n-1)\delta}^{n\delta} [P(D_{\max i}^{pm} - H_1 < D_{\max i}(n\delta) - D_{\max i}(u) < H_2 - H_1)$$

$$\times P(N_f(u) = 0)P(N'_f(n\delta) = 0)]dF_D(u) \tag{10-56}$$

式中，N_P 表示预防维护次数；N_{IR} 表示最小维护次数。在对子系统 $\max i$ 进行预防维护时，其停机维护期间为其他子系统 $i(i \neq \max i)$ 创造维护机会。此时，若 $D_{\max i}(n\delta) < D_i^{om}$，子系统 i 的退化量小于机会维护阈值 D_i^{om}，无须对子系统采取维修措施；若 $D_i^{om} < D_{\max i}(n\delta) < D_i^{pm}$，此时无论子系统是否为突发失效，都视为满足机会维护条件，对其采取机会维护措施。子系统在第 n 次检测时获得机会维护的概率 P_{OM_1} 的展开式为：

$$P_{OM\_1} = \int_{(n-1)\delta}^{n\delta} [P(D_i^{om} - H_1 < D_i(n\delta) - D_i(u) < D_i^{pm} - H_1) \times P(N_f(u) = 0)$$

$$\times P(N'_f(n\delta) = 0)]dF_D(u) \tag{10-57}$$

④ 当 $t=n\delta$，$D_{\max i}(n\delta) > H_2$ 时，一旦风电机组子系统受到致命冲击，则对其采取故障维护的维护措施。无论是由致命冲击造成的突发失效，还是由性能退化造成的退化失效，都对子系统采取故障更换措施。并且子系统在故障维护之前除了小修之外没有经历过其他维修活动。为保证子系统在第 n 次检测之前没有经历过最小维修，子系统在第 $n-1$ 次检测时不能处于加速退化阶段，也就是说子系统的性能退化量在 $(n-1)\delta$ 时刻要小于 H_1。由于子系统在第 n 个检测周期时发生了失效，所以在第 $n-1$ 个检测周期和第 n 个检测周期之间，子系统要么发生了退化失效，要么发生了突发失效。所以，子系统在第 n 个检测周期进行故障维护的概率 P_{CM} 的展开式为：

$$P_{CM} = P(N_R = n, N_{IR} > n-1)$$

$$= \int_{(n-1)\delta}^{n\delta} [1 - P(D_{\max i}(n\delta) - D_{\max i}(u) < H_2 - H_1) \times P(N_f(u-(n-1)\delta) = 0)$$

$$\times P(N'_f(n\delta) = 0) \times P(N_f((n-1)\delta) = 0]dF_D(u) \tag{10-58}$$

在对子系统 $\max i$ 进行故障更换时，其停机维护期间为其他子系统 $i(i \neq \max i)$ 创造维护机会。此时，若 $D_{\max i}(n\delta) < D_i^{om}$，子系统 i 的退化量小于机会维护阈值 D_i^{om}，无须对子系统采取维修措施；若 $D_i^{om} < D_{\max i}(n\delta) < D_i^{pm}$，此时无论子系统是否为突发失效，都视为满足机会维护条件，对其采取机会维护措施。子系统在第 n 次检测时获得机会维护的概率 P_{OM_2} 的展开式为：

$$P_{OM\_2} = \int_{(n-1)\delta}^{n\delta} \left[P(D_i^{om} - H_1 < D_i(n\delta) - D_i(u) < D_i^{pm} - H_1) \right.$$
$$\left. \times P(N_f(u) = 0) \times P(N_f'(n\delta) = 0) \right] dF_D(u) \tag{10-59}$$

10.4.3.2 费用率模型

本节考虑风电机组子系统内部的退化量之间的故障相关关系以及外部随机冲击对子系统退化量的影响，以更新周期内风电机组子系统的期望费用率 ECR 为目标函数，以检测间隔期 δ 和预防维护阈值 D_i^{pm} 为决策变量建立机会维护策略模型。用 C_E 表示一个更新周期内的期望维护费用；L_E 表示更新周期。从而，一个更新周期的期望费用率模型可以表示为：

$$\text{ECR}(\delta, D_i^{pm}) = \frac{C_E}{L_E} \tag{10-60}$$

风电机组期望费用率模型中费用部分包括最小维护费用 C_{mm}、预防维护费 C_{pm}、故障维护费 C_{cm}、机会维护费 C_{om}。

风电机组子系统的最小维护费用 C_{mm} 由最小维护发生的概率 $P_{i,MM}$ 乘以各子系统的单次最小维护费用 $c_{i,mm}$ 得到。最小维护费用表示为：

$$C_{mm} = \sum_{i=1}^{n} P_{i,MM} c_{i,mm} \tag{10-61}$$

风电机组子系统在进行预防维护或故障维护时需要机组停机才得以完成维护活动。此时预防维护费用或故障维护费用的组成包括维护检测费、维护费以及系统停机产生的停机损失费。预防维护费与故障维护费可以表示为：

$$C_{pm} = \sum_{i=1}^{n} P_{i,PM}(C_I + c_{i,pm} + c_d t_d) \tag{10-62}$$

$$C_{cm} = \sum_{i=1}^{n} (C_I + c_{i,cm} + c_d t_d) P_{i,CM} \tag{10-63}$$

式中，C_I 为单次检测费用；$c_{i,pm}$ 为子系统 i 的单次预防维护费用；$c_{i,cm}$ 为子系统 i 的单次故障维护费用；c_d 为单位时间的停机损失费用；t_d 为停机维护时长；$P_{i,PM}$ 表示子系统 i 进行预防维护的概率；$P_{i,CM}$ 表示子系统 i 进行故障维护的概率。

子系统 i 在其他子系统采取预防维护或者故障维护停机时，获得的维护机会所产生的机会维护费由检测费和机会维护费组成，设子系统 i 的单次机会维护费用为 $c_{i,om}$，机会维护费可以表示为：

$$C_{om} = \sum_{i=1}^{n} \sum_{\substack{j=1, \\ j \neq i}}^{n} (C_I + C_{j,om}) P_{OM\_x}, \quad x = 1, 2 \tag{10-64}$$

风电机组子系统在一个更新周期 L_E［式(10-65)］内的期望维护费用 C_E 见式(10-66)。

$$L_{\mathrm{E}}(\delta, D_i^{\mathrm{pm}}) = n\delta P_{\mathrm{PM}} + n\delta P_{\mathrm{CM}} \tag{10-65}$$

$$C_{\mathrm{E}}(\delta, D_i^{\mathrm{pm}}) = \sum_{i=1}^{I} P_{i,\mathrm{MM}} c_{i,\mathrm{mm}} + \sum_{i=1}^{I} P_{i,\mathrm{PM}}(C_{\mathrm{I}} + c_{i,\mathrm{pm}} + c_{\mathrm{d}} t_{\mathrm{d}}) + \sum_{i=1}^{I}(C_{\mathrm{I}}$$

$$+ c_{i,\mathrm{cm}} + c_{\mathrm{d}} t_{\mathrm{d}}) P_{i,\mathrm{CM}} + \sum_{i=1}^{I} \sum_{\substack{j=1, \\ j \neq i}}^{I} (C_{\mathrm{I}} + C_{j,\mathrm{om}}) P_{\mathrm{OM}}$$

$$= \sum_{i=1}^{I} \big[P_{i,\mathrm{MM}} c_{i,\mathrm{mm}} + P_{i,\mathrm{PM}}(C_{\mathrm{I}} + c_{i,\mathrm{pm}} + c_{\mathrm{d}} t_{\mathrm{d}}) + (C_{\mathrm{I}} + c_{i,\mathrm{cm}}$$

$$+ c_{\mathrm{d}} t_{\mathrm{d}}) P_{i,\mathrm{CM}} + \sum_{\substack{j=1, \\ j \neq i}}^{n} (C_{\mathrm{I}} + C_{j,\mathrm{om}}) P_{\mathrm{OM}} \big] \tag{10-66}$$

综上，风电机组费用率模型表示为：

$$\mathrm{ECR}(\delta, D_i^{\mathrm{pm}}) = \frac{C_{\mathrm{E}}}{L_{\mathrm{E}}}$$

$$= \frac{\sum\limits_{i=1}^{I} \big[P_{i,\mathrm{MM}} c_{i,\mathrm{mm}} + P_{i,\mathrm{PM}}(C_{\mathrm{I}} + c_{i,\mathrm{pm}} + c_{\mathrm{d}} t_{\mathrm{d}}) + (C_{\mathrm{I}} + c_{i,\mathrm{cm}} + c_{\mathrm{d}} t_{\mathrm{d}}) P_{i,\mathrm{CM}} + \sum\limits_{\substack{j=1, \\ j \neq i}}^{n} (C_{\mathrm{I}} + C_{j,\mathrm{om}}) P_{\mathrm{OM}} \big]}{n\delta P_{\mathrm{PM}} + n\delta P_{\mathrm{CM}}} \tag{10-67}$$

10.4.4　风电机组远程运维模型求解流程

由于该费用率模型具有非线性、不可微的特点，所以采用数值仿真来求解模型，在定值 D^{pm} 的条件下通过比较不同的 $(\delta, D^{\mathrm{om}})$ 获得期望维修费用率。求解过程如下：

步骤 1：参数初始化。输入决策变量 $(\delta, D^{\mathrm{om}})$ 的取值范围。同时输入参数 u_i，v_i，w，c，λ，μ，σ，ρ，Q，D，$\delta_{\max}$，$D_{\max}^{\mathrm{om}}$，以及维护成本参数和维护时间参数。设 $\mathrm{ECR}=0$。

步骤 2：判断退化量 $D_{\max i}(t)$ 是否达到预防维护阈值 D^{pm}。若 $D_{\max i}(t) < D^{\mathrm{pm}}$，更新运行时长 $t=t+1$，并循环该步骤，直到满足预防维护条件。转至步骤 3。

步骤 3：判断冲击类型。冲击幅值服从 Pareto 分布，比较冲击幅值与冲击临界值，求 t 时刻不同冲击出现的概率。若该冲击为致命冲击，计算由突发失效引起的故障维护的概率；若该冲击为概率损伤冲击或损伤冲击，计算外部随机冲击对子系统造成的退化量 Y_i，转至步骤 4。

步骤 4：计算期望维护费用率。根据 $D(t)$ 选择对子系统进行预防维护或退化失效的故障维护并计算对应期望维护费。若有子系统满足机会维护条件，计算该子系统的机会维护费。同时计算 EL 并更新 ECR，转至步骤 5。

步骤 5：判断子系统的运行时间是否到达 D。若 $t < D$，返回步骤 2；若 $t \geqslant D$，判断 δ 是否满足 $\delta < \delta_{\max}$：若满足，此时 $\delta = \delta + 1$，重复步骤 2 至步骤 4 并比较当前 ECR 是否小于步骤 4 中的 ECR；若小于等于，更新 ECR。直到 $\delta = \delta_{\max}$，进入步骤 6。

步骤 6：判断 D^{om} 是否达到 $D_{\max}^{\mathrm{om}}$，若没有达到，$D^{\mathrm{om}} = D^{\mathrm{om}} + 1$，重复步骤 2 至步骤 4 并比较当前 ECR 是否小于步骤 5 中的 ECR，若小于，更新 ECR。直到 D^{om} 达到 $D_{\max}^{\mathrm{om}}$，结束计算。

10.4.5　算例分析

10.4.5.1　数值准备

本节选用某风电场中同一型号的风电机组进行分析，主要包括 3 个子系统——主轴系统、齿轮箱、发电机，依次为子系统 1、子系统 2 和子系统 3。该类风电机组规定的可运行年限为 15 年。为简化计算，设定风力机各部件的正常退化过程和随机冲击过程的初始参数均一致，且各部件失效阈值相同，根据文献[26]、[27]，各参数描述如下：风电机组各子系统的预防维护阈值 $D^{\mathrm{pm}} = 35$，各子系统预防维护成本 $c_{\mathrm{pm}} = 8$，机会维护成本 $c_{\mathrm{om}} = 5$，每次检测的成本 $C_1 = 0.2$，单位停机成本 $c_{\mathrm{d}} = 0.1$，维护时间 $t_{\mathrm{d}} = 10$，子系统数 $I = 3$，$\rho_i = 0.05$，3 个子系统的退化量 Q 分别取 0.03、0.05 和 0.02，σ 分别取 0.25、0.2、0.1；退化量临界值见表 10.11；冲击幅值临界值见表 10.12。其中成本单位为万元，维护时间单位为小时，阈值无单位。本算例的整个实验分析平台为 Python，平台运行环境为 Windows 10。

表 10.11　退化量临界值

	H_1	H_2	D^{pm}
数值	20	50	35

表 10.12　冲击幅值临界值

	L_1	L_2	L_3	Δl
数值	1	1.5	2.5	0.5

10.4.5.2　结果分析

从图 10.16 中可以看出在预防维护退化量阈值取 35 时，检测间隔期与机会维护阈值 $(\delta, D^{\mathrm{om}})$ 在不同取值组合下期望维护费用率的变化。从整体趋势上来看，检测间隔期对期望维护费用率的影响大于机会维护阈值对期望维护费用率的影响。期望维护费用率随检测间隔期的变化先降后升，这是由于检测间隔期过小时，在同样的时间内，频繁的检测造成检测费较高；而随着检测间隔期变长，检测频率下降，期望维护费用率也呈现下降的趋势。当检测间隔期为 81h，机会维护阈值取 3 时，期望维护费用率取得最优值，此时 ECR(81,3)=298.37。

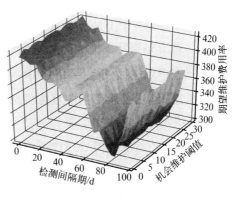

图 10.16　费用率趋势

10.4.5.3　退化量对比分析

图 10.17 反映了随着风电机组子系统役龄的增加，主轴系统(子系统 1)、齿轮箱(子系统 2)及发电机(子系统 3)在考虑不同因素时的退化量变化趋势。在仅考虑故障相关、仅考虑外部环境冲击和同时考虑两个因素这三种情况下，退化量大体都呈上升趋势，且退化速度逐渐增加。从图 10.17 可以看出，子系统 1 在考虑故障相关的情况下与综合考虑两种因素的退化趋势一致。从该趋势图中不难发现，子系统 2 和子系统 3 退化量受到其他子系统由故障相关引起的

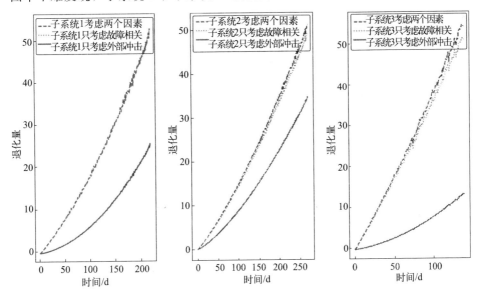

图 10.17　退化量趋势图

退化增量要明显高于由外部环境冲击引起的退化增量。为了能更加清楚地看出在某一运行时刻，子系统综合退化量与在只考虑故障相关与只考虑外部冲击时的对比，表 10.13 列出了 3 个子系统在不同因素下退化量的具体数值。

表 10.13　不同因素下退化量的取值

子系统 i	t/d	综合退化量	只考虑故障相关(差值)	只考虑外部冲击(差值)
1	100	18.7	18.7(± 0)	6.7(-12)
2	200	34.9	33.7(-1.2)	22.6(-12.3)
3	100	38.5	36.6(-1.9)	8.4(-30.1)

10.4.5.4　期望维护费用率对比分析

考虑故障相关和考虑外部冲击两种模式下期望维护总费用率关于检测间隔期的变化曲线如图 10.18 所示。从图 10.18 可以看出，在考虑故障相关对风电机组子系统的影响时，检测间隔期为 92d 时可得到最小期望费用率。当检测间隔期大于 33d 时，满足机会维护条件的子系统增加，子系统的维护频率增加，所以期望费用率增加；在检测间隔期大于 55d 时，费用率下降较快，此时维护间隔较小，子系统获得机会维护的概率逐渐增加，子系统间的停机损失费和固定费用可共享部分随之增加，所以期望费用率呈下降状态；当检测间隔期到达 92d 时，期望费用率取得最小值，此时可共享的维护资源得到最大化的利用。

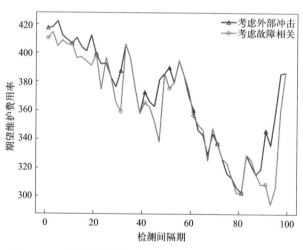

图 10.18　期望维护费用率关于检测间隔期的变化曲线

在考虑外部冲击对风电机组子系统的影响时，检测间隔期为 81d 时可得到最小期望费用率，风电机组的最优期望费用率高于考虑故障相关的期望费用率。这是因为考虑外部冲击时，系统在自然退化的基础上伴有环境带来的非致命冲击，而累积退化量随着外部冲击次数的增加而增多，外部冲击加快了风电机组子系统的退化速度；外部冲击会引发子系统的突发失效，这也会增加风电机组子系统的维护频率。这就说明，考虑故障相关对非致命冲击带给系统的累积损伤的影响同样不能忽视。

本节在研究风电机组的机会维护策略时，从内部子系统的故障相关性和外部环境冲击两个角度出发，以检测间隔周期和机会维护阈值为决策变量、以期望维护费用率为目标函数建立机会维护策略模型。结果表明，子系统退化量受到其他子系统故障相关引起的退化增量要明显高于由外部环境冲击引起的退化增量。当子系统的检测间隔期为 81d，机会维护阈值取 3 时，期望维护费用率取得最优值，此时 ECR(81,3)＝298.37。

本章小结

本章以风电机组为研究对象，基于机会维护策略、故障相关性、冲击模型等基本理论，考虑故障相关性与外部冲击作用的共同影响，进而探讨风电机组的机会维护策略问题。本章的主要工作如下：

① 构建了考虑故障相关的风电机组机会维护策略模型。针对风电机组子系统间存在故障相关性的问题，通过风电机组子系统间的故障传递关系绘制故障传递关系图，在用 Weibull 分布描述风电机组子系统的退化趋势的同时，结合故障相关系数表达出子系统的综合故障率并推算出综合可靠度。同时，将经济相关性和结构相关性一同考虑在内，用结构相关系数来描述停机损失费用，建立机会维护模型。结果表明，考虑故障相关性时，系统的维护费用有所增加；而联合考虑故障相关性和结构相关性，可有效改善总维护费情况。在机会维护策略中，停机次数减少了 15 次，比预防维护策略下的停机次数减少了44.12％；总维护费期望值下降 3696.03 万元，比预防维护策略下的维护费用减少了 59.19％。

② 构建了考虑故障相关的风电机组机会维护策略模型。针对风电机组子系统处于动态多变的运行环境中会受到外部冲击的问题，提出了考虑外部冲击的风电机组机会维护策略模型。用累积冲击模型描述外部环境带来的随机冲击并结合 Gamma 过程表示出的自然退化量建立总退化量模型。用维护阈值和突发失效阈值作为双重约束来确定维护概率，通过最优机会维护阈值间隔计算出最优期望维护费用。

③ 结合故障相关和外部冲击构建了风电机组机会维护策略模型。针对风电机组运行期间，内部子系统间存在耦合作用和外部受到环境冲击两种情况同

时存在的问题，从这两个角度出发提出考虑故障相关与外部冲击的风电机组机会维护策略。基于退化过程之间的相关关系考虑风电机组子系统间的故障相关性，建立二阶段退化模型；并通过冲击临界阈值判断维护方式及维护概率；最后，以检测间隔期和机会维护阈值作为决策变量建立期望维护费用率模型。结果表明，子系统退化量受到其他子系统由故障相关引起的退化增量要明显高于由外部环境冲击引起的退化增量，对于诸如风电机组这样的多部件系统维修策略的选择与优化具有一定的借鉴作用。当子系统的检测间隔期为 81d，机会维护阈值取 3 时，期望维护费用率取得最优值，此时 ECR(81,3)=298.37。

参考文献

[1] Honrubia E A, Gómez L E, Fortmann J, et al. Generic dynamic wind turbine models for power system stability analysis: A comprehensive review [J]. Renewable & Sustainable Energy Reviews, 2018, 81 (2): 1939-1952.

[2] About Wind Energy—The Facts [EB/OL]. The European Wind Energy Association (EWEA). [2023-04-01]. http://www.wind-energy-the-facts.org/.

[3] 2021 年中国风电吊装容量统计简报 [J]. 风能, 2022 (05): 38-52.

[4] 贺德强, 孙一, 苗剑, 等. 基于全局优选阈值列车走行部机会维护模型优化 [J]. 计算机集成制造系统, 2020, 26 (2): 462-469.

[5] 张耀周, 夏唐斌, 陶辛阳, 等. 面向港口复杂装卸系统的动态机会维护策略 [J]. 上海交通大学学报, 2015, 49 (9): 1319-1323.

[6] 陈浩, 周正, 颉征. 基于状态维修的预防性维修策略优化模型研究 [J]. 航空工程进展, 2018, 9 (03): 441-446.

[7] THOMAS L C. A survey of maintenance and replacement models for maintainability and reliability of multi-item systems [J]. Reliability Engineering, 1986, 16 (4): 297-309.

[8] 符杨, 许伟欣, 刘璐洁, 等. 考虑天气因素的海上风电机组预防性机会维护策略优化方法 [J]. 中国电机工程学报, 2018, 38 (20): 5947-5956.

[9] Wang J J, Zhao X, Guo X. Optimizing wind turbine's maintenance policies under performance-based contract [J]. Renewable Energy, 2019, 135 (5): 626-634.

[10] 王晓燕, 申桂香, 张英芝, 等. 基于故障链的复杂系统故障相关系数建模 [J]. 吉林大学学报 (工学版), 2015, 45 (2): 442-447.

[11] 韩思远. 考虑故障相关的双馈风电机组状态机会维修策略研究 [D]. 兰州: 兰州交通大学, 2017.

[12] 芮晓明, 谢鲁冰, 李帅, 等. 面向可及度的海上风电机组维修策略研究 [J]. 华北电力大学学报 (自然科学版), 2019, 46 (5): 92-99.

[13] 符杨, 杨凡, 刘璐洁, 等. 考虑部件相关性的海上风电机组预防性维护策略 [J]. 电网技术, 2019, 43 (11): 4057-4063.

[14] 郭一帆, 唐家银. 伴有衰减型随机冲击的竞争失效可靠性综合评估模型 [J]. 湖北大学学报

（自然科学版），2021，43（01）：6-15.

[15] 李京峰，陈云翔，项华春，等 . 考虑随机冲击影响的多部件系统视情维修与备件库存联合优化 [J]. 系统工程与电子技术，2022，44（03）：875-883.

[16] Pi S Q, Liu Y, Chen H Y, et al. Probability of loss of assured safety in systems with weak and strong links subject to dependent failures and random shocks [J]. Reliability Engineering & System Safety, 2021, 209：107483.

[17] 王嘉，张云安，韩旭 . 基于互依关系的退化与随机冲击建模研究 [J]. 机械工程学报，2021，57（02）：230-238.

[18] Zhao X, Chai X F, Sun J L, et al. Optimal bivariate mission abort policy for systems operate in random shock environment [J]. Reliability Engineering and System Safety, 2021, 205：107244.

[19] Mahmood S, Maxim F, Chris T B. An opportunistic condition-based maintenance policy for offshore wind turbine blades subjected to degradation and environmental shocks [J]. Reliability Engineering & System Safety, 2015, 142（01）：463-471.

[20] 成国庆，李玲 . 串联系统的 δ-冲击模型及其维修策略优化 [J]. 计算机集成制造系统，2020，26（09）：2422-2428.

[21] Poursaeed M H. Reliability analysis of an extended shock model [J]. Proceedings of the Institution of Mechanical Engineers, Part O: Journal of Risk and Reliability, 2021, 235（5）：845-852.

[22] 张斌，费文龙，杨洲木 . 基于随机冲击的视情维修和预防维修决策 [J]. 数理统计与管理，2020，39（04）：644-653.

[23] Zhang Y J. An optimal preventive maintenance policy for a two-stage competing-risk system with hidden failures [J]. Computers & Industrial Engineering, 2021, 154：107135.

[24] Noortwijk J M V. A survey of the application of gamma processes in maintenance [J]. Reliability Engineering and System Safety, 2007, 94（01）：2-21.

[25] 陶红玉，周炳海 . 基于随机过程的风力机状态维护建模 [J]. 计算机集成制造系统，2014，20（06）：1416-1423.

[26] Sun Y, Ma L, Mathew J. Failure analysis of engineering systems with preventive maintenance and failure interactions [J]. Computers & Industrial Engineering, 2009, 57（2）：539-549.

[27] Sun F, Li H, Cheng Y, et al. Reliability analysis for a system experiencing dependent degradation processes and random shocks based on a nonlinear Wiener process model [J]. Reliability Engineering & System Safety, 2021, 215：107906.

第 11 章

高铁系统故障预测与
远程运维技术

11.1 概述

随着铁路系统的不断发展与运营里程的不断增加，我国的经济发展与民生水平对铁路系统的依赖程度越来越高。改革开放以来，我国国内经济生产总值快速增长、人民幸福指数不断提高。随着铁路系统的不断发展与完善，在没有恶劣天气影响下，国内列车晚点数量少、准点率高和服务水平好等优点，让越来越多的人在出行时选择列车作为出行工具[1]。新冠疫情初期，铁路系统为我国湖北省运输了大量的防疫物资，及时地补充了所需的食物与医疗物品。近年来，为了满足人们日益增长的物质需求与精神需求，列车的客运与货运都面临着日益严格的要求与更高的挑战[2]。

列车给人们的出行带来便利的同时，列车上的复杂设备在高强度运行的情况下，也会随着工作时间的增加而发生设备性能上的老化或故障。列车在运行中出现随机的意外故障，有可能导致重大的安全事故[3]。1998 年，柏林的一列高速列车的设备出现故障，导致车轮错位，造成了 101 位旅客丧生，88 人受伤；2000 年 6 月，由比利时布鲁塞尔开往荷兰的列车由于铁路路轨不平而出现脱轨事故，造成 14 人受轻伤。再看国内，由机械故障、恶劣天气等因素造成的列车延误、暂停运行等情况也偶有发生。通过分析以上列车事故的前因后果，可以总结为由两种原因导致：一是高速列车的关键设备或者部件由于长时间的运行而发生老化或故障；二是列车设备长时间暴露在恶劣的环境下。从事故造成的损失上来分析，列车的主要组成部件发生随机故障时，所造成的事故后果更加严重。但是，如果我们不断分析和重视这些严重事故，并从危险发生之前就进行主动预防，就可以在很大程度上提高事故风险的防控水平。

　　首先，本章讲述基于 Wiener 过程的带有随机性的系统性能的退化建模方法，阐述了基于性能退化的预测原理与框架，并对退化过程的建模、参数提取以及剩余寿命估计进行详细论述。在传统的 Wiener 过程中引入随机失效阈值和非线性的问题，能够解决直接预测所产生的很大误差和不确定性的问题。模型中还引入初始参数来描述该类型设备的退化数据，并添加随机参数和在线参数来提高设备的剩余寿命预测精度，建立非线性考虑随机失效阈值的剩余寿命预测模型。此外，基于制动机的实际运行状况对制动机剩余寿命进行预测，并通过另外两种方法的对比验证了本章运维模型的有效性。

　　其次，建立了基于剩余寿命的非等周期预防性维修间隔，模型中通过构建改善因子来描述和衡量运维活动对性能改善的效果。利用上述模型对制动机组成部件预防性维修成本进行分析，维修成本中包括故障维修费用、预防性维修费用和停机成本等。在单部件的基础上，引入系统可用度的概念，建立多部件多目标系统可用度最大化、维修成本最小化的模型。应用案例分析中，运用遗传算法输入单部件的最佳阈值进行寻优，求得设备总的最佳可用度和维修成本，同时对添加改善因子是否影响维修成本进行了分析，来说明提出的运维模型的有效性。

11.2　基于性能退化的列车制动机故障预测

　　近年来，由于生产质量的提高，设备可靠性高且寿命长的特点导致在常应力下甚至在加速寿命试验中以及数据出现断层时对于产品都难以观测到失效状态。基于这种背景，常规的可靠性分析实验难有成效，以性能退化的建模思想为基础的可靠性分析实验则为此提供了新的研究思路[7]。性能可靠度的特征量一般选取一些易测量且与设备可靠性密切相关的变量，从设备性能退化的角度分析其失效情况。其之所以具有随机性，是因为性能退化量易受使用环境等因素的影响而随时间变化，因此合理的性能退化随机过程模型对预测设备的剩余寿命而言至关重要。制动机的性能状态预测过程如图 11.1 所示。

　　部分国家在列车上安装实时数据检测系统，并搭配基于实时数据的故障分析软件，以此开展对列车监测的相关研究[8]。例如：为检测列车实时的 U/I 数据，在电源部分安装 U/I 传感器；为了监测列车上轴承的温度变化，在列

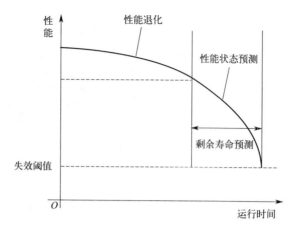

图 11.1 制动机性能退化预测过程

车转向架的轴承上安装了温度传感器；为监测车厢内部温度，在车厢内安装了温度传感器。所有传感器都将采集的数据传输至基于实时数据的故障分析系统并保存，从而为列车的安全运行提供有力的保障。

由于设备构造的复杂性，制动机由多个部件组成，收集到的设备数据数量大，在描述退化模型时容易造成混乱，设备不同参数之间的关系呈非线性，且由于制动机的工作环境不同，自身的退化也包含不确定的特点，不能准确地计算出设备的退化过程。因此本节将数据类型分成历史数据、故障数据和运行数据，将数据分类应用到不同的模型进行参数估计，从而获得具体的模型参数值，将这些参数代入到剩余寿命模型中，从而得到设备的当前状态和剩余寿命。本节具体计算过程如图 11.2 所示。

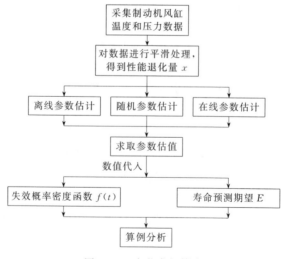

图 11.2 本节求解算法

11.2.1　考虑随机失效的制动机性能退化

在对非平稳且独立的增量性能退化过程建模中，Wiener 过程主要运用于非单调退化过程[9]。在制动机运行过程中，随着运行时间的增长，制动机的性能久而久之也在不断地退化。随着监测技术的发展，现今已有的监测技术已经能够采集到具有丰富失效机理的数据信息，为建立制动机性能退化过程提供了数据支撑。设备的性能退化过程呈现连续随机且具有跳跃形式变化的散随机发生特点，假设制动机在时刻 t 到 Δt 中的性能退化是由若干个互相独立且随机的微小性能损失量积累而成，且 Δt 服从正态分布。则制动机可以采用 Wiener 过程进行建模。如果一个随机过程 $\{Y(t)\,|\,t\geqslant 0\}$ 满足以下三条性质，则称 $\{Y(t), t\geqslant 0\}$ 是 Wiener 过程。

a. 当 t 为 0 的时候，$Y(0)=0$；

b. $Y(t)$ 为平稳独立增量过程；

c. 对任意 $t\geqslant 0$ 和 Δt，都有 $\Delta Y=Y(t+\Delta t)-Y(t)$，$\Delta Y\sim N(0,\Delta t)$。

其中 $N(0,\Delta t)$ 是均值为 0，方差为 Δt 的 Weibull 分布。由于 ΔY 服从 Weibull 分布，因而增量可以取任意值，因此该过程既可以描述线性退化设备的衰退过程，也可以描述非线性退化设备的衰退过程。基于 Wiener 过程建立的性能退化模型应用广泛，其制动机的性能退化模型可以表示为：

$$\begin{cases} Y(t)=x(t)+s(t) \\ s(t)=\mu t f(t)+\sigma B(t) \end{cases} \tag{11-1}$$

式中，$Y(t)$ 为制动机在 t 时刻的质量流量的退化量测量值；$x(t)$ 为设备初始退化量；μ 为随机漂移系数；σ 为扩散系数；$B(t)$ 为标准的布朗运动过程函数。设 L 为制动机的剩余寿命，v 为制动机的失效阈值。由于退化数据常常具有非线性和非平稳的特点，所以 μ 和 σ 两参数是对同种类型设备不同个体退化差异的数值表现。设备使用过程中其退化速率可能随着时间的变化而发生变化，进而导致寿命预测中性能退化系数 μ 也发生变化。其中给定设备的失效阈值 v，设备的寿命 T 为性能退化量 $Y(t)$ 首次达到失效阈值 v 的时间，则

$$T=\inf\{t:x(L)\geqslant v, x(0)<v\} \tag{11-2}$$

失效概率函数 $f(t)$ 具体定义如下：

$$f(t)=\frac{\mu}{\sqrt{2\pi\sigma^3 t^3}}e^{-(\mu-\sigma t)^2/(2\sigma^2 t)} \tag{11-3}$$

设 i 为退化试验样本序号，$i=1,2,\cdots,n$。进而联立式(11-1)中方程组可得到如下性能退化模型：

$$Y(t)=x(t)+f(t)\mu t+\sigma B(t) \tag{11-4}$$

11.2.2 基于改进贝叶斯算法的参数估计

11.2.2.1 初始参数估计

基于贝叶斯(Bayesian)理论的滤波算法和极大似然算法都是解决模型参数估计问题的有效手段[10]，该算法在复杂设备剩余寿命预测（包括风力发电机剩余寿命预测和离子电池剩余寿命预测等实际工作）中得到了验证。

对设备进行剩余寿命预测之前，首先需要利用同类设备历史运行数据及故障信息估计出模型的初始参数，初始参数的作用是可以反映出同类设备的大体退化特征。历史数据可以来源于同类设备在投入使用前的失效数据、退化数据以及专家的历史经验。假定有 i 个设备用来进行性能衰退测试试验，$Y_i(t_{1,i}), Y_i(t_{2,i}), \cdots, Y_i(t_{m,i})$ 表示第 i 个设备在 $t_{1,i}, t_{2,i}, \cdots, t_{m,i}$ 时刻对应的 m 条历史性能退化监测数据。若令 $\Delta Y_i(t_{m,i}) = Y_i(t_{m,i}) - Y_i(t_{m-1,i})$，则 $\Delta Y_i = [\Delta Y_i(t_{1,i}), \Delta Y_i(t_{2,i}), \cdots, \Delta Y_i(t_{m,i})]^T$。一条历史性能退化监测数据的第 j 项为：

$$Y_j = \begin{cases} \bar{x}, & j=0 \\ \bar{x} + (\sqrt{(m+\gamma) p_x}), & j=1,2,\cdots,n \end{cases} \tag{11-5}$$

式(11-5)中，$\bar{x}$ 为初始退化量；p_x 为先验概率；γ 为尺度参数。对采样所得的初始参数 σ 点集进行比例修正，即对各个 σ 点的权值修正，得到新 σ 点集 $\{x_j\}$，用来近似 $y=f(x)$，即 $x_j = f(x_j)$，$j=0,1,\cdots,2m$。对 σ 点集 $\{x_j\}$ 进行加权计算，得到变换后均值 $\bar{Y}$ 和方差 P_y：

$$\begin{cases} \bar{Y} \approx \sum_{j=0}^{2m} W_j^\alpha Y_j \\ P_y \approx \sum_{j=0}^{2m} W_j^\beta (Y_j - \bar{Y})^T \end{cases} \tag{11-6}$$

式中，W_i^α、W_j^β 均为权重。则对应的 ΔY_i 的期望为：

$$E(\Delta Y_i) = \mu_\lambda \Delta Y_i \tag{11-7}$$

而 P_y 满足：

$$P_y = \begin{bmatrix} 1 & -1 & 0 & \cdots & 0 \\ -1 & 2 & -1 & \cdots & 0 \\ \vdots & -1 & 2 & \cdots & \vdots \\ 0 & \vdots & \vdots & & -1 \\ 0 & 0 & \cdots & -1 & 2 \end{bmatrix}_{m_j \times m_i} \tag{11-8}$$

令 $Y = [Y_i(t_{1,i}), Y_n(t_{2,i}), \cdots, Y(t_{m,i})]$，$Y$ 表示全部性能退化监测数据。Y 的对数似然函数可表示为：

$$
\ln L(\boldsymbol{Y}) = -\frac{\ln(2\pi)}{2}\sum_{i=1}^{N} m_i - \frac{1}{2}\ln\sigma_\lambda^2 \sum_{i=1}^{N} m_i
$$

$$
-\frac{1}{2\sigma_\lambda^2}\sum_{i=1}^{N}(\Delta \boldsymbol{Y}_i - \mu_\lambda \boldsymbol{T}_i)^{\mathrm{T}}\boldsymbol{\Sigma}_i^{-1}(\Delta \boldsymbol{Y}_i - \mu_\lambda \boldsymbol{T}_i) - \frac{1}{2}\sum_{i=1}^{N}\ln(|\boldsymbol{\Sigma}_i|) \quad (11\text{-}9)
$$

式中，$\boldsymbol{\Sigma}_i$ 为方差矩阵；m_i 为第 i 个设备的监测数据数；$\boldsymbol{T}_i$ 为第 i 个设备的监测时刻向量。

采用极大似然估计（maximum likelihood estimation，MLE）对式(11-9)中两个初始参数 μ_λ、σ_λ^2 进行估计，可得似然函数 $\ln(\boldsymbol{Y})$ 关于 μ_λ、σ_λ^2 的偏导数分别为：

$$
\frac{\partial \ln L(\boldsymbol{Y})}{\partial \mu_\lambda} = \frac{1}{\sigma_\lambda^2}\Big(\sum_{i=1}^{N}\boldsymbol{T}_i^{\mathrm{T}}\boldsymbol{\Sigma}_i^{-1}\Delta \boldsymbol{Y}_i - \mu_\lambda \sum_{i=1}^{N}\boldsymbol{T}_i^{\mathrm{T}}\boldsymbol{\Sigma}_i^{-1}\boldsymbol{T}_i\Big) \quad (11\text{-}10)
$$

$$
\frac{\partial \ln L(\boldsymbol{Y})}{\partial \sigma_\lambda^2} = -\frac{1}{2\sigma_\lambda^2}\sum_{i=1}^{N} m_i + \frac{1}{2(\sigma_\lambda^2)^2}\sum_{i=1}^{N}(\Delta \boldsymbol{Y}_i - \mu_\lambda \boldsymbol{T}_i)^{\mathrm{T}}\boldsymbol{\Sigma}_i^{-1}(\Delta \boldsymbol{Y}_i - \mu_\lambda \boldsymbol{T}_i)
$$

$$
(11\text{-}11)
$$

令式(11-10)、式(11-11)偏导数等于 0，可得初始参数 μ_λ、σ_λ^2 的估计值为：

$$
\begin{cases}
\mu_\lambda = \dfrac{\displaystyle\sum_{i=1}^{N}\boldsymbol{T}_i^{\mathrm{T}}\boldsymbol{\Sigma}_i^{-1}\Delta \boldsymbol{Y}_i}{\displaystyle\sum_{i=1}^{N}\boldsymbol{T}_i^{\mathrm{T}}\boldsymbol{\Sigma}_i^{-1}\Delta \boldsymbol{T}_i} \\[4mm]
\sigma_\lambda^2 = \dfrac{\displaystyle\sum_{i=1}^{N}(\Delta \boldsymbol{Y}_i - \mu_\lambda \boldsymbol{T}_i)^{\mathrm{T}}\boldsymbol{\Sigma}_i^{-1}(\Delta \boldsymbol{Y}_i - \mu_\lambda \boldsymbol{T}_i)}{\displaystyle\sum_{i=1}^{N} m_i}
\end{cases}
\quad (11\text{-}12)
$$

11.2.2.2　随机效应参数估计

初始参数不能准确地描述设备的退化特征，由许多设备所组成的一整个工作过程需要在退化模型初始参数的基础上，考虑该设备退化数据在线更新模型参数中随机效应部分，让模型与实际设备的真实退化性能参数更加接近，从而提高剩余寿命预测精度。利用制动机的历史数据推算剩余寿命分布中的随机参数，其预测结果与传统仅考虑部件随时间线性退化相比更精确可靠。引入随机参数也为未来在不确定环境影响下的制动机运行提供新的研究思路。基于贝叶斯理论，提出随机参数干预下的寿命预测方法，基于以下考虑：①不同车次的制动机可能受到的干扰不同，如组成部件中可能有个别瑕疵件；②随机参数模型在计算中服从同一概率分布。

假设每次质量流量下降的截距 a 和斜率 b 为随机效应参数特征量，设 $Y(t_1,i),Y(t_2,i),\cdots,Y(t_k,i)$ 表示第 i 个设备在 $t_1,t_2,\cdots,t_k$ 时刻对应的 k 条历史性能退化监测数据，$x_{i,k}$ 表示第 i 个设备在 t_k 时刻设备性能参数或者健康参数的监测值。对于第 i 个设备，在离散时间监测点 t_k 时刻的性能参数可以表示为：

$$x_{i,k} = \exp\left(t_k + B(t_k) - \frac{\omega_i^2}{2} t_k\right) \tag{11-13}$$

由于个体之间存在差异，并且在运行过程中环境和载荷往往不同，因而会出现不同的退化轨迹，将 μ_i^* 和 σ_i^* 作为随机参数，用以描述设备在不同个体之间的差异。以 γ_i 为形状参数，ω_i 为尺度参数，$B(t_k)$ 表示标准布朗运动。为了描述和处理方便，通常可以对指数类模型进行对数变化，将 t_k 时刻取对数后的性能参数表示为：

$$L_{i,k} = \ln(x_{i,k} - f(v)) = \ln\gamma_i^* + \left[\omega_i - \frac{(\sigma_i^*)^2}{2}\right] t_k + \sigma_i^* B(t_k) \tag{11-14}$$

令 $L_{i,tk} = \{L_{i,1}, L_{i,2}, \cdots, L_{i,k}\}$，在给定观测值 $L_{i,tk}$ 的情况下，根据贝叶斯原理，随机参数 μ_i^* 和 σ_i^* 的后验分布满足以下关系：

$$f(\sigma_i, \mu^* | L_{i,tk}) \propto f(L_{i,tk} | \sigma_i) f(\sigma_i, \mu^*) \tag{11-15}$$

假设已经获得了 $t_1, t_2, \cdots, t_k$ 时刻运行数据的观测值 $L_{i,1}, L_{i,2}, \cdots, L_{i,k}$，或者退化信号的增量值 $L_{i,k} - L_{i,k-1}$，假设观测数据的增量相互独立且满足高斯分布，则随机参数 μ_i^* 和 σ_i^* 观测数据的联合分布可以表示为：

$$f(L_{i,tk} | \gamma_i) = \frac{1}{\displaystyle\prod_{j=1}^{k} \sqrt{2\pi\sigma^2(Y_j - Y_{j-1})}}$$
$$\times \exp\left(-\left\{\frac{(L_{i,k} - \sigma - \omega_i Y_1)^2}{2\sigma^2 Y_1} + \sum_{j=2}^{k} \frac{[L_{i,k} - L_{i,j-1} - \omega_i(Y_j - Y_{j-1})]^2}{2\sigma^2(Y_j - Y_{j-1})}\right\}\right) \tag{11-16}$$

由于随机参数 μ_i^* 和 σ_i^* 为高斯分布，其联合失效概率密度函数 $f(\mu_i^*, \sigma_i^*)$ 可以表示为：

$$f(\mu_i^*, \sigma_i^*) = \frac{1}{2\pi\sigma_0\sigma_1} \exp\left\{-\left[\frac{(\mu_i^* - \mu_0)^2}{\sigma_0^2}\right] + \frac{(\sigma_i^* - \mu_1)^2}{\sigma_1^2}\right\} \tag{11-17}$$

将式(11-15)、式(11-16)代入式(11-17)可得：

$$f(\mu_i, \sigma_i | L_{i,l,k}) \propto f(L_{i,l,k} | \mu_i, \sigma_i) f(\mu_i, \sigma_i)$$
$$\propto \exp\left[\frac{(L_{i,1} - \mu_i - \sigma_i t_1)^2}{2\sigma^2 t_1} - \sum_{j=2}^{k} \frac{L_{i,j} - L_{i,j-1} - \sigma_i^*(t_j - t_{j-1})^2}{2\sigma^2(t_j - t_{j-1})}\right]$$
$$\times \exp\left[-\frac{1}{2\sigma_0^2}(\sigma_i - \mu_0)^2\right] \times \exp\left[-\frac{1}{2\sigma_1^2}(\sigma_i - \mu_i)^2\right]$$

$$\propto \frac{1}{2\pi\sigma_{\gamma_i,k}\sigma_{\sigma_i,k}\sqrt{1-L_k^2}}\exp\left\{-\frac{1}{2(1-\mu_i^*)}\left[\frac{(\gamma_i-\mu_{\theta_1,k})^2}{\sigma_{i,k}^2}\right]-2\frac{(\gamma_i-\mu_{\gamma_i,k})(\sigma_i-\mu_\omega)}{\sigma_{\gamma_i,k}^2\sigma_{\omega_i,k}^2}+\frac{(\sigma_i-\mu_{\omega_1,k})^2}{\sigma_{\omega_1,k}^2}\right\}$$

$$(11\text{-}18)$$

得知在给定观测数据 $L_{i,1},L_{i,2},\cdots,L_{i,k}$ 的条件下，利用极大似然算法求解随机参数可以表示为：

$$\begin{cases} \mu_\lambda^{\#} = \dfrac{\mu_\lambda\sigma^2\displaystyle\sum_{i=1}^{n}\dfrac{(Y_i-Y_{i-1})-Y(T_i-T_{i-1})}{2\sigma_\lambda^2(Y_i-Y_{i-1})}}{T_i\sigma_\lambda^*+\sigma^2} \\[6mm] \sigma_\lambda^{\#} = \dfrac{\sigma^2\sigma_\lambda^*}{T_i\sigma_\lambda\displaystyle\sum_{i=1}^{n}\dfrac{(Y_i-Y_{i-1})^2}{2\sigma_\lambda^2(T_i-T_{i-1})}+\sigma^2} \end{cases} \qquad (11\text{-}19)$$

11.2.2.3　在线参数估计

当我们利用制动机主风缸和副风缸的压力值和温度得出的质量流量对制动机进行寿命预测时，制动机依然处于运行的状态，新的数据依然被传感器所接收并记录。设备使用者在使用设备的过程中，对于设备的剩余正常工作时长有着较高的关注，即设备剩余寿命预测。设备的使用历史和在工作期间产生的实时退化数据对于设备剩余寿命的预测具有重要的支撑作用。而设备使用数据随着使用时间的增长实时增加，将新增数据更新到现有模型中并对模型进行动态调整，则会大大提高实时剩余寿命预测精度。

假设制动机在实际运行过程中，在 $t_1,t_2,\cdots,t_k$ 时刻对应的两个关键性能数值测量值分别温度为 $x_{1:k}=\{x_1,x_2,\cdots,x_k\}$ 和压力值 $y_{1:k}=\{y_1,y_2,\cdots,y_k\}$。模型中测量值 X 和 Y 每次都是在相同时间下测量的，且测量时间等间隔，即 $t_h-t_{h-1}=\Delta t$，其中 $h=1,2,\cdots,k$，并令 $\Delta t=1$ 代表一个单位时间。利用现场数据监测的温度 $x_{1:k}=\{x_1,x_2,\cdots,x_k\}$ 和压力值 $y_{1:k}=\{y_1,y_2,\cdots,y_k\}$ 去推导在线参数 μ^* 和 σ^*，求在线退化过程在时刻 t_k 的后验分布。在贝叶斯理论框架下，在线效应参数 μ^* 和 σ^* 的后验分布 $p(\mu^*,\sigma^*|x_{1:k},y_{1:k})$ 可以表示如下：

$$p(\mu^*,\sigma^*|X_{1:k},y_{1:k})\propto p(X_{1:k},y_{1:k}|\mu^*,\sigma^*)p(\mu^*,\sigma^*) \qquad (11\text{-}20)$$

式中，$p(\mu^*,\sigma^*)$ 为在线效应参数的先验概率，即两个独立的正态分布。

$$p(\mu^*,\sigma^*|X_{1:k},y_{1:k})$$
$$\propto p(X_{1:k},y_{1:k}|\mu^*,\sigma^*)p(\mu^*,\sigma^*)$$
$$\propto \exp\left\{-\frac{1}{2[1-(\mu^*)^2]}\sum_{k=1}^{k}\left[\frac{(\Delta x_k-\mu^*)^2}{\sigma^2}-2\frac{(\Delta x_k-\mu^*)(\Delta y_k-\mu^*)}{\sigma^*\mu}+\frac{(\Delta y_k-\mu^*)^2}{\sigma^2}\right]\right\}$$

$$\times \exp\left(-\frac{\Delta x_k - \mu^*}{2\sigma^2}\right) \times \exp\left(-\frac{\Delta y_k - \mu^*}{2\sigma^2}\right) \tag{11-21}$$

给定参数 μ^*、σ^*，θ 下现场退化数据 $\{X_{1:k}, y_{1:k}\}$ 的完全似然函数为：

$$p(X_{1:k}, Y_{1:k} \mid \mu^*, \sigma^*)$$

$$= \prod_{n=1}^{k}\left\{\frac{1}{2\pi\mu^*\sigma^*\sqrt{1-\sigma^2}}\right.$$

$$\left.\times \exp\left[\frac{(\Delta x_n - \mu^*)^2}{\sigma^2} - 2\frac{(\Delta x_n - \mu^*)(\Delta y_n - \mu^*)}{\theta\mu} + \frac{(\Delta y_n - \mu^*)}{\sigma^2}\right]\right\} \tag{11-22}$$

μ_λ^* 和 σ_λ^* 的表达式为：

$$\frac{\partial \ln L}{\partial \mu_\lambda^*} = -\frac{\ln(2\pi)}{2}\sum_{k=1}^{n}(\Delta x_k - \mu^*) - \frac{1}{2}\sum_{k=1}^{n}\ln(|\Delta y_k - \sigma^*|)$$

$$-\frac{1}{2}\sum_{k=1}^{n}(\Delta x_k - \mu^*)(\Delta y_k - \sigma^*) \tag{11-23}$$

$$\frac{\partial \ln L}{\partial \sigma_\lambda^*} = -\frac{\ln(2\pi)}{2}\sum_{k=1}^{n}(\Delta y_k - \mu^*) - \frac{1}{2}\sum_{k=1}^{n}\ln(|\Delta x_k - \sigma^*|)$$

$$-\frac{1}{2}\sum_{k=1}^{n}(\Delta y_k - \mu^*)(\Delta x_k - \sigma^*) \tag{11-24}$$

令式(11-23)、式(11-24)求偏导数等于 0，可得 μ_λ^* 和 σ_λ^* 的估计值为：

$$\begin{cases} \mu_\lambda^* = \pi\dfrac{\sum_{k=1}^{n}(\Delta x_k - \mu^*)}{\sum_{k=1}^{n}\ln(|\Delta y_h - \sigma^*|)} - \dfrac{1}{2}\sum_{k=1}^{n}(\Delta x_k - \mu^*)(\Delta y_k - \sigma^*) \\[4mm] \mu_\lambda^* = -\pi\dfrac{\sum_{k=1}^{n}(\Delta y_k - \mu^*)}{\sum_{k=1}^{n}\ln(|\Delta x_k - \sigma^*|)} - \dfrac{1}{2}\sum_{k=1}^{n}(\Delta y_k - \mu^*)(\Delta x_k - \sigma^*) \end{cases}$$

$$\tag{11-25}$$

11.2.3 制动机剩余寿命预测

为预测制动机的剩余寿命，需要建立制动机的剩余寿命预测模型，见图 11.3。本节的状态监测量是通过监测主风缸与副风缸中的温度和压力值，计算得出通过风口的质量流量，并经分析得出的。对于制动机来说，故障阈值 v 的设定是来自质量流量的值小于正常运行的最低值就定义为故障。当性能退化量 $x(t)$ 首次到达故障阈值 v 时，制动机即不能正常运行，过程可以用式(11-26) 表示：

$$T = \inf\{t: x_t \geq v \mid x_p \leq v, 0 \leq p \leq t\} \tag{11-26}$$

因为制动机的非单调退化过程服从 Wiener 过程，所以制动机第一次故障服从参数 σ 和 μ 的逆高斯分布，则制动机在第一次达到故障阈值 v 时，制动机的失效概率密度函数可以表示为：

$$f(t) = \frac{\xi - x(t)}{\sqrt{2\pi[\mu_\lambda^2 f(t) + \sigma_\lambda \lambda(t)]\Pi\lambda(t)}} \exp\left\{-\frac{[\xi - X(t_k) - \lambda(t)]^2}{2[\lambda(t) + \lambda(t)]}\right\}$$

（11-27）

将随机参数和在线参数代入式(11-27)中可以得到制动机的失效概率密度函数：

$$f(t) = \frac{\xi - x(t)}{\sqrt{2\pi[\mu_\lambda^2 f(t) + \sigma_\lambda \lambda(t)]\Pi\lambda(t)}} \exp\left\{-\frac{[\xi - X(t_k) - \mu_\lambda^* \lambda(t)]^2}{2[\mu_\lambda^\# \lambda(t) + \sigma_\lambda^\# \lambda(t)]}\right\} \sigma_\lambda^*$$

（11-28）

其剩余寿命可以用 T_{RUL} 表示：

$$T_{\text{RUL}} = T_{\text{L}} - t$$

（11-29）

式中，T_{L} 表示制动机首次到达故障阈值的时间；t 表示制动机当前运行时间。

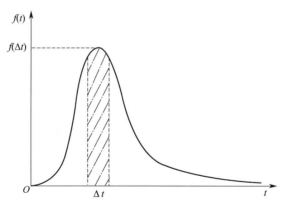

图 11.3　剩余寿命与失效概率关系

因为制动机的失效概率密度函数 $f(t)$ 服从 Weibull 分布，图 11.3 中阴影部分是指在 Δt 内进行积分可以得到 t 时刻达到故障阈值 v 的概率，所以当 $f(\Delta t)$ 最大时，表明制动机在该点达到故障阈值 v 的概率最大。本节将达到最大概率密度 $f_{\max}(\Delta t)$ 时对应的 Δt 作为制动机的寿命上限，即：

$$T_{\text{L}} = \{\Delta t \mid f(\Delta t) \geqslant f(t)\}$$

（11-30）

由制动机的退化模型可以看出，失效概率密度函数 $f(t)$、漂移系数 μ 和扩散系数 σ 都与寿命周期内的退化量有关，本节采用数理统计的方法确定样本周期内的数据量。样本数据的部分采集点无法与制动机的整个运行周期相比较，但是每个样本周期内的制动机的退化量的增量 φ 都可以看作一个独立的随机过程，满足以下条件：

$$\begin{cases} E(\varphi)=\mu_\varphi \\ D(\varphi)=\sigma_\varphi^2 \end{cases} \qquad (11\text{-}31)$$

式中，$E(\varphi)$ 为期望；$D(\varphi)$ 为方差；μ_φ 为性能退化量增量的期望；σ_φ^2 为标准差。由于每台制动机都是在不同的环境下运行的，所以其退化速率也各不相同，即在最开始监测时初始参数、随机参数和在线参数都会有些差异。因此，为了描述预测结果的差异程度，采用相对误差来进行描述。α 为数据偏离值范围，一般取 0.05，若预测结果在真实值的 95% 置信区间内，即视作本次预测结果满足要求。

11.2.4 算例分析

11.2.4.1 制动机退化过程描述

本节研究所用数据来源于由上海南翔到南京的 KPD 系列货运列车运行数据，数据采集系统基于 Labview 虚拟仪器平台建立，如图 11.4 所示，通过状态监测技术采集同类型设备自身性能参数和同批次的历史使用寿命数据。本节提出的以质量流量为特征量的制动机的剩余寿命预测模型，可获得制动机实时的剩余寿命。

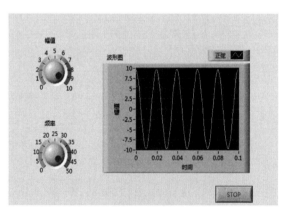

图 11.4　Labview 运行界面

在进行参数求解之前需要对数据进行采集，将运行时间和制动机主风缸和副风缸的压力变化以及主风缸中的温度变化数据作为模型的输入。气体在喷管中由分配阀向副风缸排风，气体由主风缸向副风缸流动，如图 11.5 所示。监测气体在通过收缩喷管时的质量流量，并将数据利用传感器处理后传达到仪表台，利用剩余寿命预测模型来分析出当前制动机的健康状态。由此，根据喷管中通过的气体的质量流量进行实时监测，来实现对其剩余寿命的准确预测。数据预处理界面见图 11.6。图 11.7、图 11.8 和图 11.9 所示为在线监测中的主风缸和副风缸中的压力变化和温度变化，一共在线监测了十组运行数据，选取其中一组列入本节中。气体在经过收缩时，假设主风缸的截面积为 C_1，温度为 T_1，压力为 F_1，风缸中空气通过速度为 s_1，空气密度为 ρ_1；副风缸的截面积为 C_2，温度为 T_2，压力为 F_2，空气密度为 ρ_2。

图 11.5　制动机风缸工作示意图

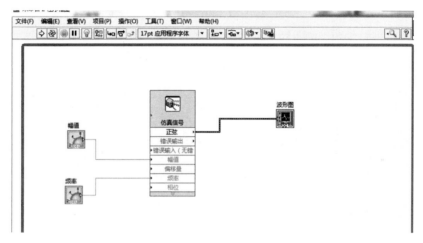

图 11.6　数据预处理界面

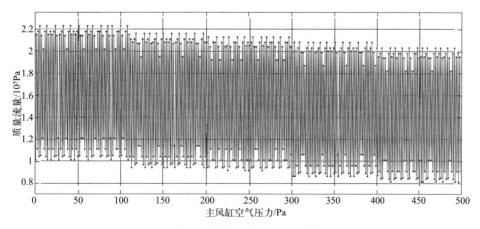

图 11.7　主风缸空气压力变化图

351

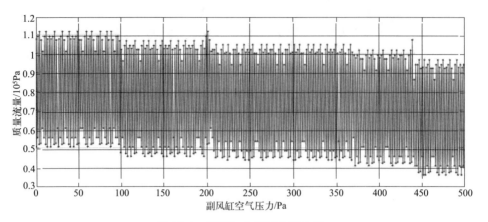

图 11.8　副风缸空气压力变化图

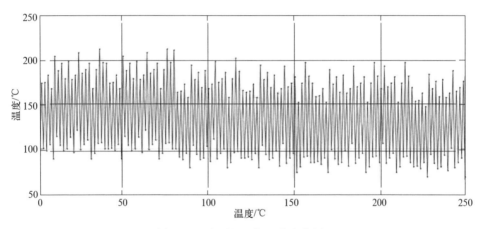

图 11.9　主风缸空气温度变化图

假设气体保持等熵流动，空气的绝热指数 $k = 1.4$，气体常数 $R = 287.13\mathrm{J/(kg \cdot m^3)}$，主风缸中的温度 T_1 如图 11.9 所示。主风缸中空气压力如图 11.7 所示，副风缸中的压力为标准大气压，等于 $1.013 \times 10^5\mathrm{Pa}$。主风缸 C_1 为 $56\mathrm{cm^2}$，副风缸 C_2 为 $42\mathrm{cm^2}$。可得：

$$\frac{k}{k-1} \times \frac{F_1}{\rho_1} = \frac{k}{k-1} \times \frac{F_2}{\rho_2} + \frac{s_1^2}{2} \tag{11-32}$$

$$s_1 = \sqrt{\frac{2k}{k-1}\left(\frac{F_1}{\rho_1} - \frac{F_2}{\rho_2}\right)} = \sqrt{\frac{2k}{k-1} \times \frac{F_1}{\rho_1}\left(1 - \frac{F_2}{F_1} \times \frac{\rho_1}{\rho_2}\right)} \tag{11-33}$$

又有 $\dfrac{F_2}{F_1} = \left(\dfrac{\rho_2}{\rho_1}\right)^k$，则对管口喷出流速 s_1 化简得到：

$$s_1 = \sqrt{\frac{2k}{k-1}RT_1\left[1-\left(\frac{F_2}{F_1}\right)^{\frac{k-1}{k}}\right]} \tag{11-34}$$

理想气体流经喷管出口时的质量流量为：

$$q = \rho_2 s_1 C_2 = \frac{\rho_2}{\rho_1}\rho_1 C_2\sqrt{\frac{2k}{k-1}RT_1\left[1-\left(\frac{F_2}{F_1}\right)^{\frac{k-1}{k}}\right]} \tag{11-35}$$

将变量等价替换得到：

$$q = \left(\frac{F_2}{F_1}\right)^{\frac{1}{k}}\frac{F_1}{RT_1}C_2\sqrt{\frac{2k}{k-1}RT_1\left[1-\left(\frac{F_2}{F_1}\right)^{\frac{k-1}{k}}\right]} \tag{11-36}$$

化简得：

$$q = F_1 C_2\sqrt{\frac{2k}{k-1}RT_1\left(1-\frac{F_2}{F_1}\right)^{\frac{k-1}{k}}} \tag{11-37}$$

11.2.4.2 数据预处理

对采集的数据进行简单的处理，如图 11.6 所示，利用 Labview 软件剔除不合理和失效的数据，减少对试验数据的影响，提高数据的可靠性。数据集包含 4 种传感器数据且传感器数据采集是连续的（$i=1,2,3,4$）。在数据集中，样本的制造变化程度各不相同且并不为用户所知，但这种磨损和制造差异被认为是在合理范围内的，不同的退化过程的差异都会使数据集具有一定的复杂性。

从实验数据中采集了十组制动机的退化数据，进行制动机的剩余寿命预测验证。该退化数据包含主风缸和副风缸增压时和降压时的空气质量流量、温度、空气压力变化等影响参数。从图 11.7 可以看出，正常工作阶段空气质量流量在增压时稳定在 $2.2\times10^5\,\text{Pa}$，降压时稳定在 $1\times10^5\,\text{Pa}$。随着制动机长时间使用，增压时与降压时通过管口的质量流量均缓慢降低。由于十组制动机的停机时间不同，为了求出主风缸和副风缸的失效阈值，对十组数据求触发停机的质量流量得均值，经过计算，主风缸增压时与减压时的压力失效阈值为 $1.92\times10^5\,\text{Pa}$ 与 $0.8\times10^5\,\text{Pa}$，副风缸增压与减压时的失效阈值为 $0.93\times10^5\,\text{Pa}$ 和 $0.35\times10^5\,\text{Pa}$。在退化过程中，主风缸的温度随着使用时间的变长也呈现不规则下降的趋势，在图 11.7 和图 11.8 中虽然样本的平均数数据没有明显的变化趋势，但是样本标准差数据却有了明显的变化趋势。

11.2.4.3 参数求解

通过剩余寿命预测模型，按照 11.2.4.1 节中的求解过程，将输入的压力和温度以及得到的质量流量数据进行计算和处理后，获得制动机质量流量趋势的时间序列，按照11.2.2节中的参数估计过程获得制动机的初始、随机以及在线参数。为了使得出的结果能够更加准确地模拟出制动机的剩余寿命，首先需要选取特征量来表述随时间变化的趋势。在制动机的退化过程中，制动机中每次由主风缸和副风缸经过的空气的质量流量随着时间延长呈下降趋势。因此，选取质量流量作为支撑制动机性能退化的特征信号，然后用十组制动机的质量流量来表述任意制动机的性能退化趋势。将图11.7～图11.9中的数据代入到11.2.4.1节算例分析的模型中，能够得出质量流量在下降到39.8kg/h时即失效，即可将质量流量的失效点定义为39.8kg/h。

通过提取制动机的质量流量特征值，假设制动机失效满足Wiener分布，得到图11.10所示的特征值随监测次数变化曲线图。可见，在制动机性能退化过程中，其变化轨迹具有非线性下降的趋势。

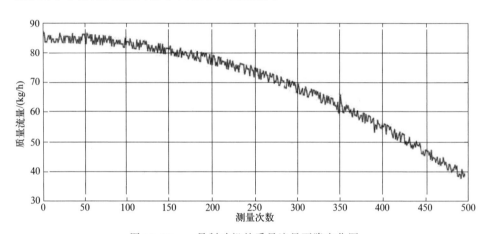

图11.10　一号制动机的质量流量下降变化图

在对十组制动机的寿命预测仿真实验中，下降趋势如图11.11所示，将图11.11中数据转化为表11.1，表11.1记录了设备的退化趋势。部分设备在第7次测量之后即失效，部分设备在第8次测量之后失效，表中数值表示已退化的量。可以看出十组制动机（♯1～♯10）的失效阈值存在不同，对应的失效阈值为0.81、0.75、0.78、0.79、0.79、0.77、0.76、0.82、0.77、0.75。由于制动机的失效阈值具有一定的随机性，因此阈值存在一定的区间。将失效阈值定义为[0.75，0.82]中的随机数，相较固定的失效阈值更为合理。

将历史寿命数据和自身退化数据代入到11.2.2.1节定义的模型中，由表11.1的十组制动机的退化数据，利用极大似然估计法（maximum likelihood estimate，MLE）求出式（11-12）、式（11-19）和式（11-25）的参数的估计值，参数结果如表11.2所示。

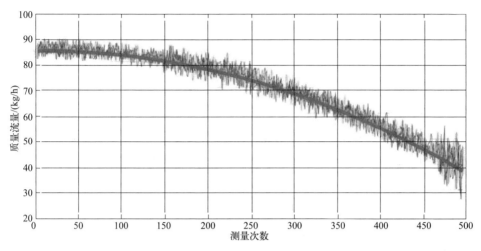

图 11.11　十组制动机设备质量流量下降变化图

表 11.1　设备退化数据

测试次数	退化程度									
	♯1	♯2	♯3	♯4	♯5	♯6	♯7	♯8	♯9	♯10
1	0.05	0.07	0.08	0.05	0.06	0.07	0.06	0.05	0.06	0.07
2	0.16	0.18	0.15	0.14	0.17	0.19	0.16	0.15	0.17	0.14
3	0.34	0.33	0.31	0.30	0.30	0.29	0.32	0.33	0.31	0.32
4	0.42	0.44	0.41	0.43	0.41	0.42	0.43	0.41	0.42	0.41
5	0.54	0.55	0.53	0.55	0.52	0.54	0.55	0.50	0.51	0.52
6	0.61	0.64	0.66	0.67	0.63	0.66	0.64	0.59	0.64	0.65
7	0.74	0.75	0.78	0.79	0.73	0.77	0.76	0.68	0.77	0.75
8	0.81	✕	✕	✕	0.79	✕	✕	0.82	✕	✕

表 11.2　参数估计结果

μ_λ	σ_λ^2	μ_λ^*	σ_λ^*	$\mu_\lambda^\#$	$\sigma_\lambda^\#$
5.63×10^{-4}	7.43×10^{-4}	3.94×10^{-2}	7.83×10^{-2}	6.94×10^{-1}	8.32×10^{-1}

11.2.4.4　对比分析

为便于对比分析，选取王兆强[11] 的仅进行参数在线估计方法为方法一（W_1），该方法相较于以往的在线预测算法而言精度更高，且应用在风机的剩余寿命中，与制动机类型相似。选择 Wang[12] 的利用回归方法建立指数形式的状态模型的方法为方法二（W_2），Wang 的寿命预测模型与制动机模型类似，该方法在 IEEE PHM 挑战赛上是最佳的剩余寿命预测方法之一。将本节改进之后的既考虑随机失效阈值，又呈非线性退化的模型作为方法三（W_3），参数结果见表 11.3。为证明本节提出的改进后的退化模型 W_3 相较 W_1 与 W_2

更接近真实退化过程，引入均方误差方法（mean-square error，MSE）作为优劣判定标准，MSE 通常用来检验模型的预测结果和真实结果之间的偏差。MSE 值越小，表示误差越小，则模型的拟合性越好；反之则拟合性越差。表达式如下：

$$\text{MSE} = \int_0^{+\infty} (L_\lambda - T + t_\lambda)^2 \mathrm{d}L_\lambda \tag{11-38}$$

表 11.3　参数结果

项目	W_1	W_2	W_3
μ	0.054	0.621	0.0563
σ_λ^2	0.033	0.045	0.0743
μ_λ^*	—	0.0388	0.0394
σ_λ^*	—	0.075	0.0783
$\mu_\lambda^\#$	0.0212	0.336	0.0694
$\sigma_\lambda^\#$	0.178	0.2450	0.0783

由图 11.12 可知，W_1、W_2 和 W_3 的 MSE 值在初始时相同，三种方法中测量次数随着运行时间的增加而变多；图中 W_3 的 MSE 值下降得更快，W_1 与 W_2 对应的 MSE 值明显小于 W_3 对应的 MSE 值，表明 W_3 相较于 W_1 和 W_2 的误差更小，更精确地描述了设备的实际退化过程。由图 11.13 可知，在随机选取设备使用 300h 时，W_1 与 W_2 的方差较大，失效概率分布较为集中，反映了这两种方法造成设备稳定性较差，在实际使用中导致设备的维修代价也会更大。其原因是 W_1 采用线性退化过程拟合数据，在某些过程中产生了拟合误差；而 W_2 在不考虑随机失效阈值时，将会过于理想地增大剩余寿命的估计，降低预测剩余寿命的精度。

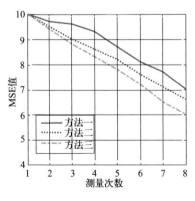

图 11.12　MSE 值变化图

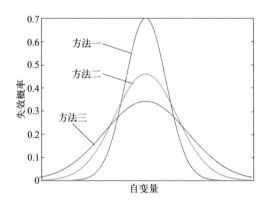

图 11.13　三种方法失效概率密度分布对比图

为了验证既考虑随机失效阈值又考虑非线性退化在制动机上的应用效果，

在此选取 #1、#2、#3 制动机做进一步深入分析。由表 11.4 可知，在任意时刻下 W_3 和 W_2 对应剩余寿命预测 95% 误差区间均可完全包含设备的真实剩余寿命，而 W_1 对应的剩余寿命误差区间有些无法完全包含设备的真实剩余寿命区间，且 W_3 对应的剩余寿命预测误差区间较 W_2 更窄，说明 W_3 预测结果更集中，预测精度更高。可见本节基于改进后的 Wiener 方法 W_3 相较于仅进行在线估计的方法 W_1 和利用回归方法建立指数形式的状态模型 W_2 具有更强的适用性和实用性。

表 11.4　结果比较

制动机编号	误差区间（W_1）	误差区间（W_2）	误差区间（W_3）	真实剩余寿命/h
1	[3045,2648]	[3145,2328]	[2948,2495]	2553
	[1485,1186]	[1845,1358]	[1645,1487]	1554
	[862,375]	[748,407]	[631,495]	542
2	[3584,2487]	[3181,2804]	[2977,2648]	2786
	[2565,1495]	[2086,1754]	[1917,1808]	1875
	[1184,754]	[1145,802]	[1087,856]	984
3	[2185,1756]	[2684,2078]	[2567,2189]	2387
	[1185,954]	[1635,1086]	[1435,1158]	1286
	[1094,418]	[876,591]	[765,618]	684

通过参数估计得到的失效概率密度函数及剩余寿命预测期望，将其代入递推公式 [式 (11-4)] 中，得到图 11.14 所示的剩余寿命图像。从图 11.14 可以看出，随着制动机工作时间的增长，制动机的性能不断下降，制动机退化数据量不断增多。图 11.14 中可见在满足 95% 置信区间情况下，三种方法的剩余寿命的曲线。W_3 中在第 7 次测量时剩余寿命还剩下 753.2h，制动机的真实剩余寿命为 999.8h，此时预测结果与真实结果相比十分接近，Weibull 分布 95% 的置信区间能够涵盖真实值，且相对于其他两种方法区间更窄。但是仅考虑非线性退化的 W_2 在第 6 次测量时剩余寿命就降为 0，仅考虑随机失效阈值的 W_1 在第 5 次测量时设备已经失效，与设备运行中的真实剩余寿命的曲线有很大的偏差，不能够真实地描述设备的运行状态。这表明，基于改进后的寿命预测模型得到的预测结果更接近真实剩余寿命，相比于另外两种方法有更精确的预测精度。

本节为解决制动机在运行中剩余寿命预测精度低的问题，提出了一种基于 Wiener 过程考虑随机失效阈值的非线性退化模型，结合制动机的实际运行过程数据，开展了对制动机剩余寿命预测的研究。其中，制动机的退化过程通过 Wiener 过程构建，利用改进贝叶斯方法对设备运行数据中的初始、在线参数进行分类估计，避免了数值计算量大的问题。模型中引入了随机参数，利用逆

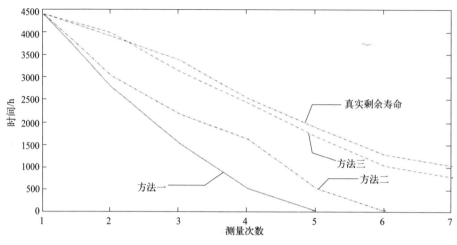

图 11.14　三种方法剩余寿命预测结果比较

高斯分布推导出设备的剩余寿命期望。在实例验证中，用制动机中的风缸来模拟设备的退化情况。针对模型中的参数，采用极大似然估计法实现了模型的参数估计，仿真实验的分析表明，本节提出的方法与仅进行参数在线估计的方法和利用回归方法建立指数形式的状态模型方法相比，能够更好地拟合制动机的性能退化过程。对制动机的剩余寿命进行预测也为接下来制定更合理的维修策略提供数据支撑。

11.3　基于可靠度的制动机远程运维技术

系统在运行过程中，受到环境干扰、监测数据部分缺失等因素影响；此外，由于设备系统过于复杂，退化过程分布函数难以估计，因此也就很难到在退化状态下准确的维修策略[15]。传统的方法是，在获取设备初始寿命分布的状况下，基于设备平均寿命制定维修策略，这样制定的维修策略容易导致"过度维修"或"维修不足"。因此，本节以列车的制动装置为研究对象，对制动机组成部件的预防性维修策略进行研究。首先，以制动系统里单个部件作为研究对象，在任意时刻根据计算得到的剩余寿命灵活地调整每次预防性维修之间的时间间隔；其次，依据成本最小化和可用度最大化理论，把系统单位周期内安全运行的成本最小化和可用度最大化作为决策目标，建立制动机总的维修优化模型，通过算例分析对模型进行验证来制定一个更为科学的维修策略，提高系统的经济性和可靠性。预防性与修补性的故障率函数变化如图 11.15 和图 11.16 所示。

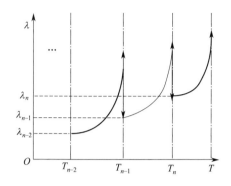

图 11.15　预防性维修故障率函数演化

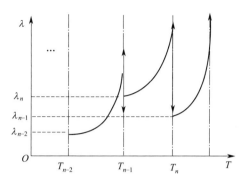

图 11.16　修补性维修故障率函数演化

11.3.1　模型假设与符号说明

11.3.1.1　模型假设

① 部件设备的初始状态为全新状态。

② 对制动机进行的预防性维护和故障性维修，都属于非完美状态下的维修。

③ 在维修周期内，制动机发生故障时采用修复非新的政策。即预防性维修或故障性维修后能使设备恢复正常运作，但不能改变故障率函数。

④ 系统储备维修资源充足，发现故障后当天晚上即可安排维修。

⑤ 假设车辆所需的保养工作放到夜间进行，不占用工作时间。

⑥ 设备在运行工作中的可靠性需高于设备最低的可靠度阈值。

⑦ 制动机所需维修技术人员及设备等维修资源相同，不考虑维修技术人员技术能力对维修工作进度的影响。

11.3.1.2　符号说明

符号说明见表 11.5。

表 11.5　符号说明

符号	符号定义
N_k	部件 k 进行的预防性维修次数，$k=0,1,2$
$\lambda_{k,n}$	部件 k 在第 n 次预防性维修后的故障率函数
$T_{k,n}$	部件 k 在第 n 次预防性维修后的维修间隔期
T_z	总的停机时间
$R_{k,\min}$	部件 k 可运行的最低可靠度
R_k	部件 k 运行的可靠度

符号	符号定义
μy_k	部件 k 采用预防性维修所需要的时间
μg_k	部件 k 采用更换维修所需要的时间
T	系统的总运行周期
Cn_k	部件 k 单次正常保养的成本
T_y	预防性维修的停机时间
Tg_k	故障维修停机时间
Cf_k	部件 k 单次故障维修的费用
Cx_k	部件 k 单次预防性维修的费用
Cr_k	部件 k 单次更换性维修的费用
C_h	每小时因故障或维修产生的停机成本
C	总维修成本
γ_k	部件 k 的形状参数
ω_k	部件 k 的尺度参数
λ	设备初始时的故障率函数
$\lambda_i(t)$	第 i 个预防性维修周期内 t 时刻系统的故障率

11.3.2 考虑剩余寿命的预防性维护间隔期优化

在已知可靠度函数 $R(t)$、失效概率函数 $f(t)$ 和剩余寿命分布函数 $F(t)$ 的条件下，可以通过优化策略建模的方式得出制动机的预防性维修时间间隔。当设备的可靠度即将降低到失效阈值 R_{min} 时，就进行一次预防性维修。可靠度表示为：

$$\exp\left[-\int_0^{T_{1j}} f_1(t)\mathrm{d}t\right] = \exp\left[-\int_0^{T_{2j}} f_2(t)\mathrm{d}t\right] = \cdots = \exp\left[-\int_0^{T_{ij}} f_i(t)\mathrm{d}t\right] = R_{min}$$

$$(11\text{-}39)$$

对式（11.39）求导，可得：

$$\int_0^{T_{1j}} f_1(t)\mathrm{d}t = \int_0^{T_{2j}} f_2(t)\mathrm{d}t = \cdots = \int_0^{T_{ij}} f_i(t)\mathrm{d}t = -\ln R_{min} \quad (11\text{-}40)$$

$\int_0^{T_{ij}} f_i(t)\mathrm{d}t$ 代表设备经历 i 个预防性维修间隔后的累积故障函数，由式（11-40）可知，在可靠度约束下，部件 k 在维修周期内每次出现故障的概率相同。联立式（11-40）和式（11-42）可得部件 k 每次预防性维修的最佳间隔期 T_{n_k}。

11.3.3 构建改善因子

设备的运行时间越长，其故障率越高，造成故障的概率也就越大。此时应该对设备执行预防性维修活动，如果未能及时地维修，设备在后续的运行过程中因为一个部件发生故障将造成整个系统频繁地发生各种故障。不完全预防性维修不仅降低了设备的故障率，提升了设备的性能，还延缓了设备的老化速度，使设备的寿命进一步得到延长。因此，模型可采用不完全预防性维修中的改善因子来描述及衡量维修活动对设备性能改善的效果。

一般而言，设备的预防性维修受到多种因素的干扰而产生不同的回复效果。本节构建的不完全预防性维修改善因子为一个随着运行距离变化的动态值，受到设备年龄、里程等因素的影响：

① 设备的年龄因素。制动机运行周期越长，里程越多，改善因子变得越来越低，直到降为 0。

② 不完全预防维修投入成本率。主要是不完全预防性维修成本 Cx 和更换成本 Cr，当 Cx＝Cr 时，成本系数 $x=1$，$\zeta_i=1$ 表示完全维修，即恢复到全新状态。

由此可以看出改善因子是一个变量，本节用 ζ_i 符号表示第 i 个维修周期内的改善因子，$0<\zeta_i<1$。改善因子 ζ_i 用式(11-41)表示：

$$\zeta_i = \left(x\,\frac{\mathrm{Cx}}{\mathrm{Cr}}\right)^y \tag{11-41}$$

式中，Cx 为单次不完全预防性维修成本；Cr 为单次更换成本，Cx≤Cr；x 为成本调节因子；y 为时间调节因子。因此可得 $0\leqslant(x\,\mathrm{Cx}/\mathrm{Cr})\leqslant1$。本节为了验证加入改善因子的作用，引入了对比分析。添加改善因子之后的故障率函数为：

$$f_{(i+1)k}(t)=\zeta_i f_i(t)\frac{f(t)}{R(t)}=\zeta_i f_i(t)\frac{m}{\eta}\left(\frac{t}{\eta}\right)^{m-1} \tag{11-42}$$

由于改善因子与时间和成本存在关联，因此在每次维修后对设备的寿命改善效果也不同，假设两次维修的间隔期为 h，则在维修前后设备的寿命变化分别为：

$$T_1=h \tag{11-43}$$
$$T_2=h-\zeta_i h \tag{11-44}$$

11.3.4　维修成本分析

本节以列车制动机的关键部件为研究对象，当前列车的维修策略还有较大的优化空间，结合当前列车实际维修策略进行优化。在使用的过程中，许多设备常常因为对维修性问题的考虑不周而大大增加了设备的维修费用。若设备中的部件发生"维修不足"的情况，虽然表面上看起来节省了维修成本，但是潜在地增加了部件发生随机故障的概率，若部件在运行过程中出现故障，反而增加了部件事后维修或故障导致的停机成本。若部件发生"过度维修"的情况，则同样地会增加由维修造成的停机成本。本节构建列车制动机多部件预防性维修模型的前提是保证制动机内部件能够在最低可靠度阈值上运行，在规定的运行周期内选取最佳的预防性维修次数和两次维修之间的时间间隔，使设备寿命周期内的总维修费用达到最低。

设备维修的总费用 C 一共包括四个方面：正常保养成本 Cn，预防性维修的费用 Cx，因故障耽误运行产生的停机成本 Cg，设备更换产生的费用 Cr。

11.3.4.1 维修费用模型

设 L 为预防性维修周期，则列车制动机的其中一个部件 k 运行到时间 t 需要进行预防性维修，当 L_k 需要预防性维修的时间小于第二天要跑的时间时，可在前一天或者当日运行结束后进行预防性维修，提前一天或最后到达预防性维修节点多跑的时间数记为 $t_{k_{rest}}$，进行预防性维修的可忽略不计。维修操作结束后继续工作，但在正常运行时间内发生突发性故障，则在下一站停靠时或一天的运行结束后进行故障性维修。若采取故障性维修，对运行的时间继续累积计算直到运行时间达到 T_n 进行预防性维修。若采取设备更换，已经运行的时间记录归零，重新计算到 T_n 时间再进行预防性维修。

11.3.4.2 预防性维修费用的确定

制动机总的预防性维修成本包括单个部件 k 的预防性维修成本 Cx_k 乘以预防性维修的次数 N_k 再相加。因为预防性维修放在晚上或者设备不运行的时候，所以不会产生停机成本。

$$N_k = \sum_{i=1}^n \int_0^L \lambda(t)[F(t)+R(t)]dt \tag{11-45}$$

$$Cx = \sum_{k=1}^K N_k Cx_k = Cx_k \sum_{i=1}^n \int_0^T \lambda(t)[F(t)+R(t)]dt \tag{11-46}$$

11.3.4.3 故障性维修费用的确定

① 仅发生故障性维修而未发生更换的情况下的故障维修次数：

$$N_{k1} = \sum_{i=1}^n \int_0^T F(t)dt \int_0^T \lambda_{ki}(t)R(t)dt \tag{11-47}$$

仅发生故障但是未产生停机成本的费用为：

$$Cg_1 = N_{k1} Cf_k = Cf_k \sum_{i=1}^n \int_0^T F(t)dt \int_0^t \lambda_{ki}(t)R(t)dt \tag{11-48}$$

② 因故障而发生更换的情况下，假设故障更换是在晚上进行，不考虑时间成本：

$$N_{k2} = \sum_{i=1}^{N_k} \int_0^T \frac{F(t)}{R(t)} \mathrm{d}t \int_0^T \lambda_{ki}(t) \mathrm{d}t \tag{11-49}$$

$$\mathrm{Cg}_2 = N_{k2} \mathrm{Cr}_k = \mathrm{Cr}_k \sum_{i=1}^n \int_0^T \frac{F(t)}{R(t)} \mathrm{d}t \int_0^T \lambda_k(t) \mathrm{d}t \tag{11-50}$$

③ 发生故障维修且造成停机成本的费用为：

$$\mathrm{Cg}_3 = N_{k1} \mathrm{Cf}_k + N_{k1} h C_h$$

$$= \mathrm{Cf}_k \sum_{i=1}^n \int_0^T F(t) \mathrm{d}t \int_0^T \lambda_k(t) R(t) \mathrm{d}t + \sum_{i=1}^n \left[\int_0^T F(t) \mathrm{d}t \int_0^T \lambda_{ki}(t) R(t) \mathrm{d}t \right] h C_h \tag{11-51}$$

制动机在运行时间 $[0, T]$ 内的总维修成本等于所有部件的维修成本之和与系统的总停机损失成本之和，用公式表示为：

$$C = \mathrm{Cx} + \mathrm{Cg}_1 + \mathrm{Cg}_2 + \mathrm{Cg}_3 + \mathrm{Cn}$$

$$= \sum_{i=1}^n \int_0^T \lambda(t) [F(t) + R(t)] \mathrm{d}t$$

$$+ \mathrm{Cf}_k \sum_{i=1}^n \int_0^T F(t) \mathrm{d}t \int_0^T \lambda_k(t) R(t) \mathrm{d}t + \mathrm{Cr}_k \sum_{i=1}^n \int_0^T \frac{F(t)}{R(t)} \mathrm{d}t \int_0^T \lambda_{ki}(t) \mathrm{d}t$$

$$+ \mathrm{Cf}_k \sum_{i=1}^n \int_0^T F(t) \mathrm{d}t \int_0^T \lambda_k(t) R(t) \mathrm{d}t + \sum_{i=1}^n \left[\int_0^T F(t) \mathrm{d}t \int_0^T \lambda_{ki}(t) R(t) \mathrm{d}t \right] h C_h + \mathrm{Cn} \tag{11-52}$$

11.3.5　系统可用度最大化的远程运维模型

系统的可用度是可靠性和维修性的综合表现。在制动机运行过程中，不仅要考虑其可靠性，还要注意在故障发生后将其尽快修复，并尽快投入使用。大型机电设备系统的停机损失一般比较严重，有时不仅会带来经济上的损失，更会使企业的社会声誉受到影响，所以对设备的可用度有较高要求。可用度是可用性以概率的形式表达，是指设备在一定时间内能够正常运转的概率[15]。在工程应用中，一般将其定义为平均工作时间和平均停机时间之和的比值，可用度一般用 A 进行表示，其定义表达式为：

$$A = \frac{\mathrm{MUT}}{\mathrm{MUT} + \mathrm{MDT}} \tag{11-53}$$

式中，MUT 指平均工作时间；对于制动机而言，MDT 指设备平均停机时间。将本公式进行改进，改进后的可用度的公式为：

$$A = \frac{\text{MUT}}{\text{MUT} + \text{MDT}} = \frac{\sum T_i}{\sum T_i + \sum T_m + \sum T_p} \tag{11-54}$$

式中，T_i 为两次预防维护之间的持续工作时间；T_m 为故障维护时间；T_p 为预防维护时间。

以可用度最大为目标，建立设备维修策略模型：

$$\max A(T) = \frac{\displaystyle\sum_{i=1}^{N} T_i}{\displaystyle\sum_{i=1}^{N} T_i + t \int_0^T \lambda_i(t)\,\mathrm{d}t + (N-1)t_p} \tag{11-55}$$

令 $\dfrac{\mathrm{d}A}{\mathrm{d}T_i} = 0$，可以推出设备满足最大可用度要求下的最佳维修次数 N_i：

$$N_i\lambda(N_i) - \int_0^{N_i} \lambda_i(t)\,\mathrm{d}t = \frac{T_i}{t_i} \tag{11-56}$$

则可用度约束条件为：

$$A \geqslant A_{\min} \tag{11-57}$$

综上所述，列车制动机的维修周期多目标函数模型为：

$$\begin{cases} \min\{c\} \\ R_k \geqslant R_{\min} \\ A \geqslant A_{\min} \end{cases} \tag{11-58}$$

11.3.6　系统最佳可用度优化遗传算法

由于本节模型是多变量、非线性全局寻优问题，应用一般算法难以求出最优解[16]。遗传算法目前发展比较成熟且应用领域广泛，对于多变量、非线性规划问题的求解具有较成熟的系统结构。在式(11-58)三个目标函数求解流程基础上，运用 MATLAB 中的遗传算法工具箱对模型进行求解，就可求得设备在总维修成本最低的预防性维修阈值 R 和设备最大可用度时的 A。遗传算法流程如下：

步骤 1：利用计算机随机生成 x 个初始可行解，$\Delta R(x)$ 和 $\Delta A(x)$ 分别表示一个个体，这些个体共同构成两个初始种群 $\boldsymbol{P}_0 = [\Delta R(1)\ \Delta R(2)\ \Delta R(3)\ \cdots\ \Delta R(x)]$ 和 $\boldsymbol{P}_1 = [\Delta A(1)\ \Delta A(2)\ \Delta A(3)\ \cdots\ \Delta A(x)]$。

步骤 2：按照算法步骤，计算每个个体相应的 $\boldsymbol{P}_0 = [\Delta R(1)\ \Delta R(2)\ \Delta R(3)\ \cdots\ \Delta R(x)]$ 和 $\boldsymbol{P}_1 = [\Delta A(1)\ \Delta A(2)\ \Delta A(3)\ \cdots\ \Delta A(x)]$ 的值。适应度函

数的确定:使用遗传算法的关键一步就是需要满足约束条件,可用的方法包括建立惩罚函数。建立惩罚函数的一般原则是适应度方程能够判断个体是否为可行解。根据以上原则,本节建立的惩罚函数为:

$$P(X) = 1 - \frac{1}{n} \sum_{i=1}^{n} \left(\frac{\Delta R_i(x)}{R} \right) \tag{11-59}$$

式中,n 为约束条件的数量;R 为设备的可靠度。

步骤 3:对初始种群进行选择操作,采用精英保留策略将当前种群适应度最高的个体保留至下一代,淘汰最低适应度个体,余下个体依照赌轮算法进行选择。

步骤 4:依照设定的交叉概率 pr_1 和变异概率 pr_2,对种群进行交叉和变异操作,产生新一代种群 P_2 和 P_3,然后返回步骤 2。

步骤 5:当种群迭代够预定值 d 时终止运算,输出最优解集 ΔR 和 ΔA。

11.3.7　算例分析

为验证本节所建立模型的适用性,采用以下算例对其进行验证。图 11.17 所示为十台制动机主要组成部件运行 2000 小时的故障数,通过图 11.17 数据可知,制动机总计的故障来源主要来自板卡、供风管路、制动夹钳、预控阀、轴箱、接地回流线缆、齿轮减速箱、紧急电磁阀、压力传感器、速度传感器、中央悬挂和牵引电动机,故障数小于 3 的不纳入计算。各部件的寿命都服从 Weibull 分布,根据历史经验,成本调节参数 $x = 0.03$,时间调节参数 $y = 5$。部件的改善因子(ξ_i)和维修成本如表 11.6 所示。假设制动机停机损失为 3000 元/h。

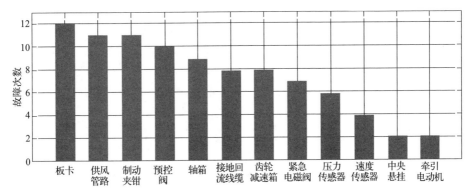

图 11.17　故障数据

各部件的其他参数如表 11.6 所示。

表 11.6 部件参数数据

项目	C_r	C_g	C_x	C_n	T_{x_k}	T_{g_k}	ξ_i	R_{min}
		单位:元			单位:h			
板卡	679	354	105	27	1.8	1.1	0.956	0.743
供风管路	426	238	67	19	2.6	0.6	0.937	0.739
制动夹钳	194	83	34	8	0.3	0.1	0.924	0.648
预控阀	377	279	59	11	1.1	0.5	0.897	0.633
轴箱	915	433	116	23	3.8	2	0.882	0.595
接地回流线缆	223	86	41	9	2.4	1.2	0.977	0.834
齿轮减速箱	892	374	98	21	3.4	1.6	0.938	0.604
紧急电磁阀	654	293	102	20	1.5	0.7	0.912	0.652
压力传感器	728	264	84	18	3.4	1.6	0.964	0.681
速度传感器	528	135	52	10	3.8	1.8	0.948	0.694

根据表 11.6 中数据以及历史故障数据可以得出每个单部件都服从威布尔分布下的形状参数和尺度参数值，形状参数与尺度参数如表 11.7 所示。

表 11.7 部件参数

项目	板卡	供风管路	制动夹钳	预控阀	轴箱	接地回流线缆	齿轮减速箱	紧急电磁阀	压力传感器	速度传感器
γ_k	23.54	46.465	19.456	37.445	20.878	35.841	29.489	27.454	18.698	15.367
ω_k	1.897	5.9821	10.871	4.467	3.4654	13.623	8.458	3.357	7.465	9.563

为了验证这些参数是否符合威布尔分布的故障分布形式，需要对这些参数进行威布尔函数拟合检验，判断确定的参数是否在威布尔分布拟合范围内。若检验结果符合要求，则可以用这些参数计算多部件的可用度。若拟合结果不在威布尔分布拟合范围内，则说明部件的故障分布形式不适合以威布尔分布函数表示。算例应用 MATLAB 2018 对各部件威布尔分布参数进行检验，如图 11.18 所示，数据点基本分布在一条直线上，所以使用威布尔分布能够描述部件的故障周期。

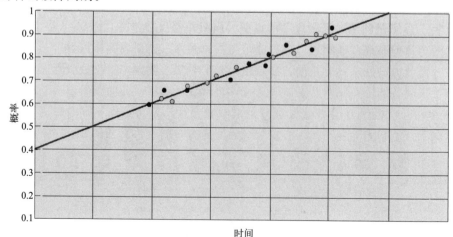

图 11.18 拟合数据

（1）单部件预防维修次数的求解

首先求解这 10 个单部件的最优维修数以及最优维修数对应的成本，以便进行多部件系统的预防维修模型求解。将上述部件参数代入模型中，运用 MATLAB 2018 对模型进行求解。各部件的预防性维修次数与维修成本的关系如图 11.19～图 11.28 及表 11.8 所示，设定程序使预防性维修次数达到 15 次即终止计算。

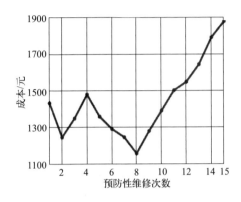

图 11.19　预控阀预防性维修次数

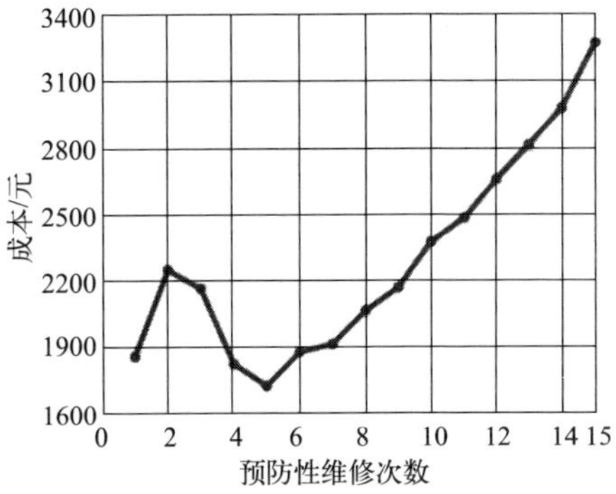

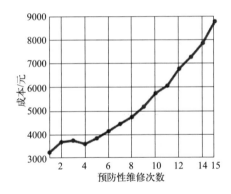

图 11.21　轴箱预防性维修次数

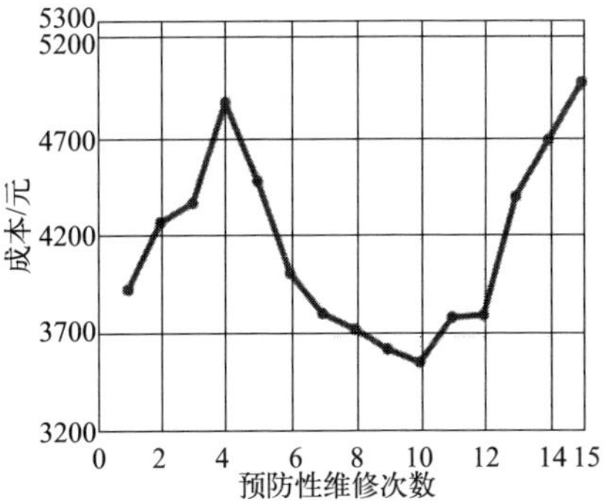

图 11.20　供风管路预防性维修次数

图 11.22　接地回流线缆预防性维修次数

表 11.8　单部件的最低维修成本和对应的最佳预防性维修次数

项目	板卡	供风管路	制动夹钳	预控阀	轴箱	接地回流线缆	齿轮减速箱	紧急电磁阀	压力传感器	速度传感器
最低维修成本/(元/100h)	15.32	17.39	0.70	11.54	37.43	35.69	60.17	31.78	25.29	31.02
最佳预防性维修次数	7	5	8	8	4	10	4	3	3	3

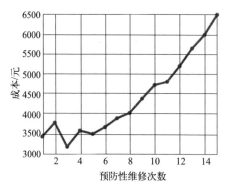

图 11.23　紧急电磁阀预防性维修次数

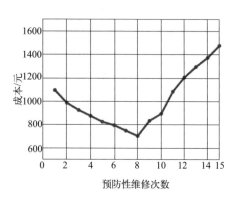

图 11.24　制动夹钳预防性维修次数

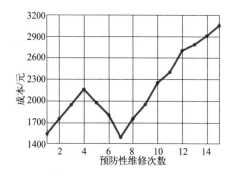

图 11.25　板卡预防性维修次数

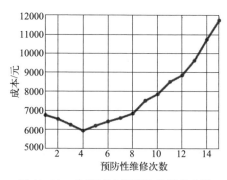

图 11.26　齿轮减速箱预防性维修次数

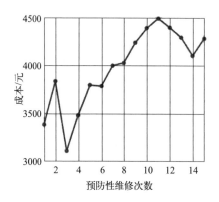

图 11.27　速度传感器预防性维修次数

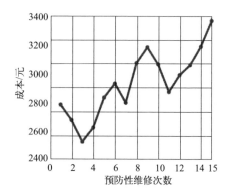

图 11.28　压力传感器预防性维修次数

　　由图 11.19 至图 11.28 和表 11.8 可知，单部件的预防性维修成本和预防性维修次数呈不规则的线性关系。如板卡的最低预防性维修成本呈先升高后降低再慢慢升高的趋势，最佳预防性维修次数为 7 次。例如制动夹钳，预防性维修成本随着维修次数升高先是降低，在第 8 次维修时降到最低点，再随之慢慢升高。表 11.9 中也列出了各部件的最优预防性维修计划。例如供风管路的四次维修间隔期为 2684h、2472h、2339h 和 2203h，最后对供风管路进行更换，所有部件的预防性维修间隔都在逐渐缩短，与理想的维修间隔期相符合。所有部件的最佳预防性维修间隔期如表 11.9 所示。

表 11.9　单部件最佳预防性维修间隔　　　　　　　　单位：h

项目	T_1	T_2	T_3	T_4	T_5	T_6	T_7	T_8	T_9
板卡	1878	1756	1692	1587	1535	1452	—	—	—
供风管路	2684	2472	2339	2203	—	—	—	—	—
制动夹钳	1589	1438	1382	1364	1357	1295	1275	—	—
预控阀	1509	1454	1421	1378	1345	1282	1221	—	—
轴箱	3651	3294	3055	—	—	—	—	—	—
接地回流线缆	1406	1384	1357	1336	1308	1281	1235	1191	802
齿轮减速箱	351.4	320.7	317.9	—	—	—	—	—	—
紧急电磁阀	545.8	454.2	—	—	—	—	—	—	—
压力传感器	485.1	414.9	—	—	—	—	—	—	—
速度传感器	518.7	481.3	—	—	—	—	—	—	—

（2）系统预防性维修模型求解

根据表 11.9 中求出的单部件最优预防性维修策略对整个制动机在[0h，1000h]运行期间进行预防性维修成本求解，制动机的总维修成本为 136743 元，可用度为 74.36%。利用 MATLAB 中的 GA 工具箱，对制动机按照预防性维修模型进行仿真，将初始种群规模设定为 $c=100$，最大遗传代数（停滞代数）为 $d=100$，令交叉概率 $pr_1=0.85$，变异概率 $pr_2=0.05$ 且均匀变异，变量精度为 0.002，其他参数采用系统默认值。经过 100 次迭代，系统最小化的维修成本随迭代次数的变化如图 11.29 所示。

根据运行的结果可知，经过 100 次迭代，相应的多部件系统中各部件相应的一组单部件最优维修阈值 R 为 0.772、0.753、0.664、0.681、0.622、0.851、0.636、0.685、0.704、0.716。若不考虑可用度的限制，所产生的最优维修成本为 145300 元。

当用遗传算法初始种群寻找可靠度最优解时，由图 11.30 可知，通过随着最优解与迭代次数变化的性能追踪，可以发现当进行 62 次迭代后，基本达到稳定状态，最优可用度为 $A_{min}=0.763$，说明采用遗传算法可以提高搜索速度，在较短时间内达到全局最优。若考虑可用度的限制，可靠度最低值

$A_{min} = 0.763$，模拟总成本随迭代次数的变化趋势如图 11.31 所示，最小单位成本为 133240 元，对应的最佳维修次数 $N = 14$。若不考虑可用度的限制，如图 11.29 所示，最小单位总成本 145300 元，对应的最佳维修次数也为 14。由此可以看出，设备在[0h, 1000h]内运行，节省费用 12060 元，若不考虑可用度，设备会发生频繁的故障，成本将会增加，不利于设备长期的维修。

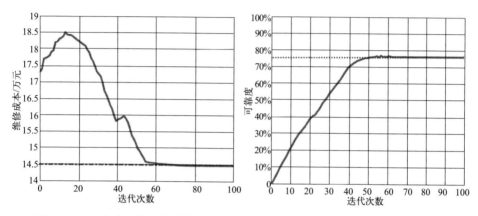

图 11.29　不考虑可靠度的维修成本　　　　图 11.30　利用遗传算法求得的最佳可靠度

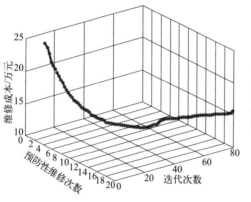

图 11.31　利用遗传算法求得最佳
可用度的维修成本

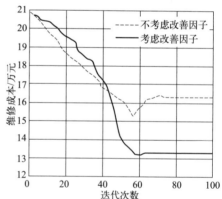

图 11.32　考虑改善因子与不考虑改善
因子的维修成本

　　在既考虑可用度又考虑改善因子时，设备的维修成本相对于不考虑改善因子时更低，如图 11.32 所示，在 62 次迭代左右稳定在 133240 元；若不考虑改善因子，设备故障预测精度降低，设备维修过多或不足，导致维修成本增加，在迭代次数到达 70 次后稳定在 162173 元。由此可以看出：设备损坏之后才去更换或过早地提前更换，都会产生对维修资源的浪费；对维修时间而言，减少在列车制动机运行中出现的维修活动，可以减少制动机因为维修而产生的停机成本，对铁路的营运起到积极的作用。

本节通过对制动机运行周期内维修策略的研究，建立了在可靠度约束下的多目标多部件的维修策略优化模型。模型中通过引入改善因子描述制动机的正常衰退情况，并在单部件预防性维修模型的基础上，构建了多目标多部件的维修策略优化模型。模型中综合考虑了总维修成本和可用度两个目标函数，并利用遗传算法对模型进行优化求解。算例中还考虑了添加改善因子与未添加的情况下可用度下降的趋势，以及考虑可靠度限制与不考虑时的模型与成本之间的关系。结果表明，在加入可靠度与改善因子之后，设备生命周期内的成本相较于未加入时有明显的降低，本节算法的改进对现实生活中设备的维修有一定的实际意义。

本章小结

以技术手段提高列车运行的安全性、可靠性和经济性是近年来受到高度重视的问题。目前针对线性退化系统的可靠性分析与系统建模方法相对比较成熟，而对带有随机失效的非线性退化系统的分析方法还比较薄弱，传统方法在应对复杂设备时很难求出最优解。本章从实际出发，以列车上制动机为研究对象，在可靠度和制动机运行原理的基础上，分别研究了极大似然参数估计方法、基于非线性带有随机失效阈值的剩余寿命预测模型，以及基于剩余寿命预测的运维策略。

① 针对退化模型中非线性退化并带有随机失效的特性，提出了一种基于Wiener过程同时考虑随机失效阈值非线性退化的建模方法。大量性能退化数据在测量时具有无规律、复杂、容易缺失的特点。过去传统的求解方法在应对非恒定应力下的退化模型时，无法计算随机应力波动给退化过程造成的影响，导致模型预测结果不准确。本章在模型的基础上，引入基于贝叶斯模型的参数估计方法，该模型能够更好地描述复杂设备的性能退化过程，根据历史数据与正在运行的数据估计出初始参数、随机效应参数和在线参数，利用更新后的退化模型，推导出在未来时刻的剩余寿命分布概率密度和失效概率函数解析表达式。最后将所提方法用于制动机的剩余寿命预测中，本章提出的方法与仅进行参数在线估计的方法和利用回归方法建立指数形式的状态模型方法相比，具有更精确的预测结果。

② 针对现有的制动机维修成本过高、维修策略老旧的问题，基于剩余寿命概率密度函数和可靠度函数，对制动机的单个组成部件进行单部件维修间隔时间的求解，引入改善因子来描述及衡量非完美状态下预防性维修活动对设备性能改善的效果。在以上因素基础上对设备的总维修成本进行建模，将维修细

分为预防性维修、故障大修和故障更换性维修，求得设备在寿命周期内的维修成本，在单部件可靠度的基础上，引入多部件系统可用度最大化的概念，保证设备在取得最低运行成本的同时能够安全地运行。应用案例分析中，在运行成本最小化、可靠度最大化的目标函数下，求得单设备最佳预防性维修次数以及最佳预防性维修时间间隔，将这些结果利用遗传算法代入到多部件的预防性维修次数中，求得多部件情况下的最佳预防性维修次数和设备的最佳可靠度以及对应的维修成本。案例分析中同时比较了多设备情况下不考虑改善因子的维修成本，结果说明了本章方法的经济性与有效性。

参考文献

［1］ 张琦，陈峰，张涛，等．高速铁路列车连带晚点的智能预测及特征识别［J］．自动化学报，2019，45（12）：2251-2259.

［2］ 蔡伯根，孙婧，上官伟．高速列车动态间隔优化的弹性调整策略［J］．交通运输工程学报，2019，19（01）：147-160.

［3］ 刘强，方彤，董一凝，等．基于动态建模与重构的列车轴承故障检测和定位［J］．自动化学报，2019，45（12）：2233-2241.

［4］ 刘艳文．轨道客车碰撞被动安全性研究［D］．成都：西南交通大学，2013.

［5］ 马忠荣．近十年国内外高铁事故盘点［J］．中国发明与专利，2011（08）：18.

［6］ 路风．冲破迷雾——揭开中国高铁技术进步之源［J］．管理世界，2019，35（09）：164-194，200.

［7］ 林伟杰．基于粒子滤波的多部件退化建模与剩余寿命预测方法研究［D］．成都：电子科技大学，2019.

［8］ Koichi F，Masao M．Properties and Construction Methods of Fail-safe Train Sensor using Short-Circuit between Rails［J］．IEEJ Transactions on Electronics，Information and Systems，2008，107（10）：955-961.

［9］ Wang X F，Wang B X，Jiang P H，et al．Accurate reliability inference based on Wiener process with random effects for degradation data［J］．Reliability Engineering and System Safety，2021（193）：106631.

［10］ 姜金池．基于贝叶斯推断的随机波动率模型的比较及应用研究［D］．长春：吉林大学，2020.

［11］ 王兆强，胡昌华，王文彬，等．基于 Wiener 过程的钢厂风机剩余使用寿命实时预测［J］．北京科技大学学报，2014，36（10）：1361-1368.

［12］ Wang T，Yu J，Siegel D，et al．A similarity-based prognostics approach for Remaining Useful Life estimation of engineered systems［C］．Prognostics and Health Management（PHM）2008 International Conference．2008：7-13.

［13］ 姜同敏，王晓红，袁宏杰．可靠性试验技术［M］．北京：北京航空航天大学出版社，2012.

［14］ 周东华，陈茂银，徐正国．可靠性预测与最优维护技术［M］．合肥：中国科学技术大学出版社，2013.

［15］ 郑志斌．基于退化系统的设备维护与设备更换联合决策研究［D］．广州：华南理工大学，2019.

［16］ 魏启东．基于机会维修的民机预防维修任务组合优化［D］．天津：中国民航大学，2020.

第 12 章

系统远程运维技术
挑战与展望

12.1　概述

随着现代工程复杂化、综合化、智能化程度不断提高，为了以更经济有效的方式满足现代工业生产的要求，工程中远程运维得到了空前的发展。20世纪90年代中期，故障预测与健康管理（prognostics health management，PHM）技术应运而生。PHM是为了满足自主保障、自主诊断的要求而提出来的，是基于状态的视情维修（condition based maintenance，CBM）的升级发展。它强调资产设备管理中的状态感知，监控设备健康状况、故障频发区域与周期，通过数据监控与分析，预测故障的发生，从而大幅度提高运维效率。

目前，远程运维实现了工业装备管理方法从健康监测向健康管理（容错控制与余度管理、自愈调控、智能维修辅助决策、智能任务规划等）的转变，从对当前健康状态的故障检测与诊断转向对未来健康状态的预测，从被动性的反应性维修活动转向主动性、先导性的维修活动，从而实现在准确的时间对准确的部位采取准确的维修活动。PHM技术的主要功能如图12.1所示，主要包括关键系统、部件的实时状态监控（传感器监测参数与性能指标等参数的监测）、故障判别（故障检测与隔离）、健康预测（包括性能趋势、使用寿命及故障的预测）、辅助决策（包括维修与任务的辅助决策）和资源管理（包括备品备件、保障设备等维修保障资源管理）、信息传输（包括故障选择性报告、信

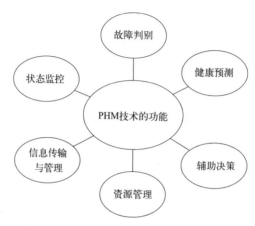

图 12.1　PHM 技术的主要功能图

息压缩传输等）与管理等方面。

12.2　系统远程运维技术的发展现状及趋势

12.2.1　PHM 技术的发展

系统远程运维当中最重要的便是 PHM 技术，PHM 早期应用主要集中于航空发动机领域，让它声名显赫的是 F35 联合战斗机项目的智能后勤信息系统 ALIS，该系统囊括了飞机系统状态监控、健康评估、故障预测、维修计划、后勤保障等若干功能。在 F35 之前的 PHM，只是测试、监控，或者是健康管理，都不是真正意义上的 PHM。F35 项目的 PHM 在 F22 之上得到了长足的发展，已经基本上达到了预期的设计目标，即整机监测与故障预测。预期设计目标是飞行过程中就采集数据，实时传输部分数据，落地后采集全部数据，并且可以通过维修辅助计算机发送激励信号，采集重点部件数据，该系统具有实时分析与故障预测功能。

PHM 系统的硬件模块主要是由传感器、数据传输网络接口组件及控制器组成的数据采集控制系统。状态感知技术即传感器技术的发展为智能运维的发展奠定了基础，传感器的发展经历了三个阶段，即结构型传感器阶段、物性型传感器阶段和智能型传感器阶段。结构型传感器是以结构的变化或由它们引起某种场的变化来反映被测量的大小及变化，经常使用的方法是以传感器机构的位移或力的作用使传感器产生电阻、电感或电容等值的变化来反映被测量的大小。物性型传感器是利用构成传感器的某些材料本身的物理特性在被测量的作用下发生变化，从而将被测量转换为电信号或其他信号输出。由于物性型传感器无可动部件，灵敏度高，因此，可减少对被测对象的影响，从而能解决结构型传感器不能解决的某些参数及非接触测量的问题，扩大了传感器应用领域。智能型传感器是把传感器与微处理器有机地结合成一个高度集成化的新型传感器，它与结构型、物性型传感器相比能瞬时获取大量信息，对所获得的信息还具有信号处理的功能，使信息的质量大大提高，其功能得到扩展。

12.2.2　国内外技术发展对比

PHM 技术在国内相对来说还是一个比较新颖的概念，研究起步较晚。目前开展了大量工作，并取得了显著的研究成果，但前期主要是跟踪国外工程应用，在相关基础理论与技术、系统综合集成等方面的研究还较少。具体表现在：

① 在状态感知技术方面，国内传感器技术的产品可靠性、稳定性低，同时对于传感器最重要的芯片的研发能力较弱，缺乏核心技术。产业化差距比技术差距更大，市场对接能力较弱，科研成果转化率较低。存在低端重复同质化竞争，产品严重依赖进口，研制以仿制跟随为主。在应用于 PHM 的新型智能传感器技术及装置研发上，国外暂时领先于国内。

② 在 PHM 系统集成与使能技术方面，国外已开展了大量的相关研究和应用工作，国内多是跟踪国外的工程应用，设计方面相对落后，PHM 系统集成与使能工具设计相关研究较少，尚无具体工程应用案例，亟待进一步深入研究。

③ 在复杂系统健康管理方面，国外已开展了大量的基于 PHM 的维修决策研究工作和应用；同时，国外已在自愈材料、智能结构方面开展了大量的研究，部分技术已有应用。国内装备仍以周期性预防维护为主，基于 PHM 的装备任务规划与维修策略研究工作较少；我国在装备自愈研究方面开展较晚，自愈材料与智能结构研究方面以理论研究为主，而应用研究较少。

④ 在复杂系统健康诊断与预测方面，国内外研究差距不大，某些方向国内研究已达到国际先进水平。在方法研究上，国内外均开展基于故障物理、数据驱动、模型、专家知识的诊断与预测技术研究。但是，在技术成熟度上与应用广度上，我国同世界先进水平相比尚有差距。

⑤ 在 PHM 能力试验验证方面，国外已开展了大量研究工作；国内在 PHM 设计验证方面，也开展了初步的研究工作，但目前还没有成熟的 PHM 体系综合建模、试验验证与能力评价技术方法体系，相关验证辅助工具与平台成果还较少。

12.2.3　国内发展趋势

（1）算法引领过渡到价值引领
过去的远程运维更多是关注算法的有效性，针对工程运维中具体的问题选择合适的算法模型进行求解，但是智能运维不仅仅是算法原理，更是一种理念，用 AI 技术来实现运维的能力和效率提升，持续带来价值。运维要实现数字化转型，要从企业价值出发，在企业价值中找到运维价值。工程智能运维在实际落地过程中肯定会遇到各种挑战，需要对智能运维的算法场景进行统一的抽象，还需要对不同的业务场景进行算法的适配，以满足不同客户时时在变化的需求，从而真正提高系统保障水平、提升系统运行效率、改善系统用户体验以及提升运维服务质量，逐步实现运维价值。

（2）由单场景向多模块体系化发展

现在的系统远程运维，大多是注重于某一个需求，比如状态监测等。过去认为，智能运维是算法，是自动化运维，能够满足单一的功能需求，但是随着智能化水平不断提高，工程智能运维更像是一种理念，用 AI 技术去提升工程运维能力和效率，更好地解决工程运维中遇到的各种问题，这就意味着系统远程运维要从特定的需求出发，逐渐向体系化发展，构建出完整的运维体系去解决实际问题。

体系化发展是未来智能运维发展的趋势和目标。未来的远程运维不是简单的运维场景的堆叠，而是以数据为依托，构建智能化平台去应对各种错综复杂的场景。运维数据管理的成熟度将决定运维系统的高度，数据的收集、处理和存储是数据管理的重要部分，未来工程的数据将呈现多模态的特点，数据整合成为未来工程智能运维发展的重要基础。智能化平台涉及各种算法、模型的选择、编译和调度，这将直接影响到运维场景搭建后的效果，因此，提供更多可供选择的智能算法是未来智能化平台建设的重要方向。

（3）由事后维护向预防性维护发展，并逐步实现预测性维护

传统的运维主要是在设备报警触发后才进行的事后维护，这时设备已经发生了故障，这种事后维护的方式将给工程造成较大的损失，于是运维人员慢慢地搜集到设备的故障信息，包括故障的原因、位置以及故障现象，并且根据维护的相关信息建立维护模型，得到设备的事前维护计划，设定设备的维护时间间隔，事后维护逐渐发展为定期或者非定期的预防性维护。在大数据的支持下，对于事前维护计划的制订变得更加准确和完备。通过对设备的状态进行监测，判断设备所处的状态，预测设备状态未来的发展趋势，然后根据历史数据以及可能的故障形式，提前制定好维护时间、内容、方式以及需要的相关资源。精准预测工程设备未来的状态趋势，制订出科学详尽的维护计划以应对将要发生的风险挑战是未来工程智能运维的重要方向。

（4）增强系统远程运维的抵御风险能力

随着数字化转型的不断深入，信息基础设施与业务环境正发生着根本性的变化，维护系统安全稳定的难度与日俱增，在全面智能化的背景下，需要不断

提高工程系统远程运维抵御风险的能力。一方面是网络信息的安全问题，特别是数据安全，在数据的采集、传输、存储、处理以及交换中，要提高数据各阶段的防护能力，对数据进行分级管理，对应实施不同的保护措施和动态访问，切实保障系统的安全。另一方面是内部的故障风险问题，我们无法避免故障的发生，但是可以通过系统仿真、故障模拟等手段，来针对性地进行故障演练，提高运维人员的故障处置能力，以及检验系统在异常状态下的响应能力，并验证工程智能运维算法及自动化脚本在异常发生时的有效性。工程智能运维系统要实现动态的安全预防、实时的风险检测、快速的响应处置，这将是未来系统安全稳定的重要保障。

（5）依赖可视化技术提高可观测性和可解释性

系统远程运维中数据处理和模型构建往往在系统后台进行操作，前台只显示数据处理以及模型运行的最后结果，于是对可观测性以及可解释性的要求将会提高。过去的工程智能运维系统追求的往往是算法效果的准确性，但在人机交互上还是需要提升。伴随着数字化转型，越来越多的系统应运而生，系统的可视化技术也在不断发展，并且得到技术开发人员的重视。可观测性一直是工程智能运维产品的重要需求之一。海量的数据经过处理后，需要用一些浅显易懂的指标去衡量系统的状态，并且提供相应的日志进行展示，使得运维人员能够从系统中快速获取有效信息，做出反应。系统的可观测性也将在未来运维实践中，成为工程智能运维的基础能力。除了可观测性外，对于结果的可解释性也是未来工程智能运维产品需要关注的能力。工程智能运维系统需要对结果进行相应的解释，并提供决策依据，这样才能帮助运维人员更好地理解算法结果，并辅助决策人员做出判断。

12.3　技术挑战

12.3.1　状态感知技术

状态感知技术是指对设备的基础数据进行采集，例如对温度、距离、压力等基本参数的信息收集。工程设备的状态感知主要依靠物联网技术来实现。所谓物联网技术，是指通过传感器、各类数据采集设备等实现物体与网络的互通互联、信息传输，再对收集到的数据进行计算、处理、知识挖掘等步骤，达到人与物之间顺利进行信息交换，实现无缝连接，以及对物理世界的实时控制。企业可以为设备的关键部件安装诸如压力传感器、震动传感器、速度传感器等多种类型的传感器来组成传感器网络，然后通过无线终端、采集设备、执行器和控制器等对传感器网络感知到的各种信息进行实时传输，这些信息在处理之后则可以为管理者做出决策提供参考依据。

感知技术是现代物联网技术的基础，主要包括自动识别技术、传感技术、定位技术等。自动识别技术是将计算机、光、电、通信和网络技术结合在一起，进行物品监控和数据共享。目前工程设备中主要应用的是条形码识别技术和射频识别技术，以此实现信息传递。传感技术是指通过传感器将设备中的温度、压力、流量、速度等物理量转化为可供处理的数字信号。而目前应用于物联网的定位技术主要有卫星定位、无线电波定位、传感定位等，如果设备出现异常，企业可以通过定位技术精确识别设备的故障部位，快速响应。状态感知技术也是智能运维的基础，它是后续故障诊断与预测的关键。因此，在工程智能运维系统中，拥有一个精准、可靠的状态感知系统十分重要。

目前，状态感知技术仍然面临巨大挑战，例如设备运行状态的精确感知问题。在现代的控制系统中，传感器处于至关重要的位置，它负责为系统运维提供原始信息，是系统信息输入的主要途径。传感器的感知性能会直接影响和决定系统的性能，因此要想提高系统的运维能力，就需要提高现有传感器网络对数据的感知准确性和稳定性，不断扩宽其感知边界，制造和使用具备多类型、多参数、宽量程、高精度、低能耗、自校准、抗干扰等特点的传感器，来应对复杂多变的环境，从而获得长期、准确、全面的感知数据。此外，目前的传感器市场存在标准不统一的问题，我国传感器行业包括标准和规范在内的顶层设计还没有正式形成，甚至在很多问题上还没有形成共识，虽然国家在最近十年出台了很多支持行业发展的制度、政策，但是在战略层面依旧缺乏共识，缺少对基础工艺以及关键技术的相关研究。最后就是多维度协同下的状态数据描述问题。系统的状态感知不能只依靠一个维度的传感器，需要多维度数据综合描述。综合利用多维度信息，可以获得比任何单一维度传感网更加准确和全面的信息，实现传感器优势互补。

12.3.2 状态监测技术

设备的状态监测一直以来都是智能运维系统研究的重要课题。采用状态监测相关技术，可以详细了解设备的相关信息，获得设备的状态、运营管理状况等全方位数据。生产人员、检修人员以及决策人员可以结合状态监测信息掌控设备的状态，实现精细化管理，提高运营效率，预防灾难性故障。

数字化转型升级背景下，工程设备监测的数据量和复杂度在不断增加，此时一个设备往往需要具备大量传感器和较高的采样频率，同时传感器之间存在着复杂的关联性。综合来看，状态监测技术目前面临以下挑战：

① 监测数据量大。一般而言，工程设备中需要安装的传感器数量较多，往往一台设备就需要安装多种不同类型的传感器来记录不同的参数、指标，且每

个传感器的采样频率不尽相同，这导致收集回来的数据量巨大。鉴于现有的监控技术存在一定的局限性，对设备关键部件的状态监测数据应该进行一定的取舍；但是关键部件与其余部件之间也会相互影响，因此尽可能多地显示各个部件的监测数据是很有必要的，这就对监测系统的数据处理技术有一定的要求。

② 监测数据类型多样。传统监测系统所用的传感器传输回来的数据类型相对单一，随着现代材料技术的高速发展，传感器种类也逐渐丰富起来，这导致现有监测系统传输的数据类型逐渐多样化，不仅包括结构化数据，还存在大量诸如文本、符号以及图片等类型的非结构化数据。对于监测系统而言，就需要提高其对多样化数据的处理能力。系统需要对异样数据做出精准判别，对不同类型的数据采取不同的处理方式。

③ 系统可靠度和适应度较差。现阶段的设备状态监测系统都是依托样本数据库来实现的，而样本数据库往往会在特定的实验环境中搭建，与实际生产环境会存在一定差异，因此会有理想化的状况出现，导致系统在实际生产中的可靠性和适应度存在一些问题。未来的状态监测系统应该考虑到这一问题，实现系统随着生产环境的变化而进行适时调整，以保证状态监测的准确性。

12.3.3　诊断和预测技术

系统远程运维过程中，根据设备的历史数据信息或者实时信息实现故障诊断与剩余使用寿命预测是其中的关键一步。随着互联网技术的高速发展，系统收集到的机械大数据所涵盖的信息量更多、更全，决策人员借此可以对设备的运行状况有更为细致的了解。但是，在日益复杂多元的大数据背景之下，要想探寻更精准的方法、理论、技术，让诊断、预测更加准确，决策更加合理，仍然需要做出更多改进，诊断与预测领域依旧面临全新的多样化挑战。

① 故障诊断和预测结果的可靠性。以往设备诊断、预测领域普遍针对单一设备研究其物理信号的故障诊断问题，这种状况下数据量相对较小，因此在故障诊断和预测过程中可以从信号数据中挑选有价值的信号片段，但是在大数据广泛应用的现在，传感器相关技术也得到飞速提升，对于多信号源问题的研究也逐渐增多。与单一信号不同，多源信号在数据处理过程中可能采用多种不同的抽样方式进行处理，所得数据的价值密度不高，质量参差不齐，会出现"片段化"的特征，这使得挑选出有价值的信号变得更加困难。此外，机械设备数据采集量较大、数据采样的方式多变、存在随机因素干扰等多方面影响，导致在故障诊断和预测结果的可靠性上存在挑战。

② 设备故障属性和特征的复杂性。当前的诊断技术主要是从信号处理出发，相关专家通过对信息进行特征提取，将设备的故障分成不同的类型，不同的故障对应不同的属性、特征。但是在现实生产过程中，机械设备存在不同故

障信息的结合、多种模式之间交替变化等各种不确定性特征，所以想要提炼出涵盖全部信息的故障特征以及属性非常困难。现有的各种智能优化算法仅能针对机械设备的健康状况做出决策，对于机械故障的演化过程、故障相关性质的提取以及大数据分析等工作的完成也有一定限制。

③ 智能诊断模型的适用性。针对机械故障的识别，以往采用的主要是浅层智能模型，但是在智能大数据时代，设备的故障发生会存在耦合性、不确定性以及并发性等多种特征。而浅层智能模型缺乏高自学技能，在模型构建和特征提取时会进行有效隔离，致使故障识别精准度不高，泛化技能较低。因此，智能诊断模型需要不断更新变化。

④ 系统部件之间的耦合性。目前对于寿命预测的研究多集中于单一部件的失效规律探究，而很少考虑多部件之间互相关联对整个系统失效的影响。但是现实生产过程中，机械系统都是由多个不同的部件耦合而形成的整体，一个部件失效或退化都会对其他部件的使用产生影响，即会影响整个机械设备的正常运转。

⑤ 故障诊断及预测的可视化。设备的故障诊断和寿命预测结果、故障的因果关系、故障的模式和特征关系等呈现方式各有不同，找到合适的呈现方式，为决策者提供直观的可视化图像十分重要，可以辅助决策者从多个角度、不同的层次全面了解设备的健康状况。

12.4　PHM 技术展望

随着科学技术的发展，许多新技术能够应用在 PHM 当中，有些技术已经得到应用，但是应用还较浅，还可以更加深入地进行研究。PHM 系统一般需要 6 个关键技术模块：多元智能感知技术模块、数据预处理技术模块、健康状态划分技术模块、健康状态评估技术模块、剩余寿命预测技术模块、视情维修决策技术模块。在每个关键技术模块当中，又存在多个小的新兴技术，下面从上述 6 个方面对 PHM 技术进行展望。

（1）多元智能感知技术

PHM 必须有控制系统实体的数据支撑。控制系统运行过程的数据是多源化的，具有多源异构的特点，这对数据采集、数据管理提出了较高的要求。而传感器作为智能制造系统的基础，可靠的多元智能传感技术是工程智能运维系统的支柱。在多元化的工作环境下，为实现对环境的高效感知，智能传感器不仅要具备传输多维信息的作用，还应有自学习、自适应的功能。随着微机电系统（micro-electro-mechanical systems，MEMS）及智能材料技术的成熟，传感器技术正朝着微型化、超功耗、无线及智能化等方向发展。因此，智能传感器技术的发展对 PHM 有着至关重要的作用。

（2）数据预处理技术

对收集到的海量数据进行使用之前，必须对数据进行预处理工作，除了最基础的归一化和标准化技术之外，面对实际的工程环境存在噪声的问题，可以通过信号去噪的新技术来对数据进行处理，常见的方法有：小波阈值降噪、经验模态分解（empirical mode decomposition，EMD）、奇异值分解（singular value decomposition，SVD）、滤波去噪等。可以在上述常用技术的基础上，结合信号处理的前沿研究，设计出新的数据预处理技术，如累积分量峭度的 SVD 重构方法、周期性加权峰度-稀疏去噪与周期性滤波相结合的方法等。在考虑到数据缺失、数据不平衡、小样本数据方面的问题时，可以对重采样、过采样、欠采样以及一些新的技术进行组合创新，或者通过设计端到端的模型对数据进行统一的处理。

（3）健康状态划分技术

健康状态划分是剩余寿命预测的前序步骤，健康状态划分可以定性地展示设备处于健康、轻微退化、严重退化等健康状态，健康信息简单明了且实用。关于健康状态划分，许多已有技术可以给出指导方向，最经典的便是通过提取统计特征构建 HI（health indicator），即健康指标，通过 HI 来划分健康状况，如希尔伯特黄变换提取 HI；将特征与威布尔分布拟合，然后使用模糊自适应神经网络划分为六个阶段；选择有强相关性的特征，通过主成分分析降维来建立 HI 等。健康指标的构建技术在一定程度上会影响到后续剩余寿命预测的效果，因此需要通过新技术合理地提取 HI。

（4）健康状态评估技术

除了传统的基于知识和模型的健康状态评估技术，新兴的为基于数据驱动的技术，主要包括机器学习和深度学习的相关技术，也有学者为了充分发挥传统技术和数据驱动技术两者的优势，尝试将两种方法相结合，建立基于混合模型的健康状态评估技术。数据驱动方法需要从设备历史运行数据中提取相关特征，并学习其特征信息，通过相关数据分析和处理，挖掘设备数据中的运行状态的关键信息以进行健康状态评估，例如卷积神经网络、循环神经网络、强化学习等，还有如今功能强大但应用较少的注意力机制，它们能最大化利用数据信息，为智能制造领域智能装备状态监测提供了新的研究方向。可以梳理出如下几点发展趋势：①小样本健康状态评估；②复杂噪声环境下的健康状态评估；③多模态信息融合的健康状态评估；④多传感数据下的健康状态评估；⑤面向场景和声信号特点的健康状态评估。

（5）剩余寿命预测技术

剩余寿命预测技术同健康状态评估技术一样，如今流行的也是基于数据驱动的技术，也有很多学者建立基于混合模型的剩余寿命预测技术，可以梳理出如下几点发展趋势：①基于深度学习的健康因子构建技术，针对不同的数据类型，搭建深度学习网络，深入挖掘不同类型数据中蕴含的性能退化信息。②考虑不确定性的剩余寿命智能预测技术，在相同置信度下，预测区间越小，表明预测的精确性越高。一方面要提高数据的质量和数量，另一方面要提高预测方法和算法的性能。③小样本条件下剩余寿命预测技术，实际环境中会受到很多因素影响，数据样本不足而导致小样本问题。④通过不同的优化技术来降低深度学习方法的计算复杂度，提高训练速度，加快学习过程。

（6）视情维修决策技术

设备的维修主要经历了基于"事件"（故障）的事后维修、基于"时间"（计划）的计划维修及基于"状态"（数据）的视情维修三个发展阶段。视情维修是通过对产品进行定期或连续监测，在发现其有功能故障征兆时，进行有针对性的维修。视情维修是以检测的设备状态信息为依据，通过视情维修决策在准确的时间对准确的部件进行准确的维修，可以克服被动的事后维修以及僵化的预防性维修所存在的"维修不足"及"维修过剩"等问题，能够有效提高设备的可用性，减少保障费用。视情维修决策的技术模型主要有比例危险模型、冲击模型、延迟时间模型以及随机过程模型等。可以考虑在数据存在噪声、数据缺失、小样本数据、不完备数据等方面发展新的视情维修决策技术。

本章小结

我们身处数字化时代，数据的规模和容量都在成倍增长，数字化转型迫在眉睫。从脚本运维、工具运维到平台运维，演进至今，人力已接近极限，智能运维应运而生。工业界和学术界不断突破智能运维各种关键技术，但是在状态感知、状态监测、诊断和预测等技术上还是面临不少挑战。虽然国内在大力推动数字化转型，但是在状态感知技术、PHM系统集成与使能技术、复杂系统健康管理、PHM能力试验验证等方面还是和世界顶尖水平存在一定的差距。尽管国内的工程智能运维仍处于起步阶段，但智能化给运维领域带来的效率上的质变已肉眼可见。未来，国内的工程智能运维将以企业价值为引领，向体系化发展，逐步实现预测性维护，不断提高抵抗风险的能力、可观测性以及可解释性。吉姆·格雷（Jim Gray）在1999年获得图灵奖时对无故障服务器系统提出这样的畅想："建立一个可供数百万人每天使用，但只需一名兼职人员管理和维护的系统。"如今，随着工程智能运维的开发，我们比以往任何时候都更有可能实现这个畅想。